ANTHONY DENT

Das Pferd

Fünftausend Jahre seiner Geschichte

ANTHONY DENT

Das Pferd

FÜNFTAUSEND JAHRE SEINER GESCHICHTE

ULLSTEIN

VERLAG ULLSTEIN GMBH · BERLIN · FRANKFURT/MAIN · WIEN

Fotosatz Udo Richter, Berlin
Druck und Bindung Amilcare Pizzi Spa, Mailand
Printed in Italy 1975

Titel der Originalausgabe *The horse through fifty centuries of civilization.* Presented by Anthony Dent

Deutsche Übersetzung Wilhelm Thaler

ISBN 3 550 07029 2

Inhalt

1. Das Zeitalter des Pferdes

DIE JÄGER UND DIE GEJAGTEN

Es wird in diesem Buch nicht beabsichtigt, sich mit dem Säugetier, dessen Nachkommen die Pferde werden sollten, von dem Zeitpunkt an zu befassen, da es sich vom Hauptstamm grasfressender Tiere abzweigte, oder von dem späteren Zeitpunkt an, als das Geschöpf, dessen Nachkommen ausschließlich Zebras, Esel und Pferde werden sollten, erstmals Form annahm. Die einzelnen Stufen seiner Entwicklungsgeschichte sind bereits von allen Gesichtspunkten aus, vom allgemeinen bis zum akademischen, sehr ausführlich behandelt worden. Man kann tatsächlich sagen, daß keiner Spezies außer dem Menschen so viel Forschung hinsichtlich ihrer Entwicklung gewidmet wurde wie dem Pferd und insbesondere seiner Metamorphose von einem vielzehigen Waldtier in Hundegröße zu dem hohlhufigen Wandertier mit struppiger Mähne auf den Steppen und Grasebenen.

Wir wollen uns mit dem Glauben begnügen, daß dieser Prozeß, wie es Darwin und alle späteren Prähistoriker und Soziologen erklärten, viele Millionen Jahre dauerte. Die bedeutsamste Tatsache ist, daß alle Veränderungen der äußeren Erscheinung und des inneren Körperbaus, alle Größenwechsel und Anpassungen an verschiedene klimatische Verhältnisse, welche die Rasse von der Zeit des kleinen, vielzehigen, jedoch zweifellos pferdeähnlichen Pliohippus bis zum Erscheinen des echten *Equus caballus* erlebte, in Amerika stattfanden. Lange Zeit hindurch, vom Tertiär der Geologen bis zum Holozän, überschritten Pferdescharen die Landbrücke zwischen den Nordküsten von Alaska und von Sibirien. Wir wissen nicht, warum ihre in Amerika verbliebenen Nachkommen ausstarben. Klimatische Veränderungen sind als Grund unwahrscheinlich. Eine andere vorgebliche Ursache sind epidemische Krankheiten; sind jedoch Epidemien wahrscheinlich, die sich über einen ganzen Kontinent ausbreiten?

Sicher scheint jedenfalls, daß die interkontinentale Wanderung der Pferde nach Westen aufgehört hatte und es keine Pferde mehr in Amerika gab, bevor die Völkerwanderung aus Asien nach Osten irgendwann in der frühen Steinzeit begann, so daß die ersten Amerikaner in ein Land kamen, in dem es keine Pferde gab.

Was bedeutete das für die Vorfahren der Eskimo und der Indianer? Nun einfach, daß es eine Gattung eßbarer Tiere, die man jagen konnte, weniger gab – ein Mangel, der durch das Vorhandensein vieler fleischreicher Tierarten, die es auf der anderen Seite der Beringstraße nicht gab, hinreichend ausgeglichen wurde. Sogar die letzten dieser Einwanderer standen auf einer Kulturstufe, auf der sie außer dem Hund keine Haustiere hatten, aber die meisten kamen so spät ins Land, daß sie bereits Bogen besaßen – eine für die Mittlere Steinzeit charakteristische Erfindung –, und manche der spätesten Ankömmlinge besaßen die tödliche ostasiatische Erfindung, den Schichtenbogen, dessen gemischte Horn- und Holzschichten ihm gewaltige Durchschlagskraft verliehen. Die Verbindung dieser Bogenart mit dem Pferd sollte für das Schicksal der Menschheit in Eurasien in sehr früher Zeit überaus weitreichende Folgen haben; in Amerika jedoch kam diese Verbindung kaum zur Geltung – oder zumindest erst sehr spät, im 18. Jh. n. Chr.

Unser Thema ist das Zeitalter des Pferdes. Damit sind die vielen Jahre gemeint, in denen das Pferd für die Menschheit und natürlich auch der Mensch für das Pferd von höchster Wichtigkeit war. Bevor wir uns jedoch damit befassen, müssen wir klarstellen, was für eine Art Pferd dieses frühe Tier war.

In den letzten dreißig Jahren haben sich die wissenschaftlichen Ansichten über diesen Punkt geändert. Die Anhänger der monophyletischen Schule, die ihren Standpunkt auf die Prinzipien Vater Darwins gründen, schworen beim Bart ihres Propheten, daß die ersten wirklichen Pferde alle von einem Schlag waren, daß sie den letzten asiatischen Wildpferden, den Przewalski-Pferden, denkbar ähnlich waren; die Hirten der Mongolei, die seit Jahrtausenden auf gespanntem Fuß mit ihnen lebten, nannten sie Takis. Für diese Annahme gab es zwei Gründe. Erstens zeigten die zugänglichsten und eindrucksvollsten Höhlenzeichnungen des europäischen Jungpaläolithikums – fast ausschließlich in Frankreich und Spanien – ein Vorherrschen von Pferden der Takirasse. Zweitens: so wie es in Europa ein Rentierzeitalter gab – womit nicht das Halten zahmer Rentierherden, sondern eine fast ganz auf der Ausbeute aus getöteten Rentieren beruhende Jagdwirtschaft gemeint ist –, gab es in manchen Teilen Europas ein Pferdezeitalter, währenddessen ein dem Taki sehr ähnliches Pferd die wichtigste, wenn auch nie die einzige Beute des Jägers war. Heutzutage hat sich der monophyletische Donner ein wenig gelegt, ist aber noch nicht ganz verstummt. Lauter und deutlicher ist die Stimme der Polyphyleten, welche behaupten, daß der *Equus caballus* der Nachkomme von mindestens vier wilden Vorfahren sei, die alle zweifellos Pferde waren, jedoch zumindest so verschieden voneinander wie Shetland-Ponys von Zirkuspferden, und von denen keines in allen Merkmalen irgendeiner lebenden Pferderasse entspricht; auch habe diese Differenzierung stattgefunden, bevor die große Wanderung von Amerika nach Eurasien begann.

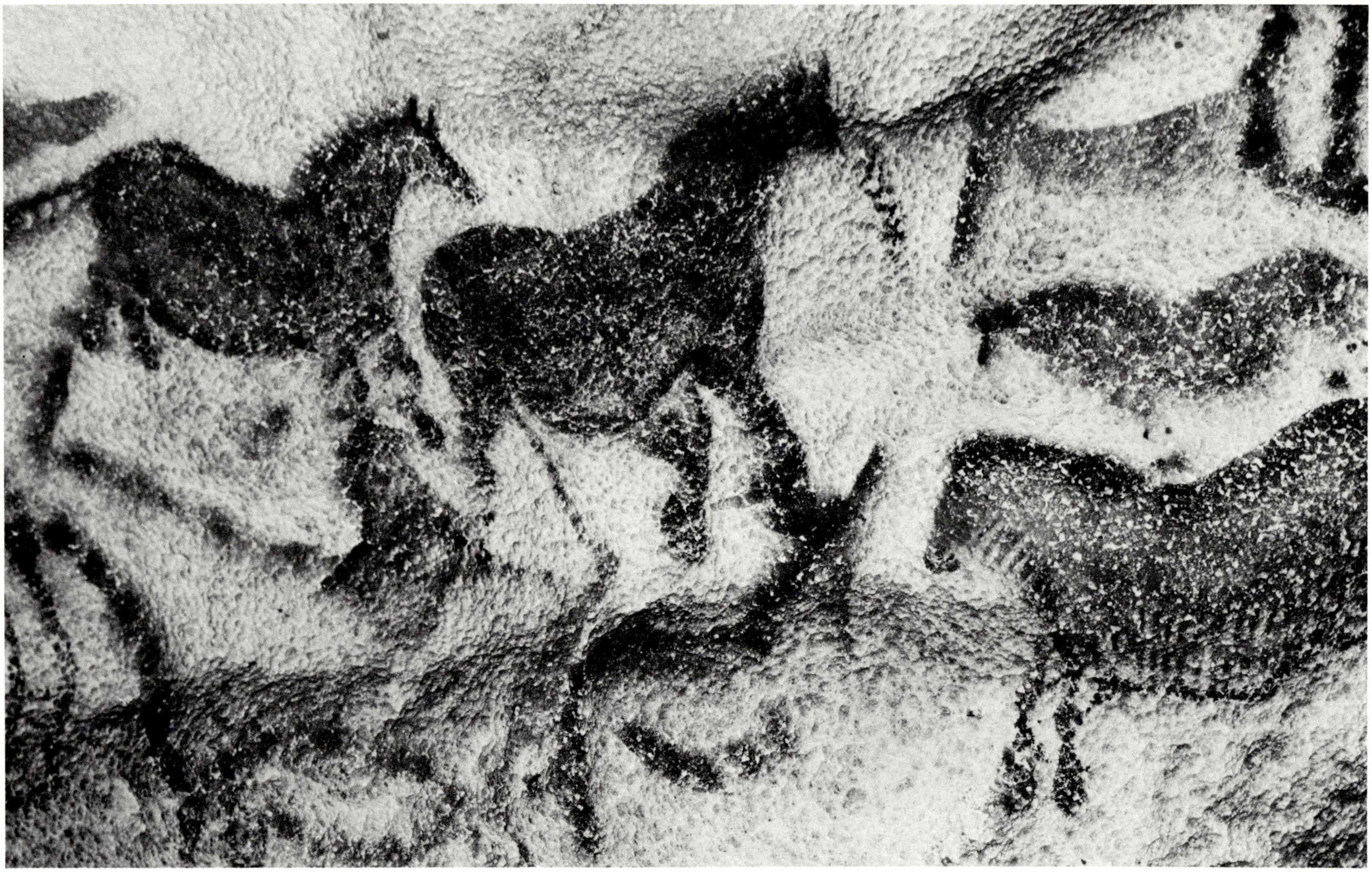

Es gab zwei Hauptwellen dieser Wanderung. Die erste vollzog sich in einer kalten Klimaperiode. Sie hatte in Nordamerika bei den Pferden eine für den Widerstand gegen Kälte geeignete Konstitution entwickelt. Das war das in der neuesten Terminologie als Typ I bezeichnete Pony, das vor allem imstande war, feuchte Kälte zu ertragen, jedoch dem Leben auf sumpfigem Boden nicht sehr gut angepaßt war. Es war der Vorläufer aller europäischen Ponys, von denen keines ihm genau gleicht, weil ihr Blut seit langem mit dem anderer Pferderassen vermischt worden ist. Das Tier war nie höher als 1,30 Meter, meist eher zwischen 1,20 und 1,30 Meter. Es ähnelte einem etwas derben Exmoor-Pony, war wahrscheinlich braun wie dieses, mit schwarzer Mähne und Schwanz – das heißt braun in der Reitersprache, also torfbraun oder Wildfarbe. Im Winter hatte es die Farbe des Rothirschs (französisch *brun foncé*). Seine Beine waren schwarz, es hatte weißgraue Flecken um Maul und Augen, der Bauch war hell graubraun. Sein Schwanz hatte an der Wurzel längere und gröbere Haare, sie bildeten einen buschigen Schweif, der das Regenwasser aus der empfindlichen Spalte zwischen den Hinterbacken fernhielt. Das Pony vom Typ II war ebenso an Kälte angepaßt, jedoch an trockene Kälte. Wir können es das Tundra-Pony nennen. Es hatte einen ähnlich buschigen Schweif, der aber eher zum Schutz gegen angetriebenen Schnee als gegen Regen diente. Es war größer – bis höchstens 1,35 Meter hoch – und schwerer als der Typ I, seine Füße waren entsprechend breiter und flacher. Es war für das Leben im Sumpf geeignet (denn die Oberfläche der Tundra schmolz im Sommer), nicht aber widerstandsfähig gegen atmosphärische Feuchtigkeit. Es war hell, manchmal eher sandbraun, seine Mähne, der Schweif und die Beine unterhalb der Knie waren schwarz; der Kopf war dunkler als der Körper, manchmal fast schwarz, die Mähne war bei gesunden Tieren steif und aufrecht und fast ohne Stirnhaar. Wahrscheinlich wurde das Pferd im Winter weiß. Von seinem ersten Brückenkopf in Sibirien aus bevölkert es ganz Asien nördlich des Himalaja und ganz Europa nördlich der Alpen, vielleicht auch die Iberische Halbinsel. In vielen Gegenden gab es beide Rassen in großen Mengen, so daß es zu wilden Kreuzungen jeden Grades kam.

Das Wohngebiet dieser ersten Welle deckte sich nur an wenigen Stellen mit dem der zweiten, in Eurasien. Diese zweite Welle bestand zum Teil aus den größten Wildpferden, Typ III, dem ungefähr 1,50 Meter großen »Präriepferd« mit großem Kopf, langem Hals, langem Rücken

1. Pferde aus der berühmten Höhle von Lascaux. Die Deutung der Linien unten links im Bild ist umstritten. Möglicherweise sind es Hütten, es können aber auch Hürden zum Einfangen lebender Pferde sein.

(es hatte mehr Rückenwirbel), länglichem Schädel mit schmaler Stirn, abschüssiger Kruppe, schütterer, dünner Mähne und Schweif, flachen geraden Flanken, schütterer Behaarung und einer nur geringen Anpassungsfähigkeit an Feuchtigkeit. Dieser und der Typ IV »wuchsen« in Amerika »auf« und verließen das Land in einer warmen Klimaperiode. Typ IV war das kleinste der Wildpferdrassen, nur 1,20 Meter hoch (so groß wie ein Gebirgspony aus Wales), es konnte aber in günstiger Umgebung größer werden, während zum Beispiel das Pony vom Typ I unter ähnlich guten Bedingungen nur dicker wurde. Typ IV hatte einen hohen Widerrist, schlanke Beine, ein gerades oder sogar konkaves Kopfprofil, eine breite Stirn, einen konisch verlaufenden Schädel mit vorgewölbtem Maul, eine horizontale Kruppe und trug den Schwanz hoch. Wir dürfen es vielleicht den Ur-Araber nennen. Was die Neigung zu größerem oder kleinerem Wuchs anbelangt, können wir, als handle es sich um die Geschichte eines einzigen Pferdes, etwa sagen: bringt man ein Exmoor-Pony von der Heide auf üppige Weideplätze, so bleibt es immer noch ein Exmoor, aber ein dickes. Holt man jedoch einen Araber aus der Wüste und gewöhnt ihn an englisches Grasland, so wird er in Wuchs und Form immer mehr einem Anglo-Araber ähnlich. Bei jeder Rasse, die an das Leben in hohen Bergen oder sehr kalter Umgebung gewöhnt wird, entstehen Zwergformen, zumindest was die kürzeren Beine betrifft, während Pferde aller Rassen nach langem Aufenthalt in der Ebene in gemäßigtem Klima längere Beine bekommen. Alle Kreuzungen zwischen diesen vier Typen konnten unter günstigen Bedingungen ihren Wuchs vergrößern. Aus Typ II entwickelte sich bereits in prähistorischen Zeiten, als die Pferde in manchen Sumpfgebieten wild lebten, eine riesenhafte Zweigrasse von 1,80 Meter Höhe (die Größe eines *Shirehorse)*. Die einer solchen »Inflation« am meisten ausgesetzte Kreuzung war die zwischen Typ II und III, aber diese Urtypen kamen, wie gesagt, nur in sehr wenigen Gebieten wild miteinander in Berührung. Der sehr kleine, gedrungene Shetland-Ponytyp lebte damals wild, das zeigen uns die Künstler aus der Altsteinzeit, und war nur eine ursprünglich vielleicht im Hochland mit schlechtem Grasbestand entstandene Abart des Ponys Typ I. Möglicherweise kam es nur an solchen Orten an der Atlantikküste vor.

Hinsichtlich der Farben der Wildpferdrassen III und IV sind wir weniger sicher, sie scheinen sich jedoch verschiedenartiger entwickelt zu haben als die Ponys im Norden. Typ III wies anscheinend alle möglichen Schattierungen zwischen Goldbraun und Schwarz auf, und Typ IV dürfte grau, rötlich- oder kastanienbraun gewesen sein. Keiner davon hatte einen Aalstreifen nach Art der Esel auf dem Rücken, wie Typ II ihn zweifellos hatte.

Das also waren die Pferde, die sich dem jagenden Menschen zuerst darboten, in Europa vorwiegend in den Typen I und II, in Asien und Nordafrika (wenn dafür auch die Beweise vereinzelt und verwirrend sind) in den Typen III und IV.

Die Jäger der Altsteinzeit haben bemerkenswerte Höhlenzeichnungen hinterlassen, deren schönste auf ein verhältnismäßig kleines Gebiet Westeuropas und auf Teile Afrikas beschränkt sind, wo es bis zur modernen Zeit keine Pferde gab. In der Höhlenkunst von Frankreich und Spanien ist der Ur-Taki – das Pony vom Typ II – zahlenmäßig auffällig vorherrschend unter den abgebildeten Pferden. Hier darf man jedoch eines nicht außer acht lassen: unter den Händlern ist es eine anerkannte Tatsache, daß die modernen Vertreter der Ponyrasse II für die Pferdefleischerei am einträglichsten sind – ob es noch Ponys sind wie die Dales- und die Fjordrassen oder die großen Abarten wie die Boulonnaiser und die belgischen Zugpferde. Nun haben die Anthropologen verschiedene Theorien über die sozialen – vielleicht religiösen – Ziele der jungpaläolithischen Kunst, sie stimmen aber alle darin überein, daß sie sich vorwiegend mit der Abbildung

2. Frühe Typen des wilden Ponys und des Pferdes: Pony Typ I; Pony Typ II; Pferd Typ III; Pferd Typ IV.

3. Die rätselhaften, sogenannten gefleckten Pferde aus der Höhle von Pech Merle bei Les Eyzies (Dordogne). Wenn es gefleckte Pferde sein sollen, warum wurden die Flecken außerhalb der Pferdefiguren fortgesetzt? Und warum sind die Köpfe und Hälse so unwahrscheinlich klein? Die Flecken sind in Wirklichkeit rot und schwarz und in einem ähnlichen Muster angeordnet wie die roten und schwarzen Flecken eines Lachses. Man beachte die überlangen, fischartigen Körperproportionen, die bedeuten könnten, daß diese Bilder als Fische begonnen wurden. Die Hände über den Tieren gehörten vielleicht einem leidenschaftlichen Jäger.

von Tieren befaßte, die als Nahrung dienten. Daher ist es möglich, daß der Meister der Wandfresken z. B. in Les Cumarelles meist Tiere vom Typ II als Modell nahm, nicht weil sie in seiner Umgebung die zahlreichsten, sondern weil sie die fleischreichsten waren. Es handelte sich im wesentlichen um das, was die Kataloge von Landwirtschaftsmessen als »Fleischertier« bezeichnen. Alle Hirtenvölker, die den Taki in Zentralasien jagten, als er noch so häufig war, daß die Jagd sich lohnte, behaupteten, er sei hinsichtlich des verwendbaren Fleischgewichts das rentabelste Wild. Sie beklagten sein Verschwinden aus anderen Gründen als der Zoologe.

Es ist auch möglich, daß Herden des Ponys II als einzige Wildpferdeart unter mehreren, die es in den Bergen Austuriens gab, alljährlich zu einer bestimmten Jahreszeit wanderten wie die Rentiere. Solche regelmäßige Wandertiere sind dem Angriff des Jägers besonders ausgesetzt, vor allem wenn dieser keine andere Schleuderwaffe besitzt als einen Wurfspeer (zu beachten ist, daß die beste Höhlenkunst aus einer Zeit vor der Erfindung des Bogens stammt). Diese Tatsache ist offenbar von den Historikern, die behaupten, daß der *animalier* (Tiermaler) der Höhlen die Tiere nach toten Modellen darstellte, weil er keine Möglichkeit hatte, sie lebend in der Nähe zu studieren, nicht berücksichtigt worden. Da es unter seinen Waffen aber noch keinen Bogen gab, mußte er viele Stunden in der Nähe des Wildes verbringen, unbeobachtet von seiner späteren Beute, in Erwartung einer Gelegenheit, sie mit Waffen geringer Reichweite anzugreifen; inzwischen studierte er eingehend ihr Verhalten, aus dem er erkennen konnte, wann das Tier seiner Anwesenheit gewahr wurde. Unter diesen Umständen prägten sich die Umrisse der Beute dem Gedächtnis der Jäger unauslöschlich ein, wobei vielleicht nur einer aus der Gruppe imstande war, sie in Elfenbeinschnitzerei oder Kalksteinmalerei wiederzugeben. Das war der Fall, wenn die Herden nicht aus Wandertieren bestanden. Es geht jedoch aus der heutigen Beobachtung zum Beispiel von Rentieren oder Karibus hervor, daß das Wandertier für den Jäger psychologisch verwundbarer und taktisch gefährdeter ist. Erstens ist seine Aufmerksamkeit durch das Vorhaben seiner dringlichen Wanderung eingeschränkt und außerdem verleiht ihm der Herdeninstinkt – das Gefühl der »Sicherheit durch die Masse« – eine falsche Geborgenheit. Auch führen die meisten Wanderwege durch irgendwelche Engpässe oder sie erfordern die Überquerung von hindernden Gewässern. Das Pferd ist wie das Rentier ein guter Schwimmer, jedoch im Wasser völlig wehrlos; und ein schmaler Paß in den Bergen oder ein mehr oder minder fester Damm über einen Sumpf bieten ideale Stellen für einen Hinterhalt, besonders wenn die Jäger wissen, daß diese Wege seit undenklichen Zeiten alljährlich von den Herden beschritten werden.

Höchstwahrscheinlich bei der Wanderung und sicher beim Überqueren eines Sumpfes, Flusses oder Schneefelds muß das Lebendfangen, die notwendige Voraussetzung für eine Zähmung, stattgefunden haben. Dies war eine schwer überschreitbare Schwelle zu neuer Lebensart. Es ist für den Jäger leicht, die Jungen mancher grasfressender Tiere einzufangen – ja er tut es oft zufällig. Die Rothirschkuh und die Rehgeiß lassen, während sie auf die Weide gehen, ihre Kitzen im Dickicht, und wenn diese Tiere sehr jung sind und entdeckt werden, drängt sie ihr Instinkt nicht zur Flucht, sondern sie verkriechen sich. So verhielt es sich auch mit der wilden Kuh und ihrem Kalb im neolithischen Eurasien. Aber die wilde Stute benimmt sich anders, denn ihr Fohlen folgt ihr von seiner Geburtsstunde an, geht wohin sie geht, trabt, wohin sie trabt, galoppiert, wohin sie galoppiert, und saugt, während sie weidet. Das Einfangen eines einen Tag alten Fohlens übersteigt die Kraft sogar des besten Mannes zu Fuß; und das Aufziehen eines einen Tag alten Fohlens ist für jemanden, der nicht schon Milchkühe, Ziegen oder Mutterschafe besitzt, unmöglich. Das ist einer der Gründe, weshalb die Prähistoriker annehmen, daß die ersten Menschen, die sich Pferde hielten, bereits planzenfressende Haustiere besaßen. Dessenungeachtet gibt es eine haltbare Theorie über eine Lebensweise von Hirten irgendwo in Eurasien, die mit dem Pferd allein, oder besser gesagt mit der trächtigen Stute, begann.

Wenn es nämlich den Jägern gelingt, beim Übergang über ein natürliches Hindernis eine säugende Stute zu fangen, so ist damit noch nicht gesagt, daß sie auch das Fohlen in die Hände bekommen. Falls das Muttertier, wenn die Herde flieht, zögert oder zurückbleibt, greift, so dicht auch das Fohlen seiner Mutter folgen mag, der Leithengst ein. Das wurde in der Mongolei bei Treibjagden beobachtet, die Ende des vorigen und Anfang dieses Jahrhunderts auf Przewalski-Pferde und andere Tiere veranstaltet wurden. Wenn ein Pony aus irgendeinem Grund zurückbleibt, faßt es der Leithengst mit den Zähnen an seiner Schwanzrübe – der Schwanzwurzel – und schleppt es mit, ohne selbst aus der Gangart zu fallen.

Damals muß der Kern aller zahmen Herden aus trächtigen Stuten, nicht aus solchen mit Fohlen bestanden haben – auch deshalb weil sie desto langsamer flüchten konnten, je weiter fortgeschritten ihre Trächtigkeit war. Dennoch dürfte nur selten eine unbeschädigte Stute gefangen worden sein. Sogar wenn sie mit Schlingen oder in der primitiven Trittfalle gefangen wurden, die zum Hirschfang dienten, mußten die verzweifelten Befreiungsversuche wahrscheinlich zu ständigem Lahmen führen. Daher bestand wohl der Grundstock der ersten Herden ausschließlich aus Stuten, die meist trächtig und wohl ausnahmslos beschädigt waren. Was konnte der Mensch mit solchen Tieren machen? Er konnte die Stuten melken, solange sie Milch gaben, und später, gegen Ende des Herbstes, wenn die Stuten keine Milch mehr gaben, die Fohlen essen, die zu dieser Zeit am fettesten waren. Dieser Kreislauf beginnender Zähmung scheint für alle großen Pflanzenfresser einschließlich der Rentiere und Rinder im allgemeinen der Fall gewesen zu sein. Eventuell gefangene männliche Tiere wurden als völlig unlenksam sofort getötet.

4. Das Fangen wilder Esel, prähistorische Felszeichnung aus der Wüste im Osten Ägyptens. Wahrscheinlich wurden auf diese Weise Wildpferde zum erstenmal gefangen, um gezähmt zu werden.

Daraus ergab sich ein Problem, das im Frühjahr nach dem Einfangen der ersten Stuten akut wurde und sich während der Periode der sogenannten Fleisch- und Milch-Wirtschaft unzählige Jahre lang wiederholte: Wie sollte man die Stuten wieder trächtig machen? Die Legenden vieler Pferdezuchtländer von Persien bis Irland erzählen, wie es gemacht wurde, nämlich durch Anbinden der Stute, sobald sie rossig wurde, in der Nähe des Weideplatzes der wilden Herden, so daß ein wilder Hengst aus der Steppe kam und sie deckte. Wahrscheinlich legten sich die Hirten, die auch noch immer Jäger waren, auf die Lauer, um den Hengst, nachdem er die Stute besprungen hatte, wegen seinen Fleisches zu erlegen. Wir besitzen kein Bild eines derartigen Vorfalls im alten Europa, aber solche Szenen findet man in der Nubischen Wüste in die Felsen gemeißelt; dort wurde der afrikanische Wildesel unter ähnlichen Bedingungen zuerst gezähmt.

Von dieser Haltung von Stuten als Milch- und von Fohlen als Fleischlieferanten war es noch ein weiter Weg bis zur Haltung von Arbeitspferden. Die Lahmheit der Stuten war auch insofern ein Vorteil, als die Herdenhaltung gesunder Stuten in Ermanglung von Gehegen fast unmöglich war. Das bedeutet jedoch, daß der nächste Schritt - vom Melken der Stute zum Reiten - lange auf sich warten ließ, da ja Reiten auf einer lahmen Stute um nichts schneller war als Gehen; auch wäre ein solcher Ritt einigermaßen unbequem gewesen. Die Kluft wurde vielleicht durch eine Periode des Gepäcktragens, der primitivsten Form des Transports durch Pferde, überbrückt. Man stelle sich vor, wie ein Mensch mit seiner Familie und seiner kleinen Gruppe hinkender Stuten in der Steppe von einem Wasserloch zum anderen zieht. Es ist heiß oder der Boden durch Regengüsse aufgeweicht. Sogar die primitivsten Menschen haben Gepäck - Bettzeug, Waffen, Werkzeuge, Proviant für mindestens einen Tag. Während man schwer beladen neben der Stute dahintrottet, merkt einer plötzlich, daß sie nichts trägt. So legt man wenigstens den schweren Lederschlafsack auf ihren Rücken, und so kann man es erfunden haben: das arbeitende Pferd.

Zu den wichtigsten Lasten aller zu Fuß gehenden Nomaden gehören ihre Sprößlinge, die nicht so schnell und so weit gehen können wie Erwachsene. Früher oder später setzt jemand ein Kleinkind mit schmerzenden

5. Ein zum Transport von Torf verwendeter Schleppkarren in Ulster zu Anfang des zwanzigsten Jahrhunderts. Der Schleppkarren oder *travois* war die früheste Form eines von Tieren gezogenen Gefährts.

Füßen neben die Kochtöpfe auf die Stute. Nun reitet das Kind, wahrscheinlich gefällt es ihm gar nicht. Es ist aber wieder eine Idee entstanden, und erwachsene Menschen werden auch reiten wollen – nicht auf einem lahmen, milchgebenden Tier, sondern auf einem gesunden Pferd, und zu diesem Zweck wird man einige Fohlen im Herbst vor dem Kochtopf bewahrt haben; später, als erwachsene Tiere, werden sie Menschen als Lasten getragen haben. Langsam, im Laufe von Jahrhunderten, entstand die Reiterei.

Aber auch das Fahren! In der Mittleren Steinzeit, als der Hund das einzige Haustier war, wurde im Sommer ein primitives Gerät aus Ruten, die in Form des Buchstabens A zusammengesetzt waren, verwendet, das von je einem Hund geschleppt wurde. Die im Winter auf einem Schlitten hinter einem Hundegespann beförderte Last wurde in kleine Pakete für je einen Hund aufgeteilt. Das Gerät heißt in Nordamerika *travois*, in der Grafschaft Antrim (Nordirland) *slide-car*, in Devon vor zwei Jahrhunderten hieß es *truckamuck*. Dieses *travois* wurde in Nord-Eurasien als Zuggerät für Rentiere übernommen und wahrscheinlich über diese Zwischenstufe auf Pferde übertragen – in Breiten, in denen Rentier- und Pferdehirten miteinander in Kontakt kamen.

Die Geschichte dieses primitiven Gefährts und seiner Nachkommen findet sich in der russischen Sprache; *droschky,* womit heute ein vierrädriger Wagen in der Art des viktorianischen *growler* gemeint ist, bedeutet wörtlich »das Gezogene«, ursprünglich also ein solches *travois.* Sprachlich näher steht uns das isländische Wort *drøgur* für dasselbe Gerät. Die Weiterentwicklung des *travois* bei seiner Fahrt über das Grasland des heutigen asiatischen Rußland führte dann zur Vereinigung von Pferd und Rad.

Nach bisherigen archäologischen Grabungsfunden zu urteilen, wurde das Rad in Mesopotamien erfunden und verbreitete sich sowohl ostwärts über den Iran nach Indien als auch nordwärts zum Kaukasus; es wurde in beiden Gegenden nur für Ochsenkarren verwendet, die vor dessen Erfindung bereits paarweise im Joch für das Ziehen von Pflügen verwendet wurden. Irgendwo nördlich vom Kaukasus, in der Gegend des Kaspischen Meeres, trafen die Ochsenkarrenleute aus dem Süden mit den zentralasiatischen Pferdereitern aus dem Norden zusammen, die von Stuten gezogene radlose Schleppkarren mit sich führten. Die Ochsenkarrenleute staunten. Was war das für ein hornloser Ochse mit behaartem Nacken, der so lenksam war, daß er von Frauen geführt werden konnte? In ihrem Land gab es nichts dergleichen, auch nicht in dem weiter entfernten Land der zwei Ströme. Zweifellos ein Fabeltier. Wenn man nur die Zauberworte lernen könnte, die es zu seiner Arbeit veranlaßt, die – wie nannten sie es selbst? – Reiterworte; dann würde der Karren schneller fahren und auch weiter im Laufe eines Tages, denn dieses neue Tier brauchte nicht wie der Ochse zwei Ruhepausen, eine, um sein Futter zu fressen, und eine zweite, um im Liegen wiederzukäuen. Anscheinend war das neue Tier kein Wiederkäuer.

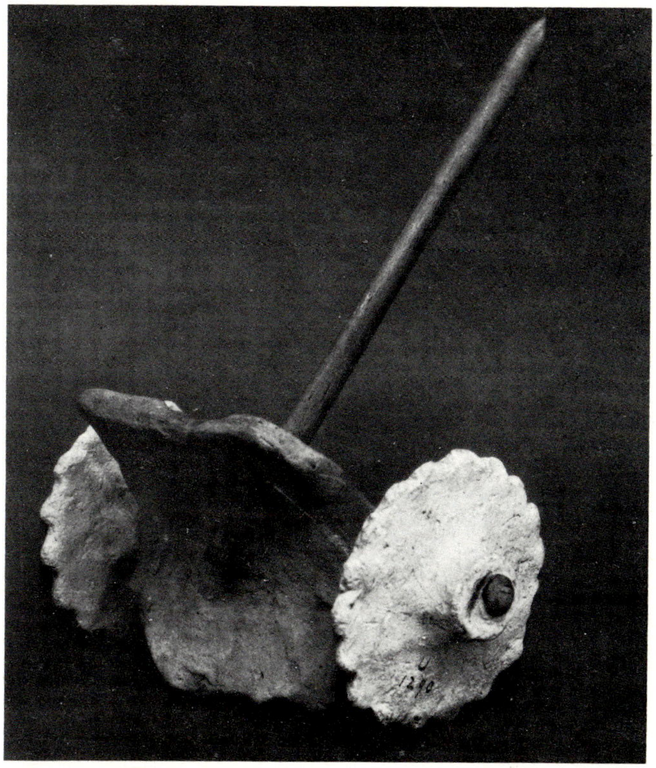

6. Das Tonmodell eines Ochsenkarrens mit Scheibenrädern aus Mesopotamien, um 2000 v. Chr.

DAS ZEITALTER DER WAGEN

Nur wenige Wochen bevor ich diesen Essay zu schreiben begann, hatte ich das Glück, die größte in diesem Jahrhundert in England gemachte archäologische Entdeckung zu sehen; sie war wunderschön an ihrem ursprünglichen Fundort ausgestellt. Die Straße von Driffield nach York überquert im Land der Parisii, das wir heute das East Riding von Yorkshire nennen, eine verlassene Eisenbahnlinie, die außer dort, wo man sie zwischen Garton und Wetwang in eine Aushilfsstraße umgebaut hat, von Gras überwuchert ist. Nach einigen hundert Metern auf dieser Strecke kamen wir zu einer freiliegenden und ebenen Felsplatte, wo Kalkstein gewonnen wurde. Dort befand sich unter einem durchsichtigen, wetterfesten Dach das offene Grab eines Wagenlenkers aus dem 2. Jh. v. Chr. Sein Schädel war durch das Gewicht der Bahre, die einst darauf gelegt worden war, verformt wie eine zerquetschte Melone. Er lag mit abgewinkelten Beinen auf dem Boden seines Wagens; man hatte ihn für das Grab in seine schönsten Gewänder und Schmuck gekleidet, ihm Waffen und Proviant für die Reise nach *Tir nan Og* in Reichweite mitgegeben und das Geschirr für sein Gespann auf ihn gelegt.

Jeder Holzsplitter in dem kunstvoll gebauten Wagen war zerfallen, aber dessen »Schatten« war deutlich in der Form der verfärbten Erde zu sehen, die lange Deichsel war entzweigehackt und ihr Vorderteil quer hinter den Wagen gelegt worden. Das Metall jedoch, die aus einem Stück geschmiedeten und heiß auf das Rad aufgezogenen eisernen Radkränze, die eisernen Naben und die bronzenen Zügelringe, durch welche die Zügel liefen, war erhalten.

Die Familie dieses Parisiers in Yorkshire kann nicht viele Generationen vor der Geburt dieses Mannes aus dem Seinetal eingewandert sein, und wahrscheinlich lenkten an seinem Todestag andere Gallier an der Südgrenze ihres Gebiets ihre Wagen in eine aussichtslose Schlacht gegen die Römer; deren disziplinierte Infanterie, die im Schritt marschierte und auf Befehl tödliche Geschoßhagel abschoß, besaß mit ihren Bogenschützen und Schleuderern und den Schwadronen leichter Reiter an den Flügeln der Legionen eine Kampfmaschine, die dem Zeitalter der Wagen allmählich ein Ende machte. Bald sollten die Legionen durch das Rhonetal nach Norden marschieren, jetzt aber kämpften sie noch im Gallien »diesseits der Alpen«, zwischen dem Po und den Alpen. In hundert Jahren würden sie die Gallier im Norden besiegt haben, und ihre mächtigen Aufklärungskräfte würden trotz der Gegenwehr der britischen Wagen die Ufer von Kent erobert haben. Doch die Britannier auf der ganzen Insel lernten nie das Menetekel lesen. Ende des ersten Jahrhunderts unserer Zeitrechnung kämpfte der kaledonische Anführer Galgacus immer noch gegen die Legionen des Agricola jenseits des Grampiangebirges mit einer aus Wagen bestehenden Schlachtordnung, und immer noch war der Kampf aussichtlos. Wenn ein Ausrüstungsgegenstand solches Ansehen erlangt hat wie seinerzeit der Kampfwagen, fällt es dem Militär schwer, ihn und die durch ihn bedingte Lebensweise aus reinen Nützlichkeitsgründen aufzugeben.

Der Wagenlenker in Garton hinterließ also seinen Erben eine Waffe, die bald so veraltet sein sollte, wie es heute die Eisenbahnlinie neben der Bahre in Garton Slack ist. Aber ihre Geschichte ging zurück auf die Belagerung Trojas und noch weiter zu den Tagen der ersten Militärreiche des Nahen Ostens. Die ersten Kampfwagen, über die wir dokumentarische Angaben besitzen, gehörten zum Königreich Ur in Mesopotamien. Diese sumerischen Wagen wurden aber nicht von Pferden gezogen; ihre Gespanne waren Onager – asiatische Wildesel – zu der Zeit, aus der wir die ersten Berichte darüber

7. Der erste Kriegswagen war der mesopotamische, von Onagern gezogene Ochsenkarren mit Scheibenrädern; nach der Zeit Alexanders des Großen wurden Onager nicht mehr gezähmt. Angeborene Schwierigkeiten in Gemütsart und Körperbau machten das Tier für diesen Zweck ungeeignet. Es wurde durch das Pferd ersetzt, sobald es den Hethitern gelang, Pferde von reitenden und pferdezüchtenden Nomaden nördlich des Gebirges zu erwerben. Aus der Säule von Ur, sumerisch, 2500 v. Chr.

besitzen, im dritten Jahrtausend v. Chr. Diese einigermaßen unlenksamen Zugtiere wurden durch Pferde ersetzt, die vom iranischen Hochplateau über die Berge nach Süden kamen. Was wir aber noch nicht wissen und vielleicht nie wissen werden, ist, ob sie bereits an Geschirre gewöhnt waren und ob sie von iranischen Wagenlenkern, den Vorfahren der biblischen Elamiten und Midianiter, gelenkt wurden. Vielleicht kamen die Lenker aus dem Zweistromland und hatten gesehen, wie Bergbewohner ein unbekanntes Tier ritten, was sie wahrscheinlich anstößig fanden und nicht nachahmen wollten. Sie erwarben diese neuen Tiere lieber und verwendeten sie für einen Zweck, der schon lange im Tiefland gebräuchlich war.

Die Frage der Gleichmäßigkeit des Geländes ist für die Geschichte des Streitwagens wichtig. Seine eindrucksvolle Leistung auf geeignetem Terrain führte oft dazu, daß Völker ihn verwendeten, obwohl sie ihn nur begrenzt einsetzen konnten, so daß das Halten eines Wagens oft eher eine Prestigefrage war als ein praktischer Vorteil. Das illustriert zum Beispiel der Fall unseres Parisiers aus Garton-on-the-Wolds. Neben der Ebene von Salisbury und den Hügeln von Sussex stellten die weiten Landflächen von York und Lincoln im England der Eisenzeit vielleicht eines der wenigen Gebiete dar, wo der Wagen überallhin fahren und sich bewähren konnte. Ein wenig nördlicher, jenseits des Tals von Pickering, mußten die steilen Hänge und häufigen Sümpfe die Wagenfahrt auf bestimmte begrenzte Straßen längs der Bergkämme beschränken, und auch die waren nicht zu jeder Jahreszeit passierbar. Im Tal machten Sümpfe jede Fortbewegung auf Rädern unmöglich, und wo die Täler trockenen Boden aufwiesen, zwang dichter Wald den Fahrer, sich an Wege zu halten, die nur durch die Weisungen eines sehr mächtigen Anführers gebaut und von Dickicht freigehalten werden konnten.

Kehren wir zurück zur Begegnung der kaukasischen Fuhrleute mit den Reitern aus dem Norden. Das Erlernen der Reitersprache erwies sich als schwierig und langwierig. Bei dem Handel, durch den die ersten Pferde ihre Besitzer wechselten und schließlich nach Mesopotamien gelangten, wollten die Verkäufer, die vielleicht auch die Züchter waren, nur beschränkte Informationen geben. Sie erklärten zwar alles über die Verwendung und den Bau von Zaum und Gebiß, die den Wagenlenkern völlig fremd waren, da keines dieser Dinge bei Zugochsen verwendet wurde; über den Gebrauch der Schleppkarren, für die sich die Fuhrleute vor allem interessierten, hatten sie nichts mitzuteilen. Sie schienen tatsächlich für dieses Gefährt überhaupt kein Interesse zu haben, dessen Verwendung wie das Mahlen von Getreide und ähnliche schwere Arbeiten Sache der Frauen und Sklaven war. Es war natürlich für einen Ochsenlenker unmöglich, mit einer Stutenführerin zu reden; sogar wenn es eine gemeinsame Sprache gegeben hätte, würde kein Reiter ein so unpassendes Gespräch geduldet haben.

Nach dem neuen System wurde die Schleppkarre völlig verworfen und das Ochsengeschirr so geändert, daß es für Pferde paßte, oder vielmehr nicht das Ochsengeschirr, sondern eine Sonderausführung davon, die in Sumerien für die Onager entwickelt worden war, deren Domestikationsgeschichte für praktische Zwecke im dritten vorchristlichen Jahrtausend begann und auch endete. Die fast ebenso horizontale Halshaltung wie die des Ochsen und die Widerristform aller Esel und Maultiere ist jener der Ochsen so ähnlich, daß das Anpassen des doppelten Ochsenjochs möglich und praktisch durchführbar war. Bei der Anatomie der Pferde liegt die Sache anders. Man mußte für die beiden Pferde zwei einzelne kleine Joche in der Form eines umgekehrten V anfertigen, deren Scheitelpunkte in den Querbalken des Jochs selbst paßten, während die beiden spitzen Enden an dem Gurt, der knapp hinter dem Ellbogen unter der Brust lief, und am Halsriemen jedes Pferdes befestigt wurden. Die Idee, je Fahrzeug ein Pferd zu verwenden wie bei der Schleppkarre, wurde als unbrauchbar verworfen und viele Jahrhunderte lang nicht wieder aufgenommen; sie war jedenfalls für die Überlegung von Menschen völlig fremdartig, die in der Ochsenpaartradition des Pflügens, Schlitten- und Wagenziehens aufgewachsen waren.

Die Nachteile des Joch-und-Halsriemen-Prinzips blieben bei den Zivilisationen des Nahen Ostens und bei deren Zweigkulturen in der Mittelmeergegend bis zu den frühen Jahrhunderten der christlichen Zeitrechnung ein einschränkender Faktor. Auch von den Europäern nördlich der Alpen wie den Kelten wurden sie nicht beseitigt. Es gab keine Möglichkeit, das Abgleiten des Jochs über den steil abschüssigen Widerrist des Pferdes nach unten und hinten anders als durch Verwendung eines biegsamen Halsriemens zu verhindern, der bei größerem Tempo auf die Luftröhre und die Halsadern drückte. Das hatte zwei Folgen. Erstens konnten nur nicht kastrierte Hengste mit ihren kräftiger ausgebildeten Halsmuskeln in diesem Geschirr verwendet werden. Zweitens wurde das Tier durch den Druck auf die Vorderseite des Halses über der Brust veranlaßt, den Kopf hochzuwerfen und den Hals zu strecken, eine Stellung, die bei allen klassischen Darstellungen des fahrenden Wagens zu sehen ist. Sie führte mit der Zeit zu der heute als »Hirschhals« bezeichneten und beklagten Halsform; es ist eine kropfähnliche Wöl-

8. Die Wagenräder auf dieser Amphore aus der Zeit von 800-700 v. Chr. haben wohl vier Speichen, doch waren damals deren sechs üblich. Die naive Einstellung zur Perspektive ist irreführend: der Wagen soll zwei Räder haben, nicht vier, und der Wagenlenker und sein Gefährte stehen nebeneinander, nicht wie es scheint, hintereinander. In Wirklichkeit stand der Lenker rechts, um durch den von seinem Gefährten am linken Arm getragenen Schild geschützt zu werden.

bung an der vorderen Unterseite des Halses. Da aber das Pferd nur galoppieren kann, wenn sein Hals ausgestreckt und in die Horizontale gesenkt wird, bedeutete das für den Wagen, daß das Gespann bei schnellem Reisetempo vom Schritt zu einer Gangart überwechseln mußte, die keine solche Halshaltung erfordert – entweder einen Renntrab, einen schnellen Paßgang (bei dem die beiden Beine einer Seite zugleich gehen) oder einen unregelmäßigen Paßgang, bei dem alle Beine unabhängig nacheinander wie bei einem beschleunigten Schritt bewegt werden: eins, zwei, drei, vier. Alte Bilder – und deren gibt es viele, von den gemeißelten Felsenbildern in Schweden bis zu denen in der Sahara –, die das Wagengespann in »fliegendem Galopp« mit gestreckten Vorder- und Hinterbeinen zeigen, sind nicht wahrheitsgetreu und realistisch und waren auch nicht so gemeint. Sie sind bloß eine künstlerische Konvention, eine Kurzschrift: Sie bedeutet »laufende Pferde«.

Was Zaum und Gebiß anlangt, wurde die Urform von den reitenden, züchtenden, nicht wagenlenkenden Hirten aus den Steppen übernommen, und es wurde viele Jahrhunderte lang kein Versuch gemacht, von ihren Modellen, außer vielleicht in der Verwendung des Materials, abzugehen. Hartmetalle waren im Gegensatz zu Kupfer und Silber in der Steppe knapp, und die Backenstücke der Gebisse wurden aus Knochen oder Horn gemacht, ebenso die Trensen, wenn sie nicht aus ungegerbten, zu einem dünnen Seil geflochtenen Lederstreifen waren. Man schätzte die in der Steppe entworfenen Gebisse so sehr, daß noch lange nachdem die Metallgebisse schon in Verwendung waren, das ursprüngliche Material getreu in Metallguß nachgemacht wurde; die Wangenstücke wurden so geformt, daß sie wie Geweihstücke aussahen, und das Gebiß wurde in einer Spirale geformt, die das ursprüngliche Lederstreifenseil nachahmte.

Im Gegensatz zur Antike, in der es nur eine Art von Zaumzeug gab, wird heutzutage zwischen zwei Arten unterschieden: dem an Gebissen mit soliden Mundstücken und mehr oder minder langen und dünnen Metallbackenstücken befestigten Wangenpferdzaum aus steifem und verhältnismäßig unbiegsamem Leder, und dem geschmeidigen Reitpferdzaum, der das Gebiß festhält, das einfach oder doppelt, meist jedoch vom Typ gegliederter Trense ist. In der Antike dagegen wurden alle Zaumzeugmodelle sowohl für das Reiten wie für das Fahren verwendet, und alle Mundstücke waren von der Art, die heute unter der Bezeichnung Trense erfaßt werden. Das ursprüngliche Steppenmodell hatte die Form eines H, wobei die vertikalen Striche durch die Backenstücke aus Horn, und die horizontale Verbindung durch das aus beliebigem Material bestehende Mundstück dargestellt erscheinen. Der Austausch der Backenstücke gegen Ringe

9. Pferd und Zügelhalter aus der Zeit der chinesischen T'ang-Dynastie (618–906 n. Chr.). Es ist das »himmlische Pferd« aus der chinesischen Tradition, das die Hunnen, Mongolen und Tataren gegen alle Reiche trug, die an die Steppe grenzten.

Vous deuez scauoir
que pluiseurs ba
rons cheualliers

näherte das Modell dem der modernen Trense an und war für Menschen mit größerem Bronzevorrat, als er in den Steppen verfügbar war, leicht durchführbar. Dadurch wurde es überflüssig, die Seitenglieder (Backenstücke) des Zaums am Ende mit einer Gabel in Form eines Y auszustatten. Zugleich mit der Einführung von Metallgebissen beginnt die Neuerung gegliederter Mundstücke, und es gibt außer zweiteiligen Mundstücken von moderner Form auch dreiteilige aus Bronze und aus Eisen. Auch gab es Mundstücke mit so vielen Gliedern, daß sie praktisch ein Stück Kette darstellten. Sie waren kurzen Kettenstücken, die für andere Zwecke verwendet wurden, so ähnlich, daß viele davon gar nicht als Mundstücke erkannt wurden. Als die La-Tène-Zeit, der zweite Abschnitt der Eisenzeit (etwa 450 v. Chr.), begann, verwendete man eingliedrige Trensen, die kaum von den heutigen zu unterscheiden sind.

Die Entwicklung des Streitwagens selbst, die hauptsächlich in Mesopotamien stattgefunden zu haben scheint, zeigt verwirrende Probleme. Es war unbedingt notwendig, daß das ganze Fahrzeug möglichst leicht war, da die Karre infolge der Form von Joch und Deichsel sowie der Tatsache, daß sich der Schwerpunkt des Karrenkastens vor der einzigen Radachse befand, von den Pferden nicht weniger »getragen« als gezogen wurde. Die auf Bildern und in dreidimensionalen Tonmodellen erhaltenen mesopotamischen Ochsenkarren und auch die von Onagern gezogenen Kriegswagen haben Scheibenräder, die aus je drei Holzplatten zusammengesetzt und an den Achsenenden starr befestigt sind; die Achsen drehten sich mit den Rädern in zwei Haspen oder zwischen vier aus den Bodenteilen des Karrenkastens herausragenden Bolzen. Bei dieser Bauart war das Radgewicht erheblich, und es ist anzunehmen, daß dies das früheste und primitivste Modell eines Rades war. Dennoch erforderte sein Bau die Verwendung ziemlich fortgeschrittener Werkzeuge, zumindest was die früheste Type von Speichenrädern anbelangt, von denen nicht nur Bilder, sondern effektive Überreste gefunden wurden. Die meisten dieser frühen Speichenräder sind aus Pappelholz (ein heute so verachtetes Holz, daß es fast nur für Streichhölzer verwendet wird), und die Felge ist aus einem Stück, das nach Bohren oder Ausschneiden der Löcher zur Aufnahme der Außenenden der Speichen – es waren bei den frühen Modellen vier oder sechs – unter Dampfeinwirkung rund gebogen wurde. Die in der späteren Zeit des Wagenbaus fast allgemein verwendete Art der Radherstellung aus drei oder vier Bogenteilen, die durch eine einteilige Eisenfelge zusammengehalten wurden, erforderte Metallstreifen von beträchtlicher Länge, wenigstens zwei Meter, also die doppelte Länge eines Schwertes. Daß jemand, der die Werkzeuge besaß, um ein solides Scheibenrad herzustellen, auch entsprechend ausgerüstet war, um ein Speichenrad anzufertigen, erklärt vielleicht die Tatsache, daß jede neue archäologische Entdeckung dazu beiträgt, die Erfindung des Speichenrads in immer frühere Zeit zu verlegen. Offen bleibt jedoch die Frage, welches der Räder das ältere war. Man gelangt unweigerlich zu dem Schluß, daß einmal die beiden Radmodelle völlig verschiedene Erfindungen und Konzeptionen waren und zum anderen das Speichenrad vorerst vielleicht gar nicht als Teil einer Karre entworfen wurde. Es könnte z. B. ein Spinnrad, ein Spielzeug, ein Gebetsrad in der Art der heute im Himalaja von den Buddhisten verwendeten oder ein religiöses Symbol für die Sonne gewesen sein, das als Arbeitsmodell für die Darstellung der priesterlichen Vorstellung verwendet wurde.

Sicher scheint nur zu sein, daß das Scheibenrad nie in einer Form verwendet wurde, in der es sich an einem Ende der starren Achse frei gedreht hätte. Das Speichenrad hingegen wurde so benutzt, daß es sich frei an Radachsen drehte, die von früher Zeit an entweder am Achsende befestigte, spitz zulaufende Metallstäbe oder aber die spitz zulaufenden und von einer Metallhülse umgebenen Achsenden selbst waren. Nur unabhängig sich drehende Räder, praktisch auch Speichenräder, ermöglichten ein Kurvenfahren in schnellerem Tempo, da sie ein Differential unnötig machten. Sobald die Entwicklungsprobleme von einer im Schrittempo eines Ochsen fahrenden Karre zu einem Wagen, der von Pferden im Renntrab gezogen werden konnte, überwunden waren, war der Weg frei für den Beginn einer zweiten Wanderungsphase des Pferdes als Haustier.

Ausgehend von einem zwischen dem Kaspischen Meer, dem Schwarzen Meer, dem Mittelmeer und dem Persischen Golf liegenden Zentrum verbreitete sich gegen 2000 v. Chr. die Wagenkultur in alle Weltgegenden, vor allem aber ostwärts über Persien nach Indien. Dann kam sie zuerst südwärts über Syrien nach Ägypten, dann westwärts über Anatolien nach Griechenland und das übrige europäische Mittelmeergebiet, und zugleich nach Nordwesten rund um das Schwarze Meer nach Osteuropa. So bescherte sie dem Europa nördlich der Alpen eine in vielen äußerlichen Einzelheiten von der »antiken« Mittelmeerwelt verschiedene, mit ihr ideologisch jedoch darin identische Wagenkultur, daß sie eine soziale Klasse von »Helden« voraussetzte, deren natürliche Funktion es war, den Wagen zu lenken und das Langschiff zu steuern – und die Produktionsmittel zu besitzen, nicht aber unbedingt, damit zu operieren.

10. Mittelalterliche Buchillustration: König Richard II. bricht zu einem Zug gegen Irland auf.

11. Grab der chinesischen Shang Dynastie (etwa 1523–1028 v. Chr.), die früheste Periode der chinesischen Geschichte, in welcher der Wagen eine führende Rolle spielte. Die Art der Bestattung in ritueller Anordnung der Pferde- und Menschenleichen ist die gleiche wie in Mykene (Bild 88).

Am wenigsten wissen wir darüber Bescheid – und das wäre doch eine faszinierende Frage –, auf welche Weise der Wagen und alles, was äußerlich und ideologisch dazu gehörte, zu sehr früher Zeit nach Nordchina gelangte. Gräber der Shang-Dynastie, etwa 1500 v. Chr., enthielten Wagen mit Speichenrädern, vollständigen Geschirren, Waffen und den Gebeinen des Wagenlenkers und des Gespanns, bei denen die Techniken des Wagenbauers und des »Bestatters« identisch mit den im mykenischen Griechenland verwendeten Methoden erscheinen. Zur Zeit, da diese Beerdigungen erfolgten, wurde von Kikkuli, dem Mitannier, in der Hethiterstadt, dem heutigen Bogazköy, die berühmte Abhandlung über die Ausbildung und Haltung von Wagenpferden für das Streitwagenkorps der Hethiter geschrieben.

Die besterhaltenen Exemplare, die wir besitzen, sind die abmontierten und in der Vorkammer von Tut-ench-Amuns Mausoleum aufbewahrten Streitwagen. Sie sind sehr leicht und zart gebaut, am ehesten mit den Sulkys auf einer modernen Trabrennbahn zu vergleichen. Da es keine vergleichbaren Exemplare in ebenso gutem Zustand gibt, wissen wir nicht genau, wieweit die ägyptische Bauform und die Kunstfertigkeit der Ausführung jene von anderen europäischen und asiatischen Ländern übertraf. Wir können jedoch deutlich zwei verschiedene Modelle des »westlichen« Streitwagens erkennen: der eine war im gesamten Mittelmeerraum üblich; er war hinten offen und der Lenker hatte vor sich ein Spritzbrett, während der andere, mit halbrunden Seitenwänden aus Flechtwerk ausgestattet, vorn und hinten offen war. In diesem saß der Lenker auf der rechten Seite auf dem Boden, die rechte Schulter an das Flechtwerk und die Füße gegen die Deichsel gestemmt. Das war das »keltische« Modell, das überall nördlich der Alpen und wahrscheinlich einige Zeit hindurch auch zwischen Alpen und Po verwendet wurde.

Die meisten Besatzungen von Streitwagen bestanden nur aus zwei Mann, dem Lenker und dem Kämpfer, der in Westasien ein Bogenschütze sein konnte, in Europa jedoch ein Speerwerfer war. In den Mittelmeerländern war der Lenker seinem Passagier rangmäßig untergeordnet. In der keltischen Welt jenseits der Alpen war es der Fürst, der lenkte, und der Untergebene, vielleicht sein Bruder oder ein anderer naher Verwandter, fungierte als Kämpfer. Der Kämpfer trug einen Schild am linken Arm, und das war in der keltischen Welt sein einziger

Schutz außer mitunter noch ein Helm, denn man focht nicht nur ohne Rüstung, sondern nackt. In den klassischen Ländern dagegen trugen die Wagenkämpfer Rüstungen. In manchen Ländern des Mittleren Ostens, z. B. bei den Hethitern und den Assyrern, gab es mit drei Mann besetzte Streitwagen. Dazu war ein größeres Fahrzeug erforderlich, und die an assyrischen Monumenten sichtbaren Streitwagen mit großen Rädern von fast eineinhalb Meter Durchmesser waren für diese verstärkte Besatzung bestimmt.

Streitwagen wurden nur in Massen, ganze Abteilungen zusammen, von Assyrien, Ägypten und einigen anderen Militärmächten Westasiens verwendet, weil sie nur in ebenem Gelände wirklich durchschlagkräftig sein konnten. Schon ein sehr geringfügiges Hindernis, etwa ein Graben oder ein Damm, brachte sie zum Stehen. Ihre Leistung beim Bergauffahren war im allgemeinen wenig eindrucksvoll, weil dabei die atemdrosselnde Wirkung des Pferdehalsriemens zu stark wurde. Bergab war die Wirkung noch schlimmer, wenngleich anders: es gab kein Hinterzeug am Geschirr, nichts um zu verhüten, daß der Wagen das Gespann überrollte. Wäre der Gurt hinter der Schulter nicht gewesen, so hätte das Gewicht des Wagens das Joch über die Ohren der Pferde nach vorn gestoßen. Und manche Wagengespanne hatten nicht einmal einen Gurt. Die Zunahme der Festungen auf Bergspitzen in der europäischen Eisenzeit erreichte etwa zur Zeit der römischen Invasionen Britanniens ihren Höhepunkt. Sie zeigt, daß die Militärtechnik selbst der barbarischsten Völker durchaus imstande war, Bollwerke zu errichten, die vor Streitwagen sicher waren.

Diese dem Streitwagen innewohnenden Beschränkungen machten ihn zuerst in Westasien, dann im europäischen Mittelmeergebiet und schließlich nördlich der

12. Zerlegte Streitwagen aus dem Grab Tut-ench-Amuns.

Alpen zu einer veralteten Kriegswaffe. In Spanien scheint er, von den Keltiberern über die Pyrenäen eingeführt, nur schwach Fuß gefaßt zu haben und auf das galicisch-asturische Gebiet beschränkt geblieben zu sein. Er wurde überall, zuletzt in Irland, durch berittene Kavallerie abgelöst. Als Sport jedoch hielten sich die Wagenrennen, ursprünglich bei Totenfeiern, wie sie Homer schildert, zum Beispiel in Byzanz bis zum zehnten Jahrhundert n. Chr. Siegreiche Feldherren fuhren bei offiziellen Triumphzügen in Streitwagen, als die Römer die Wagen längst nicht mehr im Krieg verwendeten. Römische Beamte auf ihren Reisen durch das ganze Reich benutzten das Netz der Gespanne mit Pferdewechsel in regelmäßigen Abständen und fuhren dabei in jenen Streitwagen.

DAS ZEITALTER DES REITERS

In den mehr als vier Jahrhunderten ihres Bestehens veränderte sich die kaiserlich-römische Armee von einer in der Hauptsache aus Infanterie bestehenden Streitmacht (der Legion, von der es anfänglich nur eine gegeben hatte) zu einer vorwiegend aus Kavallerie bestehenden, bei der die Infanterie nur für Sondereinsätze bei Belagerungen beibehalten wurde. Diese Veränderung ergab sich aus der Natur des Feindes, dem sie an den Grenzen gegenüberstand. Alle jene orientalischen Gegner, die wie die Parther und Persern den Römern wirklich vernichtende Niederlagen auf dem Schlachtfeld zufügten, ja sogar einen Kaiser gefangennahmen, waren Reiterheere, zumeist berittene Bogenschützen. Die einzige wirksame Gegenwehr war mehr und möglichst bessere Kavallerie. Auch im Westen, an der Donau- und Rheingrenze, erschien der Feind mit der Zeit in immer höherem Maße beritten. In dem ständig sich ändernden Kaleidoskop germanischer Stämme zwischen dem Teutoburger Wald und der Weichsel schien es nur einen konstanten Faktor zu geben, der sich generationenlang erhielt. Die Stämme, welche den Römern zu Tacitus' Zeiten entlang des *limes* gegenübergestanden hatten, wie die Bataver, Cherusker, Alemannen, Markomannen, Semnonen, Sugambrer, Ubier, Chatten, wurden allmählich an der Grenze durch andere abgelöst. Diese kamen aus dem Osten: Vandalen, Goten, Lombarden und Burgunder. Sie waren lange die Nachbarn der wandernden Steppenreiter gewesen und hatten von ihnen viel auf dem Gebiet der Reiterei gelernt, sowohl im Reiten als auch im Bauen, Fahren und Lenken von Wagen mit Überlandgeschwindigkeiten, wie sie sich der römische Ochsenkarrenlenker mit seiner schwerfälligen, unlenksamen *plaustra* mit der starren Nabe gar nicht vorstellen konnte. Nur das Bogenschießen aus dem Sattel erlernten diese Pferde-Germanen nicht. Wenn sie diese Waffe in Verbindung mit ihren berittenen Schwertfechterschwadronen verwenden wollten, mußten sie sich entweder mit Völkern wie den Sarmaten, den Alanen oder Hunnen verbünden oder sie, wie es die Römer taten, als Söldner verwenden.

Die Änderung der Lebensweise läßt sich aus der Kleidung erklären: die letzten Konsuln der Republik und die ersten Kaiser trugen im Zivilleben eine Toga und im Krieg einen aus Leder- und Messingstreifen bestehenden Kurzrock und genagelte Sandalen, eine Infanterie-Uniform. Die letzten Kaiser, ob wirkliche Herrscher oder Marionetten germanischer Feldherren, trugen die ganze Zeit Stiefel und Reithosen. Das mußten sie, um zu überleben.

Ich schreibe hier keinen militärgeschichtlichen Essay, aber die Geschichte der Pferde und der Reiterei ist an gewissen Stellen durch militärische Faktoren bedingt, und darunter ist dies der bedeutungsvollste. Der Kampfstil zu Pferde, der für Westeuropa als »ritterlich« typisch wurde, die verwendete Ausrüstung und der dafür notwendige Pferdeschlag – das alles wurde ursprünglich in Erwiderung der Herausforderung durch die berittenen Bogenschützen entwickelt, welche die Steppen durchstreiften. Für die Gefechte zwischen klassischen westlichen Heeren der Antike war das Konzept eines gepanzerten Reiters nicht unerläßlich. Der westliche Reiter der Römer- oder der nachrömischen Zeit aber, der praktisch ohne Schleuderwaffe kämpfte, konnte nicht hoffen, an den orientalischen Feind heranzukommen, wenn er nicht zumindest ein pfeilsicheres Panzerhemd und einen festeren Schild trug als die schwache Ledertartsche, welche die meisten »römischen« (in der Praxis meist spanischen) Hilfstruppen ursprünglich getragen hatten. Die Entwicklung von dem römischen Panzersoldaten (Kataphrakt) zum mittelalterlichen Ritter war ein sehr allmählicher Prozeß, der im wesentlichen durch die Annahme einer barbarischen Methode nach der anderen gekennzeichnet wurde; doch der Schild war lebenswichtig längst bevor der Kampf aus dem Zusammenstoß der gegnerischen Lanzenträger bestand. Im Zeitalter der Streitwagen hatte es ein aus Lenker und Kämpfer bestehendes Zwei-Mann-Team gegeben; nun bildete es der Handhaber der Waffe (*armiger* – Ritter) und der Schildträger (*scutifer* – Junker).

Es ist ein bedrückendes Merkmal für das frühe Mittelalter, mit welcher Selbstverständlichkeit Heere kreuz und quer durch Europa marschierten, lange nachdem der

13. Teil des Wandteppichs aus Bayeux, der den Sieg der Normannen in der Schlacht von Hastings im Jahre 1066 darstellt. In 200 Jahren wurden aus den Nachkommen von Wikingern normannische Könige, die französisch sprachen und militante Christen waren. Die Nachkommen anderer Wikinger bildeten die herrschende Oberschicht der anglo-dänischen Monarchie in England, die in ihrer insularen Art lieber zu Fuß kämpften und konservativ im Wikingerstil eine zweihändige Streitaxt schwangen. Da das Pferd für den Künstler keine religiöse Bedeutung mehr besitzt, zeichnet er es eher realistisch im Vergleich zu den menschlichen Gestalten. Man beachte, daß die Lanzen immer noch über der Schulter gehalten werden.

katastrophale Zustand der Straßen und Brücken sie und die Zivilisten gleichermaßen jeder Transportmöglichkeit auf Rädern beraubt hatte. Auf provinzieller Ebene sehen wir das im fünften Jahrhundert in Britannien, am Piktenwall, dem verfallenen Grenzposten der römischen Provinz Gallien. Südlich des halbzerstörten Grenzwalls ritten die Schwadronen halblegendärer römisch-britannischer Reiterführer wie Ambrosius Aurelianus, Maxen Wledig, Uther Pendragon, Arthur von Britannien gegen die Sachsen zur Rechten und die Iren zur Linken zwischen den ausgebrannten Städten Albions, nun verbunden durch verfallene, mit Schlaglöchern übersäte Wege, welche einst erstklassige, für die schnellen Postkutschen des kaiserlichen Botendienstes geeignete Straßen gewesen waren. Für den mittelalterlichen Menschen werden diese Streiter ohne besondere Anstrengung zu »Rittern«. Uns erinnern sie eher an die Nachfolger der Kommandeure solcher Einheiten wie der *Ala Prima Flavia Augusta Britannica*. In gewissem Sinn waren sie beides; das eine verschmilzt nach und nach in dem anderen.

Erst nach der Zeit Karls des Großen war die asiatische Erfindung des Steigbügels endlich weitgehend von den Awaren übernommen worden – wieder eine Welle von berittenen Bogenschützen aus denselben Steppen, die früher einmal die Skythen und die Hunnen ausgespien hatten. Jetzt bekam der Ritter seine endgültige Form als gepanzerter Lanzenträger, das heißt als Reiter, der nicht nur einen Speer trug (das war nichts Neues), sondern ihn, unter die Achsel geklemmt, mit der vollen Stoßkraft des Pferdes dahinter, verwendete. Das erfordert Steigbügel und auch einen Sattel von besonderer »Stuhl«-Form. Aus ihm konnte man ebenso schwierig geworfen werden wie sich daraus lösen, wenn das Pferd stürzte. In der Normandie, einem der klassischen Länder des Rittertums, war diese Entwicklung erst nach der Schlacht von Hastings abgeschlossen. Wir sehen auf dem Wandteppich von Bayeux, daß die Normannen einen offenbar sehr leichten Speer mit der Handfläche nach unten verwenden, auf Sätteln, die noch nicht die auf den Bildern des zwölften Jahrhunderts ersichtlichen, das Becken stützenden Hinterpauschen aufweisen.

Das spezialisierte Kriegsroß ist jedoch schon vorhanden, und es ist nicht bloß ein Transportmittel, ein »Taxi zum Schlachtfeld« wie zuvor für die angelsächsische Leibwache. Es ist mit vorstehenden spitzen Nägeln beschlagen, und das taktische Ideal besteht darin, »den Feind zu überwältigen«. Abgesehen von Schwerthieb und Speerstich ist das Ziel, die gegnerische Infanterie niederzutrampeln – und je schwerer das Pferd ist, desto wirkungsvoller wird es trampeln. Nun ist das Pferd eine Waffe. Das ist der wahre Grund für den mächtigen Bau des Streitrosses oder Angriffspferds für die Ritter der vorderen Linie, das und die Tatsache, daß der Anprall desto härter ist, je mehr Gewicht hinter der Lanzenspitze eingesetzt wird. Die Pferdezüchter der Zeit Eduards I. zum Beispiel züchteten so massige Pferde nicht nur, damit sie das Gewicht der Panzerung (das von modernen Schriftstellern stark übertrieben wurde) tragen konnten. Sie wußten ebenso gut wie wir, daß ein Pferd kein Fleischberg zu sein braucht, um schwere Lasten tragen zu können; dafür genügen kurzer Rücken, harte Knochen und gesunde Gelenke (tatsächlich wird der Weltrekord für Lastentragen von einem Vollblut gehalten). Künftig ist die westliche Gesellschaft mit einer besonderen Pferdeart ausgestattet und lange Zeit durch sie belastet. Für sie gibt es keine andere Verwendung als das Tragen von Panzern, nicht im Zivilleben und nicht beim Militär. Dieses Pferd macht eine Menge Hilfspferde notwendig, vom Lastpferd für das Gepäck und dem Reitpferd, das der Ritter reitet, wenn er nicht kämpft, bis zum *Cob*, das der Junker ständig reitet, und dem Renner für Eilboten und manchmal nur für Herolde.

Diese durch ihre Verwendung bestimmten Pferdetypen hatten durch lange Zeit ihre Nachfolger. Das Last- oder Saumpferd änderte sich von einem Packsattelträger zu einem Pferd, das Wagen zog, aber diese Veränderung war (z.B. in Nordengland) erst Ende des 18. Jahrhunderts abgeschlossen. Aus dem Renner wurde allmählich ein Rennpferd. Der Cob war ein kleines, gedrungenes und das von all diesen Pferdearten im großen und ganzen nützlichste Pferd. Sogar zur Zeit des Feudalismus waren seine Verwendungsmöglichkeiten in Krieg und Frieden gleich mannigfaltig. Im 19. Jahrhundert wurde es besonders als Wagenpferd verwendet, im 20. wieder allgemein als Reitpferd. Der Hackney war im Mittelalter wie der Cob ursprünglich ein trabendes Pferd, für den Militärgebrauch jedoch nicht kräftig genug, das heißt nicht fähig, einen halbgewappneten Mann unter Feldzugsbedingungen zu tragen. Es konnte aber schnell sein. Der Hackney wurde seit dem Mittelalter als trabendes allgemeines Gebrauchspferd geritten, nicht gefahren, bis solche Fahrzeuge wie Gigs, leichte Zweiradwagen, im Zeitalter der Makadamstraßen allgemein verwendet wurden. Dann wurde es als Wagenpferd spezialisiert und bekam durch Züchtung anatomische Merkmale, die seine Rückumwandlung zum Reitpferd heute fast unmöglich machen. Die längste Geschichte hat jedoch der Zelter aus der Feudalzeit hinter sich. Sein Schicksal ist überaus seltsam, denn er hat aufgehört, dem Rittertum anzugehören. Er ist dem Wesen nach ein Pferd des Westens; sein Gang und die Art, es zu reiten, waren ein Vermächtnis des Wagenzeitalters. Wegen der durch das alte Geschirr mit Joch und Halsriemen aufgezwungenen Beschränkung galoppierte das Wagengespann nicht mit gestrecktem Hals, sondern trabte wie moderne Trabrennpferde vor dem Sulky mit hochgehaltenem Hals und der als »Sterngucken« bekannten Kopfhaltung. In der Antike gab es keine Unterscheidung zwischen Reit- und Wagenpferdetypen, und die Westeuropäer saßen weit hinten, mit stark nach vorn geneigten Beinen und ohne Steigbügel auf dem Pferd. Die ganze Technik einschließlich des Gebrauchs der Hände erinnerte eher an die des Wagenlenkers, nach dem sie sich richteten, als etwa an die des berittenen parthischen Bogenschützen. Der *palefridus* ging entweder im Paßgang, bei dem beide Beine auf jeder Seite zusammen vorgesetzt wurden, oder im unregelmäßigen Schritt, am besten durch die amerikanische Bezeichnung »Laufschritt« beschrieben, bei dem alle Beine nacheinander unabhängig bewegt werden. Ein Pferd lief in einem dieser Gänge im Schrittempo (im Fall des *palefridus* Paßgang

14. Der Zelter in einer Darstellung Rembrandt. Das Reisepferd der wohlhabenderen Schichten war wegen seines leichteren Schrittes ein ideales Transportmittel für Kranke oder Verwundete. (»Der gute Samariter«, 1633.)

genannt) bis zu dem, das einem Galopp gleichkam. Es beschleunigte sein Tempo von etwa fünf bis auf dreißig Stundenkilometer, ohne aus dem Schritt zu kommen oder den Gang zu wechseln.

Bis zum Ende des 17. Jahrhunderts wurden solche Pferde in ganz Westeuropa von allen, die sie sich leisten konnten, für alle friedlichen Zwecke wie Reisen, Jagen und die Falkenjagd verwendet. Das Zureiten dieser »leicht gehenden« Pferde, wie man sie nannte, eine heute in Europa vergessene Kunst, ließ sich nicht einfach oder schnell durchführen. Hingegen konnte das Reiten auf diesen Pferden leicht erlernt werden und erforderte nie den umständlichen Unterricht durch Reitlehrer. Das Verschwinden des Zelters im Westen hängt mit dem Niedergang der Falkenbeize, der Erfindung der Kutsche und der Verbesserung des Damensattels zusammen, der nun auf einem trabenden Pferd elegant und ohne Unannehmlichkeit für die Reiterin benutzt werden konnte. Heutzutage hat der Durchschnittsreiter oder die -reiterin in England, Frankreich, Deutschland oder Italien keinen Begriff davon, was ein Zelter war. Das gilt auch für Irland oder den größten Teil von Spanien, wo jahrhundertelang die allerbesten Zelter gezüchtet wurden. Es gibt sie noch unter verschiedenen Namen in einer Anzahl von Überseeländern, die von Europäern besiedelt wurden, bevor die Paßgang/Tölt-Tradition ausstarb: von Island mit seinen *tjaldari* über die *Tennessee Walking Horses* und amerikanischen Sattelpferde der Südstaaten bis zum *Paso Fino* auf den Kariben, dem *Caballo de Paso* in Peru und dem *Boereperd* in Südafrika*).

In Teilen Nordspaniens und auch in angrenzenden portugiesischen Bezirken werden noch immer solche »leicht gehende« Pferde weder für Trab noch für Galopp gezüchtet und zugeritten, ganz im Gegensatz zu Südspanien, der Heimat des andalusischen Pferdes, das im Trab oder im Galopp geht. Der Andalusier des Mittelalters war dem Wesen nach ein *dextrarius*, das Angriffspferd des Ritters. Alle Ritter der Iberischen Halbinsel ritten einen Andalusier oder ein möglichst nahverwandtes Halbblut. Außerhalb des spanischen Gebiets bis zum anderen Ende des Mittelmeers war der Andalusier das Luxus-Streitroß, das von der Normandie bis nach Zypern Spitzenpreise erzielte. Wilhelm der Eroberer ritt einen bei Hastings: das konnte keiner in seinem Heer sich leisten. Kein anderer hätte ein solches Tier den Fährnissen einer Kanalüberquerung und den Breitäxten der Leibwache ausgesetzt. Die Bedingungen der Kriegführung zur Zeit des Cid Campeador unterschieden sich in dessen Heimat sehr von denen des Fränkischen Reichs im Osten. Nicht zuletzt weil der »dreckige Heide« in Form des Mauren ein leichter Reiter war, jedoch nicht in erster Linie ein Bogenschütze, war der spanische Hidalgo weniger schwer bewaffnet als sein französisches oder bayerisches Gegenstück. Er fand es unbedingt nötig, einem Feind gegenüber, der praktisch keine Infanterie einsetzte und im Reiten übertroffen werden mußte, möglichste Beweglichkeit zu bewahren. Wenn auch der edle Andalusier durchaus imstande war, die ganze Panzerung zu tragen, die ihm später aufgebürdet wurde.

Eine andere Mittelmeerzucht gewann fast ebenso viel Respekt und erzielte beinahe ebenso hohe Preise wie der Andalusier: Das war das lombardische Pferd aus der Poebene. Es ist heute völlig verschwunden. Mit dem spanischen Pferd zeigte es nur wenig Ähnlichkeit. Nach den Abbildungen durch die besten Pferdemaler des 14. Jahrhunderts (aber wir wissen natürlich nicht, wie stark sie idealisierten) scheint der Lombarde ein Äußeres von »hoher Blutlinie« gehabt zu haben, davon abgesehen jedoch den gleichen derben und massiven Bau wie das durchschnittliche Streitroß überall bei den Christen nördlich der Pyrenäen. Es war zumeist der »Andalusier des armen Ritters«, der ganz schwarze Friese mit seiner eindrucksvollen Front – »Präsenz«, wie man es nennt –, die das Tier größer wirken ließ, als es eigentlich war. Es war hervorragend lenksam und brauchbar, aber sogar gemessen an den damaligen bescheidenen Anforderungen ohne jede Schnelligkeit. Die übrigen stammten alle aus dem heimischen Schlag des Nordsee-Ärmelkanal-Gebiets, das sich von Jütland bis zur Bretagne erstreckt, oder aus dem Rheinland und dem Donautal. Das waren die Vorfahren der modernen Noriker, Pinzgauer, Holsteiner, Ardenner, Boulonnaiser und Percherons. Im Sinne der ursprünglichen Wildpferderassen stammten alle in verschiedener Proportion von den oben beschriebenen Typen Pony II und Pferd III ab.

Das Paradepferd war nicht nur eine Waffe, sondern in seinem anderen Aspekt als Hohes Roß ein Befehlsstand oder ein beweglicher Thron. Das war die Eigenschaft, in der es sich am längsten hielt und auch am frühesten in den Bestrebungen der Herrscher auftauchte. Viele Bilder aus dem frühen europäischen Mittelalter zeigen Könige und Fürsten in Deutschland und Skandinavien auf Pferden, die – unter Berücksichtigung der damaligen künstlerischen Konventionen (die Züge der frühen Wikingerzeit) – an ihrem Körperbau glaubhaft erkennbar sind, deren Größe jedoch reine Phantasie ist. Sie steht in keinem Verhältnis zu den in den Gräbern der gleichen Zeit in der gleichen Gegend gefundenen Pferdeknochen, auch zu keinen der modernen Pferderassen, außer die Reiter wären Zwerge gewesen. Es sind Wunschbilder von Tieren, wie sie jeder germanische Herrscher zu züchten, kaufen, leihen oder stehlen hoffte, und sie sind um gute

*) Die Reitkunst ist nicht nur in Lateinamerika, sondern auch in den westlichen Vereinigten Staaten fast ganz iberischen Ursprungs. Sie ist aber eine Mischung der beiden Traditionen aus Norden und Süden, etwa der galicischen und der andalusischen. Die Westernfilme sind diesbezüglich realistisch genug, um uns dann und wann ein Pony zu zeigen, das im mittelalterlichen Stil im Zeltergang geht.

15. Der Stein von Hornhausen, Ostdeutschland. Das Reittier des sächsischen Barons ist auf diesem Relief um gut vierzig Zentimeter höher als in Wirklichkeit.

vierzig Zentimeter höher, als die Pferde damals wirklich waren.

Der König konnte als Heerführer von seinem Hohen Roß über die Köpfe von Freund und Feind das ganze Schlachtfeld überblicken. In seiner Eigenschaft als schier märchenhafter Herrscher konnte er sogar von dem geringsten seiner Untertanen in der hintersten Reihe gesehen werden. Die Prozessionsfunktion des Pferdes an sich war im weltlichen wie im religiösen Zusammenhang stets von Bedeutung. Das erste Pferd, von dem bekannt ist, daß es in Ägypten etwa um 1750 v. Chr. gehalten wurde, wurde weder geritten noch vor ein Gefährt gespannt, sondern nur in der Prozession geführt. Dabei trug es ein kunstvoll geschmücktes, nicht für den praktischen Gebrauch bestimmtes »Geschirr«. In manchen Religionen wurde das Götterbild auf einem Pferd umhergeführt, in anderen ritten die Priester, welche den Gott darstellten, auf heiligen Pferden. So war denn der Platz des Königs auf dem Rücken des Pferdes, und sei es nur wegen des priesterlichen Ursprungs seines Amtes. Und was der Monarch tut, muß auch der Adel auf einer seinem Rang gebührenden Stufe tun. So entstand das Paraderoß mit der einzigen Funktion, Majestät zu betonen. Was das Paraderoß vor allem braucht, ist Präsenz; Höhe und die richtige Kopfhaltung sind von erster Wichtigkeit, Geschwindigkeit ist nebensächlich. Das Pferd muß, wie man im 16. Jahrhundert sagte, bei leisester Berührung »folgsam« sein, aber auch imstande, sein Feuer zur Schau zu stellen. Solche »große, tänzelnde Pferde« sind vielleicht schwer zu finden, aber die Suche wird durch den Umstand erleichtert, daß sie nicht von gutem Atem zu sein brauchen. Viele körperliche Zustände, die sich bei normaler Arbeit als Lahmen zeigten, würden auch in dem kurzen Zeitraum, währenddessen das Paradepferd sich produziert, nicht zum Vorschein kommen. So hielten sich zum Beispiel einige der wohlhabendsten Kriegsherren der Periode Marlborough – Prinz Eugen – Turenne ein Streitroß, das sie nie auf dem Schlachtfeld oder bei Märschen ritten, sondern nur gelegentlich eines eindrucksvollen Einzugs in eine eroberte Stadt.

Ein wenig beachteter Nebenumstand der Reformation in England und in Ländern etwa der gleichen Breiten war die katastrophale Auswirkung für das Maultier. Es war seit der Zeit Karls des Großen in wachsendem Maß das Reittier der hochrangigen klösterlichen wie auch der Weltgeistlichen geworden. So wird z.B. der Mönch in Lydgates aus dem 15. Jahrhundert stammender Fortsetzung der *Canterbury Tales* von dem Illustrator selbstverständlich auf einem Maultier reitend dargestellt, während ihm Chaucer einen Zelter gegeben hatte. Zu diesem Zweck wurden hochwertige Maultiere gezüchtet; Kardinal Wolsey besaß ein prachtvolles Paar. In protestantischen Ländern gab jedoch der neue hohe Klerus diese Sitte auf, und keine hochgestellten Persönlichkeiten ritten Maultiere, so daß keine mehr gezüchtet wurden. Einige Jahrzehnte lang gab es noch vereinzelte Exemplare; denn das Maultier ist ein langlebiger Pferdebastard. Doch mit Ende des 16. Jahrhunderts war das »Parademaultier«, vom Mittelmeergebiet abgesehen, aus Europa verschwunden. Warum die Mode des Maultierreiters irgendwann unter dem katholischen Klerus (nicht bei den Russisch-orthodoxen) so weitverbreitet war, ist unklar. Es war nur eine Mode, die nirgends durch das kanonische Recht vorgeschrieben wurde und die dem biblischen Einfluß zugeschrieben werden muß. Vielleicht herrschte die Ansicht, daß das von den gesalbten Königen Israels und Judas bis zu Salomons Zeiten und noch später verwendete Reittier für die geistigen, wenn auch nicht für die weltlichen Führer der christlichen Gemeinden angemessen war.

Die Geschichte des Maultiers gehört eigentlich eher zu der des Esels als zu der des Pferdes. Hier wollen wir nur anmerken, daß sie mit zu unserem Thema gehört, weil in Südeuropa und im Nahen Osten, wo Maultiere verfügbar waren, gewisse Pferdearten, deren Arbeit ebenso gut oder besser durch Maultiere besorgt werden konnte, sehr spärlich oder überhaupt nicht vorhanden waren. Solche Arbeiten reichen vom Pflügen und sehr schwerer Zugarbeit bis zu der des eleganten Stadthackneys, der den Damensattel im »sanften Paßgang« trägt.

Ausschließlich mit dieser Funktion des Pferdes – was Skelton »Magnifizenz« nannte – befaßten sich die Reitkunsttheoretiker und praktischen Instruktoren der Renaissance zumindest bis zur Zeit des Herzogs von Newcastle. Erst allmählich im 18. Jahrhundert ließ sich ihr erklärtes Vorhaben zu praktischeren Zielen herab, und bis ganz zum Ende steht noch ein gewisser Bestandteil des ursprünglichen Vorhabens, nämlich ein geziemender Hintergrund für die *bella figura,* unter den inoffiziellen Zielen für den Absolventen der klassischen Reitkunstakademien.

Es gibt spärliche Beweise aus den frühesten Zeiten der

16. Rekonstruktion des Wandteppichs aus dem Wikinger-Schiffgrab Oseberg, Norwegen, aus der ersten Hälfte des neunten Jahrhunderts. In der späten Geschichte des norwegischen Heidentums werden Pferde in einer religiösen Prozession von Priestern geritten und gefahren; sie sind weit über lebensgroß, wahrscheinlich weil sie heilig sind. Im Gegensatz dazu sind Sattelzeug und Geschirr realistisch dargestellt.

europäischen Reiterei für eine gelenkigere, anstrengendere Form des Schaureitens. Sie war vielleicht tatsächlich der Hauptzweck, für den das Pferd im Westen aus dem Wagenjoch befreit und geritten wurde. Das Schaureiten scheint ursprünglich religiös gewesen und, wie das Pferderennen, mit Leichenfeiern in Zusammenhang gestanden zu sein. So zeigen zum Beispiel skandinavische Felsenbilder aus der Bronzezeit menschliche Gestalten, die auf Pferderücken Handstände und akrobatische Übungen vollführen. Bis in die Zeit des Procopius gibt es Beweise für Vorführungen solcher nicht zweckgebundener Reiterkunststücke bei den Goten - vielleicht bedeutsamerweise - durch königliche Personen. Das Endprodukt dieser Reitkunst ist natürlich der Zirkus. Die modernen Erben von Newcastle und Pluvinel, Praktiker der klassischen Hohen Schule, weigern sich vielleicht, irgendeine Beziehung zu ihren entfernten Verwandten von Kolophonium und Sägemehl anzuerkennen. Doch sie besteht immerhin: Beide haben ihren Ursprung in dem gleichen religiösen Aspekt der Reiterei in den Anfängen unserer Geschichte.

Die beinahe religiösen Ursprünge des Pferderennens sind aus dem Homerischen Beispiel fast zu sehr bekannt, als daß man sie hier zu erwähnen brauchte. Der Zusammenhang von Begräbnisriten und Pferden war von langer Dauer. Seine letzten Spuren lassen sich noch bei den *pompes funèbres* in Gala finden, die für hervorragende Persönlichkeiten - allerdings in immer weniger Ländern des Ostens und Westens - abgehalten werden. Das Vermächtnis des besten Pferdes eines großen Mannes an die Kirche, ein Überbleibsel der ursprünglichen Weihe für einen heidnischen Gott durch ein Bestattungsopfer, war bis zur Reformation und auch noch später ein Merkmal englischer Testamente. In manchen Ländern war das Pferderennen eine Einrichtung, durch die das Vermögen des Verstorbenen aufgeteilt wurde, nicht unbedingt unter seinen Verwandten, wie König Alfreds Bericht über die damaligen Gebräuche in den baltischen Ländern bezeugt.

17. Die Reitkunst, die auf die italienische Renaissance zurückgeht, ist mit der Zirkustradition verbunden, wie sie von Goya in dieser Radierung eines seiltanzenden Pferdes dargestellt wird. (»Die Zirkuskönigin« aus »Proverbios«, Nr. 20.)

Das Pferderennen überlebte die Ankunft des Christentums einzig dadurch, daß es sich auf das Feld der reinen Belustigung zurückzog. Es dauerte lange, bevor es die Feierlichkeit wiedergewann, mit der es der Jockey Club in unserer Zeit überall in der Welt ausgestattet hat. Die bloße Existenz von Vereinen mit Titeln wie *El Turf-Club de Guatemala* erinnert uns erstens an die Zusammenziehung und Verschmelzung gewisser Pferderassen in England, aus denen das allgemeine Rennpferd hervorging, und dann an die Wiederverbreitung des »Vollbluts«, wie wir, oder des »Englischen Vollbluts«, wie andere Nationen es nennen, über alle Kontinente.

Es ist eine lange und reichlich belegte Geschichte, von der aber doch wesentliche Teile fehlen und nie wieder gefunden werden können. Sie beginnt mit dem allmählichen Zusammenbrechen der türkischen Macht und ihrem Rückzug auf einen viel kleineren europäischen Brückenkopf zu Anfang des 18. Jahrhunderts. Die Türken waren die letzten der berittenen Bogenschützen, die aus Asien kamen, die Erben einer langen Reihe berittener Eindringlinge. Sie reicht zumindest bis zu den Zeiten der skythischen Angreifer im ersten Jahrtausend v. Chr. zurück. Es wäre ein Irrtum anzunehmen, daß all diese Bogenschützen rassen- oder sprachenmäßig verwandt waren. So zeigen zum Beispiel die guterhaltenen menschlichen Überreste in den Hügeln des Altai-Gebirges bei Pazyryk, Denkmal einer völlig um das Pferd als Mittelpunkt aufgebauten Kultur aus dem fünften Jahrhundert v. Chr., die größte physische Mannigfaltigkeit bezüglich der Volkszugehörigkeit. Die zahlreicheren Pferdeüberreste dagegen sind alle von einem Schlag, wenngleich verschiedener Qualität. Es war einfach so, daß eine gemeinsame Lebensweise – die des berittenen Viehzüchters – allen Stämmen, die seinem Zauber verfielen, die gleiche soziale Struktur aufzwang. Dem Außenstehenden fiel an ihren Mitgliedern jahrhundertelang das gleiche Aussehen auf: Sie trugen Hosen, hatten langes, fettes, glatt zurückgekämmtes Haar und Walroßschnurrbärte. Sie wurden in ihren Wagen gezeugt und geboren, trugen kostspielige, ein wenig fettige Pelze, waren rauschgiftsüchtig und rochen nach saurer Stutenmilch. Mit breiten Schultern, kräftigen Armen und gewölbter Brust, schmalen Hüften und O-Beinen, unfähig oder unwillig, von einem Zelt zum anderen zu Fuß zu gehen, wirkten sie wie gelähmt, wenn sie absaßen. Ob sie sich Sarmaten oder Petschenegen nannten, war gleichgültig: Sie waren bloß wieder eine Schnur aus der Geißel Gottes. Sie fürchteten nur zwei Dinge – Berggeruch und den Geschmack von Seewasser.

Die letzten dieser Erscheinungen, die osmanischen Türken, unterschieden sich durch zweierlei von ihren Vorgängern. All die katastrophalen Heimsuchungen durch Mongolen, Tataren und Hunnen hatten, ob nun die Überfallenen völlig besiegt waren oder nicht, auf die gleiche Weise geendet. Wenn die Angreifer genug bekommen hatten – genug Gold, genug Wein, genug blonde Frauen, sogar genug Macht –, waren sie einfach davongezogen. Die Türken jedoch schienen bleiben zu wollen. Außerdem brachten sie etwas mit, das tödlicher war als Bogenschützenschnellfeuerkunst aus dem Sattel. Zur Zeit, als sie Konstantinopel eroberten, war ihre Artillerie um einiges besser als jede europäische. Erst als sie zweihundert Jahre später vor die Tore Wiens kamen, trafen sie auf westliche Geschütze und Artilleristen, die besser waren als die eigenen.

Der einzige Besitz, um den der Westen die Türken wirklich beneidete, waren die Pferde. Sie konnte man nur schwer durch Tausch oder Kauf erwerben, da die Türken für Geschäfte nichts übrig hatten. Türkische Pferde konnten nur als Beute oder statt Lösegeld erlangt werden. Das war unmöglich, solange die Türken in dem anscheinend endlosen Krieg an den Ufern der Donau die Oberhand besaßen. Im letzten Viertel des 17. und im ersten Jahrzehnt des 18. Jahrhunderts setzte jedoch mit dem Zurückschlagen der Türken vor Wien ein Tauwetter ein. Und als für die kaiserlichen Truppen Sieg auf Sieg bis nach Belgrad folgte, wurde der Strom erbeuteter Türkenpferde nach dem Westen größer. Die ganze Haltung der türkischen Behörden im Mittleren Osten wurde etwas weniger unnahbar und abweisend. Nun war es nicht mehr allzu schwierig, über Konsuln in Städten wie Aleppo und Algier, arabische, Berber- und Türkenpferde zu kaufen. Von diesen lebten die Berberpferde schon am längsten in Europa, da sie über Spanien hereinkamen. Das Türkenpferd dagegen, eigentlich nicht aus Kleinasien, sondern aus Turkestan stammend, war früher, wenn überhaupt, nur über ungarische oder türkische Zwischenhändler erhältlich gewesen. Diese waren nicht allzu erpicht darauf, ihre wertvollen Kriegsbeuten abzugeben. Zu diesen Pferden, die hauptsächlich Varianten des Typs III darstellten, gesellte sich nun das Kuhaylan-Pferd aus Arabien, das viele Jahrhunderte lang durch den türkischen eisernen Vorhang von Europa abgeschnitten gewesen war. Der Araber war ein fast reines Pferd vom Typ IV. Aus der Kreuzung dieser Rassen mit einem katalytischen, bodenständig britischen Element, das für den Historiker immer schwerer definierbar wird, je mehr wir über die *Royal Mares* herausfinden (und das ist wenig genug), entstand empirisch das englische »Zuchtpferd« alias Vollblut.

Jede größere europäische Macht und manche kleinere schaffte sich nun staatliche Deckhengste für die Verbesserung des inländischen Pferdeschlags durch Veredelung mit orientalischen Hengsten an. Auf dem Kontinent war das unmittelbare Ziel durchwegs die Vervollkommnung der Kavalleriepferde. Die großartige Selbstsucht der englischen Grundbesitzer und die mangelnde staatliche Führung ermöglichte es ihnen jedoch schon Mitte des 18. Jh., die ideale Rasse für ihren eigenen Gebrauch und ihre Belustigung, das ideale Renn- und Jagdpferd und später das beste Wagenpferd, ohne Rücksicht auf öffentliche Nützlichkeit, zu züchten.

In Nachahmung der preußischen Kavallerie Friedrichs des Großen fegte eine militärische Revolution durch die Heere Europas. Sie stützte sich auf die Verwendung des schnellen Pferdes mit vorwiegend orientalischem Blut, geritten von Husaren und Ulanen, deren Technik wie die der Kosaken der Kriegskunst der asiatischen Nomaden nachgeahmt war. Der Dragoner, bloß ein berittener Musketier, der seit Mitte des 17. Jahrhunderts die europäische Kavallerieszene beherrscht hatte, rückte mit seinem langsamen Tempo und seiner Vermeidung der Stoßtaktik in den Hintergrund. Die Engländer wetteiferten kaum auf diesem Gebiet und änderten schon gar nicht deshalb ihre Pferdezuchtpolitik. Aber sie besaßen bekanntlich ihre Flotte.

Nun begann die Zeit der Pferderennen und Fuchsjagden im englischen Stil sowie deren Nachahmungen. So völlig abseits von der Wirklichkeit es auch unter den modernen Landwirtschaftsbedingungen scheinen mag, vom städtischen Leben ganz zu schweigen, bewahrt das Jagdreiten als eine Art historisches Drama eine wichtige Tatsache aus der Vergangenheit des Menschen; und zwar nicht als »reiner« Jäger, sondern aus seiner Anfangszeit als Viehzüchter und Ackerbauer. Die reine Jagdwirtschaft der Früh- und Mittelsteinzeit war eine »Subsistenz«-Jagd. Bei ihr war der Mensch der gleichgestellte Rivale anderer Raubtiere, die doppelt so viele Füße

18. »Die Belagerung von Belgrad«, im Vordergrund die Explosion des türkischen Munitionslagers durch einen glücklichen Treffer der kaiserlichen Batterien. Nach dieser Schlacht wurden, wie bei anderen westlichen Siegen seit der Befreiung von Wien durch Prinz Eugen im Jahre 1683, viele türkische Pferde erbeutet; damit begann der Zustrom von orientalischen Pferden in den Westen, der die Entstehung der Vollblut- und verschiedener kontinentaler Warmblutrassen zur Folge hatte. Die europäischen Offizierspferde sind hier echt und realistisch gezeichnet, und es ist begreiflich, daß die Erbeutung türkischer Pferde willkommen war.

19.–22. Vier von den in Bewicks »Geschichte der Vierfüßler«, 1790, abgebildeten Pferderassen und -typen; (oben links) Araber, (oben rechts) Hunter, (unten links) Rennpferd, (unten rechts) Rappe.

und keine Finger hatten. Von der Jungsteinzeit an wurde die Jagd des Menschen »defensiv«. Die Hirten mußten fleischfressende Tiere jagen, die ihre Herden plünderten. Sie mußten aber auch Pflanzenfresser jagen, die der Kuh das Gras wegfraßen. Wildfleisch und Bärenfelle wurden Nebenprodukte, waren nicht mehr das Hauptziel. Auch die frühen Ackerbauer waren defensive Jäger jener Pflanzenfresser, die ihre Äcker plünderten; zu diesen gehörte auch das Pferd.

Die moderne englische Fuchs-, Hirsch- oder Hasenjagd und die französische Eberjagd sind Parabeln einer langen Periode der menschlichen Existenz. In ihr befand sich der Mensch gleichermaßen gegenüber Fleisch- und Pflanzenfressern in der Defensive und in ihr war es nicht nur das Vorrecht, sondern die Pflicht der waffentragenden Reiter, den armen, weniger beweglichen, schlechter bewaffneten und weltlich stärker beschäftigten Mitgliedern der Gemeinschaft beizustehen. Sie wurden mit der wahrhaft aggressiven Aufgabe betraut, die Gegend der tierischen und der pflanzlichen Nahrung zu berauben. Die Tatsache, daß heutzutage in Großbritannien der waffentragende berittene Jäger von Montag bis Freitag eine Stenotypistin oder ein Börsenmakler, eine Krankenschwester oder ein Auktionator sein kann, gehört nicht zur Sache. Die heutige Form der Jagd entstand in England im 18. Jahrhundert, nachdem der Prozeß landwirtschaftlicher Einschließung praktisch beendet war und als die unbebauten Flächen durch Gras und Getreidefelder abgelöst wurden, die alle von (mehr oder minder) überspringbaren Zäunen umgeben waren. In anderen Ländern handelt es sich um eine manchmal ziemlich getreue Nachahmung dieser Landwirtschaftsstufe.

DIE STRASSE

Das Elisabethanische England lebte noch mehr in der Reiter- als in der Pferdewagenkultur. Obwohl sich die Kutsche nach ihrer Einführung in England allgemeiner Bekanntheit erfreute, gab es zu Shakespeares Lebzeiten noch nicht viele Kutschen, und sie waren auch nicht weit verbreitet. Sie waren dort konzentriert, wo es am un-

23, 24. Das Hackney und das Zugpferd, aus einer Serie von Kupferstichen mit englischen Pferdetypen und -rassen nach Ben Marshall. Das Hackney hatte ebenso wie das Wagenpferd einen hohen Anteil an Vollblut, doch wurde es öfter geritten als gefahren. Das Zugpferd in dieser Serie ist von der gleichen Rasse wie Bewicks »Rappe«, der Vorfahre des modernen *Shire*. Im Hintergrund des Bildes ist ein Paar Suffolkpferde zu sehen, eine Zucht, die damals außerhalb Ostenglands kaum bekannt war. Zu jener Zeit gab es die andere britische schwere Rasse, das Clydesdale, nur sehr selten.

günstigsten war – in London und seiner unmittelbaren Umgebung, sicherlich nicht weiter als Windsor oder Hampton Court –, und sie verursachten trotz ihrer verhältnismäßig geringen Zahl bereits ein unerträgliches Verkehrsproblem. In den entfernteren Provinzen hatten weder der Adel noch die besitzenden Stände Kutschen.

Sogar der neunte Earl Percy besaß um 1632 kein solches Fahrzeug in Northumberland oder auf seinem Besitz in Sussex. Das Inventarverzeichnis seines Testaments enthält sechzehn Pferde in seinen Ställen in Petworth, die für insgesamt 90 Pfund Sterling verkauft wurden. Neben dem älteren »Sattelhaus« gab es auch ein Gebäude, das den neuen großartigen Namen »Kutschenhaus« führte; es enthielt jedoch nur »eine Pferdesänfte mit zwei Sätteln und dazugehöriger Ausstattung«. Obwohl das Verzeichnis etwa die gleichen Ausgaben für Pferde aufweist wie für das Jahr 1586, in dem seine Lordschaft »1 Paar Kutschengeschirre« zu 1 Pfund Sterling das Stück kaufte, zeigen die Abrechnungen aus dem letzten Jahr des reichlich kostspieligen Lebens des Earls keine Ausgaben für eine Kutsche in den Landhäusern. In all diesen Jahren gondelte eine Percy-Kutsche mit vier Pferden durch London, kam aber kaum je weiter hinaus als zu den Grundstücken in Charing Cross und Smithfield. Für sie wurde die skandalös hohe Miete von jährlich 6 Pfund Sterling, vor allem zum Zweck der Unterbringung der Kutsche und ihres Gespanns, bezahlt. Bei größeren Reisen jedoch, etwa die Überquerung der North Downs, des Weald oder der South Downs nach Petworth, mußte Mylord reiten, und Mylady mußte, wenn sie unpäßlich war, die »Pferdesänfte«

25. Der Beginn der großen Tradition englischer Jagdreitkunst mit dem Höhepunkt einer Fuchsjagd, wobei auf einer anderen Ebene Windhunde einen Hasen jagen. Es sind so wenige Menschen bei der Jagd zu sehen, nicht weil der Ritt so strapaziös war, sondern weil nur der Gutsherr, dessen Familie, Diener und Freunde an dem Jagdtreffen teilnahmen. Man beachte die gestutzten Schwänze der Pferde, ein zu jener Zeit weit verbreiteter Brauch, der jedoch keinen nützlichen Zweck hatte. (»Ende einer Fuchsjagd in Ashdown Park« von James Seymour.)

benutzen. Es gab nicht nur keine mit der Kutsche befahrbare Great North Road, sondern auch keine solche nach Brighton. Tatsache ist, daß eine Textanalyse durch Computer bei Shakespeare nicht mehr Hinweise auf Wagenpferde zeigt als bei Chaucer.

Das gleiche gilt für den Handelsverkehr auf niedrigerer Stufe. Die Frachter bei Shakespeare, wie z. B. jene, die von Falstaffs Bande beraubt werden, verwenden Packpferde, keine Wagen. Große Wollhändler hatten zwar, jedenfalls im Süden des Landes, begonnen, ihre Waren mit Wagen zu befördern, aber diese Wagen wurden nicht von Pferden, sondern von Ochsen gezogen. Tatsächlich besaßen die Brauer zur Zeit Elisabeths Bierwagenpferde, aber sie wurden ausschließlich in der Stadt verwendet. Der Wagen war nur eine Art für ein einziges Bierfaß bestimmter und von einem Pferd gezogener Schlitten.

Und doch hatte es in England seit mehr als zwei Jahrhunderten vor Königin Elisabeths Thronbesteigung irgendwelche Equipagen gegeben. (Sogar sie kam nicht in einer Kutsche zur Krönung, sondern in einer Pferdesänfte). Das Wort *carriage*, im englischen Sprachgebrauch bis etwa zur Reformation, ist eine abstrakte Bezeichnung für den Warentransport mit Packpferd. Wir wissen nicht, wie die ersten in Privatbesitz befindlichen Personenwagen in England genannt wurden: wahrscheinlich *chariot* wie die einstigen römischen Wagen, recht zutreffend, weil seit der Römerzeit nichts dergleichen in England oder Westeuropa gebräuchlich gewesen war. Wir wissen aber aus Berichten des Jahres 1326 in lateinischer Sprache, daß König Eduard II. ein vierrädriges, von sechs Pferden gezogenes Fuhrwerk besaß. Dieses war zwar für Fahrten auf dem verhältnismäßig flachen Stück der Great Northern Road von London nach York geeignet, konnte jedoch die Böschung der North York Moors, wo der König zu jagen wünschte, nicht hinauffahren. Es wurde von Pferden des gleichen Schlags gezogen wie jene, die gepanzerte Ritter trugen und die ebenso unmäßige Mengen von Heu und anderem Futter fraßen. Dieses Thema wird auf bedeutsamerer Stufe dreihundert Jahre später wieder auftauchen.

In ganz Westeuropa spielt sich das gleiche ab, nur in Spanien mit seinem schwierigen Straßensystem durch die Sierras verdrängte die Equipage die Maultiersänfte langsamer. Als sie sich schließlich durchgesetzt hatte, wurde auch sie von Maultieren gezogen. Die Bilder der frühen Equipagen in England ebenso wie in anderen westlichen Ländern, z. B. Frankreich und Burgund, lassen die gleichen Merkmale erkennen, für welche die berühmte Illustration im Luttrell-Psalter typisch ist. Das Gefährt war nicht nach dem Muster der landesüblichen Bauernwagen gebaut, sondern nach einem Modell aus Mitteleuropa oder dem Donaugebiet, das wahrscheinlich bei den tschechischen Bauern üblich war und seinerseits die Nachahmung eines im zwölften Jahrhundert in Ungarn

26. Das Fahrzeug für die Landwirtschaft im wirklichen Leben. Manche sind der Ansicht, daß der »traditionelle« englische Bauernwagen in einer aus dem 17. Jh. stammenden Nachahmung der hier abgebildeten vierrädrigen Exemplare seinen Ursprung hat.

27. Das Pferd als Waffe. Die ungeheuer korpulenten Streitrosse Uccellos erinnern daran, daß die Auswahl übergroßer Tiere nicht so sehr wegen ihrer erwarteten Fähigkeit als Gewichtsträger, sondern vielmehr deshalb erfolgte, weil sie selbst eine mit dem Sturmbock vergleichbare Waffe darstellten, die umso wirksamer war, je mehr Gewicht hinter der Lanze lag. Man beachte die zwecklosen Glöckchen rund um die Schwanzwurzel und den gestutzten Schwanz, wahrscheinlich um zu verhindern, daß ein Gegner ihn zu fassen bekam.

29. Ungarische Kutsche, 1563. Kupferstich von J. Schemel.

existierenden Vorbilds darstellte. Die Ähnlichkeit zwischen den königlichen Karossen im Luttrell-Psalter und den auf den Bildern von der Fahrt der Hl. Elisabeth von Böhmen im Jahre 1225 dargestellten ist in jeder technischen Einzelheit erkennbar. Als Anna von Böhmen 1382 Richard II. heiratete, kamen mit ihrem Gefolge noch mehr mitteleuropäische Karossen nach England. Sie waren aber noch lang und schmal und hatten, was die Zigeuner noch heute ein »offenes Verdeck« nennen, eine röhrenförmige Plane. Erst im 16. Jh. trat das endgültige ungarische Modell, Coach genannt nach der wegen ihrer Wagner berühmten Stadt Kocs, in Erscheinung, und bald gab es so viele, daß sie nicht mehr auf den königlichen Haushalt beschränkt blieben.

Auf den weiten Flächen der Donauebene hatte die niedrige Stufe des Straßenbaus nichts zu bedeuten, auch gab es dort keine starken Höhenunterschiede. In manchen Jahreszeiten war das Reisen im Wagen unmöglich, namentlich während der Herbst- und der Frühjahrsregen; dazwischen waren Kutschen überflüssig. Sobald es genügend geschneit hatte, bestand nämlich die Möglichkeit für lange Schlittenreisen. Diese Beschränkungen wurden von allen hingenommen, aber es gab noch eine weitere im feuchten Klima der Britischen Inseln: Zwischen November und April waren Reisen auf Rädern außer in die nahen Vorstädte unmöglich. Das galt bis weit ins 17. Jh. für Händler ebenso wie für Reisende.

Dies hatte auch zwei unmittelbare Folgen für die Pferdezucht und für das Abrichten der Tiere zur Arbeit. Wenn nicht das ganze Land während der wagenlosen Jahreshälfte immobilisiert werden sollte, mußten alle Zugpferde auch als Packpferde verwendbar sein. Möglichst viele Pferde mußten, wenn nicht bequem, so doch überhaupt geritten werden können. Eine zu große Spezialisierung über einen bestimmten Punkt hinaus verminderte den praktischen Wert des Pferdes oder beschränkte dessen Verkaufsmöglichkeit auf sehr reiche Leute, die sich eine größere Zahl von Pferden für verschiedene Einzelzwecke leisten konnten. Daher wurden alle Zugpferde lang im Rücken gezüchtet, nicht weil es im Geschirr irgendwie vorteilhaft war, sondern weil es das Unterbringen einer größeren Last im Packsattel ermöglichte. Auch wurden die Pferde nicht allzu hochbeinig gezüchtet, da dies das Auf- und Abladen erschwert hätte. Dafür waren ohnehin meist zwei Mann erforderlich

28. »Stuten und Fohlen unter einer Eiche« von George Stubbs, dem unvergleichlichen Maler arbeitender und ruhender Pferde.

31. Ein andalusisches Pferd als Thron für eine Heldenrolle. Die isabellfarbene Spielart mit schwarzen Beinen war typisch für den Andalusier alten Stils. Diese Rasse hatte die Eigenschaft, größer zu wirken als sie war. Karl I. war nur 1,58 m groß, und dieses Pferd etwas unter 1,50 m hoch. (Reiterportrait Karls I. von Anthonis van Dyck, Louvre, Paris)

Das Ende des englischen Bürgerkriegs, das mit dem Ende des Dreißigjährigen Kriegs in Mitteleuropa zeitlich zusammenfiel, bedeutete einen Wendepunkt in der Geschichte der Pferde. Man konnte die Situation nicht länger ignorieren, die manche vorausgesehen hatten, seit die ersten Handfeuerwaffen Blei auf den Kürassier spien, bevor er mit dem Feind handgemein werden konnte. Mit dem Ende der Regierung Königin Elisabeths war das Hohe Roß als Reittier für Lanzenträger veraltet. Zu Ende des Bürgerkriegs war es auch unter dem halbgepanzerten Kürassier und dem lederbekleideten Dragoner unmodern geworden.

Im Laufe des Kriegs war jedoch in England wie in so vielen kämpfenden Staaten zwischen Österreich und Schweden die Zahl der Pferde viel zu groß geworden. Was sollte aus all den haferfressenden Ungeheuern werden? Seit im Jahre 1639 Karls I. Schwierigkeiten mit den Schotten begannen, war die Zucht und auch die Einfuhr von »Pferden für den Kriegsdienst« stark gesteigert worden. Als nun 1651 der mißlungene Royalistenputsch in Worcester mit der Flucht des (als Stallknecht auf einem Falkner-Hackney) verkleideten Karl II. geendet hatte, gab es sehr viele überschüssige Kriegspferde. Für deren Elite, Streitrosse von Generälen und Stabsoffizieren, Andalusier oder erstklassige Andalusierbastarde, gab es immer Verwendung. Die Karriere dieser Zucht als Pferd der Adeligen hatte überall in der christlichen Welt noch viele Jahre vor sich. Von den Durchschnittspferden jedoch, die von Regimentsoffizieren und Soldaten geritten wurden, gab es einen großen Überschuß. Sie waren zumeist Landpferde von dem Schlag, für den das östliche Mittelengland von Lincolnshire bis zu Cromwells Heimat in der Gegend von Huntingdon schon lang berühmt war: des altenglischen Rappen. Er besaß Paradepräsenz, sein bester Gang war der Trab, er hatte große Zugkraft an der Deichsel – und war nach modernem Maßstab langsamer als die Mühlen Gottes.

Von Anfang an hatten die Kutschgespanne, teils wegen des enormen Leergewichts der ersten *chariots,* aus großen Pferden bestanden. Das Original-*kocsi* war beim Verlassen der Werkstatt des ungarischen Wagners viel leichter gebaut, aber die meisten englischen Kutschen waren, bevor sie in England selbst hergestellt wurden, in Deutschland erzeugt und viel schwerer als der Prototyp. Daher wurde auch weiterhin ein schweres Pferd als Kutschpferd verwendet – schwer genug, um einen Wagen oder Pflug zu ziehen. Infolgedessen kam es in dieser Zeit der Neuordnung zu einem Übergreifen des Pferdes auf das Gebiet des englischen Zugochsen. Es gab jedoch triftige wirtschaftliche Gründe, um die Arbeit des Pflugochsen noch über ein Jahrhundert lang unter dem Joch fortzusetzen. Mit der Ration aus gutem Stroh und mittelmäßigem Heu, bei welcher der Zugochse

30. Eine Pariser Diligence und ein zweirädriges Kabriolett. Die grotesken, steifen, eimerartigen Postillonstiefel wurden auch in England getragen. Obwohl die Diligence älter ist (um 1575) als irgendeine englische Postkutsche, erreichte sie doch nie die Geschwindigkeit und Verläßlichkeit des englischen Postkutschendienstes.

CAROLVS
REX MAGNÆ
BRITANIÆ

arbeitete, konnte das Große Pferd kaum sein Leben fristen, von Arbeit ganz zu schweigen. Außerdem konnte es nicht im Ochsenjoch arbeiten, wenn auch das Umgekehrte möglich war. Daher behielt der Pflugochse in manchen Gebieten fast bis zur Einführung des Traktors seinen Platz. Im allgemeinen ermöglichten jedoch die englischen Grundbesitzer, die eher als die meisten kontinentalen bereit waren, Kapital in ihren Landbesitz zu investieren, ihren Pächtern den Übergang zum Pflügen mit Pferden und damit zur Pferdekutsche. Zugleich schafften sie sich selbst immer mehr Kutschen an. So wurde der Überschuß an Kriegspferden nach der Restauration im Jahre 1661 etwa im gleichen Tempo in der Wirtschaft aufgenommen, in dem die Kriegsmacht verringert wurde. Es entwickelte sich ein ausgeprägter Kutschpferdeschlag, dessen hervorragendstes Merkmal jedoch nicht Geschwindigkeit oder gar Eleganz, sondern eher Zugkraft war.

Schon im Commonwealth, zur Zeit Cromwells, hatte der Verkehr von öffentlichen Kutschen begonnen – sie hießen *stage coaches,* weil jede Reise von mehr als achtzig Kilometern ein Übernachten (*stage* = Etappe) auf dem Weg erforderte. So enthielten die Anzeigen Sätze wie »Die Kutsche übernachtet in Reading«. Erst im Jahre 1669 bewältigte die Oxford-Kutsche die Reise von London in einem Tag, weil sie um sechs Uhr morgens abfuhr. Bis 1680 besaß keine private oder öffentliche Kutsche Glasfenster, gab es also keine »gläserne Kutsche« wie im Aschenbrödelmärchen. In England vor 1706 reiste keine Kutsche im Winter; damals dauerte die Reise von London nach York sieben und nach Edinburgh zehn Tage. Als gegen Ende des 18. Jahrhunderts das Kutschenreisen seine Vollendung erreichte, dauerte die Fahrt London-Edinburgh vierzig Stunden, bei denen keiner schlief außer jenen Fahrgästen in der Kutsche, die aus reiner Erschöpfung einschlummerten.

Die große Zeit der Kutschenreisen dauerte höchstens sechzig Jahre; 1780 hatte sie kaum begonnen und war mit dem Jahre 1840 vorbei. Erst 1784 wurden die englischen Kutschen als schnell oder sicher genug betrachtet, um die Postsendungen zu befördern. Bis dahin waren sie den Postburschen (Reitern) anvertraut gewesen, die ein Durchschnittstempo von acht Stundenkilometern erzielten und als Säufer berüchtigt waren. Die große Beschleunigung der Reisegeschwindigkeit in der zweiten Hälfte des 18. Jahrhunderts kam durch Verbesserungen zustande, von denen keine ausschließlich britisch war, die jedoch nur dort zeitlich zusammenfielen. Da war vor allem ein fast völlig auf das kapitalistische Unternehmertum der Mautstraßen-Trusts zurückführbarer Fortschritt im Straßenbau ohne andere staatliche Beihilfe als private Parlamentsbeschlüsse, die nur die Verbesserung oder Neuanlage eines bestimmten Straßenstücks und das Einheben einer Maut für dessen Instandhaltung gestatteten. Dann wurde in Entwurf und Bau der Kutschen ein großer Fortschritt erzielt, beginnend mit der Verwendung von Stahlblattfedern anstelle von Lederschlaufen, was zu größerer Stabilität führte. Auch bessere Modelle für das Pferdegeschirr wurden entwickelt. Dazu kam ein rein englisches Phänomen, die Überschwemmung mit Vollblütlern, die nun die Grenzen der Rennsportbestände überschritten und in den verschiedensten Verwendungsarten mit Sattel sowohl wie mit Geschirr angetroffen wurden. Der frühere schwere Schlag des Kutschpferds verschwand und wurde abgelöst durch Halb- oder Vollblutpferde. Die letzteren insbesondere waren alle in der einen oder anderen Weise aus den Rennbahnen, Jagdrevieren sowie aus Kutschgespannen im Privatbesitz ausgeschiedenes Pferdematerial. Ihr Durchschnittspreis muß bei fünfundzwanzig Pfund Sterling gelegen haben. Wir wissen ziemlich viel über die Leistung von Postkutschen, da es dafür ausführliche Statistiken gibt. Für private Equipagen gibt es keine solchen vollständigen Aufzeichnungen mehr. Aber manche ihrer Leistungen müssen sogar noch eindrucksvoller gewesen sein als die der Postkutschen, weil zwar ihre Fahrkunst, obwohl es zweifellos auch hervorragende Amateure gab, nicht ganz so erstklassig war wie die der Berufsfahrer, die Qualität der von Privatgespannen verwendeten Pferde jedoch viel höher und die beförderten Lasten bei weitem geringer waren. Einer der Faktoren, vielleicht der wichtigste, der die Kutsche von der Straße vertrieb, waren die hohen Reisekosten im Vergleich zur Eisenbahn. Wirtschaftlichkeit und Rationalisierung wurden schließlich unmöglich. Die Rationalisierung hatte um 1790 ihr Optimum erreicht, als zusätzlich zu den technischen Verbesserungen des Fahrzeugs und der Straßendecke, des Geschirrs und der Gespanne vor allem die Organisation den Postkutschendienst zu höchster Leistungsfähigkeit geführt hatte: sekundengenaue Zeiteinteilung (eine Minute für den Gespannwechsel von vier Pferden) und absolute Verläßlichkeit der Versorgungsdienste. All das kostete Geld für Arbeitskräfte und Unterbringung, was sich in der Höhe der Reisekosten widerspiegelte. Dennoch arbeiteten die Fuhrwerksunternehmungen vor der Konkurrenzierung durch die Eisenbahn mit sehr großem Gewinn. Am Schluß jedoch führten die noch überlebenden Kutschenunternehmungen einen ruinösen Kampf zwecks Unterbietung der Preise, der ihr Ende nur beschleunigte. Als sie das Stadium erreichten, da sie Geld zu sparen suchten, indem sie die

Quantität und Qualität des Hafers verschlechterten, waren sie dem Untergang geweiht. Die kostspieligeren und bequemeren Postkutschen, die früher leistungsfähig geworden waren als die Kutschen des öffentlichen Verkehrs, benutzten dieselben Hilfsdienste. Als es aber keine Postkutschen mehr gab, lohnte es sich für den Gastwirt, dessen Funktion die gleiche war wie die der modernen Tankstelle, nicht mehr, sein Geschäft nur für den Kutschenverkehr allein beizuhalten, und so wurde dieses zu einer bloßen Kneipe.

In Übersee wurden die Traditionen der englischen Postkutsche fortgeführt, bis auch dort, ein halbes Jahrhundert später, die Eisenbahnen aufgeholt hatten. Die amerikanische und australische Postkutsche hatte nämlich mit der schwerfälligen, schlingernden englischen Postkutsche mit ihrem Fünfstundenkilometertempo aus der Zeit vor 1780 nichts gemein. Sie fuhr auf gewöhnlich viel schlechteren Straßen genau so schnell wie die gute englische Postkutsche. Mit dem Ende des englischen Kutschensystems verschwanden viel Schönheit und Glorie, aber auch viel Elend, viel Geiz, Rücksichtslosigkeit und eindeutige Roheit. Das Leben eines Pferdes in einem Postkutschengespann wurde mit drei Jahren angenommen.

DAS PFERD IM ZEITALTER DER EISENBAHN

Es ist dies die letzte Periode der Beziehung zwischen Mensch und Pferd, in der das Pferd auf dem größten Teil der Landoberfläche der Erde für die alltäglichen wirtschaftlichen Betätigungen der Menschheit, aber auch für manche sehr unwirtschaftliche wie den Krieg, auf dem Land und in den Städten, und dabei in den fortschrittlichsten Städten, gleichermaßen unentbehrlich war. Am besten läßt sich vielleicht die Unentbehrlichkeit und alles durchdringende Gegenwart des Pferdes in der Stadt durch die typisch viktorianische Figur des ambulanten Straßen-

32. »Straßenszenen oder eine Fahrt nach Epsom«. Eine wahrscheinlich etwas übertriebene Darstellung einer Verkehrsstockung im 19. Jh.

kehrers versinnbildlichen; er fegte meistens nicht Schmutz zusammen, sondern Pferdemist. Das Pferd hatte auf die Stadtplanung der Stadt London im 19. Jahrhundert großen Einfluß. Durch die schnelle Zunahme des Mittelstands vergrößerte sich der Teil der Gesellschaft, der sich eine Kutsche hielt, enorm. Wir verstehen darunter die private Haltung eines von einem oder mehreren Pferden gezogenen Fahrzeugs für Passagiere. Sie reichte von der herzoglichen Kutsche mit Viererzug über eine sehr mannigfaltige Liste von Wagen, von denen wir später noch einige eingehend untersuchen werden, bis zur Droschke in Privatbesitz. Diese war genau so gebaut wie die Wagen, die - wie die heutigen Taxis - Fahrgäste suchten. So wurden zu den vielen Meilen spätgeorgianischer und victorianischer Wohnstraßen, -plätze, -gärten und -rundplätze an der Hinterseite entsprechende Meilen von *mews* hinzugefügt. Ein *mews* war früher eine Seltenheit in der Stadt, als das Wort noch seine ursprüngliche Bedeutung hatte: ein Ort, wo Falken gehalten werden. Nur wenige Mitglieder des hohen und niederen Adels, die einen Teil des Jahres in London verbrachten, ließen ihre Falken zu Hause auf dem Land, so daß das Wort im Zusammenhang mit der Stadt ungenau zu der Bedeutung Stallung kam.

Etwa zur Zeit der ersten Eisenbahn verschwand das »Straßenpony«, wie es zur elisabethanischen Zeit genannt wurde, als Teil des Londoner Stadtbildes. Es war ein Reitpferd gewesen, das nur für Ausritte in der Stadt diente. Sein Nachfolger war der Park-Hackney, der weniger der Nützlichkeit als der Erholung diente. Londoner des gehobenen Mittelstands ritten nicht mehr zu Einkäufen oder Geschäftsbesprechungen, sondern sie hielten sich eine Kutsche. Das stellte gewaltige Anforderungen für die Raumverhältnisse. Die Unterbringung einer Kutsche mit

33. »Rechtzeitig zum Zug«. Das Eisenbahnzeitalter bedeutete nicht das Ende des Pferdezeitalters. Erst der Verbrennungsmotor löste das Pferd ab.

einem Pferd erforderte so viel Platz wie zumindest vier Pferde in Boxen. Der Hof mußte außerhalb des Stall- und Kutschengebäudes groß genug sein für Ein- und Ausfahrt, ohne daß man so scharfe Wendungen ausführen mußte, wie es mit dem Reitpferd in der Stadt möglich gewesen war. In allen Städten der westlichen Welt war die Entwicklung ähnlich.

Diese Ställe *(mewses)* hatten, zumindest in London, ein ganz eigenes Leben. Es gab da eine unerhört interessant abgestufte soziale Hierarchie von den Hinterhöfen der *mansions* (Herrenhäuser) in Belgravia - bevor das Wort *mansion* noch für Appartementblocks verwendet wurde - bis zu den Höfen mit Kopfsteinplaster in Islington. Hier herrschte den ganzen Tag über lebhafteste Tätigkeit, wenn die Gespanne verschiedener Berufszweige, der Natur ihrer Geschäfte entsprechend, ihre Runden zu verschiedenen Stunden begannen und beendeten. Die Transportwagen der Milchmänner und Bäcker fuhren dabei vor Tagesanbruch los. In der Provinz gab es Männer, zumeist älteren Jahrgangs, die an ihren Jugendgewohnheiten festhielten und immer noch aus ihren Vorstadthäusern zu Pferde zu ihren Geschäften oder Büros geritten kamen, so der Drucker und Verleger Samuel Jarrold in Norwich. Er behielt noch in den sechziger Jahren des vorigen Jahrhunderts diese tägliche Gewohnheit bei. Also mußten die Hinterhöfe der Geschäftshäuser da und dort in der Innenstadt, im Gegensatz zu den Wohnhäusern, auch Platz für Ställe oder Mini-Boxen vorsehen.

Um dieses Leben in den *mewses* mitten im Zeitalter der Eisenbahn zu verstehen, das wir für unsere Zwecke zwischen 1825 und 1925 ansetzen wollen, liest man am besten das Buch *Black Beauty*. Es wurde 1871 begonnen und 1877, wenige Monate vor dem Tod seiner Autorin, zu Ende geführt und herausgegeben. Tatsächlich hätte man diesem Kapitel ebensogut den Titel »DAS ZEITALTER VON BLACK BEAUTY« geben können. Anna Sewell, die Autorin, deren einziges veröffentlichtes Werk es ist, starb Anfang 1878, und das Buch wurde bis zum Jahresende fünfmal neu aufgelegt. Es erzählt die Lebensgeschichte eines Pferdes bis zu dessen fünfzehntem Jahr in den Händen von zehn verschiedenen Besitzern in London und Bath und noch einigen unbekannteren

34. Die Regent Street in London um etwa 1900. Die Pferdedroschken sorgten dafür, daß die Straßenfeger dauernd zu tun hatten.

Orten auf dem Land. Das unnachahmliche Werk fand dennoch zahllose Nachahmer, fast alle waren unbeschreiblich schlecht. Es gibt kein anderes Buch, das immer wieder zeigt, wie abhängig alle Reisenden vom Pferd waren, sobald sie aus der Bahnstation kamen. Wir lernen daraus auch, welch ein großer Teil der Bevölkerung noch mit Pferden arbeitete, entweder als Stallknechte in großen Häusern, als Mietwagenkutscher, Handelsvertreter, Bierkutscher oder Fleischerburschen.

Fleischerburschen hatten einen ganz besonderen Platz im Straßenbild des viktorianischen England. Manche Schilder über den Schaufenstern von lang bestehenden Lieferanten tragen noch die Aufschrift »Tägliche Versorgung für Familien«. Das bedeutete in der städtischen Praxis, daß der Botenjunge des Fleischers frühmorgens auf einem Pony die Runde bei den regelmäßigen Kunden machte und von der Köchin oder Haushälterin oder wer immer die Einkäufe besorgte, aber den Fleischer nicht selbst aufsuchen wollte und niemals für die ganze Woche auf einmal bestellte, die Aufträge entgegennahm. Er mußte »die Schule besucht haben«, also lesen und schreiben können. In den Laden zurückgekehrt, lieferte er das Bestellbuch ab, und sobald die Kundenaufträge bereit waren, machte er sich mit demselben Pony wieder auf den Weg und brachte im Trab auf einem Holztablett spezieller Form, das es heute nicht mehr gibt, das tranchierte Fleisch zu den Kunden. Er erledigte seine Runde so prompt, daß alle Haushalte ihre Bestellungen rechtzeitig erhielten, um die Mahlzeit zuzubereiten, die übrigens viel früher stattfand als heutzutage. Dabei erforderten die in den viktorianischen Haushalten üblichen Rezepte eine viel längere Herstellungszeit, als irgendeine Köchin heutzutage, von den gehobeneren Zweigen des Gastronomiegewerbes abgesehen, dulden würde. Fleischerläden mit erstklassiger Kundschaft wetteiferten untereinander darin, wirklich gute Ponys zu verwenden. Tatsächlich kann man sagen, daß vor hundert Jahren eher unter dem Sattel des Fleischerjungen ein dem heutigen Klassepony ähnliches Tier gefunden werden konnte als bei den Kindern der reichen Leute. Deren Pferde wurden weniger sorgfältig ausgesucht, für die wurde weniger bezahlt und von denen hing weniger Prestige ab, als es heute der Fall ist. Der Hauptunterschied lag darin, daß der beste Gang des Fleischerjungenponys notwendigerweise der Trab, also der schnellstmögliche war, wobei der Ritt nicht unbedingt bequem, wohl aber auffallend war. Der Grund dafür lag in den Verkehrsvorschriften der Zeit vor der Motorisierung. Für das Reiten in der Stadt war der Trab gestattet, und obwohl manche Pferde und Ponys vielleicht langsamer galoppierten, als sie trabten, war der Galopp nach Ansicht der meisten Polizeibehörden in der Stadt verboten.

Es gab noch viele andere Menschen in Stadt und Land, die für ihren Lebensunterhalt unmittelbar von Reit- oder Zugpferden abhingen. Dahinter standen reihenweise andere Zuliefergewerbe für den Reiter, vor allem der Hufschmied, aber auch der Sattler, der Wagner,

35. Ein Foto vom Hyde Park Corner, London, um 1901, das verschiedene Typen von Pferdefuhrwerken zeigt.

36. Londoner Straßenszene in den neunziger Jahren des vorigen Jahrhunderts. Hier sind Zug-, Droschken- und Omnibuspferde zu sehen. Der Pferdebestand Londons belief sich auf 300.000 Stück.

der Kutschenbauer, der Getreide- und Futtermittelhändler. Bis Anfang dieses Jahrhunderts nahm die Lagerung von Heu und Stroh für die städtischen Pferdehalter ungeheuer viel Platz in den Städten in Anspruch. Man beachte die Breite der zum Picadilly-Circus führenden Straße, die noch heute den Namen Haymarket trägt. Dieser Markt wurde dreimal verlegt, jedesmal weiter nach Osten, bevor er 1930 geschlossen wurde. Aber bis zum Schluß bildete das Abstellen der riesigen Heuwagen mit ihrer hochgeschichteten Ladung, die ein Durchfahren unter manchen Brücken unmöglich machte und die Wagen so auf bestimmte Straßeneinfahrten in die Stadt (nicht aber aus der Stadt hinaus) beschränkte, ein besonderes Verkehrsproblem. Bis zum ersten Weltkrieg wurden große Mengen von Heu und Stroh mit Schleppkähnen nach London gebracht, ja sogar mit Küstendampfern. Andere Städte genossen diesen Vorteil allerdings nicht. Nun mußte jedoch auch all das, was in die Stallungen in der Stadt kam, wieder, noch dazu in angereicherter Form, aus ihr entfernt werden. Die noch bestehende *Laystall*-(Mistablagerungs-)Straße erinnert uns an die gewaltigen Mengen Stallmist und Pferdeexkremente, die irgendwie untergebracht werden mußten, bis die unternehmungslustigen Marktgärtner aus den Vorstädten Zeit und Transportmöglichkeiten hatten, um sie fortzuschaffen. Die heute pittoreske Hauptverkehrsstraße Haymarket im Zentrum Londons hat ihr Gegenstück nicht nur in Edinburghs *»Grassmarket«,* sondern auch in vielen Hundert »*Marchés au Foin*« und »Heumarktgassen« überall in den Städten Europas. Pferde und alles, was zu ihnen gehörte, nahmen in den Städten des Eisenbahnzeitalters sehr viel Raum ein, ebenso ihr Kauf und Verkauf – die Pferdesammelstellen in Knightsbridge und St. Martin's Lane sowie die des *Elephant and Castle* und in Islington, die Nachfolger des freitäglichen Pferdemarktes in Smithfield, der seit dem zwölften Jahrhundert ohne Unterbrechung mehr oder minder an seinem alten Platz in Betrieb gestanden hatte. Bis zum Ende des 19. Jahrhunderts wurden diese Wochenmärkte noch im Zentrum von London abgehalten. Nur die periodischen Jahrmärkte, Nachfolger der alten *Bartholomew Fair* in Southwark und anderer, wurden aus der Stadt nach außen verlegt. So wurde der große herbstliche Pferdemarkt schon um die Jahrhundertwende aus Nord-London auf ein Feld am Rand des verbauten Gebiets verlegt. Heute befindet sich dort die U-Bahn-Station *High Barnet*. Als sie gebaut wurde, verlegte man den Markt auf ein Feld hinter dem *Old Red Lion* am Fuß des Barnet Hill, von wo er in den letzten Jahren nur ein Stückchen über den Dollis Brook näher an Totteridge heranrückte.

In den fünfziger Jahren fand in Hadley eine der letzten Kundgebungen der Symbiose Pferd-Eisenbahn statt: aus Sonderzügen mit Pferdeboxen wurden walisische Ponys zum Verkauf auf dem Jahrmarkt von Barnet ausgeladen. Früher wurden diese Ponys herdenweise zum Markt getrieben; nun werden sie ausschließlich mit Pferdetransportautos befördert.

37. Droschkenpferde in London, Foto aus dem Jahre 1902.

38. Wildhüter aus der Regierungszeit König Eduards mit seinem Pony an der Küchentür; ein Foto von Frank Meadow Sutcliffe.

Schon lange vor der Thronbesteigung der Königin Viktoria war inoffiziell prophezeit worden, daß die Einführung der Eisenbahn das Totengeläute für das Wagenpferd, wenn nicht für das Pferd überhaupt, mit sich bringen würde. Diese Vorhersage erwies sich als völlig falsch. Zwar wurden z.B. allein durch die Eröffnung der Linie Liverpool–Manchester im Jahre 1830 ungefähr tausend Kutschpferde überschüssig, aber nur auf dem Gebiet des Ferntransports wurden die Pferde durch Mr. Stevensons Dampfkessel ausgeschaltet. Und es ist bezeichnend, Liverpool–Manchester bedeutete für Kutschenreisen eine Langstrecke, für die Eisenbahn jedoch war sie fast von Beginn an praktisch eine Lokalstrecke. Als dann die Eisenbahn das bedeutendste Warentransportmittel für lange Strecken wurde, war das Geschäft der Tragtierkolonnen in weiten Gebieten Englands und Europas bereits durch den Transport auf Kanälen verschlungen worden. Als um 1780 der Kanal mitten durch Yorkshire von Boroughbridge nach Hull eröffnet wurde, zum Transport von Wollballen aus den Tälern des Penninischen Gebirges, nahm angeblich ein Schleppkahn sechshundert Packpferdlasten an Bord. Aber die Schleppkähne wurden noch von Pferden gezogen. Nichtsdestoweniger erbrachte die Erweiterung des Eisenbahnnetzes eine beispiellose Ausweitung des Pferdewagenverkehrs mit sich. Die Eisenbahn-Endstation erforderte automatisch einen Passagiertransport mittels Omnibusdienst von und zu der Station, und so wurde auch mit der Zeit – in Paris – der Omnibus erfunden.

Revolutionen überholen einander oft, manchmal so schnell, daß sie einander im Keim ersticken. In der europäischen Landwirtschaft nördlich von einer bestimmten Breite wurde die seit dem Mittelalter langsam fortschreitende Ablösung der Ochsen- durch die Pferdekraft in England in dem halben Jahrhundert stark beschleunigt – praktisch vollendet –, in dem die Dampfkraft aufkam. So gelangte zu Lebzeiten George Stevensons eine Vielzahl verbesserter Landmaschinen in Gebrauch; sie wurden von Pferden der »verbesserten« schweren Rassen wie Clydesdale, Shire, Percheron und des belgischen Ardenners gezogen, die nun auch weit und breit außerhalb des engen Regionalkreises, dessen Namen sie trugen, bei der Arbeit zu sehen waren. Die ersten Eisenbahnwagen für Passagiere wurden zur gleichen Zeit gebaut, da die majestätischen englischen Erntewagen verschiedener regionaler Modelle ihre endgültige funktionelle und ästhetische Perfektion erreichten. In der Mitte des 19. Jahrhunderts war das Dampfpflügen mit statischen Zugmaschinen an beiden Feldenden sehr in Mode, doch es mißlang völlig, dadurch irgendwo das Pferd aus der Landwirtschaft zu verdrängen.

Diese Zeit, in der die Hauptstraßen vorübergehend

39. Das in viktorianischer Zeit unentbehrliche Bierwagenpferd ist auch heute noch das beliebteste Prestigesymbol der britischen Bierindustrie.

durch die Eisenbahngleise in den Schatten gestellt wurden, erlebte auch eine Blüte mancher lang vernachlässigter Seitenstraßen. Jetzt hatten die schnellen, eleganten und leichten Postkutschen der Wohlhabenden ihr Gegenstück auf ländlichen Straßen in Form der offenen bäuerlichen Zweiradwagen, und zwar nicht nur in England, sondern auch in Gegenden wie der Normandie und Friesland. Hier hatte der Lokalverkehr früher nur aus Reitern bestanden. Es ist die große Zeit für die Hersteller von Kutschen, von eleganten Equipagen aller Art, bei denen das Wagenpferd eine fast entscheidende Rolle spielte. Das ging so weit, daß viele Rassen, die früher vor allem Reit- oder allgemeine Nutzpferde gewesen waren, nun als Kutschpferde spezialisiert wurden, so etwa das Yorkshire-Kutschpferd, das aus dem ursprünglichen Mehrzweckpferd *Cleveland Bay* gezüchtet wurde, oder der Hackney, der zuerst nur als Reitpferd diente, nun aber infolge von Spezialisierung im 19. Jahrhundert als das leichte Wagenpferd par excellence betrachtet wurde. Das Karussell der Zeit bringt seine Revanche mit sich; infolge des erneuten Interesses für das Reiten in unserer Zeit und der Unmöglichkeit, irgendein von Pferden gezogenes Fahrzeug im fortgeschrittenen Benzinzeitalter sicher und bequem auf der Straße zu verwenden, befassen sich viele Anhänger dieses Pferdeschlags damit, gerade die Merkmale, die den Hackney in den fünfziger Jahren des vorigen Jahrhunderts so leicht verkäuflich machten, möglichst herauszuzüchten und sie durch die Merkmale des Reitpferdes zu ersetzen.

In jener Zeit wurde nicht nur die endgültige Ausbreitung des englischen Vollblut-Rennpferdes vollendet, so daß die Richtlinien des *General Stud Book* und des durch den Jockey-Club vorgeschriebenen Rennreglements von Sevilla bis Siam Geltung erhielten, sondern die Eisenbahnen brachten die Massen nicht minder als die oberen Schichten zu den Rennbahnen. Die weite Ausbreitung der Rennen, nicht nur was die Anzahl der Länder betrifft, wo man sie veranstaltete, sondern auch das Ausmaß, in dem sie stattfand, war weitgehend eine Folge des bequemen Eisenbahntransports für die Pferde, wie auch für Jockeys, Buchmacher, Rennstallbesitzer und Zuschauer. Nicht nur Flach- und Hindernisrennen erfreuten sich dieser modischen Beliebtheit, sondern auch deren Abart, das Trabrennen, das großenteils das Produkt einer amerikanischen Variante ist. Das Trabrenn-Standardpferd, ein fast ausschließlicher Nachkomme des englischen Vollblut-Galoppers Mambrino durch dessen Trabersohn Messenger, der im Jahre 1788 nach Amerika exportiert wurde, findet sich heute in großer Zahl in vielen Ländern Europas. Das Züchten von Rennpferden wurde durch die Möglichkeit, Stuten per Bahn zu den Hengsten zu befördern, bedeutend erleichtert.

Die Napoleonischen Kriege waren der letzte große bewaffnete Konflikt, in dem die Transport- und Verkehrsmittel der kriegführenden Mächte zu Lande im wesentlichen die gleichen waren wie die Julius Caesars. Es gab keine Maschinenhilfe, Befehle und Informationen wurden durch Botenreiter weitergegeben (bestenfalls durch Brieftauben und optischen Telegraph, die beide bei stürmischem Wetter oder schlechter Sicht nicht verwendungsfähig waren). Das Marschtempo eines Heeres war, wenn nicht das der marschierenden Infanterie, höchstens das der Artilleriebespannungen, ohne deren Unterstützung eine Kavallerietruppe gegen einen mit allen Waffen ausgerüsteten Feind keine Aussicht auf Erfolg hatte. Schon in jenen Kriegen führte der ihnen durch das korsische Genie, dessen Laufbahn in der Artillerie begonnen hatte, aufgezwungene größere Prozentsatz an Artillerie gegenüber der Infanterie in allen europäischen Heeren dazu, daß mehr Pferde verwendet wurden. Ihre Menge wurde in den Kriegen, die Mitte des Jahrhunderts begannen, nämlich 1848, 1861, 1866 und 1870, noch bedeutend vergrößert, wodurch noch mehr Pferde in den Kriegssog einbezogen wurden. Diese Kriege in der Mitte des 19. Jahrhunderts, zu denen auch der katastrophale amerikanische Bürgerkrieg der sechziger Jahre gehörte, waren auch die ersten Eisenbahnkriege. Der Faktor Eisenbahn beeinträchtigte jedoch die Verwendung der Kavallerie keineswegs. Im Gegenteil, nun konnten berittene Abteilungen statt taktischen Märschen, wie jede andere Militärwaffe strategische Bewegungen per Bahn ausführen. Bis vor kurzem trugen noch alle Viehwagen der Französischen Staatsbahnen die Aufschrift »40 Mann oder 8 Pferde«.

Der Zweite Südafrikakrieg, jenes britische Vietnam, der der Mißbilligung der radikalen wie der konservativen Kreise Europas und Amerikas zum Trotz geführt wurde und dessen enormer Aufwand an Menschen, Schiffsraum, Geld und Pferden in keinem Verhältnis zu den erzielten politischen Ergebnissen stand, war ein solcher Pferde-und-Eisenbahn-Krieg. Darin erwies sich die britische Kavallerie vom traditionellen Stil, deren gesamte Ausbildung und Ausrüstung darauf ausgerichtet war, sie zu einem möglichst schnellen Eingreifen mit der blanken Waffe zu befähigen, gegen einen aus erstklassig reitenden Scharfschützen bestehenden Feind, der sich einfach auf keinen Nahkampf einließ, als wirkungslos. Diese teuer erkaufte Erkenntnis führte zu dem »neuen« Konzept der berittenen Infanterie, die sich funktionsmäßig dem Wesen nach nur wenig von der Cromwellschen Erfindung, den Dragonern, unterschied: berittene, wie Infanterie organisierte, vorwiegend mit Infanteriewaffen ausgerüstete Abteilungen, deren Aufgabe darin bestand, in Angriff oder Verteidigung zu einer für eine Infanterieaktion geeigneten Position zu reiten und dann als Infanterie zu kämpfen. Obwohl die Truppe in diesem Sinn umgeändert wurde, ergab sich keine Gelegenheit

40. »Die Rückfahrt Ihrer Königlichen Hoheiten aus Ascot« von Sir Alfred Munnings. Die bekannten Windsor-Greys bringen König Georg V. und Königin Mary von den Rennen nach Hause.

mehr, von diesen Lektionen zu profitieren, weil das britische Militär es nie wieder mit einem Feind zu tun bekam, der so gut mit Kriegspferden versorgt, so gut organisiert, ausgerüstet und mit Sinn für Taktik und Schießkunst mit Handfeuerwaffen ausgestattet war wie die berittenen Burenkommandos. Im Jahre 1914 waren die anderen europäischen Mächte auf beiden Seiten praktisch unbeeinflußt von diesem Südafrika-Syndrom; alle besaßen massive, hauptsächlich mit Lanzen oder Säbeln, nur in zweiter Linie als berittene Schützen ausgerüstete Kavalleriekontingente, die in erster Linie für napoleonische taktische Aufgaben bestimmt waren. An der Westfront erwies sich die Kavallerie beider Schulen als hilflos und frustriert durch die Verbindung von Stacheldraht und Maschinengewehren sowie später an derselben Front durch die allgegenwärtige Luftaufklärung; denn die Kavallerie läßt sich von allen Waffengattungen am schwersten vor dem Aufklärungsflugzeug verbergen, wenn auch ihre Fähigkeit, sich bei fortschreitendem Vormarsch oder Rückzug in offene Ordnung aufzulösen, sie für den eigentlichen Angriff aus der Luft weniger auffällig macht, als man vielleicht annimmt. An der Ostfront mit ihren großen offenen Flächen und oft schwach besetzten Linienabschnitten gab es mehr Gelegenheit für die Kavallerie, und tatsächlich kam es zu Gefechten zwischen großen Massen von deutschen, österreichischen und russischen Reitern.

Nach 1917 spielte die Kavallerie im russischen Bürgerkrieg, bei den nationalistischen Aufständen in der Ukraine und im Krieg des wiedererstandenen polnischen Staates gegen das neuerrichtete Sowjetregime und zum letztenmal in der europäischen Geschichte eine große Rolle: Dort bestanden ganze Heere fast ausschließlich aus Reitertruppen, ganz in der Tradition Dschingis-Khans. Ihre Taktik war reine Kavallerietaktik, ohne irgendwelchen Unsinn mit berittener Infanterie. Ein leises Echo dieser Tradition gab es in den Wintern des Zweiten Weltkriegs an der Ostfront, als russische Kavallerieformationen über den vereisten Schnee ritten, den die eingefrorenen deutschen Panzer nicht zu überqueren vermochten, und unter den deutschen Reservetruppen in den hinteren Linien schwere Verwüstungen anrichteten.

Im späten 19. Jahrhundert kamen die olympischen und anderen internationalen Reiterkonkurrenzen in Mode; der erste derartige Wettbewerb war ein für Offiziere der deutschen und der österreichisch-ungarischen Armee ausgeschriebener Distanzritt Wien–Berlin im Jahre 1892. Er ähnelte in großem Umfang (580 km) dem Geländeritt mit Hindernissen, einem Teil der modernen dreitägigen Konkurrenz, die überall außer in England unter der englischen Bezeichnung *Military* bekannt ist. Als 1912 die ersten Reitwettbewerbe bei den modernen Olympischen Spielen stattfanden, waren sie ausschließlich Offizieren der Kavallerie oder anderer berittener Waffengattungen vorbehalten. Ein Studium jener Resultate zeigt, wieweit die Reittechnik vom wahren Kriegshandwerk entfernt ist. Die Leistung ihrer ausgewählten berittenen Vertreter steht in keinerlei Verhältnis zu der Wirksamkeit einer Armee. Viele der im Laufe der Jahre erfolgreichsten Reiter in den Einzel- wie auch den Mannschaftskonkurrenzen stammten aus Armeen, deren militärische Vorzüge völlig ungeprüft waren, da sie vor Beginn der modernen Olympischen Spiele ein gutes Jahrhundert lang keinen Schuß mehr im Ernst abgefeuert hatten. Oder sie waren von bedauerlicher Qualität bzw. stammten aus Armeen, deren einzige Funktion in der Unterstützung einer Generalsjunta besteht.

All dies hat nichts mit der US-Cavalry zu tun, ohne deren Existenz so viele Hollywoodproduzenten nicht wüßten, wo sie ihr täglich Brot finden sollten. Deren Story wäre auf jeden Fall beachtenswert, denn die Auffassung von Hollywood ist zumindest in einer Hinsicht richtig: der aktive Dienst der amerikanischen Kavallerieabteilungen wurde tatsächlich zumeist in den Kriegen gegen die Indianer zugebracht. Und diese stellen in ihrer Eigenschaft als Reiter ein fast einzigartiges Bild dar. Wieso kam es, daß ein so spät in seiner Geschichte mit dem Pferd konfrontiertes Volk (spät auch in der Geschichte des Pferdes, von seiner ersten Domestikation an gerechnet) so schnell in der Reitkunst bewandert und so schnell für die Unterstützung seiner Lebensweise völlig vom Pferd abhängig wurde? Die Reitkunst der amerikanischen Indianer hat der Reittechnik des nordamerikanischen Grenzansiedlers oder des mexikanischen Vaqueros mit dessen spanischer Tradition nichts zu verdanken. Der Sitz des nordamerikanischen Indianers auf dem Pferd war von Anfang an etwas ihm völlig Eigenes. Erstens reitet er ohne Steigbügel, wie die Eurasier es anfangs getan hatten. Manche Quellen schreiben den natürlichen, spontanen, sofortigen Erfolg des roten Mannes als Reiter dem Leben mancher Stämme im Wald zu, wo sie von frühester Jugend an gewohnt waren, auf hohe Bäume zu klettern. Sie haben einen einzigartigen Sinn für Gleichgewicht, daher auch ihre Fähigkeiten als Schornsteinarbeiter und bei Errichtung von Stahlgerüsten im Betondschungel von New York, denen sie eine besonders hohe Bezahlung verdanken. Aber nicht alle, nicht die meisten und nicht die großartigsten indianischen

41. »Kanonen Vorwärts!« Lucy Kemp Welch, die im Jahre 1958 starb, war die englische Rosa Bonheur. Sie stand auf der Höhe ihrer Fähigkeiten, als sie im Ersten Weltkrieg in einem Remontendepot arbeitete. Ihr 1917 gemaltes Bild zeigt, daß damals noch die Artillerie von Pferden gezogen wurde, wie zu Napoleons Zeiten.

Reiter waren Waldbewohner. Ein ähnlicher Fall kann vielleicht in den südafrikanischen Buschmännern und im australischen Urbewohner gefunden werden. Beide Gruppen erwiesen sich mit der Zeit als höchst geschickte natürliche Reiter; von der Reittechnik der Europäer, vor deren Ankunft es in ihrem Land keine Pferde gegeben hatte, übernahmen sie praktisch nichts. Beide hatten keinerlei Vergangenheit als Ackerbauern, beide waren reine Jäger, im gleichen Sinne etwa wie die Europäer der Alt- und Mittelsteinzeit. Das gleiche gilt für manche nordamerikanischen Stämme, wenn auch andere, die in der Folge an den Pferden Gefallen fanden, sich auf ziemlich hoher Stufe mit Gartenbau befaßt hatten. In einer Welt, in der der Mensch bloß eine Raubtierart ist, die mit anderen Raubtierarten unter gleichen Bedingungen wie der Wolf und der Luchs wetteifert, ist seine Beziehung zu den Pflanzenfressern, die seine Jagdbeute sind (und dazu gehört das Pferd), etwas Einzigartiges; sie ist auch für den heutigen städtischen Humanitätsapostel mit seiner Ablehnung der Jagd in allen ihren Formen aus Gewissensgründen seltsam und äußerst widerwärtig. In Wirklichkeit stand der Jäger in der europäischen Steinzeit oder im präkolumbianischen Amerika zu den mit ihm wetteifernden Raubtieren nicht in einem ebenbürtigen Verhältnis. Er besaß weder den scharfen Geruchsinn des Wolfs noch das Gehör des Luchses, und im Vergleich zur Sehkraft des Adlers war er schwachsichtig; die Kraft seiner Arme und seiner Kinnbacken war verhältnismäßig jämmerlich, und er besaß auch nur minderwertige Zähne und Klauen. Die Waffen, die er herstellte, waren kein wirklicher Ausgleich für diese Mängel – nicht einmal der Bogen. Was er dagegen tun mußte und auch tat, war, daß er Gedanken und Seele des Beutetiers zu verstehen, sich darin einzufühlen und sie zu bezwingen versuchte. Vielleicht handelt es sich in den Tierabbildungen der bemalten Höhlen darum, und nicht um irgendeinen vage definierten Zauber. Sicher war es diese angeborene Fähigkeit (die auch die Jäger der eurasischen Steppe besaßen, nicht aber die Bauern des Fruchtbaren Halb-

monds oder deren Priester und Herrscher in der Alten Welt, welche zweifellos die Vorfahren unserer städtischen Zivilisation sind), die den Indianer, kaum hatte er den Blick auf ein Pferd gerichtet, zu einem natürlichen Reiter machte. Er brauchte von dem Bleichgesicht nur die Tatsache zu lernen, daß der »Medizinhund« sich wirklich reiten ließ; das übrige besorgte er selbst.

Der Aufstieg und Fall der Reiterkultur des rothäutigen Indianers dauerte nur höchstens zwei Jahrhunderte, von denen das zweite zumindest zum größeren Teil mit dem Eisenbahnzeitalter Europas zusammenfiel. Es brachte ihn unvermeidlich in noch schlimmeren Konflikt mit dem weißen Amerikaner, dessen Ausbreitung nach Westen im frühen 19. Jahrhundert seine größte Stoßkraft erreichte. Und der Pionier des Westens auf seinem Pferd vor dem von Ochsen gezogenen Wagenzug, als Beschützer neben ihm oder an dessen gefährdeter Rückseite, nahm an der letzten Ausweitung der Reiterwelt teil. Nach der großen Wanderung über die Beringstraße nach Sibirien waren die Pferde nicht näher an den amerikanischen Kontinent herangekommen als bis Grönland, wohin die norwegischen Siedler bald nach dem Jahre 1000 n. Chr. Pferde brachten. Aber die letzten Weißen und die letzten Pferde waren in Grönland längst gestorben, bevor noch Kolumbus die Segel hißte. Alle nachkolumbianischen Kolonisatoren, Engländer, Schotten, Franzosen, Portugiesen, Spanier, brachten Pferde in die Neue Welt, aber in den ersten zwei oder drei Jahrhunderten stellten diese Pferde nur äußerst dürftige Brückenköpfe dar. Als die Amerikaner in die riesigen Gebiete jenseits des Mississippi hinausströmten, erlebten alle Stufen der europäischen Transportgeschichte –

42. »Abgesessen: Soldaten des Vierten Kavallerieregiments bringen die Leitpferde fort« von Frederic Remington. Die US-Kavallerie wurde als berittene Infanterie verwendet, und die Pferde wurden hinter die Front gebracht, während ihre Reiter in Feuerstellung gingen. Das bedeutet, daß jeder vierte Mann am Kampf nicht teilnahm.

43. Bemalte attische Vase mit dem Rossepaar des Achilles.

44. Lakonische Schale mit Reiterbild auf der Innenseite.

zuerst der Wagen, dann die Kutsche –, diesmal jedoch in riesigem Maßstab, eine Wiedergeburt. Die von dem berühmten Pony-Expreß in den zwei Jahren seines Bestehens, 1860 und 1861, durchfahrene Straße wurde gleichzeitig auf dem größten Teil der Strecke von den Wells-Fargo-Kutschen befahren. Die Entfernung betrug fast genau das Zehnfache der berühmtesten englischen Postkutschenroute, der Straße von York nach London.

Seit die Holländer im 17. Jahrhundert das Pferd zur See zum Kap der Guten Hoffnung gebracht und so den tödlichen Tse-tse-Fliegengürtel umgangen hatten, der die Pferdeverbreitung auf dem afrikanischen Kontinent verhinderte, gab es für das Pferd keine weiteren Welten mehr zu erobern, bis Kapitän Cook eine neue fand. Die überaus hohen Transportkosten, welche die britische Regierung nicht daran hinderten, ihre unerwünschtesten Untertanen nach Botany Bay zu senden, hatten, was die Pferde anlangt, die gegenteilige Wirkung: nur die allerbesten waren es wert, daß man den horrenden Preis für ihre Überfahrt bezahlte. Deshalb kommt das australische Standardpferd, dessen Funktion der des Range-Ponys im amerikanischen Westen entspricht, einem Vollblut so überaus nahe. Aus dem gleichen Grund weist der Pferdebestand in Neuseeland als Ganzes gesehen einen höheren »Blut«prozentsatz auf als in irgendeinem anderen Land. Hier bei den Antipoden hat das Rad eine volle Umdrehung vollzogen, und das Pferd steht noch in Partnerschaft mit dem Menschen, in der gleichen Verwendung, die zu seiner ersten Zähmung auf den Steppen Asiens führte: das Hüten von Vieh auf so riesigen Grasflächen, daß die Aufgabe zu Fuß die Kraft menschlicher Ausdauer übersteigt.

2. Das Zeitalter der Wagen

AUSBILDUNG DER WAGENPFERDE

Es ist oft behauptet worden, daß die Domestikation des Pferdes als Zivilisationselement jünger sei als die Ausübung der Schrift; das ist aber nicht richtig. Das Pferd wurde zuerst von Menschen gezähmt, die weder schreiben noch lesen konnten und die weit entfernt von dem Zentrum der orientalischen Kultur lebten, wo später die Schrift erfunden wurde. Deshalb sind wir für die Kenntnis der Vergangenheit der Reit- und Fahrkünste bis in ziemlich späte Zeiten völlig auf archäologische Zeugnisse angewiesen. Bis zu der Zeit, in der der Pfad des Mannes der Feder den des Pferdehalters kreuzt, ist sie buchstäblich ein Stückwerk aus Bildern und Knochen. Das im folgenden wiedergegebene Dokument stellt, zumindest im Licht der bisherigen Entdeckungen, diesen Augenblick dar.

Das Ausbildungshandbuch wurde um 1350 v. Chr., unter der Regierung des Hethiterkönigs Suppiluliumas, als Dienstanweisung für das gewaltige Wagenlenkerkorps zusammengestellt, das das hethitische Reich, damals eine bedeutende Macht im Nahen Osten, unterhielt. Es handelt sich dabei nicht um die erste schriftliche Erwähnung von Pferden, wohl aber um das erste Buch, das ausschließlich von Pferden handelt. Der Autor hieß Kikkuli und war kein Hethiter, sondern ein Mitannier, also aus dem Volk, das in der späteren Geschichte als das der Meder bekannt ist. Kikkuli war Oberstallmeister des Hethiterkönigs.

Man darf sich nicht über den Mangel an »literarischer« Qualität wundern. Erstens schrieb oder diktierte der Autor nicht in seiner Muttersprache, ferner gab es auch für manches, was er auszudrücken hatte, keine entsprechenden Worte in der hethitischen Sprache, so daß er öfter gezwungen war, für technische Begriffe die verwandte, jedoch verschiedene indoeuropäische Sprache der Mitannier zu verwenden, die in der Form eher dem Sanskrit ähnelt. Seine Absicht war nicht zu gefallen oder zu unterhalten, sondern eine Reihe von festen Dienstanweisungen aufzuzeichnen. Es ist sogar zweifelhaft, ob jene, die für deren Ausführung zu sorgen hatten, nämlich die schwerfälligen Bataillonsführer des hethitischen Streit-

45. Das achtspeichige, eisenbeschlagene assyrische Streitwagenrad mit einem Durchmesser von eineinhalb Metern; der Wagen wurde von sehr großen Pferden, wahrscheinlich zentralasiatischen Ursprungs, gezogen, deren Muskulatur ein Ergebnis systematischen Trainings war, wie es von Kikkuli beschrieben wird.

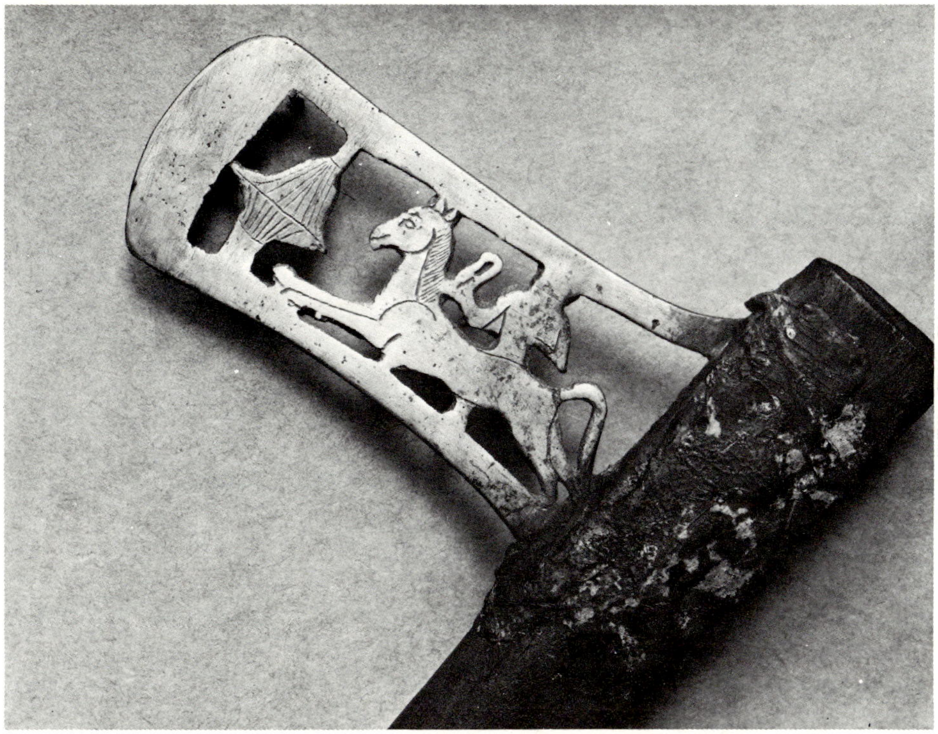

46. Ägyptische Bronze-Axt aus der Zeit der 18. Dynastie (um 1450 v. Chr.), die früheste bekannte ägyptische Pferdedarstellung. Das Tier wird nicht geritten, sondern nach Art der Wagenlenker an der Hand geführt. Die Zügel (der Zaum ist nicht dargestellt) werden über dem Widerrist gehalten.

wagenkorps, lesen konnten; wahrscheinlich wurde ihnen das Handbuch von Regimentsschreibern vorgelesen. In diesem Handbuch kommt es immer wieder zu Wiederholungen, aber das liegt in der Natur der Sache.

In Anbetracht der Tatsache, daß das heutige für Pferde im Nahen Osten verwendete Körnerfutter Gerste und nicht Hafer ist und daß es das Heu, wie wir es kennen, dort nicht gibt, würde diese Vorschrift im heutigen Epsom Billigung finden. Fremdartig erscheint hingegen die reichliche äußere Verwendung von Wasser, aber wir haben es ja hier mit dem sehr heißen und staubigen Sommer in Ost-Anatolien zu tun.

Die Ausbildung beginnt im März, und die von den Lebensbedingungen des Wildpferdes schon weit entfernten Pferde sind während des Winters nicht mager, sondern dick geworden.

Folgendermaßen spricht Kikkuli, Oberstallmeister aus dem Lande Mitanni:

Wenn der Pferdeknecht im Frühling die Pferde auf die Weide läßt, spannt er sie an, fährt sie drei Meilen im Schritt und läßt sie 2 Ikus laufen. Auf dem Rückweg sollen sie 3 Ikus laufen. Er spannt sie aus, schirrt sie ab, reibt sie trocken und tränkt sie, dann führt er sie in den Stall und gibt jedem eine Mischung von einer Handvoll Klee, zwei Handvoll Gerste und einer Handvoll Luzernenheu. Nachdem sie alles aufgefressen haben, bindet er sie an.

Am Abend führt er die Pferde aus dem Stall, spannt sie an, fährt sie eine Meile im Schritt und läßt sie 2 Ikus laufen. Nach der Rückkehr schirrt er sie ab, reibt sie trocken und tränkt sie. Er führt sie in den Stall und gibt ihnen drei Handvoll Luzernenheu, zwei Handvoll Gerste, zwei Handvoll Klee, gemischt mit Häcksel. Wenn sie mit dem Futter fertig sind, legt er ihnen Maulkörbe an. (Das Anlegen des Maulkorbs über Nacht soll die Pferde daran hindern, die Streu zu fressen oder an der Krippe zu kauen, da sie, infolge des Wechselns vom Gras zu einer spärlichen, wenn auch konzentrierten Kost, ein starkes Verlangen nach fester Nahrung haben.)

Im folgenden wird das tägliche Programm größtenteils in zusammengefaßter Form angegeben, nur dort nicht, wo es sich hinsichtlich der Arbeit oder Fütterung völlig von der Norm unterscheidet.

2. Tag: Eine Meile im Schritt, 2 Ikus laufen. Zwei Handvoll Luzernenheu, eine Klee, vier Handvoll Gerste. Die ganze Nacht grasen.

3. Tag: Zweieinhalb Meilen im Schritt, 2 Ikus laufen. Rückweg 3 Ikus laufen, eine halbe Meile im Schritt. Zu Mittag grünes Gras, dann tränken. Abends eine Meile im Schritt. Nachts Luzernenheu und Stroh.

4. Tag: Zwei Meilen im Schritt am Morgen, eine am Abend. Den ganzen Tag kein Wasser. Nachts Luzernenheu.

5. Tag: Zwei Meilen im Schritt, 20 Ikus bei der Ausfahrt und 30 Ikus bei der Rückkehr laufen. Zudecken. Nach dem Schwitzen gibt man einen Eimer gesalzenes und einen Eimer Wasser mit zerschroteter Gerste. Zum Fluß führen und abwaschen. Die Pferde baden. In den Stall führen, wieder ein Eimer Salz- und ein Eimer Malzwasser. Nochmals abwaschen und baden. Eine Handvoll Luzernenheu. Wieder abwaschen und baden. Abends eine Kelle genetztes Korn mit Häcksel füttern.

6. Tag: Vormittags fünfmal waschen, nachmittags grasen und einmal waschen.

4 Tage lang wiederholen.

11. Tag: Mit Butter einreiben.

12. Tag: Den ganzen Tag im Stall belassen. Nur Gerste und Luzernenheu füttern.

10 Tage lang wiederholen.

22. Tag: In warmem Wasser waschen. Luzernenheu füttern.

7 Tage lang wiederholen.

29. Tag: Noch 3 Tage das gleiche, jedoch mit Butter einreiben.

32. Tag: Außerhalb des Stalles ohne Futter oder Wasser angebunden lassen. Abends 3 Ikus laufen, die ganze Nacht grasen lassen.

3 Tage lang wiederholen.

35. Tag: Vormittag baden, dann zwei Meilen im Schritt. Tagsüber kein Futter oder Wasser. Abends neun Meilen im Schritt. Nachts Luzernenheu und Stroh füttern.

9 Tage lang wiederholen.

44. Tag: Den ganzen Tag stehen lassen. Mittags eine Handvoll Luzernenheu. Abends eine halbe Meile im Schritt. Nachts Wasser und Luzernenheu.

45. Tag: Eine halbe Meile im Schritt. Baden.

46. Tag: 3 Meilen im Schritt, 2 Ikus laufen. Nachts Luzernenheu.

9 Tage lang wiederholen.

56. Tag: 9 Ikus im Schritt, (?) laufen. Nachts Luzernenheu.

57. Tag: Am Vormittag 17 Ikus im Schritt. Abends 17 Ikus im Schritt, 2 Ikus laufen.

58. Tag: 17 Ikus im Schritt, 2 Ikus laufen. Dreimal abwaschen, baden. Eine Kelle genetzte Gerste mit Häcksel füttern. Nachts Luzernenheu.

59. Tag: 4 Meilen im Schritt, 2 Ikus laufen.

9 Tage lang wiederholen.

Am fünften Abend in warmem Wasser baden.

68. Tag: Nach der Morgenarbeit zwei Handvoll Gerste mit Häcksel. Abends eine halbe Meile im Schritt, 2 Ikus laufen.

70. Tag: Am Morgen eine halbe Meile im Schritt. Abends 17 Ikus im Schritt, 2 Ikus laufen.

71. Tag: 17 Ikus im Schritt, 3 Ikus laufen. Fünfmal abwaschen, baden, nach jedem zweiten Bad Luzernenheu füttern. Abends genetztes Getreide mit Häcksel.

Die hethitische Meile *(Kas)* wird auf etwa 6 km geschätzt – die Entfernung, die ein Mensch in einer Stunde zu Fuß zurücklegen kann (russisch *tschas* = Stunde). Die Länge des hethitischen *Iku* (Feld) dürfte den hundertsten Teil einer Meile, also 60 m, betragen haben.

Die erwähnten Gänge führten zu langwierigen Auslegungsdiskussionen. Im Original wird dabei zwischen Reise- und Renntempo unterschieden. Das Reisetempo kann aus etymologischen Gründen nicht als Schritt oder Trab angesehen werden. Die allgemeine Meinung geht dahin, daß ein Paßgang gemeint ist, bei dem nicht die Aufeinanderfolge der Schritte, sondern nur die Schrittweise und die Geschwindigkeit der Bewegung den Unterschied zwischen Reise- und Renntempo ausmachen. Sie wurden hier mit »Schritt« und »laufen« wiedergegeben, wobei der Gang jener der amerikanischen Paßgänger bei Sulky-Rennen ist.

Die obige Zusammenfassung entspricht dem Inhalt der

ersten von fünf Tontafeln, auf denen in Keilschrift die tägliche Routinearbeit für einen sieben Monate dauernden Trainingskurs im einzelnen verzeichnet ist. Die großen in den ersten Tagen gestellten Anforderungen sind als Probe gedacht, um gleich von Anfang an jene Pferde auszusondern, die nicht gut genug sind, um diesen langen und kostspieligen Kurs durchzuhalten. Der Vorgang am Tag fünf ist als »Schwitzgalopp« bekannt, und das langdauernde Tränken mit Salz- und Malzwasser soll die Flüssigkeit im Körper ersetzen. Die den Pferden verabreichten Futtermengen müssen im Hinblick auf die Größe der Tiere betrachtet werden – sie waren kaum viel größer als die Waliser Gebirgsponys und nur wenig größer als das ursprünglich in dieser Gegend vorkommende Wildpferd Typ IV. Es handelt sich hier um eine höchst verfeinerte Technik bei der Pferdehaltung, die sich ganz auf Fütterung von Hand und Stallhaltung für den größten Teil des Jahres stützte; sie wurde wahrscheinlich im Gebiet des westlichen Irans und Kurdistans eine sehr lange Zeit hindurch entwickelt und erforderte reichlich Arbeitskräfte. Die großen Mengen geschnittenen Luzernenheus, die für die ganze Nacht als Futter gegeben wurden, so wie heutzutage Heu, lassen auf das Vorhandensein von Sklaven schließen, die nicht viel anderes taten, als mit einer Sichel Luzerne zu schneiden (die Sense war damals noch nicht erfunden). Zu Königin Viktorias Zeiten gab es einen besonderen Schlag von Arbeitern niedriger Kaste, die bei angloindischen Unternehmen auf diese Weise verwendet wurden.

Es geht aus dem Text hervor, daß das gesamte Training paarweise vor sich ging, nicht nur die Arbeit im Wagen, sondern auch der »langsame« Schritt, bei dem die Pferde ins Joch gespannt, aber von einem Knecht zu Fuß gelenkt wurden. Die Gespanne waren unzertrennlich, und wenn ein Pferd einging, ließ sich das überlebende nur nach längerem neuerlichem Training einen anderen Jochgenossen gefallen. Dieses Dokument wurde im Jahre 1917 am Ort der einstigen Hethiterhauptstadt Chattusa (Boghazköy in der Türkei) gefunden und ebenso wie damit zusammenhängendes Text- und Bildmaterial mit Unterbrechungen jedoch eingehend dreizehn Jahre lang von dem tschechischen Gelehrten Bedrich Hrozny studiert, der in französischer Fassung die erste Übersetzung des Textes in eine westliche Sprache lieferte.

WETTKÄMPFE BEI LEICHENFEIERN

Homers herrliche Schilderung des Wagenrennens bei den anläßlich der Leichenfeier für Patroklus abgehaltenen Wettspielen erfordert wenig Kommentare. Man könnte darauf hinweisen, daß Wettkämpfe dieser Art, die während einer Kampfpause stattfanden, sich insofern beträchtlich von den in Friedenszeiten in Olympia und anderswärts abgehaltenen Wettbewerben unterschieden, als die Rennbahnoberfläche nicht präpariert war, sondern natürliche Hindernisse aufwies. Auch bestand das Rennen nicht aus einer Anzahl von Runden in einer ziemlich kleinen Arena, sondern aus einer geraden Strecke zu einem vom Start aus sichtbaren Ziel und wieder zurück. Für den Zuschauer muß es recht schwierig gewesen sein zu unterscheiden, wer nach der Hälfte des Rennens, wenn die Wagen weit draußen »auf dem Feld« fuhren, in Führung lag, insbesondere da die Pferde fast alle von gleicher Farbe waren – ein dunkleres oder helleres Graubraun. In den Gesängen Homers wird nur eine andere Farbe genannt: *phoinix*. Farbbezeichnungen gehören zu den am schwersten aus toten Sprachen zu übersetzenden Wörtern, und das führte dazu, daß die heutigen Wissenschaftler dieses Wort mit »rötlich-« bis »kastanien«braun wiedergeben. Nun hieß der Schiedsrichter in diesem Rennen angeblich Phoinix (Phönix), vermutlich weil sein Haar bei seiner Geburt diese Farbe hatte; das hilft uns jedoch wenig. Das Gespann des Meriones wird aber als »hellmähnig« bezeichnet, während graubraune Pferde gewöhnlich schwarze Mähnen haben; das Paar des Meriones muß etwa vom Schlag der heutigen Palominos gewesen sein.

Drei der Gespanne bestanden aus zwei Hengsten, eines aus zwei Stuten und eines aus einer Stute und einem Hengst, ein Umstand, der erstaunlich wenig Kommentare von seiten der Gelehrten verursachte, obwohl er, sogar nach schriftlichen Quellen zu urteilen, völlig gegen die in der Antike übliche Praxis verstieß. Was die Zeugnisse aus der antiken Kunst anlangt, gibt es kein Bild und keine Statue, die vermuten ließen, daß das Wagengespann im Rennen oder im Krieg jemals aus anderen Pferden als ausschließlich aus Hengsten bestand.

Die Worte des alten Lehrmeisters Nestor zu seinem Sohn über die Wichtigkeit des knappen Wendens in schneller Fahrt liefern eine Verbindung zwischen der hellenischen und der keltischen Wagenlenkkunst. Im südlichen Gallien, wo die Kelten in nähere Berührung mit den Griechen aus der Marseiller Gegend kamen, dürfen wir annehmen, daß schneidige junge provençalische

47. Ägyptische Kampfwagen (vgl. Bild 12). Oben sieht man ein Pferd arabischer Rasse von durchschnittlicher Qualität. Die beiden Tiere in der unteren Reihe sind entweder Onager (asiatische Wildesel) oder Maultiere, die von der Kreuzung Pferd-Onager oder, was weniger wahrscheinlich ist, Pferd-Esel stammen. Wandmalerei aus Theben, um 1400 v. Chr.

Wagenlenker dieses gefährliche Manöver in verbautem Gebiet ausführten, denn die Häuserecken in so alten Siedlungen wie Entremont (Bouches du Rhône) sind durch Platten geschützt, die keiner baulichen Funktion dienen, aber von Kratznarben vorbeifahrender Radnaben durchfurcht sind.

❋Erst vor allen erhob sich der Völkerfürst Eumelos,
er, des Admetos Sohn, der an Wagenkunde hervorschien.
Auch der Tydeid' erhob sich, der starke Held Diomedes,
welcher die troischen Ross' anschirrte, die dem Aineias
jüngst er geraubt; ihn selber errettete Phoibos Apollon.
Drauf erstand der Atreide, der bräunliche Held Menelaos,
göttlichen Stamms, und jochte die hurtigen Ross' an den Wagen,
Aithe, die Stut' Agamemnons, und seinen Hengst, den Podargos.
Jene gab dem Bruder der Anchisiad' Echepolos
einst zum Geschenk, um nicht vor Ilion jenem zu folgen,
sondern dort sich der Ruhe zu freu'n; denn mächtigen Reichtum
gab ihm Zeus, und er wohnt' in Sikyons fruchtbaren Tälern:
diese nun spannt er ins Joch, die mutige, gierig des Wettlaufs.
Dann, der vierte, bereitet Antilochos glänzende Rosse,
Nestors trefflicher Sohn, des edelmütigen Herrschers,
sein, des Neleiaden; und hurtige Rosse von Pylos
flogen einher mit dem Wagen. Ihm riet jetzt nahend der Vater
guten Rat, der kundige Greis dem verständigen Jüngling:
»Sohn, wie jung du auch bist, Antilochos, liebten dich dennoch
Zeus und Poseidon und lehrten dich Kunde des Wagens
aller Art; drum möcht' es nicht not sein, dich zu belehren.
Wohl das Ziel zu umlenken verstehest du; aber die Rosse
sind dir die trägsten im Lauf; drum sorg' ich, täuscht dich der Ausgang.
Rascher sind jenen die Ross' und fertiger; selber indes nicht
wissen sie besseren Rat als du, mein Sohn, zu ersinnen.
Aber wohlan, mein Teurer, ins Herz dir fasse die Lehre
mancher Art, daß nicht ein edler Preis dir entgehe.
Mehr ja vermögen durch Rat Holzhauende, weder durch Stärke;
auch durch Rat nur lenket im dunkelen Meere der Steurer
sein hineilendes Schiff, umhergestürmt von den Winden:
so durch Rat auch besiegt ein Wagenlenker den andern.
Wer allein dem Gespann und rollenden Wagen vertrauet,
ohne Bedacht hinsprengt er und wendet sich dorthin und dahin;
wild auch schweifen die Ross' und ungezähmt in der Rennbahn.
Doch wer den Vorteil kennt und schlechtere Rosse dahertreibt,
schaut beständig das Ziel und beugt kurzum und vergißt nie,
welchen Strich er zuerst sie gelenkt mit Seilen aus Stierhaut;
nein, fest hält er den Lauf und merkt auf den Vorderen achtsam.
Deutlich muß ich das Ziel dir verkündigen, daß du nicht fehlest.
Dorrend ragt ein Pfahl, wie die Klafter hoch aus der Erde,
Kienholz oder von Eichen, das nicht im Regen vermodert;
rechtsan lehnen und links sich zwei weißschimmernde Steine,
dort in der Enge des Wegs, wo die ebene Bahn sich herumschwingt:
sei er vielleicht ein Mal des längst verstorbenen Mannes
oder ein Rennziel auch, von vorigen Menschen errichtet;
den nun stellt zum Zeichen der mutige Renner Achilleus.
Dicht an jenen gedrängt beflügele Wagen und Rosse!
Selber zugleich dann beug' in dem schöngeflochtenen Sessel
sanft zur Linken dich hin, und das rechte Roß des Gespannes
treib mit Geißel und Ruf und laß ihm die Zügel ein wenig,
während dir nah am Ziele das linke Roß sich herumdreht,
so daß fast die Nabe den Rand zu erreichen dir scheinet
deines zierlichen Rades. Den Stein nur zu rühren vermeide,
daß du nicht verwundest die Ross' und den Wagen zerschmetterst;
denn ein Triumph den andern und schmähliche Kränkung dir selber
wäre das! Auf denn, Geliebter, sei vorsichtsvoll und behutsam.
Hast du nur erst am Ziele herumgewendet den Vorsprung,
keiner ist dann, der verfolgend dich einholt oder vorbeijagt;
trieb er sogar im Sturme dir nach den edlen Areion,
der aus Göttern entstammte, das hurtige Roß des Adrastos,
oder Laomedons Rosse, die hier voll Herrlichkeit aufblühn!«

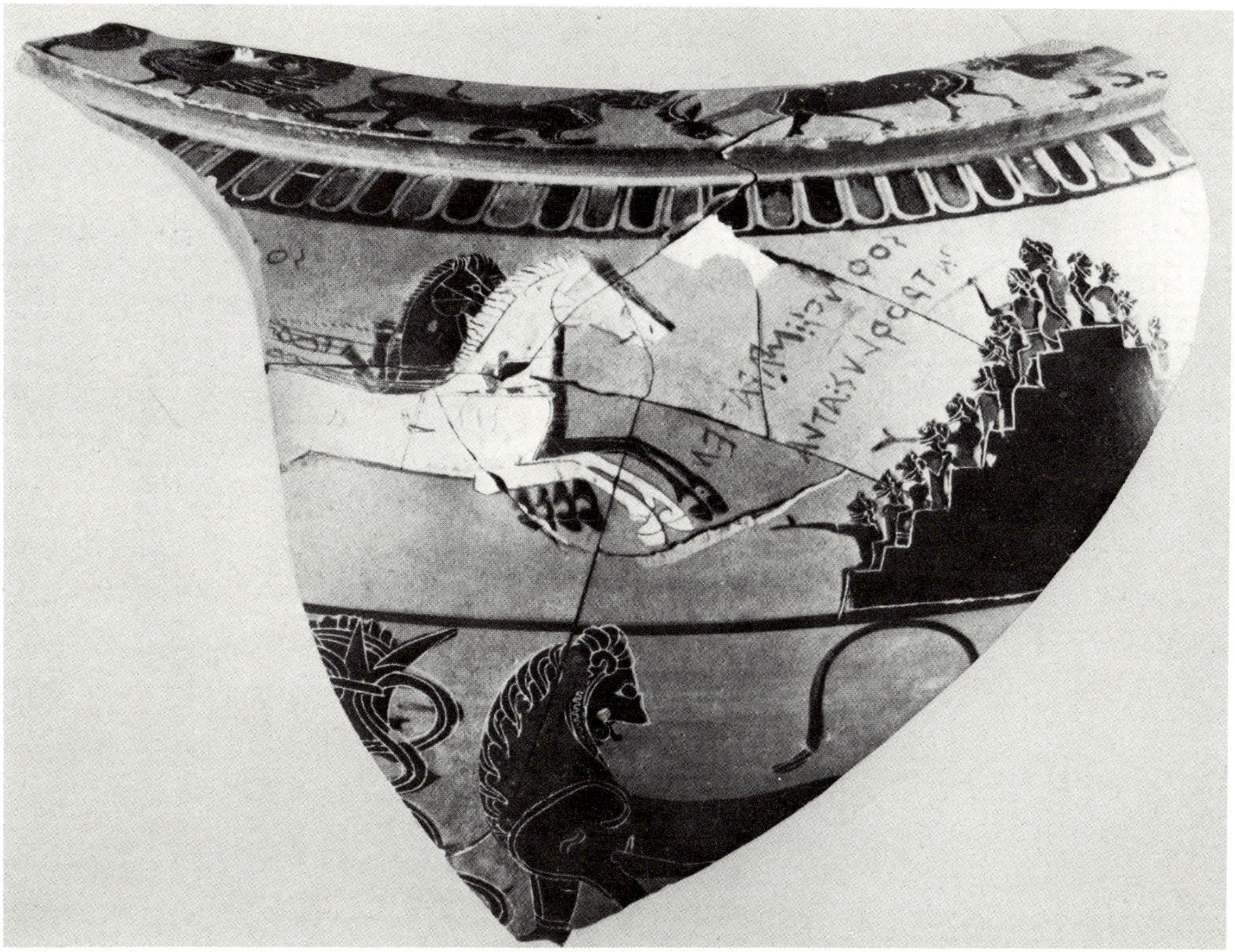

48. Spiele beim Begräbnis des Patroklos. Fragment einer Schale aus Athen, frühes 6. Jh. v. Chr., das die mit Zuschauern besetzte Tribüne beim Wagenrennen zeigt.

Also redete Nestor, der neleiadische König,
setzte sich dann, nachdem er dem Sohn jedwedes bedeutet.
Auch der fünfte, Meriones, schirrte hellmähnige Rosse.
Alle betraten die Sessel und warfen die Los', und Achilleus
schüttelte: plötzlich entsprang Antilochos' Los aus dem Helme;
nächst dem Nestoriden gewann der Herrscher Eumelos,
diesem zunächst der Atride, der streitbare Held Menelaos;
hierauf traf das Los den Meriones, aber zuletzt traf
Tydeus' tapferen Sohn das Los, die Rosse zu lenken.
Alle gereiht nun standen; es wies das Zeichen Achilleus
fern in dem flachen Gefild'; und dabei zum Schauer bestellt er
Phönix, den göttlichen Held, den Kriegsgefährten des Vaters,
wohl zu bemerken den Lauf und alles genau zu verkünden.
Alle zugleich nun schwangen empor auf die Rosse die Geißeln,
schlugen zugleich mit den Riemen und schrien lautdrohende Worte,
heftigen Muts; und in Eil' entflogen sie durch das Gefilde,
schnell von den Schiffen hinweg; und emporstieg unter den Brüsten
dick aufwallender Staub, dem Gewölk gleich oder dem Sturmwind,
und wild flogen die Mähnen im wehenden Hauche des Windes.
Jetzo rollten die Wagen gesenkt an der nährenden Erde.
jetzo durchstürmten die Luft die erhobenen. Aber die Lenker
standen empor in den Sesseln; es schlug ihr Herz in den Busen
laut vor Begierde des Siegs; und jeglicher drohte den Rossen
mächtigen Rufs; und sie flogen in stäubendem Lauf durch die Felder.
Doch wie dem Ende des Laufs die hurtigen Rosse sich nahten,
kehrend zum bläulichen Meer, nun war's, wo jegliches Tugend
schien; und gestreckt fortschossen die Rennenden. Aber in Eile
sprangen voraus die Stuten des Pheretiaden Eumelos;
diesen zunächst dann stürmte das Hengstgespann Diomedes',
troischen Stamms; nicht ferne verfolgten sie, sondern so nahe,

daß sie stets auf den Sessel des Vordermann schienen zu springen,
und ihm warm auf den Rücken ihr Hauch und die mächtigen Schultern
atmete; denn ihn berührte das Haupt der fliegenden Rosse.
Und nun wär' er voraus, doch wenigstens gleich ihm gekommen,
wenn nicht Phöbos Apollon gezürnt dem Sohne des Tydeus
und ihm schnell aus den Händen die glänzende Geißel geschleudert.
Unmutsvoll entstürzten die Tränen ihm über das Antlitz
als er noch weiter voraus die fliegenden Stuten erblickte,
aber die Hengst' ihm säumten, die treibende Geißel vermissend.
Nicht geheim vor Athene belistete Phöbos Apollon
Tydeus Sohn; schnell eilte sie her zum Hirten der Völker,
gab ihm die Geißel zurück und stärkte mit Mut ihm die Rosse.
Zürnend verfolgte sie drauf den tapferen Sohn des Admetos
und zerbrach ihm das Joch, die Unsterbliche; wild auseinander
sprangen die Stuten vom Weg, und es scharrt' an der Erde die Deichsel.
Jener entsank dem Sessel und wälzte sich neben dem Rade,
beide Arm' an der Beugung, den Mund und die Nase verletzend;
auch die Stirn an den Brauen verwundet' er, aber die Augen
wurden mit Tränen erfüllt, und atmend stockt' ihm die Stimme.
Tydeus Sohn trieb schleunig vorbei die stampfenden Rosse,
weit den anderen allen voraus; denn es stärkt' ihm Athene
seine Rosse mit Mut und krönt ihn selber mit Siegruhm.
Nächst ihm flog der Atride, der bräunliche Held Menelaos.
Aber Antilochos rief des Vaters Rosse ermunternd:

49. Frühgriechische Tonfiguren aus Tanagra: ein Pfluggespann und ein Wagen, beide mit einem Paar Zugtiere im Joch. Das Joch für Ochsen ist von dem für Pferde verschieden.

»Angestrengt die Glieder und dehnet euch fliegenden
Laufes!
Daß mit jenen ihr kämpft um den Vorsprung, forder'
ich gar nicht,
mit des Tydeiden Gespann, des feurigen, welchen Athene
jetzo Geschwindigkeit gab und ihn selber krönte mit
Siegruhm.
Nur Menelaos Gespann holt ein . . .
. . . verfolget sie hurtigen Laufes!
Aber ich selbst will dieses mit Kunst ausführen und
Sorgfalt,
daß in der Enge des Wegs ich vorüberschlüpf, ihn
bemerkend.«
. . . jetzo erblickt er
dort die Enge des Wegs, Antilochos, freudig zur
Feldschlacht:
ausgehöhlt war der Grund, wo gesammelte Winter-
gewässer
durch den Weg sich gewühlt, ringsum die Erde vertiefend.
Dorthin fuhr Menelaos, der Wagen Gemisch zu ver-
meiden.
Seitwärts trieb Antilochos schnell die stampfenden Rosse
außer dem Weg, und wenig vorbei ihm lenkend verfolgt' er.
Des erschrak der Atrid' und rief dem Sohne des Nestor:
»Sinnlos lenkst du den Wagen, Antilochos! Hemme
die Rosse!
Eng ist der Weg; bald eil' auf breiterer Bahn mir vorüber,
daß du nicht an den Wagen mir fährst und uns beide
beschädigst!«
Jener sprach's; doch Antilochos trieb noch schneller
die Rosse
drängend mit Geißelhieben, dem nichts vernehmenden
ähnlich.
Weit wie die Scheib' hinfliegt vom Schwung des
erhobenen Armes,
so weit sprangen sie vor, und es säumeten jene von hinten
Atreus' Sohn; auch hielt er mit Fleiß den eilenden
Lauf an,

50. Zwei Streitwagen im Kampf gegeneinander. Zeichnung nach einem *dinos* (großer griechischer Becher). Man beachte das mit Knoten befestigte Geschirr.

daß nicht wo anprellend im Weg die stampfenden Rosse
beide Geschirr' umstürzten von schönem Geflecht, und sie selber
dort in den Staub hinsänken, gereizt von Begierde des Sieges.
Scheltend begann nunmehr der bräunliche Held Menelaos:
»Keiner, Antilochos, gleicht an verderblichem Sinn dir selber!
Geh, wir nannten dich falsch den Verständigen sonst, wir Achaier!
Doch nicht sollst du fürwahr ohn' Eidschwur nehmen den Kampfpreis!«
Dieses gesagt, ermahnt' er mit lautem Rufe die Rosse:
»Weilet mir nicht so träg und steht nicht trauernden Herzens!
Bald wird jenen die Kraft der Knie und Schenkel erstarren,
eher denn euch, denn beiden verschwand die blühende Jugend!«
Jener sprach's und geschreckt von des Königs scheltendem Zuruf,
sprangen sie schneller dahin, und bald nun nahten sie jenen.
Argos' Söhn' indessen im Kampfkreis schaueten sitzend,
wie die Gespann' hinflogen im stäubenden Lauf durch die Felder.
(Unter den Zuschauern kommt es zu einer Auseinandersetzung über die Positionen der Wagenlenker.)
. . . da nahte mit raschem Gespann Diomedes.
Immer umschwang er die Schultern und geißelte; aber die Rosse
hoben sich hoch von der Erde, den Weg in Eile vollendend.
Immer auch flog um den Lenker der Staub, von den Hufen gesprenget,
während der prangende Wagen, mit Zinn und Golde gezieret,
schnell dem Sturm des Gespanns nachrasselte; und nur ein wenig
tauchte von hinten das Gleis der erzbeschlagenen Räder
in den gelockerten Staub; so eileten fliegend die Rosse.
Mitten nun hielt er im Kreis, und es quoll den dampfenden Rossen
ringsum Schweiß von den Nacken und vorn von der Brust auf die Erde.
Selber darauf entsprang er dem hellumschimmerten Sessel,
lehnete dann die Geißel ans Joch. Nicht säumte der tapfre
Sthenelos nun; er ergriff in freudiger Eile den Kampfpreis,
gab dann hinwegzuführen das Weib den mutigen Freunden,
samt dem gehenkelten Kessel, und lösete selber die Rosse.
Nächst ihm lenkt die Ross' Antilochos, Enkel des Neleus,
welcher durch List, durch Schnelligkeit nicht, Menelaos zuvorkam.
Dennoch trieb Menelaos ihm nah die hurtigen Rosse.
Weit wie dem Rade das Roß entfernt ist, welches den Eigner
trägt und gestreckt vor dem Wagen dahersprengt durch das Gefilde;
hinten berührt's des Rades umschienten Rand mit den Haaren
seines Schweifs; denn nah ihm enteilet es, und nur ein wenig
Raum ist, welcher es trennt im Lauf durch das weite Gefilde;
auch so weit von dem edlen Antilochos blieb Menelaos
nun zurück, da zuerst bis zum Scheibenwurf er zurückblieb;
doch bald holt' er ihn ein; denn mutiger stets und entflammter
sprang die Stut' Agamemnons einher, die glänzende Aithe.
Hätte noch weiter die Bahn sich erstreckt den jagenden Kämpfern,
sicherlich wär' er voraus, doch wenigstens gleich ihm gekommen.
Aber Meriones drauf, Idomeneus' tapferer Kriegsfreund,
blieb des Speerwurfs Weite vom rühmlichen Held Menelaos;
denn am trägsten ihm war das Gespann hellmähniger Rosse,
wenig er selbst auch geübt, ein Geschirr zu lenken im Wettkampf.
Endlich der Sohn des Admetos erschien zuletzt nach den andern,
schleppend den zierlichen Wagen und vorwärts treibend die Rosse.
Mitleidsvoll erblickt' ihn der mutige Renner Achilleus,
stand im Kreis der Argeier und sprach die geflügelten Worte:
»Schau, wie zuletzt der tapferste Mann sein edles Gespann lenkt!
Aber wohlan, ihm selber nach Billigkeit werde der Preise
zweiter verliehn; doch der erste gebührt dem Sohne des Tydeus.«
(Antilochos protestiert gegen diese Entscheidung, und Achilleus erklärt sich einverstanden, ihm den zweiten Preis, eine Stute, zuzuerkennen. Das führt zu weiteren Meinungsverschiedenheiten.)
Jetzo stand Menelaos empor, unmutigen Herzens,
zürnend mit Ungestüm dem Antilochos; aber ein Herold
reicht' in die Händ ihm den Zepter und rief, Stillschweigen gebietend

Argos' Volk; und jetzo begann der göttliche Kämpfer:
»Welche Tat begingst du, Antilochos, sonst so verständig?
Meine Tugend hast du geschmäht und die Rosse gehindert,
deine mit List vordrängend, die weit doch geringer waren! . . .
. . . Auf Antilochos, komm, du Göttlicher, und nach der Sitte
vor die Rosse gestellt und des Wagens Geschirr, in den Händen
haltend die schwanke Geißel, womit du eben gelenket,
rühre die Ross' und schwöre zum Erderschüttrer Poseidon,
daß du nicht vorsätzlich mit List mir den Wagen gehindert!«

(Antilochos entschuldigt sich sofort aufrichtig; Menelaos ist gerührt und antwortet großmütig.)

»Jetzt will ich selber, Antilochos, gerne dir nachsehn,
eifert' ich schon; denn nicht ausschweifenden flatternden Geistes
warst du vordem, und jetzo besiegte dein Herz nur die Jugend.
Aber hinfort vermeide, die Besseren schlau zu belisten.
Nicht so leicht hätt' ein anderer mich der Achaier besänftigt;
doch du hast ja so vieles getan und so vieles erduldet
meinethalb, du selbst und dein tapferer Vater und Bruder.

51. Bronzemodell eines römischen Wagens mit Zweigespann *(biga)*, das im Tiber gefunden wurde. Die Plattform stellt eine Art gewebtes Material dar, dessen Nachgiebigkeit das Fehlen von Federn ausgleichen sollte. Die Räder haben acht Speichen.

Drum willfahr' ich gerne dir Flehenden, und auch die Stute
geb ich, die meinige, dir, daß all' umher es erkennen,
weit sei entfernt mein Herz von Übermut und Gewalttat.«
Dieses gesagt gab jener Antilochos' Freunde Noemon
wegzuführen das Roß und nahm sich das schimmernde Becken.

Homer, Ilias, 23. Gesang. übers. von W. Voss

VON DER RELIGION ZUM SPORT

Pausanias, »der Baedeker der Antike«, weiß in seiner Mitte des zweiten Jahrhunderts n. Chr., neun Jahrhunderte nach Einführung der Wagenrennen im olympischen Programm, geschriebenen »Rundreise durch Griechenland« viel zu erzählen über die Abhaltung der olympischen Spiele und über die Götter, zu deren Ehren dieses Fest veranstaltet wurde. Von den Gottheiten, denen Tempel oder Heiligtümer in Altis, dem heiligen Bezirk in der Ebene von Olympia, geweiht waren, haben erstaunlich viele eine Beziehung zu Pferden: Hippodamia, die zur Göttin erhobene Prinzessin mit dem beziehungsvollen Namen, der ein heiliges Grundstück von einem halben Hektar geweiht war; die an manchen Orten als Göttin mit dem Pferdekopf verehrte Demeter; Artemis, die kaltherzige jagende Jungfrau; Poseidon und Ares, Schutzherren der Pferde; Hera und Athene, Schutzherrinnen der Pferde; Kastor und Polydeukes, die göttlichen Wagenlenker; Apollon, gleichfalls Wagenlenker, und andere. Der Einfluß Poseidons kam an vielen Stellen der Rennbahn zum Ausdruck. Der Startpfosten trug eine Nachbildung eines Schiffsbugs, und der Start des Rennens wurde mit Hilfe eines dem Poseidon geweihten Modelldelphins angezeigt, der »tauchte«, während zugleich ein Bronzeadler zum »Flug« hochgezogen wurde.

Pausanias erwähnt auch eine Stelle neben der Pferderennbahn, die von einem Pferdegeist heimgesucht wurde, welcher die Ursache vieler tödlicher Unfälle durch dort scheuende Pferde gewesen war. Er berichtet von mehreren Erklärungen, die ihm über den Ursprung dieses abschreckenden Taraxippos gegeben wurden: Derartige Phänomene sind in der heutigen Zeit durchaus bekannt, noch immer ereignen sie sich manchmal in der Nähe von Rennplätzen.

Laut Theophrastus war der private Pferdebesitzer, der die meisten Pferde an Rennen teilnehmen ließ und die meisten Preise gewann, der Politiker Alkibiades, ge-

52. Wagenrennen im späteren Römischen Reich. Dieser Teil eines Elfenbeindiptychons aus dem 4. Jh. zeigt den in seiner *pulvinar* (Staatsloge) sitzenden, präsidierenden Konsul; unten in der Arena bestreiten vier Quadrigen das Rennen.

53. Relief aus Foligno, das ein Wagenrennen, wahrscheinlich im Circus Maximus in Rom, zeigt. Die berittene Gestalt links mit der Peitsche ist ein Schiedsrichter. Die *spina* mit ihren heidnischen Götterbildern und die Präsidentenloge, zeremonieller Mittelpunkt des Kaiserkults, erklären, warum die Rennen für die Gefühle der Christen so abstoßend waren. Die letzten Rennen fanden im Jahre 549 statt.

storben 404 v. Chr. (Der hervorragendste Fürst als Besitzer olympischer Rennpferde war Philipp II. von Mazedonien, der Aga Khan seiner Zeit.) In einem Rennen wurden der erste, zweite, dritte und vierte Preis von Wagen des Alkibiades gewonnen; aber er hatte natürlich mehrere Gespanne genannt. Damals, wie heute, konnte man bei allen Spielen mit Geld, wenn man es richtig einsetzte, die Gegner aus dem Feld schlagen. Euripides hat einige Verse über die olympischen Siege des Alkibiades geschrieben, die in North's Plutarch folgendermaßen wiedergegeben werden:

> Denn in Olympia gewannst du mit den Wagen
> den ersten, zweiten, dritten Preis und alles sonst.
> Zweimal mit Lob und wenig Müh' gekrönt dein Haupt
> mit dem Olivenzweig des Siegers; zweimal dann
> erscholl das Horn: als Sieger über alle ward'st du
> erklärt, die hoffend auf den Sieg, das Rennen fuhren.

Man kann sich des lieblosen Gedankens nicht erwehren, daß die in Alkibiades Besitz stehenden Sieger den drei unplacierten Gespannen desselben Besitzers viel zu verdanken hatten, die ohne eigentlich die Regeln zu verletzten, eine Obstruktionstaktik betrieben, durch die sie selbst unplaciert blieben.

Nun aber betrachten Pausanias und Plutarch die Angelegenheit der Rennen vom orthodoxen Standpunkt des Heiden aus der Antike aus. Für sie ist das Rennen ein feierlicher Anlaß, entweder als Zeremonie zu Ehren von Göttern oder als Teil der Leichenbestattung eines hervorragenden Verstorbenen. In den Augen der ersten Christen genügten diese beiden Faktoren oder sogar nur einer davon durchaus, um die Pferderennen völlig in Mißkredit zu bringen, die, wie der brave Bischof Tertullian zu Beginn des dritten Jahrhunderts sagte, »auch mit der Sünde des Götzendienstes besudelt« waren. Er erklärte in seinem Werk »De Spectaculis«, daß der Besuch der Pferderennen ebenso ein Akt der Verehrung für die Götter des Olymps sei wie der Besuch eines Tempels, um zu Apollo oder Jupiter zu beten. Und er hatte natürlich völlig recht. Die *spina* , die durch die Mitte der ovalen Rennbahn lief, war eine einzige lange Reihe heidnischer Götterbilder. Seine Verdammungen der Rennbahnen und Rennbesucher lesen sich heute wie die Verurteilung der Römischen Kirche durch Calvinisten aus Ulster, nur sind sie viel besser informiert: Wenn Tertullian den Götzendienst verurteilt, weiß er wirklich, was die Götzen bedeuten, und kennt die Beziehung zwischen den Figuren, die das Thema dieser Bilder waren, und die Rolle, die sie bei dem Rennen spielen sollten.

Er erwähnt mißbilligend, wegen ihrer heidnisch religiösen Bedeutung, die von den Wagenlenkern getragenen Rennfarben, und diese werden auch in einem Brief Theoderichs des Großen, des ersten Barbarenkönigs von Italien, der sich offen als solcher bezeichnete, mit Abscheu erwähnt. Romulus Augustus war tot, ebenso das

Weströmische Reich, und der Gote Theoderich war König. Unter ihm lebten jedoch der Zirkus und dessen Rennen weiter, und so wenig er derlei auch mochte, so konnte er doch sachverständig beurteilen, was einem Herrscher öffentliche Wertschätzung verschaffte. Sein Sekretär Cassiodorus hat Ende des fünften Jahrhunderts den folgenden Empfehlungsbrief für die Rennveranstaltungen im Circus Maximus in Rom festgehalten.

KÖNIG THEODERICH AN FAUSTUS, PRÄTORIANERPRÄFEKT

Der Anblick eines Wagenrennens tötet die moralischen Grundsätze und fordert die leichtfertigsten Streitigkeiten heraus; zeigt das Ende ehrenhaften Verhaltens, die nie versiegende Quelle von Zank, etwas, was die Antike als eine religiöse Sache begann, was jedoch von einer streitsüchtigen Nachwelt zu einem Sport gemacht wurde.

(Er beschreibt den Circus Maximus.)

Zwölf *Ostia* beim Eingang stellen die zwölf Zeichen des Zodiak dar. Sie werden plötzlich und in gleicher Weise durch Seile geöffnet, die dicht neben den *Hermulae* (kleine Pilaster) herabgelassen werden. Die vier von den vier Parteien der Wagenlenker getragenen Farben bezeichnen die Jahreszeiten: Grün für den frischen Frühling, Blau für den bewölkten Winter, Rot für den flammenden Sommer, Weiß für den frostigen Herbst. So erkennen wir in dem ganzen Schauspiel das Streben, die Werke der Natur darzustellen. Die *Biga* ist als Nachahmung des Mondes, die *Quadriga* als die der Sonne gedacht. Die Zirkuspferde, mit denen die Zirkusdiener die zu laufenden Durchgänge anzeigen, ahmen die Verkünderbereitschaft des Morgensterns nach. So kam es, daß sie, während sie dachten, sie verehrten die Sterne, ihre Religion durch Parodie in ihren Spielen entweihten...

Es gibt immer für jeden Vorlauf sieben Runden um die Wendepfosten, entsprechend den sieben Wochentagen. Alle Pfosten selbst haben, wie die Dekane der Tierkreiszeichen, je drei Spitzen, um welche die schnellen Quadrigen der Sonne gleich kreisen. Die Räder zeigen die Ost- und Westgrenzen an. Der den Zirkus umgebende Kanal bringt uns das Bild der glasklaren See dar, aus der die Delphine durch die Wasser hierher schwimmen. Die hochragenden Obelisken heben ihre Spitzen gen Himmel; der obere ist der Sonne, der untere dem Mond gewidmet, und auf ihnen sind die heiligen Riten der Alten mit chaldäischen Zeichen als Buchstaben angegeben.

Die *Spina* (Mittelmauer oder Rückgrat) stellt die Gruppe der unglücklichen Gefangenen dar, da ja die römischen Feldherren, indem sie über die Rücken ihrer Feinde gingen, die Freude ernteten, die der Lohn ihrer Mühen war. Die *Mappa* (Mundtuch), mit dem noch immer das Signal bei den Spielen gegeben wird, kam auf folgende Weise in Mode: Als Nero einmal beim Essen trödelte und das Volk wie gewöhnlich ungeduldig auf den Beginn des Schauspiels wartete, befahl er, man solle das Mundtuch, das er zum Säubern seiner Finger benützt hatte, aus dem Fenster werfen als Signal dafür, daß er die ersehnte Erlaubnis erteilte. Seither wurde es Brauch, daß das Zeigen eines Mundtuchs ein sicheres Versprechen für baldigen Beginn der *circenses* gab.

Wir bemerken auch, daß dieser Wettbewerb vorschriftsgemäß in vierundzwanzig Ausscheidungsrennen entschieden wird, also der gleichen Zahl wie jene der Stunden von Tag und Nacht. Es soll auch vermerkt werden, daß die Zahl der Runden um die Wendepfosten durch das Aufstellen von Eiern ausgedrückt wird, da dieses so abergläubenträchtige Symbol darauf hindeutet, daß etwas im Begriff ist, daraus geboren zu werden...

Der Mehrzahl des Volkes zuliebe, das diese Einrichtung leidenschaftlich liebt, sehen wir uns gezwungen sie zu dulden; denn es sind stets die Wenigen, die sich durch Vernunft führen lassen, während die vielen Aufregung und Vergessen ihrer Sorgen begehren. Da wir manchmal auch an den Torheiten unseres Volkes teilnehmen müssen, werden wir also großzügig für die Zirkuskosten aufkommen, wie wenig auch unser Urteil diese Einrichtung gutheißen mag.« *Cassiodori Variae,* 3. Buch

Als Gote bewunderte Theoderich hervorragende Fahrkunst (wir werden im nächsten Kapitel Zeugen der Entfaltung bemerkenswerter Reitkunst durch einen anderen Gotenkönig, Totila, sein). Als Arianer, Anhänger einer der freudlosesten Sekten, die je von der Hauptströmung des Christentums abgezweigt sind, war er gezwungen, solche Frivolitäten wie Rennveranstaltungen scheel zu betrachten, ganz abgesehen von all den heidnischen Begleiterscheinungen bei den Rennzeremonien, deren er sich ebenso bewußt war wie vor ihm Tertullian, besonders nachdem er von einem Gelehrten wie Cassiodorus informiert worden war. In seinem Brief an den Prätorianerpräfekten, einer Art Mittelding zwischen Bürgermeister und Polizeipräsident, fühlt er sich veranlaßt, sich mit einem Problem der öffentlichen Ordnung, den organisierten Anhängern der Blauen, Grünen, Roten und Weißen Rennställe, zu befassen.

Diese Anhängerklubs waren für ihr Rowdytum bekannt, und in Konstantinopel, wo die Wagenrenntradition weiterlebte, nachdem sie am Tiber erloschen war, übertraf ihre brutale Gewalttätigkeit alles, was sich die Anhänger der heutigen Fußballklubs Celtic oder Glasgow Rangers je geleistet haben: Sie wurden zu Alpträumen der Polizisten. Mehr noch, zu Alpträumen der Geheimpolizei, denn sie übertrugen ihr Interesse auf Staatsangelegenheiten, und rivalisierende Politiker buhlten um die Gunst der Rennplatzbanden, der byzantinischen Cliquen-Vermieter, die sich anmaßten, Kaiser einzusetzen und zu stürzen.

Noch viele Jahrhunderte nach Theoderich, als Rom im Niedergang war, Konstantinopel jedoch noch immer im Wohlstand lebte, stand das Wagenrennen in der östlichen Hauptstadt weiter in Blüte, noch mindestens bis ins zwölfte Jahrhundert, als Kaiser Alexius Commenus den Norwegerkönig Sigurd den Pilger im Hippodrom bewirtete – es heißt *Padreimr* in der von dem Isländer Snorri, Sohn des Sturla, geschriebenen Sigurd-Biographie. Schließlich kam 1453 ein Tag, an dem die türkischen Kanonen eine Bresche in die Mauern von Konstantins Stadt, Micklegarth, Byzantium, Istanbul schlugen und der Eroberer Mohammed II. im Triumph hindurchritt. Unter den Türken gerieten die Gebäude rund um das Hippodrom in Verfall, die Rennbahn jedoch blieb ein freier Platz; auf türkisch heißt er *At-maiden* – »die Ebene der Pferde« – und ist heute ein Rennplatz für gerittene Pferde.

CUCHULAINNS TOD

In Europa kommt der letzte Hinweis auf den Wagen außerhalb der Rennbahn im Zusammenhang mit nachprüfbaren historischen Vorfällen aus Irland. Dort wird der Hl. Patrick von einigen seiner königlichen Gönner im Wagen mitgenommen. Um diese Zeit besaß aber das Fahrzeug gewiß keine militärische Bedeutung mehr; es wurde nur für Reisen verwendet. In den irischen Heldensagen, deren früheste die irische Gesellschaft in den letzten Jahrhunderten v. Chr. beschreiben, kommt der Streitwagen in den früheren Perioden noch als Kampffahrzeug vor, wurde aber in den späteren bereits durch den berittenen Krieger abgelöst... Auch in dem Schlußabschnitt über CuChulainns Tod wird der Mörder von dessen Rächer Conall nicht im Streitwagen, sondern zu Pferd verfolgt.

CuChulainns eigene Pferde dienten sowohl zum Fahren wie zum Reiten. Die Streitrosse der irischen Helden prophezeien, ebenso wie die der homerischen Helden, aber nicht in Worten. So will sich der Graue von Macha für den todbringenden Kampf das Geschirr nicht anlegen lassen, vielmehr »dreimal wandte das Roß seinem Herrn die linke Seite zu«. Da er rechts im Gespann lief,

54. Das Hauptstück aus dem Schatz von Vix (Dép. Côte-d'Or) ist ein aus dem 6. Jh. v. Chr. stammender 1,65 m hoher Bronzekrater, der in der Gruft einer keltischen Fürstin gefunden wurde, wahrscheinlich ein Importstück aus Tarent, mit dem sich griechische Weinhändler, deren Lastpferderouten durch dieses Gebiet führten, die Gunst der Fürstin erkauften. Die Darstellung ist nur scheinbar realistisch, denn Zahl und Stellung der Pferdebeine dieses Viergespanns entsprechen nicht im entferntesten der Wirklichkeit. Das Geschirr ist ein damals in Europa und Asien weitverbreitetes Modell. Der Wagen mit seinem Spritzbrett verrät eine Bauart, die im Mittelmeergebiet, jedoch nicht in Gallien üblich war.

56. Japanischer Reitersoldat von Kiyochika.

wurde es dadurch unmöglich, ihm das Joch anzulegen. Wenn jedoch der Kämpe die Absicht hatte zu reiten, dann wäre die Darbietung der linken (nahen) Seite geeignet gewesen. Die unausgesprochene Prophezeiung des Grauen lautet: »Heute ist ein Tag zum Reiten, nicht zum Fahren.«

Der Graue und sein Gespanngefährte, der Schwarze Sainglend, besaßen manche Merkmale, die zur untersten Schicht der Materie dieser Geschichte gehören – der mythologischen, die möglicherweise bis in die Bronzezeit zurückreicht. Eleanor Hull, die die folgende englische Version verfaßte, wies darauf hin, daß CuChulainn manche Eigenschaften eines Himmelsgottes hatte; das schwarze Pferd in seinem Wagen bedeutet die Nacht, das graue oder weiße den Tag. Im wirklichen Leben legten die Wagenlenker der Eisenzeit größten Wert auf genaues Zusammenpassen des Gespannpaares, und dazu gehörte die Farbe. Daher die große Beliebtheit von goldbraunen Pferden mit schwarzen Mähnen, Schwänzen und Beinen für diesen Zweck, da sich in dieser Farbe leicht Pferde finden ließen, die genau zusammenpaßten.

Die in Großbritannien und Irland gefundenen Wagenräder waren ausnahmslos aus Holz, wobei die Radnabe, die Felgen und sechs Speichen gesondert hergestellt und mit einem eisernen Radreifen zusammengespannt wurden. Anderswo in Gallien, in der keltischen Welt, wurde jedoch ein archaischeres Radmodell gefunden; es hat auch sechs Speichen, ist aus einem Stück »weißer Bronze« gegossen, und sein Rand weist eine Nut zwischen zwei Flanschen auf, in die ein aus drei oder vier Segmenten bestehender Holzreifen eingesetzt wurde.

CuChulainns Lenkweise wird an einer früheren Stelle der Saga »Werben um Emer« beschrieben. Er »tut den Helden-Lachssprung in die Höhe und noch viele andere flinke Kunststücke«. Das ist eine Erinnerung an den akrobatischen Schaustil, wie er von klassischen Autoren als typisch für den keltischen Streiter beschrieben wird, etwa das Laufen entlang der Deichsel, Stehen auf dem Joch u. a.

Wir wollen also mit dem Kriegslärm des Streitwagenangriffs beginnen, der gleich dem Schwirren der Bogensehne nicht mehr zu hören ist in unserer Welt, die mehr übrig hat für Überschalldröhnen und Atomexplosionen.

Als CuChulainns Feinde zum letztenmal gegen ihn zogen, war das Land erfüllt von Rauch und Flammen; Waffen fielen von den Brettern, und der Tag seines Todes rückte heran...

Dann nahm er seinen Schild und befahl seinem Wagenlenker Laegh, sein Pferd, den Grauen von Macha, anzuschirren. Doch Laegh sagte: »Ich schwöre bei dem Gott,

55. Wagenrennen: ein römisches Mosaik des 4. Jh. n. Chr. aus der Horkstow Villa in Lancashire. Gegen Ende der römischen Besatzung wurden in England Rennen veranstaltet, die eher den modernen Trabrennen ähnlich waren als den Flachrennen à la Newmarket. Die Wagen unterschieden sich nur wenig von den griechischen aus der Zeit Homers. Die einzige Veränderung zeigt die Kontur des von dem Rennbahnbeamten geführten Pferdes. Es hat zwar noch immer keine Steigbügel, aber der kräftige Sattel mit den hohen Holzbögen, der in der klassischen Welt unbekannt war, hat sich nun endgültig eingebürgert.

鹿児嶋英勇傳
篠原國幹
画工 相生町三丁目壹番地 小林清親
版元 吉川町二番地 松本平吉
彫銀

58. Die einzige bekannte britische Darstellung des Streitwagens auf einer heute völlig unkenntlichen Steinzeichnung in der Kirche von Meigle in Schottland. Ausgeführt im frühen Mittelalter, vielleicht jedoch erst im 8. Jh., zeigt sie das eigentliche Ende der Tradition des Wagenlenkens in England nach der letzten schriftlichen Erwähnung in der Biographie des Hl. Patrick. Der Wagen wurde offensichtlich nicht mehr für den Krieg verwendet, sondern zum Transport einer königlichen Person. Mit seinen zwölfspeichigen Rädern und dem Dach erinnert er an Planwagen der Kesselflicker im 19. Jh.

bei dem mein Volk schwört, daß alle Männer von Conchobars Fünftel um den Grauen von Macha versammelt waren, ihn aber doch nicht zu dem Wagen bringen konnten. Bis heute habe ich dir noch nie widersprochen. Komm denn, wenn du willst, und sprich du selbst mit dem Grauen!«

CuChulainn ging zu ihm. Und dreimal wandte das Roß seinem Herrn die linke Seite zu. Am Vorabend hatte die Morrigu den Wagen zerlegt, denn sie wollte nicht, daß CuChulainn zum Kampfe fuhr; wußte sie doch, er würde nicht wieder nach Emain Macha zurückkehren.

CuChulainn machte seinem Hengst Vorwürfe und sagte, es sei doch nicht seine Gewohnheit, mit seinem Herrn so zu verfahren. Darauf kam der Graue von Macha und ließ seine dicken, runden, blutigen Tränen auf CuChulainns Füße fallen. Und CuChulainn sprang in den Wagen und sprengte auf die südwärts führende Straße von Mid-Luachair...

Dann erblickte er undeutlich die drei Hexen (die Töchter Calatins, die auf dem linken Auge blind waren) vor sich auf der Straße. Sie hatten mit Gift und Zaubersprüchen einen Hund an Ebereschenspießen gebraten. Nun gehörte es zu den Dingen, die CuChulainn nicht tun durfte, zu einem Kochherd zu gehen und von der Speise zu essen, aber er durfte auch von dem Fleisch seines Namensgenossen nichts zu sich nehmen. (CuChulainn bedeutet »Culann's Hund«. Dennoch überreden ihn die Hexen, ein Schulterblatt zu essen.)

Dann griff CuChulainn danach mit der (linken) Hand und legte es unter seinen linken Schenkel. Hand und Schenkel wurden in ihrer ganzen Länge gelähmt und verloren alle Kraft.

Dann fuhr er über die Straße von Mid-Luachir um Sliab Fuad herum; und sein Feind, Erc, Sohn des Cairpre, sah ihn mit seinem Wagen, mit seinem rötlich glänzenden Schwert, und dem über ihm schwebenden Glorienschein; sein dreifärbiges Haar schimmerte wie Strähnen von Goldfäden auf dem Amboßrand...

»Dieser Mann kommt auf uns zu, o Männer von Erin!« rief Erc. »Seid auf der Hut!« Also bildeten sie mit ihren

57. Berittene Falkenjäger, Buchillustration aus »Über die Kunst, mit Vögeln zu jagen« von Kaiser Friedrich II., König von Sizilien.

59. Ein moderner Planwagen, wie er Ende des vorigen Jahrhunderts als Lieferwagen von den Brauereien verwendet wurde.

aneinander geschlossenen Schilden einen Zaun, und Erc ließ sie an jeder Ecke zwei ihrer Mutigsten aufstellen, die miteinander zu kämpfen vorgaben, und bei jedem dieser Paare einen Sprecher; und er trug den Sprechern auf, sie sollten von CuChulainn dessen Speer verlangen, denn Calatins Söhne hatten von seinem Speer prophezeit, daß ein Fürst durch ihn erschlagen werden würde, wenn er nicht auf Verlangen übergeben würde.

Und er befahl den Männern von Erin, einen lauten Schrei auszustoßen, und CuChulainn stürzte in seinem Wagen auf ihn los, wobei er seine drei Donner-Kunststücke vollführte; und er wütete so mit seinem Speer und Schild, daß die halben Köpfe und Schädel, Arme und Beine und ihre zerspellten Knochen die ganze Ebene von Muirthemme bedeckten, zahlreich wie der Sand am Meer und die Sterne am Himmel...

Dann sah er eines der miteinander kämpfenden Paare, und der Sprecher rief ihm zu, er solle eingreifen: CuChulainn sprang auf sie zu und schlug ihnen mit zwei Faustschlägen das Gehirn aus dem Kopf.

»Gib mir deinen Speer!« sagte der Sprecher.

»Ich schwöre beim Eid meines Volkes«, sagte CuChulainn,« du brauchst ihn nicht mehr als ich. Die Männer von Erin sind hier über mir, und auch ich bin über ihnen.«

»Ich werde dich schmähen, wenn du ihn mir nicht gibst«, sagte der Sprecher.

»Noch nie ward ich so geschmäht wegen Geiz oder Knauserigkeit«, sagte CuChulainn, und damit schleuderte er seinen Speer mit dem Griff voran auf den Sprecher, und der durchschlug dessen Kopf und tötete noch neun Mann hinter ihm. Und CuChulainn sprengte durch das feindliche Heer, aber Lugaid, Sohn des Curoi, erfaßte seinen Speer.

»Wer soll fallen durch diesen Speer, o Söhne Calatins?« fragte Lugaid.

»Ein Fürst fällt durch diesen Speer«, sagten sie.

Da schleuderte Lugaid den Speer auf CuChulainns Wagen, und er traf den Wagenlenker Laegh, Sohn des Riangabra, und all dessen Eingeweide ergossen sich auf die Wagendecke.

Darauf zog CuChulainn den Speer heraus, und Laegh nahm von ihm Abschied. Dann sagte CuChulainn: »Heute will ich Kämpfer sein und zugleich auch Wagenlenker.« Da sah er das zweite kämpfende Paar...

Die oben geschilderten Vorgänge werden wiederholt; diesmal nimmt Erc den Speer.

Darauf warf Erc den Speer auf ihn und traf den Grauen von Macha. CuChulainn riß den Speer heraus, und beide nahmen von einander Abschied. Dann verließ ihn der Graue von Macha mit dem halben Joch am Hals und ging in das Liath Linn in Sliab Fuad. Dann sprengte CuChulainn durch das feindliche Heer und sah das dritte kämpfende Paar; mit ihm verfuhr er wie mit den beiden anderen...

Wieder ereignet sich das gleiche; diesmal tötet CuChulainn »dreimal neun andere Männer«.

Dann sprengte CuChulainn zum letztenmal durch das feindliche Heer, und Lugaid nahm den Speer und sagte: »Wer soll fallen durch diesen Speer, o Söhne Calatins?«

»Ein Fürst fällt durch ihn«, sagten die Söhne Calatins.

»Ich hörte euch sagen, daß ein Fürst durch den Speer fallen würde, den Erc heute morgen schleuderte.«

»Das ist wahr«, sagten sie. »Der Fürst der Hengste von Erin fiel durch ihn, nämlich der Graue von Macha.«

Dann schleuderte Lugain den Speer und traf CuChulainn, und dessen Eingeweide traten aus auf die Wagendecke, und sein zweites Roß, der Schwarze Sainglend, flüchtete mit der Hälfte des Jochs und verließ den Wagen und seinen Herrn, den Fürsten der Helden von Erin, um allein auf dem Schlachtfeld zu sterben...

CuChulainn bindet sich mit dem Gürtel an einen Pfeiler, um aufrecht zu sterben.

Dann kamen die Männer und umringten ihn, doch sie wagten nicht heranzutreten, denn sie glaubten, er lebe noch.

»Schande über euch«, sagte Erc, Sohn des Cairpre, «weil ihr nicht den Kopf dieses Mannes nehmt zur Rache für den Kopf meines Vaters, den er einst abschlug!«

Dann kam der Graue von Macha zu CuChulainn, um ihn zu schützen, so lange seine Seele noch in ihm war, und der »Heldenglanz« aus seiner Stirn leuchtete über ihm. Und der Graue von Macha machte drei blutige Anstürme rund um ihn. Und fünfzig Mann fielen unter seinen Zähnen und dreißig durch jeden seiner Hufe. Daher kommt der Ausspruch: »Nicht heftiger waren die siegreichen Läufe des Grauen von Macha nach CuChulainns Ermordung.«

Dann kamen die Vögel und setzten sich auf seine Schulter.

»Es war nicht der Brauch, daß Vögel auf diesem Pfeiler saßen«, sagte Erc, Sohn des Cairpre. Dann faßte Lugaid CuChulainns Haar hinter der Schulter und schnitt ihm den Kopf ab. Und von CuChulainns Hand fiel das Schwert und trennte Lugaids rechte Hand ab, so daß sie zu Boden fiel. Da schlugen sie zur Rache CuChulainns rechte Hand ab. Lugaid und die Feinde entfernten sich, sie nahmen CuChulainns Kopf und seine rechte Hand mit; und sie kamen nach Tara, und dort liegen sein Kopf und seine rechte Hand begraben...

Von Tara zogen sie südwärts zum Fluß Liffey. Inzwischen eilten jedoch die Heerscharen von Ulster heran, um ihre Feinde anzugreifen, und Conall der Siegreiche, der voran ritt, traf den blutüberströmten Grauen von Macha. Da wußte Conall, daß CuChulainn gefallen war. Er und der Graue von Macha suchten CuChulainns Leiche. Sie sahen dessen Körper an dem Steinpfeiler. Da ging der Graue von Macha hin und legte seinen Kopf an CuChulainns Brust. Und Conall sagte: »Dieser Tote ist ein großer Kummer für den Grauen von Macha.«

Dann folgte Conall den Ulstern, auf Rache sinnend, denn er war verpflichtet, CuChulainn zu rächen...

So verfolgte Conall Lugaid zum Liffey.

Dort badete Lugaid. »Halte Ausschau über die Ebene«, sagte er zu seinem Wagenlenker, »damit niemand über uns komme, ohne gesehen zu werden.«

Der Wagenlenker hielt Ausschau.

»Ein einsamer Reiter kommt auf uns zu«, sagte er, »und er reitet hurtig und schnell heran. Man könnte meinen, daß alle Raben Erins über ihm seien, man könnte meinen, daß vor ihm Schneeflocken die Ebene sprenkeln.«

»Unerwünscht ist der Reiter, der dort kommt«, sagte Lugaid. »Es ist Conall der Siegreiche auf seiner tauigroten Stute. Die Vögel, die du über ihm sahst, sind die Rasenstücke von den Hufen seines Rosses. Die Schneeflocken, die du die Ebene vor ihm sprenkeln sahst, sind der Schaum von seines Rosses Lippen und von Zaumzeugstückchen. Blick nochmals hin«, sagte Lugaid, »auf welchem Weg er kommt?«

»Er kommt zur Furt, auf dem Pfad, den die Ulster genommen haben«, antwortete der Wagenlenker.

»Laß das Pferd an uns vorbei«, sagte Lugaid, »wir wünschen nicht gegen diesen Mann zu kämpfen.«

Als Conall jedoch die Mitte der Furt erreichte, erspähte er Lugaid und seinen Wagenlenker und ritt zu ihnen hin.

»Willkommen ist mir eines Schuldners Gesicht!« sagte Conall. »Der Mann, in dessen Schuld du stehst, fordert sie ein von dir. Ich bin dein Gläubiger«, fuhr Conall fort, »weil du meinen Gefährten CuChulainn erschlugst, und hier stehe ich, um dich dafür zur Rechenschaft zu ziehen.«

Dann wurde vereinbart, auf der Ebene von Argetros zu kämpfen, und dort verwundete Conall Lugaid mit seinem Speer...

Als Conall dann merkte, daß er nicht obsiegte, warf er einen Blick auf sein Streitroß, die tauig-rote Stute, hinter Lugaid. Und das Roß kam nahe zu Lugaid und riß ihm ein Stück aus dem Leib.

»Weh mir!« sagte Lugaid. »Das ist kein gerechter Kampf, o Conall!«

»Ich gab dir mein Wort nur für mich«, sagte Conall, »nicht für wilde und unvernünftige Tiere.«

»Nun weiß ich«, sagte Lugaid, »daß du nicht gehen

60. Ein Wagenrennen in Batty's Grand National Hippodrome in Kensington, eröffnet im Jahr der Weltausstellung 1851 für Schaustellungen mit Pferden. Das große ovale Amphitheater wurde später in eine Reitschule umgewandelt.

wirst, ehe du meinen Kopf mit dir nimmst, weil wir CuChulainn enthauptet haben. Füge also meinen Kopf zu dem deinen, füge mein Reich zu dem deinen und meine Waffenkunst zu der deinen hinzu. Denn mir ist lieber, du bist der beste Held in Erin.«

Dann schnitt Conall der Siegreiche dem Lugaid den Kopf ab. Und Conall kehrte mit seinen Ulstern zurück nach Emain Macha, doch in jener Woche hielten sie keinen triumphierenden Einzug.

Dort erschien jedoch CuChulainns Seele den dreimal fünfzig Fürstinnen, die ihn geliebt hatten, und sie sahen ihn in seinem Geisterwagen über Emain Macha schweben, und sie hörten ihn singen – ein mystisches Lied von Jesus Christus und dem Jüngsten Gericht.

CúChulainn Saga, übers. 1898.

Hinsichtlich der eigentlichen Kampfart aus dem Wagen wird vieles als selbstverständlich hingenommen, aber es ist klar, daß vom bewegten Fahrzeug aus nur der Speer verwendet werden konnte. Der Schwertkampf muß zu Fuß stattfinden, und die rätselhaften »drei Donnerkunststücke« haben wahrscheinlich damit zu tun, daß der Kämpfer aus- und wieder einstieg, um mit dem Schwert oder wie hier mit den bloßen Fäusten Schaden anzurichten. Von seiner Speerwerfer-Rolle abgesehen, war der Kämpfer eine Art Panzergrenadier oder *dragon porté*, und es war zwischen ihm und dem Wagenlenker eine langwährende Kameradschaft erforderlich wegen der engen und fast instinktiven Zusammenarbeit, die für das Ab- und Wiederaufsteigen unentbehrlich war. Es gab bei diesem Manöver noch ein anderes Risiko. Der Streitwagen war trotz seines fachmännischen Baus ziemlich zerbrechlich: es gibt in den irischen Heldensagen zwei Fälle, bei denen ein Wolfshund (sie wurden in der Schlacht als Helfer verwendet und wogen etwa so viel wie ein Mann) auf einen fahrenden Wagen sprang; in beiden Fällen zerbrach die Achse, wie es wohl unter dem Gewicht eines schweren Kämpfers geschehen könnte.

Der Held fährt sogar noch im Jenseits im Streitwagen (wurde er nicht auch darin begraben?). Der seltsame letzte Absatz über die Apotheose ist bisweilen als Teil der Christianisierung der Geschichte beschrieben worden, abgesehen jedoch von dem im Geisterwagen gesungenen Lied paßte er gut zu der heidnisch keltischen Vorstellung des Jenseits. Er scheint an die jüdische Vergangenheit des Christentums zu erinnern: Unwillkürlich muß man an Elias und seinen Feuerwagen denken.

3. Von den Griechen bis zu den Goten

XENOPHON

Leichte Eisenwaffen und die Zucht schwerer Pferde trugen zur Überwindung der bronzezeitlichen Streitwagentaktik und zur Aufstellung berittener militärischer Verbände bei. Das geschah in Griechenland zuerst im Krieg zwischen den Städten Chalkis und Eretria auf der Insel Euböa, 700-650 v. Chr., als es um den Besitz der fruchtbaren letantischen Ebene ging. Aber die kriegerische Reiterei war den Griechen nie besonders wichtig. Über die mit berittenen Spezialtruppen ausgerüsteten Perser siegten sie in den Perserkriegen, 490-479 v. Chr., auch ohne Kavallerie. Die schwere Reiterei des 5. und 4. vorchristlichen Jahrhunderts schildert Xenophon in seinem Werk »Über die Reitkunst«.

Erst Alexander d. Gr. machte die Reiterei zur schlachtenentscheidenden Waffe. In der hellenistischen Kavallerie dienten auch persische Reiter - und zum ersten Mal hört man von Kamelreitern.

Heute gibt es nicht viel Neues mehr, das über Xenophon (etwa 430-355 v. Chr.), den Altmeister aller Meister der Reitkunst in allen ihren Zweigen, zu sagen wäre. Außer vielleicht folgendes: Während seiner langen und abwechslungsreichen Laufbahn war er Söldner in persischen Diensten. Hier traf er mit den verschiedensten Arten von Reitern zusammen, Männern aus zentralasiatischen Stämmen, mit denen die Griechen normalerweise keinerlei Kontakt hatten. Die Heere des persischen Reiches enthielten nämlich Truppenkontingente aus unterworfenen Stämmen in Binnenländern, die für die Griechen vor der Zeit Alexanders nicht zugänglich waren.

Deshalb ist es möglich, daß vieles in seinen Schilderungen für seine Landsleute neu war, so zum Beispiel, »wie man einem Reiter beim Aufsitzen nach persischer Art hilft«. Bedauerlicherweise führt er dies nicht näher aus.

Erstaunlich ist, daß heute in einem Land und einer Zeit, die von den seinen so weit entfernt sind, so viel von seiner Kunde allgemein anerkannt wird. Er befaßt sich mit den ewigen Wahrheiten der Reiterei, nicht so sehr auf der physischen Seite wie hinsichtlich der Psychologie des Pferdes. Diese ist ja über die Jahrhunderte unverändert geblieben, während die menschliche Praxis beim Reiten und Fahren sowie in der Reitkunst den verschiedenen Erfordernissen entsprechend geändert wurde. So sind viele seiner Ausführungen über die Verwendung des Maulkorbs und die notwendige Sorgfalt beim gemeinsamen Hinausführen der Pferde heute nicht allgemein anwendbar, da sie nur Hengststallknechte angehen: um 430 v. Chr. wurde nämlich der streitsüchtige Hengst für alle Zwecke, nicht nur für die Zucht verwendet.

※Hat man ein Pferd gekauft, das einem wirklich gefällt, und es nach Hause gebracht, so sollte sich der Stall möglichst in einem Teil des Hauses befinden. So kann der Herr sein Tier recht oft beobachten. Auch der Stall müßte so eingerichtet sein, daß dem Pferd sein Futter ebenso wenig aus der Krippe gestohlen werden kann wie die Speisevorräte seines Herrn aus der Speisekammer. Wer dies versäumt, vernachlässigt meines Erachtens sich selbst; denn es ist klar, daß der Herr im Augenblick der Gefahr Leib und Leben seinem Pferd anvertraut. Ein wohlverwahrter Stall verhindert aber nicht bloß das Stehlen des Futters, sondern läßt auch gleich erkennen, wenn das Pferd sein Futter ablehnt. In diesem Fall bedeutet es entweder zu viel Blut des Pferdes oder es ist überarbeitet und braucht Ruhe oder aber eine Gerstenkolik oder eine andere Krankheit beginnt. Wie beim Menschen, so lassen sich auch beim Pferd alle Krankheiten in ihrem Anfangsstadium leichter heilen, als wenn sie schon chronisch geworden sind und falsch behandelt wurden.

Ebenso wichtig wie seine Fütterung und Bewegung, damit es körperlich kräftig wird, ist auch die richtige Pflege seiner Füße. In Ständen mit feuchtem, glattem Boden verdirbt auch ein von Natur aus guter Huf. Der Boden sollte abschüssig sein, um Feuchtigkeit zu vermeiden, und dicht mit Steinen ungefähr von Hufgröße ausgepflastert, um nicht glatt zu sein. Das bloße Stehen auf solchen Böden stärkt die Füße der Pferde. Ferner muß der Stallknecht das Pferd zum Putzen herausführen und es auch nach dem Morgenfutter von der Krippe wegbinden, damit es um so lieber zum Abendfutter geht. Der Platz außerhalb der Box eignet sich am besten für die Stärkung der Füße des Pferdes, wenn man vier bis fünf Wagenladungen runder, faustgroßer, etwa eineinhalb Pfund schwerer Steine aufschüttet und das Ganze mit einem eisernen Rand umgibt, damit sie nicht verstreut werden. Denn das Stehen auf diesen bekommt ihm so gut wie ein kurzer täglicher Ausritt auf einem steinigen Weg. Es muß ja, während des Putzens wie auch beim Abwehren der Fliegen, seine Hufe ebenso gebrauchen wie beim Gehen. Durch die so aufgeschütteten Steine wird auch das Stahlkissen des Hufs gestärkt. Wie man aber dafür sorgen muß, daß seine Hufe hart werden, so auch dafür, daß das Maul weich ist. Die Mittel, das Fleisch des Menschen und das Pferdemaul weich zu machen, sind gleich.

Die Pflicht eines Reiters ist es auch, glaube ich, dafür zu sorgen, daß sein Stallknecht in der richtigen Art der Pferdebehandlung geschult wird. Vor allem muß er wissen, daß er den Knoten des Stallhalfters nie dort machen darf, wo das Knopfgestell aufliegt. Das Pferd reibt oft seinen Kopf an der Krippe, liegt das Halfter dann nicht lose um die Ohren, so verursacht es wunde Stellen. Wunde Stellen aber machen das Pferd natürlich beim Zäumen und Putzen leichter reizbar. Gut ist es auch, dem Stallknecht zur Pflicht zu machen, täglich den Mist und die Streu an einen bestimmten Ort hinauszuschaffen. Tut er das, wird er nicht nur selbst damit am leichtesten fertig werden, sondern auch dem Pferd nützen. Der Stallknecht muß verstehen, daß er dem Pferd den Maulkorb anzulegen hat, wenn er es zum Putzen oder auf den Wälzplatz hinausführt. Überhaupt sollte das Pferd, wann immer es ungezäumt irgendwohin geführt wird, den Maulkorb tragen. Denn der Maulkorb hindert es nicht am Atmen, läßt aber das Beißen nicht zu und nimmt dem Pferd die Möglichkeit für tückisches Verhalten. Das Tier sollte unbedingt über dem Kopf angebunden werden, da es dazu neigt, instinktiv den Kopf hochzuwerfen, wenn ihm etwas im Gesicht zuwider ist. Ist es so angebunden, spannt es den Halfter nicht an, sondern lockert ihn.

Hier folgen Anweisungen für die Pflege.

Muß man ein Pferd an der Hand führen, so bin ich entschieden dagegen, daß man es hinter sich führt; denn da hat man am wenigsten die Möglichkeit sich in acht zu nehmen, und das Pferd kann tun, was es will. Auch soll man es nicht daran gewöhnen, an einer langen Leine dem Begleiter voranzugehen. Auf diese Weise könnte es nicht nur allerlei Unfug treiben, sondern sich sogar umdrehen und auf seinen Führer losgehen. Man denke nur, daß man eine Koppel von Pferden so führen wollte – wie in aller Welt könnte man sie voneinander entfernt halten? Dagegen kann ein Pferd, das gewohnt ist, von der Seite geführt zu werden, andere Pferde und auch Menschen am wenigsten schädigen. Es wäre für den Reiter sehr handlich und in Bereitschaft, besonders wenn er einmal in Eile aufsitzen müßte.

Um den Zaum richtig aufzulegen, sollte der Reitknecht zuerst auf die linke Seite des Pferdes treten, dann die Zügel über den Kopf werfen und sie auf den Widerrist legen. Das Kopfstück hält er mit der rechten Hand, und das Mundstück nähert er mit der linken. Wenn das Pferd es annimmt, so muß er ihm natürlich das Kopfgestell überstreifen; will es aber das Maul nicht auftun, so muß er das Gebiß an die Zähne halten und dem Pferd den Daumen der linken Hand in die Kinnlade legen. Dadurch öffnen die meisten Pferde das Maul. Nimmt es aber auch dann das Gebiß nicht an, so drücke man die Lefze fest an den Eckzahn. Nur ganz wenige Pferde sträuben sich auch dann noch.

Geben Sie Ihrem Stallknecht eindringlich die folgende Anweisung: erstens soll er nie das Pferd an einem Zügel führen; denn das macht es auf der einen Seite hartmäulig. Zweitens muß er das Gebiß von den Maulwinkeln in der richtigen Entfernung halten: ist es zu nahe daran, macht es das Maul schwielig, so daß es unempfindlich wird; wird es jedoch zu weit gegen die Spitze des Mauls herabgelassen, kann das Pferd auf das Mundstück beißen und den Gehorsam verweigern.

Das Folgende muß, wenn es an irgendeine Arbeit gehen soll, dem Reitknecht unbedingt eingeschärft werden. Das bereitwillige Annehmen des Gebisses ist von so großer Wichtigkeit, daß ein Pferd, welches es ablehnt, völlig unbrauchbar ist. Wird es aber nicht bloß dann gezäumt, wenn es arbeiten soll, sondern auch,

61. Bronzestatuette eines reitenden Kriegers aus Grumentum, einer griechischen Kolonie in Lukanien; sie wurde 120 Jahre vor Xenophons Geburt (um 550 v. Chr.) hergestellt. Die menschliche Figur ist abnehmbar. Als die Statuette ins British Museum kam, gehörte zu der Gruppe auch eine hinter dem Krieger sitzende weibliche Figur, die leider gestohlen wurde.

62, 63. Details des Parthenon-Frieses mit dem Panathenäenzug. Sie stammen von dem 448–432 v. Chr. erbauten Parthenon in Athen, heute im Britischen Museum, London.

64. Junger Mann mit Pferd, von einem griechischen Teller, um 510 v. Chr. Obwohl das Bild um mehr als ein Jahrhundert älter ist, zeigt es den Typ von jungen Leuten, für den Xenophon seine »Reitkunst« schrieb.

wenn es zum Futter oder nach der Arbeit nach Hause geführt wird, darf man sich nicht wundern, wenn es von selbst den Zaum nimmt, sobald er ihm vorgehalten wird. Der Reitknecht sollte dem Reiter auch beim Aufsteigen nach persischer Art helfen. Sein Herr hat dann jemanden, der ihm bequem hinaufhilft, wenn er leidend oder älter wird, oder auch jemand anders kann ihm gefällig sein und beim Aufsteigen helfen.

Die wichtigste Regel und Gewohnheit bei Verwendung eines Pferdes lautet: tritt ihm niemals im Zorn entgegen! Der Zorn ist etwas Unüberlegtes, und wir müssen es oft später bereuen, wenn wir ihm nachgegeben haben. Wenn ein Pferd vor etwas scheut und nicht darauf zugehen will, muß man ihm zeigen, daß da nichts Furchtbares ist, schon gar nicht für ein so beherztes Pferd. Falls das jedoch mißlingt, berühre man selbst den Gegenstand, der ihm so furchtbar erscheint, und führe das Tier mit Güte dazu hin. Wer es durch Schläge zwingen will, macht es nur noch scheuer; denn wenn Pferde in einem solchen Fall hart behandelt werden, glauben sie, daß das, wovor sie gescheut haben, der Grund der Bestrafung ist.

Ich tadle es nicht, wenn ein Pferd, das der Reitknecht dem Reiter vorführt, es versteht, sich niedriger zu machen, so daß man es leicht besteigen kann. Der wahre Reitersmann sollte sich darin üben, ein Pferd auch zu besteigen, wenn es sich nicht besonders darbietet. Schließlich bekommt man nicht nur bald dieses, bald jenes Pferd, sondern es zeigt sich auch ein und dasselbe Pferd bald so, bald anders in seiner Leistung.

De equitum magistro, IV–V

GEKRÖNT DURCH SEIN PFERD

Herodot starb, als Xenophon etwa sechs Jahre alt war. Er war viel im Osten gereist: zu Lande bis Mesopotamien, zur See bis zum Ostufer des Schwarzen Meeres. Viele seiner Mitteilungen über die Skythen, insbesondere hinsichtlich ihrer Reitkultur, wurden durch archäologische Funde bestätigt. Dareios I. wurde aus einer Junta von sieben Generälen, die den Tyrannen Smerdis stürzten, im Jahre 522 v. Chr. zum König gewählt. Bei den Persern verband sich Bildung und Geschicklichkeit in solchen Künsten wie Architektur und Bildhauerei mit einem ebenso hohen Niveau in der Reitkunst wie das der primitiven zeltebewohnenden Nomaden, z. B. der Skythen. Alles, was Herodot seinen Landsleuten darüber zu berichten hatte, was die Perser in Schwung erhielt, war von praktischem Wert: Der König der Könige war für die hellenische Welt ein ständiges Schreckgespenst. Jeder Grieche wußte, daß trotz Marathon, trotz Salamis und Plataä eines Tages vielleicht ein zweiter Dareios oder ein zweiter Xerxes erscheinen mochte und daß dann dessen »Unternehmen Hellas« gelingen könnte. Für die damaligen Athener waren gute Informationen über Persien so wichtig wie für die Engländer im 17. Jh. über Spanien. Konnte es nicht vielleicht eines Tages einen zweiten Philipp II. geben?

❋Der, dessen Pferd beim Morgenritt in der Vorstadt bei Sonnenaufgang als erstes wiehern würde, sollte König werden. So wurde es beschlossen.

Dareios hatte einen Reitknecht, ein schlauer Mann namens OEbares. Diesem sagte Dareios folgendes: »OEbares, wir haben hinsichtlich der Königswürde folgendes vereinbart: der, dessen Pferd bei unserem Morgenritt nach Sonnenaufgang als erstes wiehert, erhält das Königreich. Wenn du also einen klugen Einfall dafür hast, richte es so ein, daß ich und kein anderer dieser Würde teilhaft werde.« OEbares antwortete: »Wenn es wirklich davon abhängt, o Herr, ob Ihr König werdet oder nicht, seid zuversichtlich und guten Muts, denn keiner soll vor Euch König werden; für diesen Fall habe ich ein Wundermittel.« Dareios sagte: »Wenn du eine solche List kennst, solltest du sie jetzt ins Werk setzen und keine Zeit mehr vergeuden; denn unsere Probe ist für morgen angesetzt.« Als OEbares das hörte, verfuhr er folgendermaßen: sobald es dunkel wurde, führte er die Lieblingsstute von Dareios' Hengst in die Vorstadt, band sie fest und führte den Hengst zu ihr. Er führte ihn mehrmals im Kreis um die Stute, wobei er ihr allmählich immer näher kam, und ließ sie schließlich von dem Hengst decken.

Bei Morgengrauen, gegen sechs Uhr, trafen die Reiter wie vereinbart zu Pferde zusammen. Sie ritten in die Vorstadt und an der Stelle, wo in der vorigen Nacht die Stute angebunden gewesen war, lief der Hengst des Dareios voraus und wieherte. Im gleichen Augenblick zuckte ein Blitz, von Donner gefolgt, durch den klaren Himmel. Mit diesem Erlebnis des Dareios waren die Vorzeichen wie auf Bestellung vollzogen. Die anderen saßen ab und huldigten Dareios als König.

Manche erzählen, daß OEbares sich der oben geschilderten List bedient habe, andere berichten von der folgenden (denn die Geschichte wird von den Persern in beiden Versionen erzählt): OEbares habe seine Hand am Geschlechtsteil der Stute gerieben, die Hand in der Hosentasche versteckt gehalten und sie bei Sonnenaufgang, als die Pferde im Begriff waren zu starten, herausgezogen und dem Hengst des Dareios an die Nüstern gehalten; dieser begann, sobald er die Witterung aufnahm, zu schnauben und zu wiehern.

Und so wurde Dareios, des Hystaspes Sohn, zum König erklärt. *Thalia III*

In der römischen Legion hatte die Kavallerie nur untergeordnete Aufgaben. Erst in der Prinzipatszeit gewann sie durch verbündete Afrikaner, Kleinasiaten und später auch Germanen an Bedeutung. Im dritten vorchristlichen Jahrhundert wurden nach dem Muster der Perser und Parther Panzerreiter-Abteilungen aufgestellt.

DIE PARTHER

Die berittenen Einheiten der fremden Heere, auf welche die römischen Armeen bei der Eroberung Westeuropas trafen, waren, außer in Spanien, nicht sehr kampfstark und konnten durch die zahlenmäßig geringe Reitertruppe (sie betrug 2 Prozent des Mannschaftsbestands) der Legion unter der alten Führung oder schlimmstenfalls durch einige Schwadronen von verbündeten oder Hilfstruppen niedergekämpft werden. So wurde das Schlachtfeld für die Kompanien schwerer Infanterie klar, die das Fußvolk der Barbaren in Stücke hieb. Sobald das Römerreich jedoch begann, sich außerhalb Europas auszubreiten, traf es auf eine Reiterei ganz anderen Kalibers, wie wir aus dem Auszug von Arrianus deutlich erkennen werden. Spätere Ereignisse läßt die folgende Schilderung des Livius über die italienischen Kriege gegen Ende der Republik ahnen. Die Berberreiter aus Nordafrika auf ihren Berberpferden, die wegen des Geldes (aber auch wegen des Weins, der Beute und der Frauen) nach Italien kamen, sahen nach römischem oder sonst italienischem Maßstab nicht eindrucksvoll aus – und auch ihre Pferde nicht. Aber sie konnten mit tödlicher Wirkung eingesetzt werden. Man fühlt sich an die marokkanischen *goumiers* von General Juins Korps bei einem anderen italienischen Feldzug, im Jahre 1944, erinnert: die sahen auch nicht eindrucksvoll aus, aber es war besser, man kam ihnen nicht in die Quere.

Lange Zeit hindurch war in Ligurien nichts Bemerkenswertes vorgefallen. Gegen Ende des Jahres jedoch gerieten die römischen Angelegenheiten zweimal in große Gefahr; denn das Lager des Konsuls wurde angegriffen und nur mit Mühe vor dem Verderben bewahrt. Wenig später marschierte das römische Heer durch einen Engpaß, da besetzten die Ligurer den Durchlaß, den die Römer passieren mußten. Als der Konsul den Durchgang blockiert fand, machte er kehrt, um zurückzumarschieren: aber auch der Zugang hinter seiner Truppe war von den Feinden besetzt worden ... Der Konsul hatte unter seinen Hilfstruppen etwa achthundert numidische Reiter. Deren Kommandant erklärte sich bereit, mit seiner Truppe den Durchmarsch zu erzwingen, auf welcher Seite der Konsul es wünschte. Er begehrte nur zu wissen, auf welcher Seite mehr Dörfer lagen; denn er beabsichtigte sie anzugreifen ... die Häuser in Brand zu stecken, damit der Alarm ... die Ligurer veranlaßte, ihre Stellungen in der Talschlucht aufzugeben und ... ihren Freunden zu Hilfe zu eilen. Der Konsul

65. Bronzenes Reiterstandbild aus Neapel, ein idealisiertes Portrait Alexanders des Großen. Alexander wurde gewaltsam Erbe des persischen Königs der Könige. Das bedeutete im Sinne der Reitkunst, daß in der Kavallerie seiner Nachfolger orientalische Reitmethoden Eingang fanden.

lobte ihn und versprach ihm reichliche Belohnung. Die Numider bestiegen ihre Pferde und ritten auf die vorgeschobenen Posten des Feindes, ohne jedoch anzugreifen. Auf den ersten Blick boten sie einen durchaus verächtlichen Anblick. Männer und Pferde waren klein und mager, die Reiter ohne Ausrüstung und Waffen: Sie trugen nur Speere in den Händen. Die Pferde hatten kein Zaumzeug, ihr Gang war unbeholfen, sie liefen mit steifem Hals und vorgestrecktem Kopf. Die Numider bemühten sich, die durch ihr Verhalten hervorgerufene Verachtung zu verstärken. Manche fielen von den Pferden und machten sich lächerlich und zum Gespött. Die Feinde, die anfangs wachsam und kampfbereit für einen Überfall auf ihrem Posten gestanden hatten, legten nun größtenteils die Waffen beiseite, setzten sich hin und beobachteten belustigt die Numider. Diese ritten oft heran, galoppierten zurück, brachten es jedoch fertig, näher an den Paß heranzukommen, als wären sie außerstande, ihre Pferde zu meistern, und würden gegen ihren Willen dorthin gebracht. Schließlich gaben sie den Tieren die Sporen, brachen mitten durch die feindlichen Posten durch, gelangten auf das offene Land und steckten alle Häuser an der Straße in Brand. Dann zündeten sie das nächste Dorf an und brandschatzten die ganze

67. Silberschüssel mit Darstellung des Perserkönigs Bahram Gur (420–438 n. Chr.) im Kampf mit Löwen: in der Antike, im allgemeinen bis in die letzten Jahre des Römischen Reiches, als dieses Bild entstand, waren Pferde mit kräftigen Knochen und massivem Körperbau weniger charakteristisch für Nordwesteuropa als für gewisse Provinzen des persischen Reiches.

66. Von Philipp II., dem Vater Alexanders des Großen, geprägte Silber- und Goldmünzen. Philipp konnte durch die Erwerbung der ergiebigsten Goldmine der Antike diese eindrucksvolle Währung prägen und zugleich von nordöstlichen Nachbarn – wahrscheinlich Afghanen – groß gewachsene Kavallerieremonten kaufen; er ließ seine Pferde auch an den Olympischen Spielen teilnehmen, wodurch er seinen Status als Grieche bestätigte.

Umgebung mit Feuer und Schwert. Der Anblick des Rauchs, die Schreie der erschreckten Einwohner und schließlich die alten Leute und Kinder, die fliehend einen Schutzwinkel suchten, brachten große Unordnung ins Lager. Darauf lief das ganze Heer plan- und führerlos davon; jeder wollte die eigene Haut retten.

Ab urbe condita nach Bohn Edition, London 1848

Die Numider kämpften nicht nur auf seiten der Römer, sondern auch gegen sie als Söldner der Karthager, bis die Römer ihnen eindeutig mehr bezahlten. Für die eigene Sache waren sie nicht so kampffreudig. Viel gefährlicher waren die Nomaden der pontischen Steppe, darunter die Parther, die bei Carrhae dem römischen Heer seinen schwärzesten Tag bereiteten, als ihre Pfeile den Himmel verdunkelten.

Hier gibt Justinus eine kurze Schilderung der Geschichte und Kultur der Parther. Sein Bericht über die Stellung der Frau in der parthischen Gesellschaft, ihr System der einzig auf Furcht begründeten Knechtschaft und politischen Abhängigkeit erinnert merkwürdig an Giles Fletchers *Of The Russe Commonwealth*. In ihm werden die Moskowiter knapp nach ihrer Befreiung von jahrhundertelanger Unterjochung durch die Tataren, die letzten nomadischen Zwingherren in der parthischen Tradition, beschrieben. Sozial gesehen waren jedoch die Pferdenomaden aus der Steppe nicht alle von gleicher Art. Es gab Beispiele, vor allem weiter östlich näher der Mongolei, wo die Frauen besser ritten als die Männer.

Die Parther, in deren Händen sich nunmehr das Reich des Ostens befindet, nachdem sie gewissermaßen die Welt mit den Römern geteilt haben, waren ursprünglich Vertriebene aus Skythien. Das geht schon aus ihrem Namen hervor, denn in der skytischen Sprache werden Verbannte *Parthi* genannt. Zur Zeit des assyrischen und medischen Reiches waren sie das am wenigsten bekannte aller Völker des Ostens. Auch später, als das Östliche Reich von den Medern auf die Perser überging, waren sie eine namenlose Masse, die der Macht des Stärkeren anheimfiel. Schließlich gerieten sie unter die Herrschaft der Mazedonier, als diese den Osten eroberten. Es muß als eine erstaunliche Schicksalswendung erscheinen, daß ihnen das Glück zuteil wurde, über jene Nationen zu herrschen, unter deren Gewalt sie bloß Sklaven gewesen waren. Als sie in drei Kriegen von den Römern unter der Führung von deren größten Feldherren und in der Blütezeit der Republik angegriffen wurden, waren sie allein von allen Völkern ihnen nicht nur gewachsen, sondern sogar überlegen. Dabei mag es für sie ruhmreicher gewesen sein, daß sie, umgeben von den altberühmten Reichen der Assyrer, Meder und Perser und der mächtigen Satrapie der Baktrier mit ihren tausend Städten, zur Macht gelangten, als daß sie einen Krieg gegen ein Volk siegreich beendeten, das aus der Ferne kam. Dies um so mehr, als sie ständig durch ernste Kriege gegen die Skythen und andere Nachbarvölker geplagt und in noch manche andere schwere Fehden verwickelt waren ... Sie haben im Gegensatz zu anderen Völkern keine aus freien Männern bestehende Armee, sondern diese setzt sich hauptsächlich aus Sklaven zusammen. Ihre Freilassung ist nicht gestattet, so daß ihre Nachkommen alle Sklaven sind. Die Parther ziehen diese unfreien Kinder so sorgfältig

auf wie den eigenen Nachwuchs und geben sich große Mühe, um sie im Reiten und Bogenschießen zu unterrichten. Jeder Parther stellt dem König eine seinem jeweiligen Reichtum entsprechende Zahl von Reitern für den Krieg zur Verfügung. Tatsächlich waren von den fünfzigtausend Reitern, die Antonius bei seinem Krieg gegen die Parther gegenüberstanden, nur vierhundert freie Männer.

Vom Nahkampf oder von der Einnahme von Städten durch Belagerung verstehen sie nichts. Sie kämpfen zu Pferd, indem sie entweder vorwärts galoppieren oder dem Feind den Rücken wenden. Oft fingieren sie auch eine Flucht, um die Verfolger zu verleiten, ihre Wachsamkeit gegenüber parthischen Pfeilen aufzugeben. Bei ihnen wird das Kampfsignal nicht durch Hörner, sondern durch Trommeln gegeben. Sie können auch nicht längere Zeit kämpfen; wären aber ihre Schlagkraft und Ausdauer nicht geringer als die Wut ihrer Angriffe, wären sie unwiderstehlich. Meistens weichen sie in der Hitze des Gefechts vor dem Feind zurück und stellen sich nach ihrem Rückzug bald wieder von neuem zur Schlacht. So muß man noch der größten Gefahr gewärtig sein, wenn man sicher glaubt, man habe sie besiegt. Ihre und ihrer Pferde Rüstung besteht aus Platten, die wie Vogelfedern übereinander liegen und Mann und Pferd völlig bedecken. Gold und Silber verwenden sie ausschließlich als Schmuck für ihre Waffen.

Jeder Mann hat mehrere Frauen, um mit verschiedenen seine Lust befriedigen zu können. Kein Verbrechen wird so streng bestraft wie der Ehebruch, und deshalb schließen sie ihre Frauen nicht nur von jeder Unterhaltung aus, sondern verbieten ihnen sogar den bloßen Anblick von Männern. Sie essen nur das Fleisch der Tiere, die sie auf der Jagd erlegen. Sie reiten zu allen Gelegenheiten: zu Pferd ziehen sie in den Krieg oder zu einem Fest, zu Pferd erledigen sie ihre öffentlichen und privaten Pflichten, zu Pferd reisen sie, treffen sie zusammen, treiben sie Handel und Geselligkeit. Tatsächlich liegt der Hauptunterschied zwischen freien Männern und Sklaven darin, daß die Sklaven zu Fuß gehen, während die Freien ausschließlich reiten.

Epitoma historiarum nach Bohn Edition, London 1853

NATURGESCHICHTE

Gaius Plinius Secundus macht stets einen so klugen und vernünftigen Eindruck, daß der Leser Gefahr läuft, ihm sogar dann zu glauben, wenn er unter dem Titel dessen, was heute als Wissenschaft bezeichnet wird, den blühendsten Unsinn verzapft. Damit hat man aber auch schon das Schlimmste über ihn gesagt: Die *Naturgeschichte,* die er in den fünfziger Jahren des ersten Jahrhunderts n. Chr. schrieb, ist ein prächtiges Werk. Jener Teil von Buch VIII, der von den *equidae* handelt, gehört zu dessen interessantesten Stellen. Er selbst war ein Muster dessen, was ein Römer der herrschenden Klasse sein sollte: Er diente zuerst als Kavalleriefähnrich in Afrika, wurde dann Staatsbeamter in Spanien und mit neunundvierzig Jahren Marineoffizier. Er erlitt den Erstickungstod, als er bei einem Ausbruch des Vesuvs die Rettungsoperationen leitete; damals war er 56 Jahre alt und bekleidete ungefähr den Rang eines heutigen Flottillenadmirals.

In dem folgenden Ausschnitt wäre heute so mancher mit seiner Erklärung des Namens Bukephalos (»Stierkopf«) nicht einverstanden, da es sich dabei nur um die Bezeichnung für die charakteristische Kopfform handelt, die wir mit der Araberrasse verbinden. Was hier mit »Sattel« übersetzt ist, bedeutet keineswegs das, was wir darunter verstehen, sondern eine Art Luxusschabracke oder -sattel. Die erwähnten skythischen Reiterregimenter waren natürlich Söldner in römischen Diensten. Man sieht auch heute noch Pferde, die bei Rennen oder Jagdspringen nach Abwurf des Reiters oder Fahrers weitermachen. Bemerkenswert ist die lange Rennbahnkarriere des Wagenpferdes. Sie nahmen erst mit fünf Jahren an Rennen teil und blieben infolgedessen bis zum Alter von zwanzig Jahren auf der Bahn. Es gibt kein modernes Beispiel von einem Hengst, der noch mit 33 Jahren Fohlen zeugte, vielmehr liegt der Rekord eher bei 23 Jahren. Doch manche dieser spät gezeugten Fohlen wurden Spitzenklasse.

Das Kurzscheren der Mähne kann auf die Brünstigkeit der Stuten unmöglich einen Einfluß haben; trotzdem ist es in den Teilen Spaniens und Portugals, in denen Plinius einst diente, immer noch allgemein üblich. Die Gründe, die er dafür annahm, trafen nicht zu. In moderner Zeit hat keine Stute in einem auch nur halbwegs so hohen Alter wie 40 Jahren ein Fohlen geworfen.

Die Stuten werfen häufig, aber nicht immer, stehend. Wahrscheinlich können die Fohlen mancher Rassen, wie Plinius es sagt, wenn sie sehr jung sind, den Boden nicht

68. Berittener parthischer Bogenschütze, Bronzefigur vom Rand einer etruskischen Vase.

mit dem Maul erreichen. Junge Fohlen von teilweise Araber- oder Vollblutzucht müssen die Vorderbeine weiter spreizen, um mit dem Maul an den Boden zu gelangen, als Fohlen von nördlichen oder »Kaltblut«-rassen (Typ II), wenn sie zum erstenmal zu grasen beginnen. Es besteht aber keine praktische Notwendigkeit für ein Fohlen, in den ersten Tagen seines Lebens mit seinen Lefzen den Boden zu erreichen, da es ja nur in Nachahmung der erwachsenen Tiere die Bewegung des Grasens vollführt.

Der Glauben an vom Wind gezeugte Fohlen ist ein nicht nur auf Portugal beschränkter Volksmythos.

Der Ausdruck *conversio vesicae* bedeutet wahrscheinlich das, was wir heute als Umstülpung der Blase bezeichnen.

Kapitel 68 in Buch VIII ist dem Esel gewidmet, und zwar besonders im Zusammenhang mit der Maultierzucht. Für die Bastarde im allgemeinen ist Plinius eine wertvolle, eigentlich die einzige Quelle für die Information, daß der (ursprünglich afrikanische) zahme Esel mit dem asiatischen Wildesel gekreuzt wurde und einen Bastard hervorbrachte. Dieser war selbst fruchtbar und konnte wieder mit einer Stute gekreuzt werden, um ein besonders hervorragendes Maultier hervorzubringen. Plinius weist durch Beispiele aus seiner alten iberischen Provinz auf die große wirtschaftliche Bedeutung der Maultierzucht hin. Er glaubte, daß eine von einem Esel belegte Stute das Fohlen nicht elf, sondern zwölf Monate lang trägt. Das ist unrichtig. Anderseits erwähnt er nicht oder scheint es sogar zu leugnen, daß die Eselin normalerweise zwölf Monate lang das Fohlen trägt. Er bemerkt, daß Eselfüllen, als spätere Maultierväter ausgewählt, frühzeitig ihren Muttertieren abgenommen und zu Mutterstuten gegeben werden, damit sie sich, obgleich sie Esel sind, als »Stutensöhne« und in diesem Sinn als Pferde fühlen. Falsch wurde jedoch von ihm ebenso wie von Oppian die noch heute übliche Praxis interpretiert, der Stute die Mähne abzuschneiden, wenn sie von einem Esel besprungen werden sollte. Der Esel kann nur dazu gebracht werden, bei der Stute seine Pflicht zu tun, wenn

69. Etruskische Freskomalerei. Die Etrusker, jenes geheimnisvolle Volk, waren sowohl Reiter wie Wagenlenker. In ihrer Kunst zeigten sie ausschließlich Hengste, die für beide Zwecke verwendet wurden. Man beachte Mähne und Schwanz, die sorgfältig geflochten sind.

70. Reiterstandbild des römischen Kaisers Marcus Aurelius, das allein durch sein Prestige den späteren Reiterportraits als historisches Vorbild diente. Die Bildhauer von der Zeit Karls des Großen bis zu den Meistern der italienischen Renaissance haben ihre Pferde einfach nach diesem Leitbild geschaffen, ohne auf das natürliche Pferd zu achten. Das Zaumzeug, von dem man annehmen muß, daß es ein realistisches Detail darstellt, zeigt die Änderung in der römischen Kaiserzeit gegenüber der griechischen Vergangenheit. Der Stirnriemen ist in dieser Form heute noch üblich, er ist von dem für Maultiere verwendeten Stirnriemen abgeleitet. Es läßt sich nicht ersehen, wie die Riemen zusammengefügt sind, da alle derartigen Verbindungen mit Rosetten verdeckt sind, doch wahrscheinlich waren damals Schnallen bereits erfunden.

ihre Mähne so weit abgeschoren wird, daß sie nicht länger ist als normalerweise bei Eseln. Es hätte Plinius klar sein müssen, daß die Mähne im Augenblick der Begattung die Mitte des Gesichtsfelds des Esels einnahm, während die Stute ihn nicht sehen konnte. In seinem Respekt für die besten klassischen Präzedenzfälle folgte Oppian blindlings dem Irrtum des Plinius – aber jeder Bauer im Poitou, in Navarra oder dem Wallis, wo Maultierzucht ernst betrieben wird und auch damals wurde, hätte ihn berichtigen können. Plinius erwähnt, daß die sicherste Methode, eine Eselin trächtig zu machen, darin besteht, sie während der »Fohlenhitze« eine Woche nach dem Werfen decken zu lassen. Er vergaß jedoch vorher zu sagen, daß dies auch für die Pferdezucht richtig ist.

Es ist interessant, von ihm zu erfahren, daß »man beim Maultier durch ziemlich häufige Verabreichung von Wein das Ausschlagen verhindern kann«. Das gilt auch für mich.

Er berichtet über einige seltene Fälle von weiblichen Maultieren, die lebende Fohlen geworfen haben sollen, ein Phänomen, das die Wissenschaft auch heute noch nicht zu erklären vermag. Man sollte meinen, daß das Maultier entweder fruchtbar oder unfruchtbar ist. Vielmehr vermag sich eines unter hunderttausend fortzupflanzen.

Alexander hatte das Glück, ein äußerst seltenes Pferd zu besitzen, das entweder wegen seines wilden Aussehens oder des auf seinem Vorderbug eingebrannten Stierkopfes den Namen Bukephalos trug. Es soll für 16 Talente aus der Herde des Pharsaliers Philonikos gekauft worden sein, als Alexander – damals noch ein Knabe – von seiner Schönheit sehr eingenommen war. Wenn das Pferd den königlichen Sattel trug, ließ es sich von niemand anders als von Alexander reiten; sonst ließ es auch andere aufsitzen. Es ist auch berühmt wegen einer denkwürdigen Tat in der Schlacht: Es wurde beim Angriff auf Theben verwundet, ließ es aber nicht zu, daß Alexander auf ein anderes Pferd wechselte, und es werden noch mehr derartige Vorfälle von Bukephalos berichtet. Deshalb ging der König, als das Pferd starb, an der Spitze des Leichenzugs und baute um das Grab eine Stadt, die er nach dem Tier benannte. Angeblich soll auch das Pferd des Diktators Caesar keinen anderen aufsitzen lassen haben. Es wird auch berichtet, daß seine Vorderhufe Menschenfüßen ähnlich waren, wie es in der Statue dargestellt wird, die vor dem Tempel der Venus Genetrix steht...

Bei den skythischen Reiterregimentern erzählt man sich berühmte Pferdegeschichten; als einer ihrer Anführer von einem Feind zum Zweikampf herausgefordert und getötet wurde, kam sein Gegner heran, um der Leiche die Rüstung zu rauben. Da schlug das Pferd des Besiegten aus und biß ihn zu Tode. Ein anderes Pferd soll, als ihm die Decke von den Augen genommen wurde und es merkte, daß es seine eigene Mutter besprungen hatte, zu einer Schlucht gelaufen sein und sich hinuntergestürzt haben ...

Die Klugheit der Pferde ist unbeschreiblich; Lanzenreiter merken ihre Gelehrigkeit, wenn die Pferde ihnen bei schwierigen Aufgaben durch geeignete Körperwendungen zu helfen versuchen. Sie heben sogar Waffen vom Boden auf und reichen sie dem Reiter. Im Zirkus zeigen an Wagen angeschirrte Pferde unbestreitbar, daß sie aufmunternde Zurufe und Beifall verstehen ... In früherer Zeit fiel einmal ein Wagenlenker bei den plebejischen circensischen Spielen von seinem Wagen, und die Pferde galoppierten weiter zum Capitol und liefen dreimal um den Tempel, als ob er noch dort stünde und die Zügel hielte ...

Manche Pferde werden fünfzig Jahre alt, Stuten jedoch leben weniger lang. Ihr Wachstum hört mit dem fünften Lebensjahr auf, das der Hengste mit dem sechsten. Die Gestalt des Pferdes, die bevorzugt werden sollte, wurde in der Poesie von Virgil sehr schön beschrieben. Aber auch wir haben uns damit in unserem Buch über das Spießewerfen der Reiterei befaßt, und ich stelle fast völlige Einigkeit fest. Für den Zirkus jedoch ist ein anderer Körperbau erforderlich, und deshalb kann man für andere Verwendungen die Pferde schon als Zweijährige einfahren, für Zirkusrennen nimmt man Fünfjährige.

Die Pferde sind elf Monate lang trächtig und werfen im zwölften Monat. Die Begattung erfolgt in der Regel im Frühjahr zur Zeit der Tag- und Nachtgleiche, wenn beide Tiere zweijährig sind. Doch die Nachkommen sind kräftiger, wenn man erst mit Dreijährigen zu züchten beginnt. Ein Hengst ist bis zu seinem dreiunddreißigsten Jahr als Beschäler verwendbar, versetzt man ihn mit zwanzig Jahren von der Rennbahn ins Gestüt. Es wird berichtet, daß in Opus ein Hengst sogar noch bis zu seinem vierzigsten Jahr verwendet wurde, nur mußte man ihm beim Heben der Vorhand helfen. Es gibt aber nur wenige Tiere, die so wenig fruchtbar sind wie der Hengst. Man läßt sie daher auch nur von Zeit zu Zeit zu einer Stute – dennoch kann ein Hengst keine 15 Sprünge in einem Jahr aushalten. Rossige Stuten beruhigt man, indem man ihnen die Mähne abschneidet. Sie werfen bis zum Alter von 40 Jahren. Man erzählt von einer Stute, die 75 Jahre alt wurde.

Die trächtige Stute wirft im Stehen und liebt ihr Junges mehr, als dies bei allen anderen Muttertieren der Fall ist. Tatsächlich sollen die Pferde ein Liebesgift, genannt Hippomanes (Pferdetobsucht), in der Größe einer schwarzgefärbten, getrockneten Feige an der Stirn mit zur Welt bringen, das die Mutterstute sofort nach der Geburt des Fohlens auffrißt, sonst läßt sie es nicht saugen. Wenn es aber jemand schon vorher dem Fohlen abgenommen hat und das Gift behält, treibt ihn der Geruch zum besagten Wahnsinn. Verliert ein Fohlen seine Mutter, so ziehen die anderen Mutterstuten derselben Herde das verwaiste auf. Angeblich kann das Junge in den ersten drei Tagen nach der Geburt den Boden nicht mit dem Maul erreichen. Je mehr es nach Trinken verlangt, desto tiefer taucht es die Nüstern ins Wasser. Die Skythen verwenden am liebsten Stuten als Kampfrösser, weil diese urinieren können, ohne ihren Galopp zu unterbrechen.

Es ist bekannt, daß in der Gegend der Stadt Lissabon am Fluß Tago in Lusitanien die Stuten, wenn sie sich dem Westwind zuwenden, einen Lebenshauch empfangen, dadurch trächtig werden und so einen sehr schnellen Hengst gebären, der jedoch nicht länger als drei Jahre lebt. In Spanien züchten die galicischen und asturischen Stämme jene Art von Pferden, die wir »Theldones« (Paßgänger), und wenn sie eher ponyartig sind, »Asturcones« (Zelter) nennen. Sie haben beim Laufen nicht die üblichen Gänge, sondern einen sanften Schritt, bei dem sie abwechselnd die beiden linken und rechten Beine bewegen. So lernen diese Pferde im Training den Paß- oder Zeltergang.

71. Dieses Bild ist nahezu das letzte einer spätitalienischen Szene, die sich antik gebärdet: Ausschnitt aus Piero della Francescas »Sieg des Heraklius über Chosroes«.

SEBASTIAN

73. Tonplatte mit Relief aus dem 3. Jh. n. Chr. von der Südgrenze des Iran. Dargestellt ist ein Pferd allein mit Körperpanzer. Entweder ist es ein Schuppenpanzer oder – was wahrscheinlicher ist – eine Art Steppmatratze, wie auf Bild 74.

72. Dieser Ausschnitt aus Francesco della Cossas Bild aus Ferrara von dem traditionellen städtischen Pferderennen mit adeligen Zuschauern zu Pferde ist unter anderem deshalb bemerkenswert, weil unter den Rennern zwei Esel zu sehen sind, die in der für Esel-, nicht für Pferdereiter korrekten Art geritten werden; der eine läuft gut, der andere scheint seinen Besitzer zu ärgern. (»April«, Detail aus dem Freskozyklus »Triumph der Venus«.)

Das Pferd ist fast den gleichen Krankheiten ausgesetzt wie der Mensch und außerdem der Umstülpung der Blase wie alle Zugtiere.

Eine von einem Esel belegte Stute wirft nach zwölf Monaten ein Maultier, ein für landwirtschaftliche Arbeiten außerordentlich kräftiges Tier. Für die Maultierzucht wählt man mindestens vier- und höchstens zehnjährige Stuten. Auch sagen die Züchter, daß Muttertiere beider Arten Hengste der anderen Art abweisen, wenn sie nicht als Fohlen von weiblichen Tieren der gleichen Art wie die Hengste gesäugt wurden. Deshalb nimmt man in der Dunkelheit die Eselsfohlen und gibt sie Stuten, und die Pferdefohlen gibt man Eselinnen zum Säugen. Man kann aber auch Maulesel aus der Kreuzung Hengst-Eselin erhalten, doch ist dieses Tier widerspenstig, langsam und dickköpfig. Auch sind alle Fohlen aus alten Stuten trage. Den von einem Hengst empfangenen Samen treibt der darauf folgende Sprung eines Esels bei der Stute als Fehlgeburt wieder ab, nicht aber, wenn nach dem Esel ein Hengst springt. Man hat beobachtet, daß Eselinnen sechs Tage nach dem Werfen eines Fohlens am besten empfangen. Die Hengste befruchten besser, wenn sie ermüdet sind. Es wurde bemerkt, daß eine Stute, die nicht vor dem Verlust der sogenannten Milchzähne empfangen hat, unfruchtbar ist, ebenso eine, die nicht nach dem ersten Sprung trächtig wird. Männliche Fohlen einer Eselin aus einem Hengst wurden in alten Zeiten Maulesel genannt, während die Bezeichnung Maultiere für die Fohlen einer Stute aus einem Esel verwendet wurde. Es wurde festgestellt, daß die Abkömmlinge zweier verschiedener Tiergattungen einer dritten Gattung angehören und keinem ihrer Eltern ähnlich sind, auch daß solche Bastarde nicht zeugungsfähig sind. Das ist bei vielerlei Tieren der Fall und der Grund, weshalb Maultiere unfruchtbar sind. In unseren Jahresberichten finden sich zwar mehrere Fälle von Fortpflanzung durch Maultiere, doch wurden diese als Wunder angesehen. Theophrastus behauptet, daß sich in Kappadokien die Maultiere ganz allgemein fortpflanzen, daß jedoch das kappadokische Maultier eine besondere Gattung sei. Man kann ein Maultier durch ziemlich häufige Verabreichung von Wein am Ausschlagen verhindern. In den Schriften mehrerer Griechen heißt es, daß aus der Vermischung einer Stute mit einem Maultier eine Art entstände, die *ginnus,* d. h. kleines Maultier, genannt wird. Die aus der Kreuzung von Stuten mit gezähmten Wildeseln gezüchteten weiblichen Maultiere können schnell laufen und haben überaus harte Hufe, aber einen schlanken Leib und sind kaum zu zähmen. Als Beschäler übertrifft jedoch das Fohlen aus der Kreuzung zwischen einem Wildesel und einer gezähmten Eselin alle anderen. Die Wildesel in Phrygien und Lykaonien sind die besten.

Was Plinius unter »Hippomanes« versteht, ist wahrscheinlich das »Kissen«, welches das Fohlen einen großen Teil seines intrauterinen Lebens im Maul hält. Es verhindert unter anderem, daß das Fohlen bei der Entbindung seine Zunge schluckt. Es hat in der Folklore der Reitkunst immer eine große Rolle gespielt, und der Besitz eines solchen unscheinbaren Knorpelstücks war ein Zeichen für die Gewissenhaftigkeit eines Stallknechts. Man muß, um es zu erlangen, unbedingt im Augenblick der Geburt anwesend sein. Sogar dann kann man es oft nicht in die Hand bekommen; denn es verschwindet anscheinend viel eher als die Schutzkissen, welche die scharfen Hufränder des Fötus beschirmen. Wenn man es überhaupt findet, so klebt es eher an der Stirn des Fohlens als anderswo. Als Talisman war es unschätzbar, auch wenn ihm in verschiedenen Ländern verschiedene Tugenden zugeschrieben wurden. In manchen war es ein Lockmittel: Das Pferd folgte dem Mann, der sein Hippomanes

74. Ausschnitt aus der Trajansäule (113 n. Chr.): sarmatische »Kataphrakten« – Panzerreiter auf gepanzerten Pferden, offensichtlich nach der Beschreibung eines Augenzeugen modelliert, der nicht ganz verstanden hatte, was er sah. Die Panzerung ist ein Schuppenpanzer, aber nicht unbedingt aus Metall. Jedenfalls könnte, aus welchem Material er auch bestand, unmöglich ein Pferd in einem solchen hautengen »Taucheranzug« laufen, und schon dessen Anfertigung nach Maß sowie dessen Befestigung an dem Tier wäre eine unlösbare Aufgabe gewesen. In Wirklichkeit waren die meisten von asiatischen Pferden getragenen Panzer aus gepolstertem Leder; sie saßen nur locker und bedeckten nur einen Teil des Körpers.

bei sich trug, und nur ihm allein. In anderen hatte es mehr von der Natur der Glückshaube eines menschlichen Neugeborenen zum Schutz gegen verschiedene Übel, vor allem den Ertrinkungstod, an sich.

RÖMISCHE TAKTIK

Flavius Arrianus (etwa 96-170 n. Chr.) war ein Grieche, ein Schüler des Philosophen Epiktet. Seine großen Helden waren Alexander und Xenophon: Er schrieb eine Geschichte Alexanders, deren erste Hälfte er in Nachahmung Xenophons *Anabasis* nannte. Mit achtundzwanzig Jahren wurde er römischer Bürger und leistete Kaiser Hadrian sowohl in ziviler als auch in militärischer Hinsicht gute Dienste. Als Gouverneur von Kappadokien besiegte er die Alanen, ein indoeuropäisches Nomadenvolk aus der pontischen Steppe, und die Massageten, ein weiter aus dem Osten, jenseits des Kaspischen Meeres stammendes Volk mit ähnlichen Sitten, das einst den großen persischen König der Könige Kyros besiegt und getötet hatte. Das folgende, mit seinem lateinischen Titel am besten bekannte Fragment (es wurde in griechischer Sprache geschrieben) beschreibt eine wahrscheinlich von der gesamten Garnison Kappadokiens beabsichtigte Operation gegen die Alanen. In diesem taktischen Plan sind zwar sehr genaue Einzelheiten, jedoch keine Ortsnamen angegeben. Das dürfte Absicht im Sinne der Geheimhaltung sein, da der nicht der Legion angehörende Teil des Heeres verschiedensten Ursprungs war (anscheinend waren keine Einwohner der Provinz darunter). Den wichtigsten Teil des Plans machte der Ort aus, an dem Arrianus die Schlacht liefern wollte. So mag dieser wohl geheimgehalten worden sein, damit nicht ein verstimmter »Verbündeter« in die Versuchung geriete, mit dieser wertvollen Kenntnis zu desertieren. Der Ort muß jedoch innerhalb von Kappadokien gelegen haben, das übrigens als hervorragendes Pferdezuchtland berühmt war. Es durfte sich unter anderem eines kaiserlichen Hengstgestüts für Wagenrennen rühmen.

ACIES CONTRA ALANOS

MARSCHORDNUNG UND GEFECHTSGLIEDERUNG

Das gesamte Heer marschiert in einer Kolonne mit den berittenen Spähern an der Spitze. Es marschiert kohortenweise formiert, in zwei Reihen von je sechzehn Mann. Dann folgen erst die berittenen Bogenschützen unter dem gleichen Kommando und darauf die isaurischen Reiter. Die weitere Ordnung lautet:

Vorhut

Kolonische Schwadronen Rhaetische Schwadronen	Kommandeur der Korinther Daphnes
Ituräische Schwadronen Kyrenäische Schwadronen Rhaetische Schwadronen	Kommandeur Demetrius

Gallische Reiterei, in Schwadronen, in Doppelreihen unter ihrem *praefectus castrorum.*

Armenische Bogenschützen zu Fuß

Die Hälfte des verbündeten Fußvolks, wie folgt:

Italer, Kyrenäer, Bosphorier, unter dem Kommando von Lamprokles, Numider unter dem Kommando von Verus. Sie marschieren mit entfalteten Feldzeichen, in Kompanien, in Viererreihen. Das Achäische Reiterregiment reitet zur Bedeckung rechts und links vom Fußvolk, das unter dem Oberkommando von Pulcher dem Italer steht.

Haupttruppe

Das Zentrum der Kolonne besteht aus römischen Truppen, an der Spitze die berittene Garde, gefolgt von:

Reiterkompanien beider Legionen

Wurfgeschützen

Kompanien leichten Fußvolks aus beiden Legionen

Kompanien schweren Fußvolks der XV. Legion mit ihrem Adler, unter dem Kommando von Valens

Der stellvertretende Oberbefehlshaber, die Abteilungskommandeure der XV. Legion und Kompanieführer des führenden Bataillons begleiten den Oberbefehlshaber. Die Legion marschiert in Viererreihen in einzelnen Bataillonen.

Nachhut

Sie besteht aus der anderen Hälfte des verbündeten Fußvolks, nämlich:

Armenier Trapezunter Kolcher Rizianische Lanzenträger Aplaner Gepäcktroß	Kommandeur Siculinus der Aplaner

Getisches Reiterregiment, unter dem Befehl seines Ilarchen

Die Kompanieführer des Fußvolks marschieren an der rechten und linken Flanke

Als Bedeckung des Fußvolks reiten an der rechten und linken Flanke das Italische und Alacische Reiterregiment. Der Oberbefehlshaber (Codename Xenophon) hat keinen festen Standort, sondern reitet an der Kolonne auf und ab, um den Marsch zu regeln; ist er damit nicht befaßt, so reitet er vor den Adlern der Legion.

ENTWICKLUNG

Bei der Annäherung an die Stelle, wo das Gefecht mit dem Feind vorgesehen ist, gehen die berittenen Kundschafter vor und besetzen erhöhte Punkte über der Front, von denen aus sie die Bewegung des Feindes beobachten und berichten können. Die übrige Reiterei verläßt die Kolonne und nimmt die ihr von dem Oberbefehlshaber angewiesenen Posten ein, und zwar in Vierecksgliederung, um den Aufmarsch des Fußvolks zu decken.

Dann wird für das Fußvolk das Signal gegeben, die Front auszurichten und die Waffen gebrauchsfertig zu machen. Das erfolgt in völliger Stille.

Die gewählte Stelle weist rechts und links zwei Hügel mittlerer Höhe mit sanften Abhängen auf. Der Raum dazwischen ist eben und das Gelände rundum völlig flach.

Er erklärt die Einzelheiten des Schlachtplans.

Wenn alles bereit ist, warten die Truppen mit dem Schießen, bis der Feind auf Speerwurfweite herangekommen ist. Auf das Kommando »Feldgeschrei!« müssen alle Soldaten möglichst laut schreien. Zugleich beginnen die Wurfgeschütze ihre Bolzen und Steinkugeln zu schleudern. Bogenschützen und alle mit Wurfgeschossen bewaffneten Soldaten schießen ihre Waffen ab und verwenden ihre gesamten verfügbaren Geschosse. Aus den Gipfeln der zwei Hügel wird Steilfeuer eingesetzt. Der Feind soll durch unsere Feuerkraft überwältigt werden; wahrscheinlich wird er durch die bloße Stärke dieser Salven in Verwirrung geraten und so schwere Verluste an Pferden erleiden, daß er schließlich gar nicht versuchen wird, mit uns zum Nahkampf zu kommen.

Sollte er jedoch hartnäckig bleiben und unser schweres Fußvolk im Zentrum angreifen, müssen sich die zweite und dritte Reihe der Legionen zu einer Frontlinie zusammenschließen, so daß sie die Legionen gegen den Anprall der Angreifer körperlich stützen. So werden die angreifenden Reiter einer ungebrochenen und unerschütterlichen Mauer von Speerspitzen in Pferdebrusthöhe gegenüberstehen. Speerwerfer aus der vierten Reihe werden mit ihren Spießen auf sie losstechen und die der fünften und weiteren Reihen werden ihre Speere auf sie schleudern. Auf diese Weise werden wir den Feind gewiß zurückschlagen und ihn zwingen, sich unter schweren Verlusten in Verwirrung zurückzuziehen.

Sobald der Feind sich offensichtlich zurückzieht, sollen die Legionen ihre Reihen öffnen, um die Reiter durchzulassen, und sich in zwei Abteilungen neu formieren. Die acht Reiterregimenter werden hinter der Kerntruppe formiert, und zwar in je acht Schwadronen, von denen die vier ersten vorangehen. Sie verfolgen den Feind im nötigen Tempo, während die zweite Hälfte jedes Regiments bedächtiger und in geschlossener Formation nachfolgt, um, falls die Skythen*) kehrtmachen und sich sammeln sollten, die vorderen Schwadronen zu unterstützen und die verfolgenden Truppen abzulösen, wenn sie müde werden. Sobald die Reiter die Verfolgung aufnehmen, kommen die Armenier und alle anderen Bogenschützen von den Hügeln nach unten und marschieren zwischen den unterstützenden Reiterschwadronen, wobei sie jeglichen Feind in Schußweite mit Störfeuer angreifen. Dann geht das schwere Fußvolk in Laufschritt vor und folgt den leichten Truppen. Falls sich die feindlichen Reiter, was nicht sehr wahrscheinlich ist, sammeln und unsere leichtbewaffneten Truppen zum Stillstand oder Rückzug bringen sollten, kann ihnen die schwerbewaffnete Truppe dann zu Hilfe kommen, bis sie den Gegner wieder in die Flucht geschlagen haben ...

Es folgen noch Weisungen für das Verhalten im Falle eines feindlichen Flankenangriffs, und dann bricht das Fragment ab. Der Rest kann aber nicht mehr sehr lang gewesen sein; wahrscheinlich bestand er aus Abschnitten über Versorgung und Nachrichtendienst.
Aber auch wenn es weniger vollständig wäre, würde dieses Dokument von einzigartigem Wert sein. Es ist kein literarisches Werk (wie sie von Arrianus in beträchtlicher Zahl geschaffen worden sind), ja nicht einmal ein Ausbildungshandbuch. Es ist ein schriftlicher Einsatzbefehl, was allein schon aus der Tatsache hervorgeht, daß die Kommandeure und Einheiten namentlich angeführt werden. Es hat sich aus der gesamten Geschichte der römischen Armee kein anderer derartiger Befehl erhalten. In dieser Art gibt es nur Rekonstruktionen von Historikern, welche auf mündlichen Befehlen fußen, an die sich Offiziere und Soldaten viele Jahre nach dem tatsächlichen Ereignis erinnerten, oder von Fall zu Fall rückblickend von Heerführern wie etwa Julius Caesar herausgegebene Kriegstagebücher.

Es zeigt ganz deutlich die den römischen Heeren im Osten seit der katastrophalen Begegnung mit den Parthern bei Carrhae im Jahre 53 v. Chr. aufgezwungenen Veränderungen. Damals wurde Crassus mit einem Verlust von fast 29000 Mann geschlagen, gefangengenommen und nach dem Verhör durch den Partherführer Surenas ermordet.

In dem Einsatzbefehl für eine im wesentlichen aus zwei Legionen bestehende Streitmacht werden vierzehn Reitereinheiten genannt. Die meisten derartigen *alae* bestanden aus 500 Mann, manche jedoch waren normalerweise 1000 Mann stark. In diesem Heer standen demnach etwa 8000 Reiter, wobei die berittenen Bogen-

*) Damals gab es dieses Volk nicht mehr auf den Steppen; es war seit dem 3. Jh. v. Chr. durch die Sauromaten abgelöst worden, unter deren Zweigstämmen sich auch die Alanen befanden. Aber Arrianus verwendet in Nachahmung seines Meisters Xenophon dann und wann die archaische Bezeichnung Skyther.

75. Die Jagdszene aus dem vierten Buch von Virgils Aeneis bringt in mittelalterlichen Übersetzungen und freien Wiedergaben oft auffallende Informationen über die bodenständigen Jagd- und Reiterausdrücke in verschiedenen Ländern und Generationen an den Tag, zum Beispiel in den Wiedergaben durch Chaucer und Gavin Douglas. Dieses Mosaik aus South Hams in Somerset, aus der gleichen Periode wie das Mosaik eines Wagenrennens aus Horkstow (Bild 55), hat keine speziell britische Färbung; es ist nach einem Musterbuch hergestellt, das irgendwo in Westeuropa im letzten Jahrhundert der römischen Herrschaft verwendet worden sein könnte. Die Pferde sind entweder Berber oder sie stammen aus der Camargue. Es sind Hengste, die mit Trense und einfachem Zügel geritten werden. Außer diesen beiden letzten Einzelheiten besitzen wir keine weiteren Anhaltspunkte für die britische Jagd im 4. Jh.

76. Glasschale aus dem 4. Jh. aus Wint Hill in Somerset; sie wurde in Köln hergestellt und graviert und zeigt viel besser als das Mosaik aus South Hams, wie in Nordwesteuropa unter den letzten römischen Kaisern gejagt wurde. Kleidung, Ausrüstung und Sattelzeug ähnlich dem in England, Gallien oder Niederdeutschland zu jener Zeit.

schützen und die kleinen Reiterabteilungen, welche einen wesentlichen Bestandteil der Legionen bildeten, nicht mitgerechnet sind. Durchweg fällt die offensive wie die defensive Hauptrolle der Reiterei und den Schleuderwaffen aller Art zu. Nur die Legionen besaßen einen Befehlsapparat – wir würden ihn Offiziersstab nennen –, der der Regimentsebene übergeordnet war. Eine Truppe dieser Art mußte, sogar wenn sie überwiegend aus Reiterei bestand, die Form einer »Legion mit zugeteilten Einheiten« annehmen, sollten taktische oder administrative Befehle übermittelt werden. Die nötige und logische Reform, die Schaffung eines unabhängigen Reiterkorps unter unabhängigen Befehlshabern, wurde erst im nächsten Jahrhundert, unter der durch Kaiser Severus eingeführten neuen Heeresleitung, vorgenommen. Der Kaiser war einer der wenigen wirklich erfolgreichen Kämpfer gegen die Parther. Aber sogar seinem von der Reiterei beherrschten römischen Heer neuen Stils stand noch eine vernichtendere Niederlage, als es je zuvor erlitten hatte, durch den Perserkönig Sapor bevor.

TOTILAS NIEDERLAGE

Der letzte und tödlichste Feind, der vor dem endgültigen Versinken der klassischen Kultur aus der Steppe kam, waren die Hunnen. Gewiß kamen auch später noch solche Feinde, aber es gab keine Oströmer mehr, um ihnen die Stirn zu bieten. Die Hunnen bedrohten nacheinander das Chinesische, das Persische und das Römische Reich

77. »Die kaiserliche Jagd«, Figuren auf byzantinischer Seide, um 750 n. Chr., ein Geschenk Kaiser Konstantins V. an den fränkischen König Pippin den Kurzen. Byzanz bewahrte die künstlerischen und kulturellen Traditionen der griechisch-römischen Antike, aber auch orientalische Traditionen. Das Gesamtkonzept der Jagdszene ist sassanidisch. Thematisch wird man an die assyrischen Flachreliefs der löwenjagenden Könige in Wagen erinnert, bildtechnisch an den Wandteppich im Eisgrab von Pazyrik im Altaigbirge. Der bebänderte Pferdeschwanz blieb in England bis zur Regierung Jakobs I. ein Kennzeichen von Staatsschabracken.

und sie besaßen unter allen Bogenschützen aus der Steppe die am weitesten tragenden Waffen. In dem Maße, in dem man vom Römischen Reich sagen konnte, daß sein Niedergang eher politischen und militärischen Aktionen als (was wahrscheinlicher ist) wirtschaftlichem und sozialem Verfall zuzuschreiben ist, waren die Hunnen die Urheber seines Sturzes. Aber die durch sie verursachte Zerstörung war nicht nur unmittelbar: sogar der größte Hunnenkriegszug hatte eher den Charakter eines Überfalls. So lange die Heimsuchung auch dauerte und so schonungslos sie sich auch gestaltete – es war immer sicher, daß die Hunnen fortziehen würden, sobald sie genug von dem bekommen hatten, was sie wollten.

Ernster war die Sekundärwirkung der berittenen Hunnenangriffe. Ebenso wie es im Panzerkrieg allgemein üblich ist, daß Panzereinheiten (fremde) Viehherden vor sich hertreiben, um die Antitankminen auszulösen, so trieben die Hunnen bei ihrem Vormarsch zu den römischen Rhein- und Donaugrenzen viele (meist germanische) Völker vor sich her, die vor ihrer Berührung mit den Hunnen nur in beschränktem Maß die Reitkunst betrieben hatten. Hauptsächlich waren die königlichen und fürstlichen Familien Reiter gewesen, nun aber begannen die Stämme sich ganz im Sinne der Steppenvölker auf die Pferde zu stützen. Die Germanen schwächten die römische Verteidigung und waren eher land- als beutehungrig. Der byzantinische Historiker Prokopios weiß in seiner »Geschichte der Gotenkriege« viel über diese ostgermanischen Stämme wie die Vandalen und Goten zu erzählen, gegen die sein Held Belisarius geschickt kämpfte, wobei er unter anderen Truppen hunnische Söldner verwendete.

In seinem Bericht über Niederlage und Tod des Gotenkönigs Totila sehen wir, wie der Barbarenkönig unter Vorahnungen der Katastrophe leidet, wie sie in den Sagen der germanischen Eindringlinge in England so häufig vorkommen.

Die Heere sammelten sich zum Kampf und nahmen folgendermaßen Aufstellung: Die gesamten Truppen traten in einer langen geraden Front einander gegenüber, bestrebt, die Phalanx so tief wie möglich zu machen. Den linken Flügel der Römer hielten Narses und Johannes vor dem Hügel und mit ihnen die Blüte des Römerheeres: außer den gewöhnlichen Soldaten hatten nämlich beide ein auf Grund seiner Kampfkraft auserlesenes Gefolge von Speerträgern, Garden und barbarischen Hunnen. Auf dem rechten Flügel standen Valerian und Johannes der Fresser mit Dagisthaeus und den übrigen Römern. Außerdem ordneten sie auf beiden Flügeln etwa achttausend Bogenschützen aus den Regimentern zu Fuß an. Im Zentrum der Phalanx hatte Narses die Langobarden, Heruler und alle anderen Barbaren aufgestellt, sie absitzen lassen und zu Fußvolk gemacht, damit ihnen die Möglichkeit abgeschnitten wäre, sich eilig zurückzuziehen, sollten sie etwa während der Schlacht verzagt werden oder desertieren wollen. Nur den äußersten linken Flügel der römischen Front zog Narses in stumpfem Winkel vor, indem er dort 1500 Reiter aufstellte. Von diesen hatten 500 Mann Befehl, schleunigst zu Hilfe zu eilen, wenn die Römer an irgendeinem Punkt zurückgeschlagen werden sollten. 1000 Mann waren dazu bestimmt, dem feindlichen Fußvolk, sobald es in Aktion getreten sei, in den Rücken zu fallen, so daß es von zwei Seiten zugleich angegriffen wurde. Totila stellte sein Heer in der gleichen Weise dem Feind gegenüber auf. Er ritt vor der Front entlang, sprach seinen Soldaten Mut zu und forderte sie durch Worte und Miene zur Tapferkeit auf. Auf der anderen Seite tat Narses das gleiche: Er ließ goldene Armringe, Ketten und Zügel auf Stangen vor sich hertragen und zeigte den Soldaten diese und ähnliche Dinge, die ihren Mut für den bevorstehenden Kampf anfeuern sollten. Eine Zeitlang begann keines der beiden Heere den Kampf, sondern wartete ruhig den Angriff des Gegners ab ...

Totila ritt nun allein in den Raum zwischen den Heeren, nicht um zum Einzelkampf herauszufordern, sondern um seine Gegner daran zu hindern, die momentane Gelegenheit zu nützen. Da er nämlich erfahren hatte, daß die zweitausend Goten, die noch nicht zu ihm gestoßen waren, schon ganz in der Nähe waren, wollte er den Kampf nicht vor ihrer Ankunft beginnen. Er tat folgendes: Zuerst wollte er dem Feind zeigen, was für ein Mann er war. Er trug eine von Gold und Schmuck strotzende Rüstung; von seinem Helm, dem Wangenschutz und dem Speer wallten viele purpurne Büsche von großer Schönheit, wie es sich für einen König geziemt. Er saß auf einem großen prächtigen Roß und führte auf dem freien Raum zwischen den Heeren mit großer Geschicklichkeit das Waffenspiel aus. Zuerst ließ er sein Pferd die zierlichsten Wendungen und Volten machen. Dann warf er in vollem Jagen den Speer hoch in die Luft und fing ihn, als er niedersank, bald mit der rechten, bald mit der linken Hand überaus geschickt wieder auf. Dann ließ er sich auf die Schulter zurücksinken, sprang von dem Pferd ab und wieder auf, dann auf der anderen Seite, wie einer, der von Jugend auf die Künste der Reitbahn geübt hat. Mit solchem Tun verbrachte er den ganzen Morgen. Um darauf den Beginn der Schlacht noch mehr hinauszuschieben, schickte er einen Herold zum römischen Heer, der eine Unterredung vereinbaren sollte. Narses erklärte, das sei doch wohl ein Scherz, denn solange Zeit zu Unterhaltungen gewesen sei, habe sich Totila kriegslustig gezeigt, nun aber mitten auf dem Schlachtfeld suche er eine Unterredung herbeizuführen.

Mittlerweile waren die 2000 Goten angelangt. Als Totila erfuhr, daß sie im Lager seien, begab er sich in sein Zelt, da die Zeit zum Mittagessen herangekommen war, und die Goten gaben ihre Stellung auf und zogen sich zurück. Bei seiner Ankunft fand Totila die zweitausend Mann bereits vor und befahl, daß alle ihre Mahlzeit einnehmen sollten. Er selbst zog sich um und legte die Rüstung eines einfachen Soldaten an, dann führte er das Heer gegen den Feind in der Hoffnung, ihn unerwartet zu überfallen und zu besiegen. Dennoch fand er die Römer nicht unvorbereitet, denn Narses hatte befürchtet, was tatsächlich eintraf, daß der Feind sie überfallen würde, wenn sie ihn nicht erwarteten. Daher hatte er befohlen, kein einziger Mann dürfe abkochen, Mittagsruhe halten, seine Rüstung ablegen oder sein Pferd abzäumen. Trotzdem blieben die Soldaten nicht ganz ohne Speise; er ließ sie frühstücken, gerüstet in Reih und Glied, wobei sie ständig wachsam blieben und den feindlichen Angriff erwarteten. Außerdem wurde die Schlachtordnung geändert: Narses ließ die römischen Flügel, auf denen je 4000 abgesessene Reiter standen, halbmondförmig vorrücken. Das gotische Fußvolk aber stand in seiner Gesamtheit hinter den Reitern, damit, wenn diese geschlagen werden sollten, die Fliehenden einen Rückhalt hätten und mit ihnen zusammen wieder zum Angriff vorgehen könnten.

Alle Goten hatten strengen Befehl, für dieses Treffen nicht den Bogen oder eine andere Waffe, sondern nur ihre Lanzen zu gebrauchen. So wurde Totila durch seine eigene Unklugheit als Feldherr überwunden, denn ich weiß nicht, wie er dazu kam, am Anfang dieser Schlacht sein Heer mit unzulänglicher Bewaffnung dem Feind entgegenzuwerfen. Es wurde umgangen und war seinen Gegnern in keiner Hinsicht gewachsen.

Die Goten erleiden schwere Verluste durch die römischen Bogenschützen bei dem Versuch, mit dem Feind handgemein zu werden.

Hier kann ich nicht umhin, in diesem Kampf sowohl die Römer als auch ihre barbarischen Bundesgenossen zu bewundern. Sie alle zeigten Begeisterung und die gleiche Tapferkeit und Energie, als sie den Angriff des

Feindes mit äußerster Kraft zurückschlugen. Schon wurde es Abend, als die beiden Heere in Bewegung gerieten, die Goten zum Rückzug und die Römer zur Verfolgung. Denn die Goten konnten dem Ansturm ihrer Feinde nicht mehr widerstehen, sondern begannen gegen ihr Drängen Boden zu verlieren, und wandten sich schließlich, über deren große Zahl und tadellose Ordnung bestürzt, jäh zur Flucht. Sie dachten gar nicht mehr an eine Gegenwehr, von Angst erfüllt, als wären Erscheinungen aus der Luft auf sie herabgestürzt oder als führe der Himmel gegen sie Krieg.

Vernichtend geschlagen, töten die Goten manche ihrer eigenen Leute in ihrer panischen Flucht.

In dieser Schlacht kamen 6000 Goten um; viele ergaben sich den Feinden. Die Römer nahmen sie zuerst gefangen, machten sie jedoch dann nieder. Und nicht nur die Goten wurden vernichtet, sondern auch viele von den alten römischen Soldaten, die sich früher vom Römerheer getrennt hatten und zu Totila und den Goten übergelaufen waren. Wer vom Gotenheer das Glück hatte, nicht umgekommen oder in die Hände des Feindes gefallen zu sein, versuchte sich zu verstecken oder zu fliehen, zu Pferde oder zu Fuß, je nachdem, wie Glück oder Umstände das eine oder andere gestatteten.

So ging diese Schlacht zu Ende, und es war bereits ganz finster. Totila floh im Dunkel, nur von fünf Mann begleitet, von denen einer Skipuar hieß, und verfolgt von einigen Römern, die nicht wußten, daß es Totila war. Einer von ihnen war der Gepide Asbadus. Dieser kam ganz nahe an Totila heran und holte aus, um ihm den Speer in den Rücken zu stoßen. Aber ein junger Gote, der dem Haus Totilas angehörte und seinem Herrn auch auf der Flucht folgte, rief voll Empörung: »Was machst du, du Hund? Willst du die Hand gegen deinen eigenen Herrn erheben?« Darauf stieß Asbadus mit aller Kraft seinen Speer Totila in den Rücken, wurde aber selbst von Skipuar am Bein verwundet und blieb liegen. Skipuar wurde von einem der Verfolger verwundet und machte halt, worauf die vier Begleiter des Asbadus, um ihn zu retten, die Verfolgung aufgaben und mit ihm umkehrten. Totilas Gefährten jedoch glaubten, daß der Feind sie immer noch verfolge, und ritten unentwegt weiter und nahmen ihn entschlossen mit, obwohl er tödlich getroffen und fast ohne Bewußtsein war. Die Notwendigkeit zwang sie zu dieser wilden Flucht. So kamen sie nach Zurücklegung von vierundachtzig Stadien zu einem Ort namens Caprae. Dort rasteten sie und bemühten sich, Totilas Wunde zu behandeln; er gab bald darauf seinen Geist auf. Seine Leute begruben den Leichnam und ritten fort.

4. Die Reiter der Steppe

DAREIOS UND DIE SKYTHEN

Der Istros ist die Donau, die Tana ist der Don. Das Operationsgebiet im Feldzug des Dareios gegen die Skythen, 513, ist ungefähr das gleiche wie das der deutschen Armeegruppe Süd in den vierziger Jahren unseres Jahrhunderts. Es erstreckte sich von der Schwarzmeerküste bis Transsylvanien im Westen (der Heimat des Zuflusses Agathyrsi) zum Gebiet von Woronesch, wo die schwarzgekleideten Melanchlainen und die Sauromaten oder Sarmaten lebten, die später in der Steppenhegemonie an die Stelle der Skythen treten sollten.

Über die Skythen sind wir bestens durch Herodot unterrichtet. In dem folgendem Auszug aus seinem Werk »Darlegung der Forschung« wird auf die Zeit um 600 v. Chr. angespielt, als sie einige Jahrzehnte hindurch den nördlichen Iran und Armenien beherrschten. Dann drangen sie im 6. und 5. vorchristlichen Jahrhundert bis zu den Karpathen, nach Siebenbürgen und der Dobrutscha vor. Dem Eroberungszug des Perserkönigs Dareios konnten sie widerstehen, und erst um 300 wurden sie von den Sarmaten verdrängt.

Ruhm erwarben sie sich als Bogenschützen und Viehzüchter. In Athen wurden skytische Sklaven als Polizisten und berittene Landgendarmen mit Pfeil und Bogen verwendet. Der Bogen der Skythen war ein Kurzbogen, den sie in den Köcher zu den Pfeilen steckten; aber ihre heilige Waffe war ein Kurzschwert, Ainakes. Für ihr Pferdegeschirr waren Trensen mit zweiteiliger Gebißstange und beweglichem Seitenknebel charakteristisch, den sie mit herrlichen Tierornamenten verzierten, genauso wie die Stirnplatten und Zaumzeugbeschläge.

Was in dem folgenden Bericht über die Gräber gesagt wird, ist nur zu verstehen, wenn man weiß, daß die Skythen die Gräber als die heilige Mitte ihres Staates ansahen. Der tote Fürst sicherte sich Unsterblichkeit und Macht durch seine Bestattung mit Opfern von Frauen und Pferden.

Aus dem Bericht der von den drei Skythenherrschern zu den acht Nationen, die an ihren Grenzen wohnten, geschickten Gesandtschaften geht klar hervor, daß sie mit ihnen nicht im Zustand ständiger Feindschaft lebten oder sie beherrschten, ebenso wenig wie die griechischen Kolonisten des Taurischen Chersones (Krim), dank deren realistischer Kunst uns die besten bildlichen Zeugen der skytischen Pferdekultur übermittelt wurden. Manche von diesen Nachbarn der Skythen im Inland waren ihnen in ihrer Lebensweise sehr ähnlich, andere wie die Budiner waren waldbewohnende Pelzjäger und Bienenzüchter, wieder andere betrieben »normalen« Ackerbau. Es gab auch solche, die an Orten lebten, die für Herodot als »Städte« galten. Die Neurer galten als Werwölfe; die Androphagen waren, wie aus ihrem Namen nervorgeht, Kannibalen, wahrscheinlich jedoch nur für jahreszeitbedingte rituelle Zwecke. Keiner dieser Stämme war im gleichen Maß wie die Skythen imstande, den, wie Herodot es nennt, »Trick« völliger Mobilität zu meistern.

Die großen Flüsse in der Steppe, welche Dareios nur dank der Geschicklichkeit seiner Pioniere bei der Errichtung von Pontonbrücken überschreiten konnte, waren für die Nomaden keine Hindernisse. Sie konnten sie mit ihren Pferden durchschwimmen oder nötigenfalls ihre leichten Wagen zu Kähnen umbauen, indem sie rund um die Seiten und unter dem Wagenboden Felle befestigten.

Eine – übrigens auch den Pferden eigene – Eigenschaft wirkte sich für die Skythen nachteilig aus: ihre manchmal bis zum Entsetzen gesteigerte Scheu vor dem Unbekannten. Der bloße Lärm eines schreienden Esels konnte die taktische Leistung ihres Heeres verwirren. Der zahme Esel hatte sich von seiner ursprünglichen nordafrikanischen Heimat nach Osten zum nördlichen Teil des Chinesischen Reichs vor Dareios' Zeit verbreitet, jedoch auf einem Weg südlich des Kaspischen Meeres und über den Pamir, weit außerhalb des Bereichs der Skythen und sogar ihrer östlichen Nachbarn, der Massageten. Obwohl die berittenen Nomaden West- und Zentralasiens zu jener Zeit von verschiedenen Arten von Wildeseln, die seither ausgestorben oder äußerst selten geworden sind, umgeben waren, fiel es ihnen nie ein, dieses Huftier auch zu zähmen.

Am Pontos Euxinos, wohin Dareios damals mit einem aus allen möglichen Völkern außer den Skythen zusammengesetzten Heer ziehen wollte, leben die ungebildetsten Menschen. Wir wüßten unter den Völkern am Pontos keines anzugeben, das irgendwelche Ansprüche auf Intelligenz erhoben hätte, und wir haben auch, die Skythen und Anacharsis ausgenommen, nie von einem Gelehrten aus jener Gegend gehört. Auf eines jedoch verstehen sich die Skythen, für deren Bräuche ich sonst nicht viel übrig habe, besser als irgendein anderes mir bekanntes Volk. Ihre größte Meisterschaft besteht darin, daß sie keinen Angreifer entkommen lassen und daß sie niemand einholen kann, wenn sie sich nicht finden lassen wollen. Sie haben weder Städte noch Festungen, sondern führen ihre Häuser mit sich, sie sind alle reitende Bogenschützen, leben nicht von

Ackerbau, sondern von Viehzucht und wohnen auf ihren Wagen – wie sollte ein solches Volk nicht unüberwindlich und schwer anzugreifen sein? Das haben sie fertiggebracht, weil das Land sich dafür eignet und die Flüsse dabei auch eine Rolle spielen. Das Land ist eine flache, mit Gras bewachsene und wasserreiche Steppe, und es gibt dort fast so viele Flüsse wie Kanäle in Ägypten. Die bekanntesten unter ihnen und die von der See mit Schiffen befahrbar sind, will ich anführen: der Istros mit seinen fünf Mündungen, dann der Tyres, der Hypanis, der Borysthenes, der Pantikapes, der Hypakyris, der Gerrhos und der Tanais ...

Da die Skythen einsahen, daß sie allein nicht imstande sein würden, das Heer des Dareios in offener Schlacht zurückzuschlagen, schickten sie Boten zu ihren Nachbarn. Die Könige dieser Völker kamen zusammen und berieten, wie man sich gegen den Angriff einer so großen Armee verhalten solle. Es waren die Könige der Taurer, der Agathyrser, der Neurer, der Androphagen, der Schwarzmäntel, der Geloner, der Budiner und der Sauromaten ...

Die Boten der Skythen berichteten den Königen der oben angeführten Völker, daß der Perserkönig, nachdem er alle Völker auf dem anderen Kontinent unterworfen hatte, auf einer Brücke über den Bosporus nun auch nach Europa gekommen sei, die Thraker unterworfen habe und eine Brücke über den Istros schlagen wolle, um auch hier alle Gebiete unter seine Herrschaft zu bringen. »Ihr dürft also«, sagten sie, »unter keinen Umständen abseits bleiben und uns unserem Schicksal überlassen, sondern wir müssen uns mit vereinten Kräften gegen den Eindringling wehren. Wenn ihr das nicht tut, sind wir genötigt, entweder das Land zu verlassen, oder, wenn wir bleiben, uns ihm freiwillig zu unterwerfen. Was bliebe uns sonst übrig, wenn ihr uns nicht beistehen wollt? Und auch euch würde es nicht besser ergehen, denn der Perser hat es ebenso auf euch wie auf uns abgesehen, und wenn er uns unterworfen hat, wird er auch euch nicht ungeschoren lassen. Wir wollen euch einen klaren Beweis für das geben, was wir sagen: Hätte der Perserkönig diese Expedition nur gegen uns unternommen, um sich für seine frühere Abhängigkeit zu rächen, so hätte er alle anderen ungeschoren lassen und sich direkt gegen unser Gebiet wenden müssen. Dann hätte er allen klargemacht, daß er gegen die Skythen und nicht gegen andere Krieg führt. Er hat jedoch, kaum in Europa eingedrungen, alles unterworfen, was auf seinem Wege lag. Wie der Rest der Thraker sind jetzt auch insbesondere unsere Nachbarn, die Goten, seine Untertanen.« Nach dieser Darstellung der Skythen tauschten die anwesenden Könige der verschiedenen Völker ihre Ansichten darüber aus, und die waren geteilt. Der Geloner,

78. Attische Vasenmalerei aus dem 5. Jh. Theseus wird von einer Amazone verfolgt. Die griechischen Amazonenlegenden waren vielfach der Tatsache zu verdanken, daß die von Pferdenomaden getragene Kleidung es im allgemeinen für Fremde schwierig machte, Männer von Frauen zu unterscheiden.

79. Reiter, wahrscheinlich Skythe. Ausschnitt aus einem in Bulgarien gefundenen Bronzekrater, um 510–500 v. Chr.

der Budiner und der Sauromate waren einig und versprachen, den Skythen beizustehen; der Agathyrser aber, der Neurer, der Androphage und die Fürsten der Schwarzmäntel und der Taurier antworteten den Skythen: »Hättet ihr, die ihr jetzt dieses Verlangen stellt, die Perser nicht zuerst angegriffen und den Krieg nicht begonnen, würden wir euch recht geben, euren Wünschen willfahren und mit euch gemeinsam handeln. Tatsächlich seid ihr aber ohne uns in ihr Gebiet eingefallen und habt, solange der Gott es euch gestattete, die Perser beherrscht. Jetzt, da derselbe Gott mit ihnen ist, wollen sie euch Gleiches mit Gleichem vergelten. Wir hingegen haben weder damals diese Leute geschädigt, noch wollen wir jetzt als erste versuchen, ihnen zu schaden. Sollten sie aber auch in unser Gebiet eindringen und uns angreifen, so werden wir uns nicht unterwerfen. Bis dahin wollen wir jedoch ruhig daheim bleiben, denn wir glauben, daß die Perser nicht gegen uns Krieg führen wollen, sondern gegen jene, die das Unrecht verschuldet haben ...«

Als die Vorhut der Skythen ungefähr drei Tagesmärsche vom Istros auf die Perser stieß, blieben die Skythen um einen Tagesmarsch voraus, schlugen ein Lager auf und verwüsteten das Land. Aber die Perser, welche die skythischen Reiter vor sich sahen, folgten deren ständigem Rückzug. Die Skythen richteten sich in ihrem Marsch nach einem der Heeresteile, und die Perser verfolgten sie nach Osten bis zum Tanais. Als die Skythen den Fluß überquerten, setzten die Perser auch über und verfolgten sie weiter durch das Land der Sauromaten bis in das der Budiner. Solange die Perser durch das Gebiet der Skythen und der Sauromaten zogen, gab es nichts zu zerstören; denn das Land war öde. Als sie jedoch in das Gebiet der Budiner kamen, erreichten sie die hölzerne Stadt und setzten sie in Brand, da sie von den Budinern verlassen und völlig ausgeräumt worden war. Hierauf verfolgten sie den Feind weiter, bis sie das Land durchzogen hatten und zur Wüste kamen ...

Die Skythen ziehen durch die Gebiete aller Völker, die sich geweigert hatten, ihnen beizustehen, mit Ausnahme der Agathyrsen, die ihnen mit einer Schlacht drohen. Dann führen sie die Perser in ihr eigenes Land.

Als es geraume Zeit so weiterging und kein Ende nehmen wollte, sandte Dareios einen Reiter zu dem Skythenkönig Indanthyrsos mit folgender Botschaft: »Du jämmerlichster aller Menschen, warum fliehst du ständig, wenn es in deiner Macht steht, eines von zwei anderen Dingen zu wählen? Glaubst du, meiner Macht widerstehen zu können, so halte stand, hör auf zu fliehen und stell dich zum Kampf; bist du dir jedoch deiner Unterlegenheit bewußt, so gib deinen Eilmarsch auf, bring mir als deinem Herrn Erde und Wasser und komm zu einer Beratung!« Darauf antwortete der Skythenkönig Idanthyrsos: »Die Sache liegt so, o Perser. Ich bin noch vor keinem Menschen aus Angst geflohen, weder früher noch jetzt vor dir, und ich tue jetzt nichts anderes als das, was ich auch im Frieden zu tun gewohnt bin. Weshalb ich aber den Kampf mit dir nicht gleich aufnehme, will ich dir jetzt erklären. Wir haben keine Städte oder bebauten Felder, deren Eroberung oder Zerstörung wir befürchten und euch daher übereilt die Schlacht anbieten müßten. Wenn es aber schlechterdings notwendig ist, gleich zu kämpfen, so gibt es die Gräber unserer Vorfahren; kommt und versucht sie zu zerstören, dann sollt ihr erfahren, ob wir für unsere Gräber kämpfen oder nicht! Bis dahin jedoch werden wir, es wäre denn, wir überlegen es uns anders, nicht mit dir kämpfen. Soviel über den Kampf. Die einzigen Herren, die ich anerkenne, sind Zeus, mein Stammvater, und Hestia, die Königin der Skythen. Dir jedoch will ich, statt Wasser und Erde, solche Geschenke schicken, wie sie dir gebühren. Und als Antwort auf deine Großtuerei, du seist mein Herr, werde ich dich noch Blut schwitzen lassen (eine skythische Redensart)«. Darauf entfernte sich der Herold, um Dareios die Antwort zu bringen.

Als die Fürsten der Skythen das Wort Knechtschaft hörten, waren sie empört; darauf ... beschlossen sie, die Perser nicht länger an der Nase herumzuführen, sondern sie immer anzugreifen, wenn sie beim Essen waren; also beobachteten sie, wann die Soldaten des Dareios ihre Mahlzeit einnahmen, und führten dementsprechend ihre Absicht aus. Die skythische Reiterei schlug stets die persische in die Flucht, doch die persischen Reiter suchten und fanden Unterstützung bei ihrem Fußvolk. Nachdem sie die Reiterei zurückgeschlagen hatten, kehrten die Skythen aber aus Furcht vor dem Fußvolk um. Solche Angriffe unternahmen sie auch bei Nacht. Nun muß ich etwas sehr Merkwürdiges erwähnen, das für die Perser vorteilhaft, für die Skythen jedoch nachteilig war, wenn sie das Lager des Dareios angriffen: Es war das Geschrei der Esel und die Gestalt der Maultiere. Wie schon erwähnt, züchtet man in Skythien keine Esel oder Maultiere, es gibt wegen der Kälte im ganzen Land keinen einzigen Esel und kein Maultier. Wenn nun die Esel widerspenstig wurden, verwirrten sie die skythischen Pferde; wenn die Pferde bei einem Angriff gegen die Perser auf halbem Weg das Eselgeschrei hörten, scheuten sie oft, spitzten erschrocken die Ohren, weil sie noch nie so ein Geschrei gehört und nie solche Tiere gesehen hatten. Dieser Umstand beeinflußte ein wenig das Kriegsglück.

Als die Skythen merkten, daß die Perser die Nerven verloren, griffen sie zu folgendem Mittel, um zu erreichen, daß die Perser länger im Lande blieben und durch den Mangel aller notwendigen Dinge gequält würden: Sie ließen ein paar Stück Vieh mit den Hirten zurück und zogen in eine andere Gegend ab. Die Perser kamen, nahmen das Vieh und freuten sich darüber. Das war mehrmals vorgekommen, dennoch befand sich Dareios schließlich in einer schwierigen Lage. Als sie das erfuhren, sandten die skythischen Fürsten einen Herold mit Geschenken zu Dareios, der brachte dem König einen Vogel, eine Maus, einen Frosch und fünf Pfeile. Die Perser fragten den Überbringer nach der Bedeutung der Geschenke. Er aber erwiderte, er habe nur den Auftrag, sie abzugeben und gleich wieder zurückzukehren. Und er riet den Persern, sie sollten, wenn sie klug wären, herausfinden, was die Geschenke bedeuteten. Die Perser berieten sich untereinander. Nach Dareios' Ansicht bedeuteten die Gaben, daß die Skythen sich selbst und auch Erde und Wasser aufgeben wollten. Seine Auslegung lautete: Die Maus lebe in der Erde und nähme die gleiche Nahrung zu sich wie der Mensch, der Frosch lebe im Wasser, ein Vogel sei mit einem Pferd zu vergleichen, und die Pfeile übergäben ihm die Skythen als ihre ganze Wehrkraft. Das war die Meinung

80. Skythische Gürtelplatte aus Bronze aus dem Kaukasus, etwa 5. Jh. v. Chr. Dieser phantastische Stil beherrscht die gesamte Kunst der Skythen, so daß wir, um einen Eindruck von den skythischen Pferden zu bekommen, uns an den realistischeren Stil ihrer Nachbarn halten müssen.

des Dareios. Gobryas hingegen, einer der sieben, die den Magier gestürzt hatten, war anderer Ansicht. Seiner Vermutung nach gaben die Geschenke zu verstehen: »Wenn ihr nicht wie Vögel in der Luft fliegt, o Perser, oder euch wie Mäuse in der Erde versteckt oder wie Frösche ins Wasser hüpft, werdet ihr nie wieder nach Hause kommen, sondern von diesen Pfeilen getroffen werden.« Und so legten auch die anderen Perser die Geschenke aus. *Dareios erkennt, daß das Skythenheer seine Truppen geringschätzig behandelt und meint, daß Gobryas die Geschenke richtig gedeutet hat; er fragt ihn um Rat.*

»Wir sollten, sobald es Nacht wird, die Feuer anzünden, wie wir es gewohnt sind, jene Soldaten hier lassen, die den Anstrengungen am wenigsten gewachsen sind, alle Esel anbinden und uns davonmachen ...«

So lautete Gobryas' Rat. Es wurde Nacht, und Dareios folgte dem Rat: Er ließ die schwachen Soldaten und jene, deren Verlust er am leichtesten verschmerzen konnte, und die Esel, die alle angebunden wurden, im Lager zurück und zog mit dem übrigen Heer ab. Das tat er, damit die Esel schreien sollten, die kranken Soldaten jedoch wurden unter dem Vorwand zurückgelassen, daß er selbst mit den Kerntruppen die Skythen angreifen wolle und sie indessen das Lager verteidigen sollten. Nachdem Dareios den Leuten, die er aufzugeben im Begriffe stand, diese Befehle erteilt und die Feuer hatte anzünden lassen, marschierte er eiligst in Richtung des Istros ab. Die verlassenen Esel begannen viel lauter zu schreien als sonst, so daß die Skythen, als sie es hörten, fest glaubten, die Perser seien noch auf ihren Posten.

Herodot, *Melpomene IV*

81. Bronzegebiß mit Backenriemen in Pferdeform, 2. oder 3. Jh. v. Chr., aus Luristan, einem Nachbarland der Skythen.

DIE TATARISCHEN REITER

Nach den Alanen, den Parthern, den Hunnen und vielen anderen waren im 13. Jahrhundert unserer Zeitrechnung die Mongolen die dominierenden berittenen Bogenschützen aus der Steppe. Sie waren ethnisch völlig verschieden von den Skythen, aber ihre Lebensweise, ihr Verhalten gegenüber der Umwelt waren identisch mit denen der Skythen, nur waren sie ein wenig aggressiver. Unter den besonderen Lebensbedingungen nomadischer Hirtenvölker und des Reiterkriegs auf weiten Ebenen kommt es nicht auf »Rasse«, sondern auf die völlige Beherrschung der Viehzuchtmethoden und die völlige Anpassungsfähigkeit an das Leben, mit dem und durch das Pferd an. All diese Menschen, wie Astyages und Ogotai Chan, die Meister der Kriegskunst zu Pferd mit Masseneinsatz von Bogenschützen, zeichnet nicht so sehr ihre Schlitzaugen oder ihre Nasenform aus als vielmehr fettige Lederreithosen und ein Geruch nach saurer Stutenmilch. Als Marco Polo sein Buch »Die Mannigfaltigkeit und die Wunder der Welt« diktierte, hatte er zwanzig Jahre in Asien zugebracht, hauptsächlich in China, aber auch lange Zeit auf dem Weg dorthin und zurück durch die Tatarei und die Mongolei.

Begibt sich einer der großen Tatarenfürsten auf einen Feldzug, setzt er sich an die Spitze eines Heers von hunderttausend Pferden und organisiert es folgendermaßen: Er unterstellt je zehn Mann dem Kommando eines Offiziers, ebenso je hundert, tausend und zehntausend. Es erhalten also je zehn von den Offizieren, die zehn Mann befehligen, ihre Befehle von dem Kommandeur der hundert, je zehn von diesen ihre Befehle von dem Kommandeur der tausend, und je zehn von den letzten ihre Befehle von dem Kommandeur der zehntausend Mann. Durch diese Anordnung hat jeder Offizier sich nur mit der Führung von zehn Mann oder von zehn Soldatengruppen zu befassen. Hat also der Befehlshaber dieser hunderttausend Mann eine Abteilung für einen bestimmten Einsatz zu bestimmen, erteilt er den Kommandeuren von zehntausend Mann Befehl, ihm je tausend Mann abzustellen. Diese Kommandeure erteilen ihn ebenso den Kommandeuren von tausend, diese geben ihn weiter an die von hundert, bis der Befehl die Kommandeure von zehn Mann erreicht, von denen die gewünschte Soldatenzahl sofort ihren übergeordneten Offizieren zur Verfügung gestellt wird. Auf diese Art werden jedem Kommandeur von tausend Mann hundert Soldaten und jedem Kommandeur von zehntausend Mann tausend Soldaten übergeben. Die Abstellung erfolgt unverzüglich, und alle unterstehen automatisch ihren jeweiligen Vorgesetzten. Eine Kompanie von hundert Mann heißt *tuc*, und deren zehn bilden ein *toman*. Wenn das Heer auf dem Marsch ist, wird eine Abteilung zwei Tagesmärsche weit voraus geschickt, und es werden an beiden Flanken und im Rücken Kommandos erteilt, um Überraschungsangriffen vorzubeugen. Ist die Versorgungstruppe weit entfernt, tragen die Männer nur wenig mit sich, hauptsächlich das für ihr Lager unbedingt Notwendige und Küchengeräte. Sie ernähren sich, wie gesagt, größtenteils von Milch. Jeder Mann hat durchschnittlich achtzehn Pferde und Stuten, und wenn sein Reittier müde ist, besteigt er ein anderes. Die Soldaten sind zum Schutz gegen Regen mit kleinen Filzzelten ausgestattet. Sie können, falls die Umstände es erfordern, bei einem Dienst, der zur Eile zwingt, zehn Tage lang reiten, ohne Speisen zuzubereiten. In dieser Zeit nähren sie sich von dem ihren Pferden abgezapften Blut, wobei jeder Mann seine eigenen Tiere zur Ader läßt. Sie bereiten sich auch eine Speise aus Milch, die sie eindicken und zu einer harten Paste (Quark) erstarren und trocknen lassen. Dazu kochen sie die Milch, schöpfen den fetten und cremeartigen Teil, der an die Oberfläche steigt, ab und tun ihn als Butter in ein gesondertes Gefäß; denn so lange dieser in der Milch bleibt, wird die Paste nicht hart. Diese wird dann der Sonne ausgesetzt, bis sie trocknet. Jeder Mann führt im Dienst etwa zehn Pfund davon mit sich, und davon wird jeden Morgen ein halbes Pfund zusammen mit der erforderlichen Menge Wasser in eine Lederflasche oder eine kleine *outre* (Schlauch) getan. Durch die Bewegung beim Reiten wird der Inhalt heftig durchgeschüttelt und es bildet sich ein dünner Brei, den sie als Mahlzeit zu sich nehmen. Liefern die Tataren ein Gefecht, werden sie nie mit dem Feind handgemein, sondern umschwärmen ihn in der Nähe, schießen ihre Pfeile von der einen und dann von der anderen Seite ab, täuschen bisweilen eine Flucht vor und schießen dabei rückwärts auf ihre Verfolger, töten Menschen und Pferde, als kämpften sie Front gegen Front. Bei dieser Art der Kriegsführung vermeint der Gegner gesiegt zu haben, während er tatsächlich den Kampf verloren hat. Denn die Tataren achten aufmerksam auf den Schaden, den sie ihm zugefügt haben, machen kehrt, greifen erneut an, überwältigen die restlichen Truppen trotz deren äußersten Anstrengungen und nehmen sie gefangen. Ihre Pferde sind so gut auf raschen Richtungswechsel dressiert, daß sie auf ein Signal in jede gewünschte Richtung abschwenken. Durch diese plötzlichen Manöver wurden viele Siege errungen. Bei all dem, was ich hier berichte, spreche ich von dem ehemaligen Verhalten der Tatarenfürsten; heute jedoch sind sie sehr heruntergekommen. Jene, die in Ukaka wohnen, haben ihren eigenen Gesetzen entsagt und die Bräuche der Menschen angenommen, die Götzen verehren, und die Bewohner der östlichen Provinzen haben sich die Sitten der Sarazenen zu eigen gemacht.

Marco Polo, *Voyages,*
Genua 1299

DIE REAKTION DES WESTENS

Europäische Schriftsteller des späten Mittelalters nennen die Mongolen gewöhnlich Tartaren oder Tataren. Marco Polo sah sie am Ende des Mongolenjahrhunderts auf der Höhe ihres Wohlstands, unmittelbar vor ihrem Niedergang, als Herren von Cathay. Carpini sah sie vor Mitte des Jahrhunderts, als sie sich nach Westen wandten, eine Macht, die nach Ansicht der europäischen Herrscher gerade noch gezügelt und bei geschickter Handhabung als Gegengewicht zur Macht der mohammedanischen Sarazenen gebraucht werden konnten, deren Stärke letzten Endes auf den Reitern der Wüste, nicht der Steppe, beruhte.

Daß sie schließlich die ausdrückliche Absicht Dschingis-Khans, »die ganze Welt zu unterwerfen«, nicht verwirklichen konnten, wird durch die Bemerkung des chinesischen Generals Yeh-lu T'su T'sai erklärt, der im Augenblick ihres Triumphes, als sie die Große Mauer durchbrochen hatten, zu ihnen desertierte. Er wurde für mehrere aufeinanderfolgende Groß-Chans ein wertvoller technischer Berater. Er sagte: »Das Reich wurde zu Pferde erobert, aber man kann nicht zu Pferde regieren.« Die durch das Dezimalsystem, auf Grundlage

82. Dschingis Khan erklärt von der Kanzel der Moschee den Einwohnern des eroberten Buchara, daß er von Gott gesandt worden sei, um sie zu bestrafen. Persische Miniatur. 1397/98 n. Chr.

83. Berittener mongolischer Bogenschütze, Zeichnung in Chinatusche und Farbe aus der Zeit der Ming Dynastie (1368–1644). Im Vergleich zu Bild 68 mit dem parthischen Bogenschützen ist dieses Pferd abschreckend häßlich.

84. Zur Zeit des reisenden Geschichtsschreibers Jean Froissart im 15. Jh. war der Zweikampf gepanzerter Herren zu Pferd schon weniger eine Form der Kriegsführung als ein öffentliches Schauspiel. Obwohl der Kettenpanzer besser gehärtet war denn je und die Plattenpanzer sich durchgesetzt hatten, waren beide kein sicherer Schutz gegen die besten westlichen Schleuderwaffen. Man suchte lieber ein Gebiet, auf dem ausschließlich *à l'arme blanche,* mit blanker Waffe, gefochten wurde und wo jeder die Spielregeln einhielt; schließlich lohnte sich der Preis. Es entwickelte sich der halbprofessionelle Turnierkämpfer. Um aus gewonnenen Waffen, Ausrüstungen und Pferden sein ritterliches Leben zu bestreiten, mußte er während der Saison dauernd umherreisen, wie es unsere modernen Ritter von der Sprungbahn tun, um kein einziges der lohnenderen Turniere zu versäumen. Vor allem aber konnte man vielleicht in den Schranken die Gunst eines mächtigen Herrschers gewinnen, der ein Kenner der ritterlichen Technik war, oder noch besser, einer schönen Dame ins Auge fallen, die über eine reiche Erbschaft verfügte. (»Das Turnier von St. Inglevert«, aus der Chronik des Froissart.)

mieulx advisee et si remerchies
de vostre delivrance monseigneur
de bourbon et monseigneur de
coucy car ilz ont moult fort en
tendu pour vous. Et aussi la
contesse de saint pol car la bon
ne dame sen est moult grande
ment acquittie de vous aydier.
¶ Le seigneur de clary re
spondy en telle maniere et dist
Grans mercis a messeigneurs
mais je cuidoie avoir bien fait.

18
Entrada de
Cortes En Me
xico. Por la Cal
sada de S. Anto
nio Abad,
18

85. Rekonstruktion der Konquistadoren und ihres Hauptwerkzeugs in der psychologischen Kriegführung – des Pferdes –, aus dem späten 17. Jh. Der Aztekenkaiser Montezuma reiste in einer von Männern getragenen Sänfte. Bei den amerikanischen Indianern, die außer dem Hund kein Zugtier besaßen, war die Technik des Sänftentragens sehr hoch ausgebildet.

dessen ihre Heere in Einzelheiten unterteilt waren und das Kommando nach unten übertragen wurde, illustrierte Leistungsfähigkeit seiner Organisation hing in ihrer Einfachheit von dem Umstand ab, daß von der Führung auf jeder Ebene nur eine begrenzte Vielfalt von Problemen zu entscheiden war. Die beiden folgenden Auszüge zeigen, wie die Versorgungsprobleme für ein ständig in Bewegung befindliches Kriegsheer automatisch gelöst wurden, immer vorausgesetzt, daß das Verhältnis von Viehbestand zur Zahl der Menschen in der »Horde« ungefähr mit zwanzig zu eins beibehalten wurde. Das logistische System setzte unbeschränkte Versorgung mit Weideplätzen und Wasser voraus. Fiel diese aus, so gab es das traditionelle Mittel: Man zog einfach weiter. In Situationen, in denen das nicht möglich war, wußte sich der Nomadenfürst nicht zu helfen. Es waren nicht die von Carpini als Mittel gegen die Militärmacht der Mongolen vorgeschlagenen Maßnahmen, die zu deren Vertreibung aus Europa führten. Sie wären es auch nicht gewesen, wenn sie weitgehend und wirkungsvoll angewandt worden wären, sondern einfach die Unfähigkeit der mongolischen Denkungsweise, sich den Bedingungen einer seßhaften Lebensweise in einem relativ dicht besiedelten Gebiet anzupassen.

Alle Reiche der Reiter-Nomaden schwanden dahin oder zogen sich, wie im Fall der Türken, in die relativ engen Grenzen Kleinasiens zurück, nicht etwa infolge von »Dekadenz« (was immer das heißen mag), sondern weil die Weiden mit der Pferdesterbe verseucht wurden und weil es keinen Platz zum Umherreiten mehr gab.

WIE MAN GEGEN DIE TATAREN KRIEG FÜHRT

Es ist die Absicht der Tataren, womöglich die ganze Welt zu unterwerfen, und … sie haben einen diesbezüglichen Befehl von Dschingis-Khan erhalten … Da es auf Erden kein Land gibt, das sie fürchten, außer der christlichen Welt, bereiten sie sich für den Krieg gegen uns vor. Darum soll jedermann erfahren, daß wir, als wir im Land der Tataren waren, einer feierlichen Versammlung beiwohnten, die schon einige Jahre zuvor angekündigt worden war und bei der in unserer Anwesenheit Cuyuc zum Kaiser, oder wie es in ihrer Sprache heißt, zum Chan gewählt wurde. Der besagte Cuyuc Chan hißte im Einvernehmen mit allen Fürsten das Banner zum Krieg gegen die Kirche Gottes und das Römische Reich und gegen alle christlichen Königreiche und Völker des Westens, falls sie nicht die Weisungen ausführten, die er dem Papst, den Herrschern und den christlichen Völkern des Westens übermitteln ließ.
Meiner Ansicht nach sollten diese Weisungen keinesfalls befolgt werden, erstens wegen der äußersten, ja untragbaren, bis dato unerhörten Knechtschaft, zu der sie alle Völker zwingen, die sie besiegen und die wir mit unseren eigenen Augen gesehen haben. Zweitens weil sie nicht vertrauenswürdig sind und sich kein Volk auf ihr Wort verlassen darf – sie brechen alle Versprechungen, die sie machen, sobald sie merken, daß sich das Blatt zu ihren Gunsten wendet, und sie sind voll Hinterlist bei all ihren Taten und Zusagen. Es ist, wie gesagt, ihr Ziel, alle Fürsten, Adeligen, Ritter und Menschen edler Geburt von der Erde zu tilgen, und das tun sie auf schlaue und geschickte Art mit den Menschen, die in ihrer Gewalt sind. Drittens weil es angesichts der Greuel, die sie begehen, ungehörig ist, daß Christen ihnen unterworfen sein sollten, ungehörig, daß sie sehen müßten, wie der Gottesdienst zunichte gemacht wird, wie Seelen verderben und Körper auf vielerlei Weise unglaublich gepeinigt werden. Denn zuerst sagen die Tataren schöne Worte, doch nachher stechen und verletzen sie wie Skorpione; und schließlich weil sie weniger zahlreich und körperlich schwächer als die christlichen Völker sind.

Bei der oben erwähnten Versammlung erhielten die Soldaten und Anführer des Heeres ihre Instruktionen. Aus jedem von ihnen beherrschten Land wurden von zehn Männern drei mit ihren Dienern zum Heer angefordert. Eine Armee soll durch Ungarn, eine zweite durch Polen marschieren, wurde uns gesagt. Sie werden auf einen ununterbrochenen Krieg für die Dauer von achtzehn Jahren gefaßt sein, und die Zeit für ihren Abmarsch wurde ihnen bereits vorgeschrieben. Im vorigen März trafen wir auf eine aus Tataren gebildete Armee aus allen Gebieten, durch die wir nach Verlassen Rußlands gereist waren. Sie werden in drei oder vier Jahren Kumanien erreichen. Von dort werden sie die oben genannten Länder angreifen; ich weiß nur nicht, ob sie gleich nach dem dritten Winter kommen oder noch eine Weile abwarten werden, das gäbe ihnen eine bessere Chance für einen unerwarteten Überfall.

All das ist ganz sicher und steht fest, es wäre denn, daß Gott in seiner Gnade ihnen ein Hindernis in den Weg legt, wie er es tat, als sie nach Ungarn und Polen einfielen. Damals planten sie, den Kampf dreißig Jahre lang fortzusetzen, aber ihr Kaiser wurde vergiftet, und deshalb haben sie bis heute nicht gekämpft. Da nun aber ein neuer Kaiser eingesetzt wurde, beginnen sie wieder zum Streit zu rüsten. Man sollte wissen, daß der Kaiser selbst gesagt hat, er wolle eine Armee nach Livland und Preußen schicken. Da es das Ziel der Tataren ist, die ganze Welt zu besiegen und die Menschen zu Sklaven zu machen - eine, wie bereits gesagt, für Menschen unserer Rasse unerträgliche Knechtschaft -, muß man ihnen auf dem Schlachtfeld begegnen ...

Wer gegen die Tataren kämpfen will, muß über folgende Waffen verfügen: gute Bogen, Armbrüste, vor denen sie große Angst haben, eine ausreichende Menge von Pfeilen, eine handliche Axt aus starkem Eisen oder eine Streitaxt mit langem Griff. Die Pfeilspitzen für Bogen wie für die Armbrust sollten nach tatarischer Art in glühendem Zustand in Salzwasser gehärtet werden, damit sie einen Tatarenpanzer zu durchschlagen vermögen. Auch muß man Schwerter und Lanzen mit Widerhaken haben, um die Tataren aus dem Sattel zu reißen; denn sie fallen sehr leicht herunter; außerdem Dolche sowie Panzer von doppelter Dicke, da diese von den Tatarenpfeilen nicht leicht durchbohrt werden können; weiter einen Helm, eine Rüstung und sonstigen Schutz für den Körper und die Pferde gegen Waffen und Pfeile. Weniger gut bewaffnete Soldaten sollten es den Tataren nachmachen, hinter den anderen zurückbleiben und den Feind mit ihren Bogen und Armbrüsten beschießen. Man darf beim Kauf von Waffen nicht knausern, wo es um die Verteidigung von Leib und Seele, Freiheit und anderem Besitz geht.

Das Heer sollte auf die gleiche Art organisiert sein wie das Tatarenheer, d. h. unter Hauptleuten für tausend, für hundert, für zehn Mann und den Anführern des Heers. Diese dürfen unter keinen Umständen am Kampf teilnehmen - wie es auch die Tatarenführer nicht tun -, sondern sie müssen das Heer beobachten und leiten. Sie müssen die Vorschrift erlassen, wonach alle Soldaten zusammen zur Schlacht oder sonst irgendwohin in der festgesetzten Ordnung marschieren. Wer auf dem Marsch in die Schlacht oder beim Kampf einen anderen verläßt oder als einzelner die Flucht ergreift, muß einer schweren Strafe gewärtig sein. Denn wenn das geschähe, würde ein Teil der Tatarentruppen die Fliehenden verfolgen und sie mit ihren Pfeilen töten, während der Rest mit den auf dem Schlachtfeld verbliebenen kämpfen würde, so daß sowohl die Zurückbleibenden als auch die Flüchtenden in Verwirrung geraten und niedergemacht würden. Ferner muß jeder besonders schwer bestraft werden, der zu plündern beginnt, bevor das feindliche Heer völlig in die Flucht geschlagen ist. Bei den Tataren wird so ein Mann erbarmungslos mit dem Tod bestraft. Die Anführer der Armee sollen das Schlachtfeld auswählen, möglichst eine ebene Fläche, die sie völlig übersehen können, und sie sollten hinter sich oder an der Flanke womöglich einen großen Wald haben, der jedoch so gelegen sein muß, daß die Tataren nicht zwischen sie und ihn kommen können. Das Heer sollte nicht zu einem einzigen Truppenkörper zusammengezogen werden, sondern es sollten mehrere Linien gebildet werden, die von einander getrennt, jedoch nicht zu weit entfernt sein sollten. Eine Linie soll der ersten Angriffsreihe der Tataren entgegengestellt werden; falls die Tataren eine Flucht vortäuschen, darf man sie nicht sehr weit verfolgen, jedenfalls nicht weiter, als man sehen kann. Dies zur Vorsicht für den Fall, daß die Tataren den Gegner zu einem vorbereiteten Hinterhalt führen, was sie häufig tun. Und man muß eine zweite Kampflinie als Hilfe für die erste in Bereitschaft halten, wenn die Umstände es erfordern ...

Die Anführer des Heeres sollten stets bereit sein, den Kämpfenden Hilfe zu schicken, wenn sie gebraucht wird. Ein weiterer Grund dafür, die Tataren nicht allzulang zu verfolgen, ist die Notwendigkeit, die Pferde nicht zu ermüden; denn wir verfügen nicht über so viele Tiere wie sie. Die Tataren besteigen das Pferd, das sie an einem Tag reiten, die nächsten drei oder vier Tage nicht, daher macht es ihnen nichts aus, das Tier zu ermüden. Unsere Leute dürfen sich, auch wenn die Tataren sich zurückziehen, nicht voneinander trennen, denn die Tataren täuschen einen Rückzug vor, um das Heer zu veranlassen, sich zu teilen, so daß sie nachher ohne jede Behinderung zurückkommen und das ganze Land vernichten können. Die Christen sollten sich auch hüten vor ihrer gewohnten Neigung zu übertriebenem Aufwand, sonst müßten sie aus Geldmangel nach Hause zurück; die Tataren würden dann die ganze Erde verwüsten, und der Name Gottes würde infolge dieser Verschwendung geschmäht werden. Wenn es vorkommt, daß kämpfende Männer nach Hause zurückkehren, müssen sie dafür sorgen, daß andere ihre Stelle einnehmen.

Unsere Anführer sollten es auch so einrichten, daß unser Heer Tag und Nacht bewacht wird, damit die Tataren es nicht plötzlich und unerwartet überfallen können, denn sie ersinnen teuflische Pläne, um Schaden anzurichten. Unsere Leute sollten nachts ebenso auf der Hut sein wie tagsüber; sie dürfen sich nie ausziehen, um sich hinzulegen, oder sich bei Tisch vergnügen, damit sie nicht überrascht werden können, denn die Tataren sind ständig auf der Lauer, um dem Gegner zu schaden. Die Einwohner eines Landes, die ahnen und befürchten, daß ein Angriff der Tataren gegen sie bevorsteht, sollten geheime Gruben vorbereiten, in denen sie ihr Getreide sowie anderes verwahren können, und zwar aus zwei Gründen: damit den Tataren nichts in die Hände fällt und auch damit sie selbst, falls Gott ihnen die Gunst erweist, nachher alles wieder finden können. Wenn sie

86. In Shunsos »Junger Krieger versucht seinen alternden Vater am Ritt in die Schlacht zu hindern« zeigt sich eine typisch romantische Äußerung der ungestümen und merkwürdigen Art von Rittertum, das am anderen Ende der Welt entstand, als die japanische Kriegerklasse an der Reitkunst Gefallen fand.

aus dem Land fliehen müssen, sollten sie das Heu und Stroh verbrennen oder an einem sicheren Ort verstecken, damit die Pferde der Tataren weniger Futter finden.

Wenn sie ihre Städte und Festungen befestigen wollen, sollen sie sie zuerst vom Standpunkt der Lage aus prüfen, denn befestigte Plätze müssen so gelegen sein, daß sie nicht durch Wurfmaschinen und Pfeile erobert werden können; sie müssen gut mit Wasser und Holz versorgt sein und womöglich sollte man ihnen den Ein- und Ausgang nicht behindern können; auch sollten sie genügend Einwohner haben, damit diese abwechselnd kämpfen können. Sie müssen sorgfältig zu verhindern bemüht sein, daß die Tataren die Festung durch Schlauheit, mit Hilfe einer List einnehmen. Sie müssen genügend Vorräte für mehrere Jahre haben und damit maßhalten, denn sie wissen nicht, wie lange sie in der Festung eingeschlossen bleiben müssen. Wenn die Tataren einmal eine Belagerung beginnen, so dauert sie viele Jahre. So belagern sie zum Beispiel schon seit zwölf Jahren einen Berg im Land der Alanen, dessen Bewohner sich mannhaft verteidigen und viele Tataren und Anführer getötet haben.

Andere Festungen und Städte, welche nicht den Vorteil der oben angeführten Lage haben, müssen durch tiefe, gemauerte Gräben und gutgebaute Mauern befestigt sein und sollten über einen großen Vorrat an Bogen und Pfeilen sowie Schlingen und Steinen verfügen. Man muß sehr darauf achten, die Tataren ihre Wurfmaschinen nicht in Position bringen zu lassen, und sollte sie mit den eigenen Maschinen vertreiben. Falls es den Tataren durch Schlauheit und List gelingt, ihre Wurfmaschinen aufzustellen, müssen die Einwohner sie womöglich mit den eigenen Maschinen zerstören; sie sollten auch Armbrüste, Schlingen und Wurfmaschinen gegen sie verwenden, um zu verhindern, daß sie nahe an die Stadt herankommen. Im übrigen müssen sie, wie bereits beschrieben, vorbereitet sein. Was Festungen und Städte anlangt, die an Flüssen liegen, sollten sie darauf achten, daß sie nicht eines Tages durch Überschwemmung zur Flucht gezwungen werden. In dieser Hinsicht ist zu bemerken, daß die Tataren es viel lieber sehen, wenn ihre Gegner sich in ihren Städten und Festungen verschanzen, als wenn diese auf freiem Feld gegen sie kämpfen; denn dann sagen die Tataren, sie hätten ihre Schweinchen in ihrem Stall eingeschlossen, und so stellen sie Leute auf, die sich um sie kümmern, wie ich oben bereits erwähnte.

Wenn Tataren in der Schlacht vom Pferd geworfen werden, muß man sie sofort gefangennehmen, denn sie schießen energisch vom Erdboden aus ihre Pfeile ab und verwunden und töten Männer und Pferde. Als Gefangene kann man durch sie zu einem ständigen Frieden gelangen oder eine beträchtliche Zahlung für ihre Freilassung erzielen, denn sie hängen sehr aneinander. Ich habe an anderer Stelle eine Beschreibung ihres Äußeren gegeben und gesagt, wie man die Tataren erkennen kann. Wenn sie gefangengenommen werden, muß man sie streng bewachen, um sie an der Flucht zu hindern. Es gibt unter ihnen viele Männer aus anderen Nationen, die man mit Hilfe der obigen Beschreibung von ihnen unterscheiden kann. Wichtig ist es zu wissen, daß es im Tatarenheer viele Männer gibt, die, wenn sie die Gelegenheit dazu hätten und sich darauf verlassen könnten, daß unsere Leute sie nicht töten, in jeder Abteilung unseres Heeres gegen die Tataren kämpfen würden – das sagten sie uns selbst –, und sie würden ihnen mehr zuleide tun als ihre erklärten Feinde.

Johann de Plano Carpini, *Geschichte der Mongolen und Reisebericht 1245–1247.* Deutsch v. F. Risch, 1930

87. Ausschnitt aus Dürers »Anbetung der Könige« mit einer ziemlich realistischen Darstellung eines berittenen türkischen Bogenschützen.

5. Ritual und Religion

SO BEGRABEN SIE IHRE KÖNIGE

Spätestens von der Jungsteinzeit an scheint das Pferd von Indien bis Skandinavien als das mit der obersten Gottheit, der Sonne, am engsten verbundene Tier und als wichtiges Fruchtbarkeitssymbol eine besondere religiöse Bedeutung gehabt zu haben. Wir sahen es bereits in religiösem Zusammenhang bei den Beschreibungen griechischer und römischer Wagenrennen. In der antiken Welt waren Pferdeopfer bei den Griechen und Römern ebenso wie bei den Steppennomaden allgemein üblich. Der weitaus beste Bericht, den wir über die Skythen und andere verwandte Reiternomaden haben, stammt von Herodot.

Zahlreiche seit den Tagen Peters des Großen auf der Suche nach Schätzen systematisch geplünderte und später im Interesse der Prähistorie mit großer Sorgfalt ausgegrabene skythische Grabstätten im gesamten Gebiet der Krim und der Ukraine bestätigen alles, was Herodot über die Rolle des Pferdes bei Leichenbestattungen zu sagen weiß. Der Fluß Borysthenes ist der Dnjepr.

❋Die Gräber der Könige befinden sich im Land der Gerrher; bis dahin ist der Borysthenes schiffbar. Ist der König gestorben, graben sie dort eine große, viereckige Grube. Die Leiche wird mit Wachs überzogen, die Bauchhöhle geöffnet und gesäubert, mit zerstoßenen Zypressenzapfen, Weihrauch, Petersilien- und Anissamen gefüllt, wieder zugenäht und in einem Wagen zu einem anderen Stamm gebracht. Die Leute, zu denen die Leiche gebracht wird, tun das gleiche wie die königlichen Skythen: Sie schneiden sich ein Stück vom Ohr und das Haar ab, verwunden sich am Arm, ritzen sich Stirn und Nase und stechen sich einen Pfeil in die linke Hand. Dann bringen sie die Königsleiche zu einem anderen Stamm, der ihnen unterworfen ist. Dabei werden sie von den Leuten, die sie zuerst aufgesucht hatten, begleitet. Wenn sie mit der Leiche die Runde bei allen Stämmen ge-

88. Wagengrab aus Mykenae, eine in der Bronze- und frühen Eisenzeit sehr weit verbreitete und übereinstimmende Art von Gräbern. In der späteren La-Tène-Zeit enthalten die Gräber oft keine Pferde, obwohl das vollständige, manchmal teilweise zerlegte Fahrzeug vorhanden ist. Einige der schönsten Beispiele in Europa findet man im Donaugebiet und in Böhmen. Anscheinend wurden die Pferde nicht aus Ersparnisgründen weggelassen, denn manche pferdelose Wagengräber enthalten sehr wertvolle Grabgeschenke.

macht haben, kommen sie zu den Gerrhern, die in der am weitesten entfernten Provinz ihres Reichs wohnen, und zu den Gräbern. Dort legen sie die Leiche auf einer Unterlage von Blättern in das Grab, stecken zu beiden Seiten des Toten Lanzen in die Erde, legen Reisig auf ihn und bedecken ihn mit Strohmatten. Dann erwürgen sie eines der Kebsweiber des Königs, seinen Mundschenk, einen Koch, einen Reitknecht, einen Boten und Pferde, und legen sie zusammen mit allerlei Erstlingsopfern und goldenen Bechern in den restlichen Raum des Grabs. Silber oder Messing verwenden sie nicht. Zum Schluß schütten sie einen hohen Grabhügel auf und bemühen sich um die Wette, ihn möglichst groß zu machen.

Nach Verlauf eines Jahres tun sie folgendes: Sie wählen die geschicktesten unter den Dienern des Königs, alles Skythen; denn die müssen ihm auf seinen Befehl dienen, da es keine mit Geld gekauften Sklaven gibt. Nachdem sie fünfzig dieser Diener sowie fünfzig der schönsten Pferde erwürgt, sie ausgeweidet, gesäubert und mit Häcksel gefüllt haben, nähen sie sie wieder zu. Dann stellen sie ein halbes Rad mit der konkaven Seite nach oben auf zwei Holzstangen und dahinter die zweite Hälfte auf zwei andere und befestigen viele auf diese Weise. Sie stoßen der Länge nach dicke Stangen bis zum Hals durch die Pferde und befestigen sie auf den Radhälften, so daß der vordere Teil der Radhälften die Pferdeschultern und der hintere Teil den Bauch bei den Schenkeln trägt, während die Beine zu beiden Seiten in der Luft hängen. Nun legen sie den Pferden Zügel und Gebiß an, ziehen den Zügel nach vorn und befestigen ihn an einen Pflock. Auf jedes Pferd setzen sie einen der erwürgten jungen Leute, die sie befestigen, indem sie sie mit einer geraden Stange längs des Rückgrats bis zum Hals durchbohren. Von der Stange muß jedoch ein Stück unten hervorragen – das sie in ein in die andere Stange, die durch das Pferd läuft, gebohrtes Loch einführen. Nachdem sie diese Reiter rund um das Grabmal aufgestellt haben, entfernen sie sich.

So begraben sie ihre Könige. Wenn aber andere Skythen

89. Kultobjekt aus vergoldeter Bronze aus Trundholm in Dänemark, bekannt als »der Sonnenwagen«. Das den Sonnenwagen über den Himmel ziehende heilige Pferd ist nur sehr schematisch dargestellt; die Räder sind nicht als Teil des Wagens gedacht, in dem die Sonne sitzt, sondern sie gehören zu den Statuettengruppen eines Kultwagens in Spielzeuggröße, der religiöse Bedeutung hatte und von Spanien bis zum Oxustal für das Ritual der Eisenzeit charakteristisch ist. In allen diesen Kultwagen figuriert das Pferd auf die eine oder andere Weise. Das vierspeichige Rad ist keine Stilisierung; es beruht auf einer tatsächlichen, wenngleich sehr archaischen Methode des Radbaus, die auf skandinavischen Felszeichnungen und griechischen Vasenmalereien oft zu sehen ist.

90. Rätselhaftes piktisches Bildwerk aus dem frühmittelalterlichen Schottland. Es enthält in der Mitte der ganzen Komposition ein christliches Symbol, das jedoch von anderen, eher heidnischen Themen umgeben ist, wie Drachenköpfen, stilisierten Seeungeheuern, gebrochenen Pfeilen, Halbmonden und Spiegeln, die zusammengenommen als Code für den Rang und die Familienverbindungen des Verstorbenen gedeutet wurden. Die beinahe einzige eindeutige Aussage in dieser Zeichensprache bedeutet, daß dies das Grab eines Hufschmieds ist, dessen Werkzeuge im unteren Teil gezeigt werden. Zwischen ihnen und den vermutlich priesterlichen sitzenden Gestalten darüber befindet sich anscheinend ein Reiterportrait des Verstorbenen; in anderen piktischen Bildwerken erscheint jedoch das Pferd reiterlos und ohne Sattel und Geschirr, wahrscheinlich als religiöses Symbol, das nicht unbedingt christlich ist.

sterben, werden sie von ihren nächsten Verwandten auf einem Wagen der Reihe nach zu ihren Freunden gefahren, die sie alle gastlich aufnehmen und bewirten. Dem Toten wird dabei das gleiche aufgetischt wie den übrigen Gästen. Der einfache Mann wird auf diese Weise vierzig Tage lang umhergeführt und dann begraben.

Herodot, *Melpomene IV*

Die in diesem Text erwähnten »Wagen« haben mit jenen des Mittelmeerraums wenig gemein. Sie glichen eher den Wohnwagen der Zigeuner, waren aber leichter gebaut. Der Kasten bestand aus Weidenholzreifen und war mit Filz überzogen. Das waren die ständigen Behausungen der Skythen zu Herodots Zeiten. Die Begräbnisstätten zeigen jedoch in ihrer Anlage ein Zurückgreifen auf die Zeit, bevor dieses Volk das Wanderleben aufnahm und in so großem Umfang Pferde züchtete. Die »große viereckige Grube« ist den russischen Archäologen vertraut. Sie war mit fachmännisch zusammengefügten Planken ausgekleidet und stellte so unter der Erdoberfläche ein stattliches Holzhaus dar. Auf diese Art hatten sie einst die Vorfahren der Skythen beherbergt.

Neben ihren harten und mörderischen Bräuchen hatten die Skythen auf verschiedenen Gebieten einen hoch entwickelten Kunststil. Er wurde jedoch durch die Erfordernisse des Lebens zu Pferd stark beeinflußt. Es gab weder Keramik noch Glas, die beim Reiten zerschlagen worden wären. Alle Kunst war dekorativ, buchstäblich ein *art mobilier*, angewandt auf allerlei tragbare Objekte. Alles konnte in einem Wagen mit einem Fassungsraum von dreieinhalb Kubikmeter verstaut oder an einem Sattel festgebunden werden. Die Skythen scheinen zum Beispiel den »Perser«teppich erfunden zu haben. Dessen ältestes noch bestehendes Exemplar war vor dem Jahre 430 v. Chr. hergestellt und in einem Grab – wie Herodot es zu beschreiben pflegt – weit entfernt »an der Rückseite des Nordwinds« im Altai-Gebirge von Westsibirien gefunden worden. Damals stellte man solche Teppiche auf völlig zerlegbaren, tragbaren Webstühlen her. Sogar heute noch werden die besten dieser Gewebe in den Grenzgebieten von Persien, Afghanistan und Beludschistan von Menschen mit den gleichen Nomadensitten gefertigt, welche »progressive« verwestlichte Regierungen unbedingt zu einer seßhaften Lebensweise zwingen wollen. Sollte diese Politik Erfolg haben, so sterben die Künste der pferdezüchtenden Nomaden aus.

91. So lange Schutzheilige für Länder in Mode waren, war der Heilige Georg der weitaus beliebteste; er war Schutzpatron von einem halben Dutzend Ländern, die sich dadurch nicht abhalten ließen, gegeneinander Krieg zu führen. Nach der offiziellen Heiligengeschichte ist der Heilige Georg mit einem römischen Soldaten historisch identisch, der im zweiten Jahrhundert in einer in Kappadozien (Kleinasien) stationierten, unbekannten Einheit diente. In Wirklichkeit ist er aus dem heidnischen Glauben übernommen worden, worauf die Ähnlichkeit seiner Heiligengeschichte mit jener mehrerer antiker Kulte von Ungeheuer tötenden, auf Pferden reitenden Göttern hinweist. Der bekannteste davon war der sogenannte thrazische Reitergott, dessen Verehrung im späten römischen Reich im östlichen Mittelmeer und sogar bis England verbreitet war. (»St. Georg und der Drachen«, 1430, von Bernardo Martorel.)

92. Als der Ritter noch militärische Bedeutung besaß, malten die Künstler den Heiligen Georg mit zeitgenössischer Rüstung, Waffen und Kleidung. So zeigt sich auf dem Fresko in der Kirche in Pickering in Yorkshire der Ritter bewaffnet und ausgerüstet wie etwa zur Zeit Heinrichs V. und reitet ein Pferd, wie es im königlichen Streitroßgestüt in Dalby Park bei Pickering gezüchtet worden sein mochte. Das ist eines der wenigen englischen Kirchenfresken, die die Reformation überlebten.

AUFTEILUNG DES ERBES

Im Griechenland Homers bildeten die Pferderennen einen wesentlichen Teil der Wettspiele bei Leichenfeiern. Wir besitzen jedoch nur in einem kleinen Land an der Südküste der Ostsee Aufzeichnungen darüber, daß durch ein solches Rennen über die Aufteilung und Erbschaft des Besitzes eines Verstorbenen entschieden wurde. Sie stammen aus dem Vorwort, das der angelsächsische König Alfred der Große im 9. Jh. zu seiner Übersetzung und geographischen Ergänzung der »Weltgeschichte« des Orosius schrieb. Die Information in der Einleitung zu diesem Buch war einem Gespräch norwegischer Handelsschiffer entnommen, die gewöhnlich die winterliche - für die Seefahrt ungeeignete - Jahreszeit am Hof des englischen Königs verbrachten. Alfreds Estland war viel größer als die heutige russische Provinz gleichen Namens. Es erstreckte sich viel weiter landeinwärts und bildete das Verbindungsglied, über das manche Bräuche und Techniken der Steppenreiter nach Skandinavien kamen, auch wenn nicht alle die Fahrt über die Ostsee überlebten. So hatten die Estländer zum Beispiel das bei den Mongolen und Tataren allgemein verbreitete Getränk *kumyß* - gegorene Stutenmilch - übernommen. Jenseits der Ostsee jedoch, bei den Schweden, hatte es keinen Erfolg. Erstens gab es zu wenig Stuten, und dann ist der Alkoholgehalt für den Geschmack der Skandinavier zu gering.

Estland ist sehr groß, es gibt dort viele Städte, und in jeder Stadt regiert ein König. Es gibt auch viel Honig und Fischerei. Der König und die reichsten Leute trinken Stutenmilch, die Armen und die Sklaven trinken Met. Es gibt sehr viel Streit unter ihnen, und bei den Esten wird kein Bier gebraut, aber es gibt genügend Met. Bei den Esten ist auch dieser Brauch üblich: Stirbt ein Mann, bleibt er einen, manchmal zwei Monate lang in seinem Haus mit seinen Verwandten und Freunden liegen, ohne verbrannt zu werden. Der König jedoch und andere Männer von hohem Rang bleiben, je reicher, desto länger, manchmal ein halbes Jahr unverbrannt und liegen unbegraben in ihren Häusern. Solange der Leichnam dort ist, müssen Trinkgelage und Spiele abgehalten werden bis zum Tag, an dem er verbrannt wird.

Wenn sie ihn dann zum Scheiterhaufen tragen wollen, teilen sie den Rest aus seinem Besitz nach den Trinkgelagen und den Spielen, je nach Größe in fünf oder sechs Teile, manchmal auch mehr. Darauf legen sie den größten Teil in einer Entfernung von einer Meile von der Stadt nieder, dann den zweiten, den dritten, bis sich alles innerhalb dieser Zone befindet. Der geringste Teil liegt der Stadt mit dem Toten am nächsten. Die Männer mit den schnellsten Pferden im Land werden dann in etwa fünf bis sechs Meilen Entfernung von den Anteilen versammelt und reiten zu den Erbteilen. Der Mann mit dem schnellsten Pferd erringt den ersten und größten Anteil, und so geht es weiter, bis alle Teile genommen sind. Wer zu dem der Stadt am nächsten liegenden Besitzteil reitet, bekommt den Rest. Und nun entfernt sich jeder mit seinem Anteil und darf ihn behalten. Darum sind dort schnelle Pferde ungewöhnlich teuer. Ist dann der ganze Besitz verteilt, trägt man den Verstorbenen hinaus und verbrennt ihn mit seinen Waffen und Kleidern. Wenn der Tote so lang im Haus liegt, wird meist sein ganzer Reichtum vertan; denn es würden ja nur Fremde die Teile der Erbschaft bekommen, die auf dem Weg von einer Meile ausgelegt werden.

Alfred d. Gr., *Orosius, Liber I*

EHELICHE VEREINIGUNG MIT DER GOTTHEIT

Bei den Kelten wurde die Erdgöttin manchmal als Stute dargestellt, und der König mußte in seiner heiligen Eigenschaft als aktives Werkzeug der Vermehrung den rituellen Akt der körperlichen Vereinigung mit ihr vollziehen. In der Bronzezeit scheint aber dieser Brauch auch außerhalb des keltischen Gebiets gepflegt worden zu sein. In Schweden gibt es Felsenzeichnungen, die diesen Akt oder dessen Vorspiel ganz unmißverständlich darstellen. Wir wissen nicht, wie lang dieser Akt in Irland, dem trotz seiner frühen Christianisierung letzten Bollwerk keltischer Rituale, weiterlebte. Uns ist auch nicht bekannt, ob alle Könige der heutigen irischen Provinzen den

93. Ein verhältnismäßig realistisches Bild des Heiligen Georg vom Standpunkt des praktischen Rittertums aus ist die Darstellung von Carpaccio. Hier sieht man den vom Ritter im wirklichen Leben beim Kampf im Augenblick des Zusammenstoßes eingenommenen Sitz, so wurde das Gewicht verteilt und so wurde die Lanze an der linken Seite des Pferdehalses geführt.

heiligen Befruchtungsakt der Erdgöttin als Stute vollzogen. Wir wissen nicht mit Bestimmtheit, ob auch ein anderer es tat oder nur der Hochkönig von Tara. Giraldus Cambrensis aus Barry, der normannisch-walisische Geistliche, der Ende des zwölften Jahrhunderts eine Rundreise durch Irland machte und nachher zur Information des Königs und der anglo-normannischen militärischen Führer einen Bericht, die *Topographia Hiberniae*, schrieb, war überzeugt, daß zu seiner Zeit diese Zeremonie noch vorgenommen wurde. Sein Kapitel XXV lautet:

ÜBER EINE NEUE UND UNGEHEUERLICHE ART DER KÖNIGSWEIHE

Es gibt Dinge, die zu berichten mein Schamgefühl mich hindern würde, wenn sie nicht für mein Thema erforderlich wären; denn eine schmutzige Geschichte scheint auf dem Autor einen Makel zu hinterlassen, wenngleich sie auch seine Fähigkeit enthüllen mag. Der Ernst der Geschichtsschreibung gestattet uns jedoch nicht, auf die Wahrheit zu verzichten oder Sittsamkeit vorzuschützen, und so sei, was schändlich ist, von reinen Lippen mit anständigen Worten berichtet. Es gibt also im nördlichen und entferntesten Teil von Ulster, nämlich in Kenel Cunil, einen Stamm, der bei Einsetzung seines Königs einen höchst barbarischen und abscheulichen Ritus vollzieht. Das ganze Volk versammelt sich auf einem Platz, in dessen Mitte eine Stute geführt wird, und der Mann, der nicht als Fürst, sondern als Untier, nicht als König, sondern als Verbrecher geweiht werden soll, kommt auf allen vieren vor das Volk und tut sich mit ebenso viel Unklugheit wie Schamlosigkeit als Tier kund. Dann wird die Stute sofort getötet, in Stücke geschnitten und gekocht; aus der Suppe bereitet man für den Mann ein Bad. In diesem sitzend ißt er von dem Fleisch, das man ihm bringt. Das Volk rundum nimmt auch an der Mahlzeit teil. Er muß auch von der Suppe trinken, in der er gebadet wird, ohne daß man davon etwas in ein Gefäß gibt, auch nicht mit der Hand, sondern er muß sie mit den Lippen schlürfen. Nach ordnungsgemäßer Vollendung dieser verworfenen Riten ist seine königliche Autorität und Herrschaft bestätigt.

(Kenel Cunil = Tirconell, heute die Grafschaft Donegal. Irische Altertumsforscher weisen den abstoßenden, hier von Giraldus wiedergegebenen Bericht von der Weihe der Könige dieses Gebiets entschieden zurück.)

Kein Wunder, daß sie ihn zurückweisen. Es waren zumeist Geistliche. Wir haben zu entscheiden, ob Giraldus die Erzählungen völlig verstand. Es bleibt zu prüfen, inwieweit er zum Narren gehalten wurde. Erstens waren sich viele seiner Gewährsleute klar, für welchen Zweck er seine Informationen sammelte, und das war nur einer der vielen Gründe, weshalb sie ihn vielleicht auf den Arm nahmen. Zweitens sprach er nicht irisch, und in den achtziger Jahren des zwölften Jahrhunderts waren

94. »Die vier Reiter der Apokalypse«. Fast die einzige Stelle im Neuen Testament, die einem Pferdemaler die Möglichkeit gibt, seinen Beitrag zur religiösen Kunst zu leisten, ist die Offenbarung des Johannes. Zahlreicher sind die Illustrationen in den Manuskripten des in weiten Kreisen gelesenen Kommentars zur Apokalypse von Beato de Labiena. Hier ist eine der frühesten aus dem Ende des ersten Jahrtausends. Da »er auf einem Schimmel saß« und einen Bogen trug, war es üblich, ihm orientalische (im Fall eines spanischen Künstlers unvermeidlich maurische) Züge zu verleihen, und dies geschieht hier einfach durch die Andeutung einer exotischen Kopfbedeckung (links oben). Der Krieger auf dem roten Pferd (rechts oben) wird wie ein europäischer Krieger etwa aus dem Jahre 1000 mit dem charakteristischen zweischneidigen Schwert, knielangem Halsberge und Kettenbeinkleidern dargestellt.

95. Acht Jahrhunderte später gehören William Blakes Reiter und Pferd zu den kraftvollsten Gestalten, die er jemals zeichnete, obwohl sie anatomisch unmöglich sind. (»Tod auf einem fahlen Roß«.)

in Ulster weder Englisch noch Walisisch oder normannisches Französisch verbreitete Sprachen. Höchstwahrscheinlich waren die Gewährsmänner irische Geistliche, die ihre Version in der internationalen Sprache der Gebildeten, Latein, verwendeten. Wenn jedoch ein lateinischer Satz von irischen Lippen gesprochen und von normannisch-walisischen Ohren aufgenommen wird, können viele feine Bedeutungsschattierungen und auch Verbalzeitformen falsch verstanden werden. Vermutlich schilderten die mündlichen Quellen das, »was zu geschehen pflegte«, nicht unbedingt aus der alten Zeit vor der Mission des Hl. Patrick, sondern aus den wirren Zeiten der Wikingereinfälle. Diese hatten über ein Jahrhundert früher geendet und für sie war in Irland wie in Britannien ein Rückfall ins Heidentum symptomatisch. Dabei wurden nicht nur da und dort skandinavische Kulte übernommen, sondern auch einheimische, die ihnen irgendwie ähnlich waren, wieder erweckt.

MYTHEN UND RITEN

Es gibt sogar in von Coventry weit entfernten Städten, wo die Legende lang genug weiterlebte, um aufgeschrieben zu werden, keinen Festzug in England, der ohne eine Darstellung der Lady Godiva vollständig wäre. Als Abschnitt der volkstümlichen Geschichte ist die Anekdote von der Frau des grausamen Grafen, der sagte, er werde seine ungerechten Steuern nur dann aufheben, wenn sie nackt durch die Straßen von Coventry reite, die wirkungsvollste Programmnummer und rangiert weit vor Alfred ganz oben in einer Gruppe mit Robin Hood. Und ebenso wie Robin ist auch Godiva eine mythologische und keine historische Gestalt. Nur wurde ihre Persönlichkeit auf die historische Godiva, Lady von Mercia, übertragen, die völlig authentische, in ganz prosaischen Dokumenten identifizierte und beschriebene Tante Herewards, des Wächters, der Gattin des Earl Leofric, der im wirklichen Leben keineswegs das von der Legende gezeichnete, habgierige Ungeheuer war. Die Erkärung muß in der heidnischen Tradition gesucht werden, entweder in den unteren Schichten des keltischen Mythos, etwa bei Epona, der Schutzgöttin der Pferde, oder auf der Ebene des angelsächsischen Heidentums mit seinen heiligen Schimmeln. Diese figurierten gleichermaßen in den Wappen von Braunschweig und Kent, noch wahrscheinlicher jedoch im Wiederaufleben des Heidentums, das die Wikingereinfälle nach England brachten.

Die historischen Gestalten Leofric und Godgifu (Godiva) gehörten trotz ihrer englischen Namen jenem gemischten anglo-dänischen Adel an, aus dem auch die zwei letzten vornormannischen Könige stammten. Obzwar Coventry westlich von der alten Grenze liegt, welche das englische vom dänischen Mercia trennte, so ist es ihr doch sehr nahe. Vor der Ausbreitung des Christentums gehörte es zu den religiösen Bräuchen in Skandinavien, daß alljährlich im Frühling das Bild einer Göttin oder ein diese darstellendes hübsches Mädchen auf einem geweihten Wagen oder im Damensattel auf einem gleichfalls geweihten Pferd, einem Schimmel oder Palomino, im Festzug umhergeführt wurde. Ihr Name war Freya (früher Nerthus). Zweifellos wurde die Legende, wie wir sie heute kennen, so zusammengebraut, daß sie in den Augen der Kirche eine Zeremonie, die das Volk nicht aufzugeben wünschte, ehrbar machte. Diese Erdgöttin wird als Mutter der Menschheit angesehen, und die Pluto-Persephone-Verwandtschaft von Leofric und Godiva dient als Hinweis auf den ursprünglichen Charakter des Gottes. In der Gestalt des bösen, geizigen und habsüchtigen Grafen vertritt er einen Eisriesen oder Winterkönig, der die Menschheit und alles Leben, das tierische wie das pflanzliche, bedroht. Freya dagegen ist abwechselnd Frühling, Sommer und Herbst.

Snorri Sturluson beschreibt in seiner Saga von Olaf Tryggvason (1000 n. Chr.) eingehend den Frühjahrsfestzug der Freya in ihrem Wagen, wie er damals in Schweden üblich war. Der Wagen wurde von Pferden gezogen.

Die Gestalt des *Peeping Tom* – des Schneiders, der die nackte Lady Godiva bei ihrem Ritt durch Coventry heimlich beobachtete –, läßt sich am besten aus einer früheren Schilderung der gleichen Zeremonie in Tacitus' *Germania*, etwa 100 n. Chr., erklären. Damals wurde der Wagen von Ochsen gezogen und nach der Zeremonie von Sklaven gewaschen. Sie wurden, ebenso wie jeder, der den geweihten Gegenstand berührte, später in einem »See« (wahrscheinlicher in einem Sumpf) als Opfer für die Göttin ertränkt.

Eine andere lateinische Geschichte aus dem zwölften Jahrhundert, die nicht von Vorgängen der damaligen Zeit, sondern von solchen unter der Regierung König Edgars handelt, weist eine starke und eingehende Ähnlichkeit zu Geralds, des Walisers, Geschichte über den irischen König auf, nur handelt es sich hier um eine westsächsische Königin. Sie ist in einen offensichtlichen heidnischen Brauch verwickelt, der nicht so sehr mit allgemeiner Fruchtbarkeit zu tun hat, sondern auf die besondere Förderung der Zucht durch geheimnisvolle Zauberei bei den Herden abzielt. Wir nennen sie heute *New Forest Ponies*, und sie waren damals, ebenso wie die Exmoor-Ponyherden bis zum 19. Jh., königliches Eigentum. Der folgende Auszug stammt aus Kapitel 56 des II. Buches der Chronik von Ely. Byrhnoth war Abt von Ely:

96. »Lady Godiva« von Marshall Claxton. Eine Illustration der Legende, die wahrscheinlich das Überbleibsel einer heidnischen Tradition ist.

97. Das Prozessionsfahrzeug war ein besonderer Zweig der Wagenmacherkunst. Während einige der Triumphwagen in dem Antwerpener *Ommegang* (gemalt im frühen 17. Jh. von Denis van Alsloot) einfach auf dem niederländischen Bauernwagen jener Zeit fußten, wie der zweite von links in der zweiten Reihe, wurden andere, auch die Räder, speziell nach einem Entwurf gebaut, der von den normalen Transportmitteln abwich. Am nächsten kommt diesem Modell vielleicht der heidnische Wagen, auf dem die Mysterienspielzyklen auf den Straßen von York, Chester u. a. aufgeführt wurden.

Der heilige Abt begab sich in Angelegenheiten der Kirche zum Hof des Königs (in Winchester); als er diesseits von Geldedune (heute nicht identifizierbar) durch den heutigen *New Forest* reiste, suchte er angeblich einen abgelegenen Platz, um einem natürlichen Bedürfnis Genüge zu tun. Als sittsamer und ordentlicher Mensch war er darauf bedacht, sich nach allen Seiten umzusehen. Dabei überraschte er die Königin Aelkthyrth unter einem Baum, die sich mit der Zubereitung von Zaubertränken befaßte (sie wollte nämlich, durch ihre Laune und Zauberkunst in ein Pferd verwandelt, den Zuschauern nicht als Frau, sondern als Pferd erscheinen, um ihre unbezähmbare sinnliche Lust befriedigen zu können). Jetzt lief und sprang sie mit den Pferden hin und her und bot sich ihnen schamlos dar; so brachte sie, unbekümmert um Gottesfurcht und Königswürde, Schimpf und Schande über ihren Ruf.

Nicht ohne Scham und große Furcht beklagte sie es, bei solchem Tun gesehen worden zu sein. Sie war, wie gesagt, sehr erfahren in allerhand Ränken. Der Mann Gottes war jedoch sehr verwirrt über solche Dinge und zog sich schleunigst von jenem Ort zurück. Am Hof des Königs angelangt, wurde er ehrenvoll aufgenommen und erledigte sehr rasch seine Angelegenheiten. Er freute sich über die Gunst des Königs und wollte sich auf den Heimweg machen. Um der Königin jedoch (wenngleich er sie verabscheute) nicht merkbar auszuweichen, begab er sich in ihre Gemächer, die er zufällig leer vorfand ...

Und das war sein Verderben: Er kam nicht mehr lebend heraus; denn sie wußte sehr wohl, was er gesehen hatte. Sie bat ihn, ihr die Beichte abzunehmen, bei der sie nicht ihre Betätigung von jenem Tag, sondern eine unheimliche Liste erotischer Fehltritte berichtete, von der sie natürlich zu einem Versuch überging, ihren Beichtvater zu verführen, um sein Schweigen zu erkaufen. Als das mißlang, rief sie ihr Gefolge herbei, und während einige ihrer Hofdamen in laute Klagen ausbrachen, um den Lärm der tatsächlichen Vorgänge zu übertönen, ermordeten die anderen Byrhnoth auf besonders unmenschliche Weise, die an Edwards II. Tod erinnert.

All das ereignete sich etwa um 980. Dieser Teil um Hampshire war zu Beginn der angelsächsischen Besiedlung jütisches Gebiet, und die bekannteste jütische Königsfamilie aus der Zeit der Völkerwanderung waren die berühmten Brüder Hengest und Horsa. Nun, fünf Jahrhunderte später, war die ursprünglich jütische Bevölkerung durch spätere Wellen westsächsischer Siedler überlagert. Es scheint jedoch, daß unter den Menschen des Forest, wo die ersten Herrscher auf der britannischen Insel Männer gewesen waren, deren Namen »Hengst« bedeuten – was wahrscheinlich auf ihre Rolle als erbliche Priester eines Pferdefruchtbarkeitskultes hinweist –, immer noch die emotionale Notwendigkeit für einen Pferdekult bestand, der den Schutz einer königlichen Persönlichkeit brauchte. Es war nicht nur eine emotionale Notwendigkeit, sondern auch eine Bedingung für wirtschaftliches Überleben. Damals konnte für den einfachen Mann im *New Forest* ein schlechtes Fohlenjahr nur halb so viel Verdienst wie sonst für seinen Lebensunterhalt bedeuten. Die Ponyherden des Königs und des Bauers lebten gleichermaßen in denselben Wäldern, daher hatten sie gleiche Interessen. Fruchtbarkeit war eine un-

teilbare Größe, und die Zeremonien, welche die Königin ausführte, waren ebenso für ihre Untertanen bestimmt wie für sie selbst in ihrer Eigenschaft als Stutenbesitzerin. Aus zwei Stellen in der Erzählung geht klar hervor, daß die Rolle, welche die Königin in dem Kult spielte, allgemein bekannt war. Wäre der ostanglikanische Abt mit den lokalen Bräuchen der Westsachsen besser vertraut gewesen, hätte er wohl den Palast lebend verlassen können.

Die ganze Einstellung, sogar hinsichtlich des verwendeten Stils und Wortschatzes, ist in der Chronik von Ely und bei Geraldus gleich. Sie war die feststehende Art für die Behandlung dieses Themas. Unter anderem durfte der Autor nicht den Eindruck erwecken, als wisse er viel über den entehrenden Stoff. Daher kommt es zu gelegentlicher Verschwommenheit und scheinbar widersprüchlicher Ausdrucksweise, gewissermaßen ein Vorgeschmack auf spätere mittelalterliche Autoren bei der Beschreibung von Hexerei, die zumindest teilweise von derartigen Praktiken stammen müssen. Immerhin können wir aus den wenigen bestehenden Analogien darauf schließen, daß die Königin irgendwann rituale Kleidung anlegte, darunter wahrscheinlich einen Stutenschweif und eine aus dem Kopf und der Mähne eines Füllens hergestellte Maske – »in ein Pferd verwandelt« –, daß sie eine starke Dosis einer Droge einnahm – »Zaubertränke« – und eine Art Tanz ausführte, bei dem sie das charakteristische Verhalten einer brünstigen Stute nachahmte.

98. »Präsident Lincolns Leichenzug auf dem Weg über den Union Square, New York, am 25. April 1865.« Der prächtige Leichenwagen wurde von sechzehn grauen, mit Straußenfedern und schwarzem, mit Silberfäden durchwirktem Stoff geschmückten Pferden gezogen. (Lithographie von Currier und Ives.) Über hundert Jahre später wurde Präsident Eisenhower auf einer von Pferden gezogenen Geschützlafette zu Grabe getragen.

6. Das Zeitalter des Rittertums

Ob man nun die Anfänge des Rittertums den letzten Traditionen des römischen Kataphrakten (Panzersoldaten) oder dem gotischen berittenen Schwertkämpfer im *comitatus* jener Barbarenkönige zuschreibt, die schließlich die sterbende Eiche Roms fällten, jedenfalls war ein Embryo-Ritter die Zentralfigur der Gesellschaft des westlichen Christentums zu der Zeit, die man in England die der angelsächsischen Heptarchie und in Europa die Periode der fränkischen Hegemonie nennt. Und als drei- oder vierhundert Jahre später niemand mehr an ein noch bestehendes westliches Reich zu glauben vorgab, wurden die Nachfolgestaaten des römischen Erbteils durch einen neuen (zum Glück nicht koordinierten) dreifachen Angriff äußerer Feinde bedroht: die Wikinger, die Sarazenen und die Magyaren. Da waren es die Streitkräfte des Rittertums, die diese Angriffe abschlugen und sich zu einem militärischen, politischen und sozialen System festigten, das von der Spanischen bis zur Steirischen Mark und bis zum Danewerk gleich war.

DER CID

»Meine Dame«, sagte der Cid Campeador, »Ihr seht das schwitzende Pferd und das blutige Schwert. So bezwingt man die Mohren auf dem Feld.«

Und dazu ist der Caballero im wesentlichen da. Die Geschichte ist nie so einfach. Der Caballero stand zumeist nicht im Kampf gegen die Ungläubigen, sondern verfocht das »Recht« seines Feudalherrn gegen das ebenso unveräußerliche »Recht« eines anderen Herrn. Das war die logische Folge einer Ideologie, deren treibende Kraft vor allem die persönliche Loyalität des Vasallen zum Lehnsherren war. Es ergaben sich in Spanien oft Situationen, in denen Christen mit einem mohammedanischen Fürsten verbündet waren – ebenso wie in England zur Zeit der Heptarchie ein christlicher Fürst von Wales zusammen mit dem heidnischen König von Mercia einen blutigen Krieg gegen den christlichen König von Northumberland führte und ein Streit zwischen zwei irischen christlichen Dynastien in Clentarf durch heidnische Söldner aus Dänemark und Norwegen ausgefochten wurde. In der ganzen europäischen Epik erzählt das Gedicht vom Cid Ruy Diaz de Vivar (etwa 1043–1099) am meisten von Schweiß, Blut und Staub und erinnert am deutlichsten daran, was es bedeutete, »auf galicischen Sätteln, die Hosen in den Stiefeln« zu reiten.

Nirgends sonst, auch nicht im »Rolandslied«, finden wir ein solches Bild des Ritters, wie er wirklich war: grimmig und fröhlich und gelegentlich zärtlich, freimütig kämpfend, oft um Beute, manchmal aus Rache und nur selten in echter Selbstverteidigung, weil es keine andere Wahl gab. Meistens geschah es jedoch aus reinem Reiterstolz, weil der Kampf selbst die letzte Prüfung des Streitrosses war und weil die einzige Art, die Vorzüge dieses wertvollsten Besitzes zur Schau zu stellen, darin bestand, an einem Kampf – irgendeinem Kampf – teilzunehmen, ebenso wie der arabische Reiter die Tugenden seiner Kehaylanstute nur im *ghazu* – dem Raubzug gegen einen anderen Stamm – beweisen konnte, der zur Zeit des Cid Ruy Diaz de Vivar sich zum Super-*ghazu* entwickelt hatte, dem *Dschehad,* dem heiligen Eroberungskrieg gegen die Ungläubigen. Nur mit Hilfe einer solchen Stute vermochte man den Status eines *Ghazi* – Töter der Ungläubigen – zu erreichen.

Ihre Schilde fassen sie nun
fester, schützen ihre Herzen,
senken tief die Lanzenspitzen,
deren Fähnchen sie umwickelt.
Tiefer neigen die Gesichter
sich hinab zum Sattelbaume.
So, mit muterfülltem Herzen
sprengen sie dahin zum Angriff.
Er, der einst zu guter Stunde
ward geboren, donnernd ruft er:
»Greift sie an, ihr Ritter, schlagt sie,
bei der Lieb' zu unsrem Schöpfer!
Folgt dem Cid, dem Campeador
von Vivar, eurem Ruy Diaz!«
Zu der Stelle drängten alle,
wo Pedro Bermudez kämpfte.
Wohl dreihundert Lanzen war'n es
und an jeder hing ein Fähnchen;
jeder von den Rittern schlug dort
einen Mauren tot, und als sie
dann den zweiten Angriff ritten,
fielen noch dreihundert Mauren.
Viele Lanzen konnt' man sehen,
die sich senkten, die sich reckten,
viele Schilde, die durchstoßen
und durchlöchert dort zerspellten,
viele Kettenhemden wurden
aufgerissen, blutgerötet.
Viele weiße Fähnchen wurden
rot gefärbt von heißem Blute,
und so viele edle Pferde

99. Prinz Humay verwundet Prinzessin Humayun im Kampf; die Liebenden haben einander nicht erkannt. Diese Miniatur, die das Manuskript eines persischen Epos' schmückt, stammt aus dem späten 14. Jh. Das gepanzerte Roß ist wahrscheinlich eine persische Erfindung aus dem 2. Jh.

100. Der Prunk der Renaissance in seiner ganzen Glorie, ein Fresko von Benozzo Gozzoli, das angeblich die »Reise der Heiligen Drei Könige nach Jerusalem«, in Wirklichkeit jedoch das Gefolge und den Hof Lorenzos des Prächtigen auf dem Weg von der Höhe von Fiesole hinunter nach Florenz zeigt. Eine recht typische Auswahl von italienischen Renaissancepferden, wie sie für Reisen und für den Krieg verwendet wurden. In den turbulenten Zeiten des 15. Jh. war ein gut organisiertes Gefolge mit erstklassigen Reitpferden für einen Fürsten vom Rang der Medici unbedingt notwendig.

101. Ausschnitt aus Pieter Breughels d. Ä. Schilderung des Kindermordes zu Bethlehem. Obwohl die historische Begebenheit in Bethlehem stattfand, versetzt sie Breughel in ein flämisches Dorf.

102. Darstellung eines bewaffneten Ritters aus dem späten 13. Jh. mit dem charakteristischen Topfhelm und einem Ketten-, nicht Plattenpanzer.

sprengten ohne Reiter weiter.
Mohammed ward von den Mauren
angerufen, und Santiago
von den Christen. Und in wen'gen
Stunden fielen auf dem Schlachtfeld
dreizehnhundert Maurenkrieger ...

Unter dem Minaya Alvar
Fañez ward sein Roß erschlagen.
Und die Christenritter eilen
scharenweise ihm zu Hilfe.
Seine Lanze ist zerbrochen,
also kämpft er nun zu Fuße
und er teilt gewalt'ge Schläge
mit dem Schwert in seiner Hand.
Das sieht nun der hochgemute
Cid Ruy Diaz, der Kastilier,
sprengt zu einem Maurenfürsten,
der auf einem guten Pferd sitzt,
und mit einem Hieb des Schwertes
spaltet er ihn bis zum Gürtel,
daß vom Pferd der Maure sinkt. Nun
bringt der Cid das Pferd dem Freunde,
zu Minaya Alvar Fañez:
»Auf, zu Pferde, Freund Minaya,
bist du nicht mein rechter Arm stets?
Heute ist ein Tag, an dem ich
dich bei vollen Kräften brauche;
denn die Mauren stehen fest noch
und sie räumen uns das Feld nicht.
Unermüdlich müssen wir nun
unsren Angriff wiederholen!«
Und im Nu ist aufgesessen
der Minaya, schwingt sein Schwert schon,
hart umdrängt von vielen Mauren
kämpft er mutig; alle, die ihm
nahe kommen, sind des Todes.
Ruy Diaz, mein Cid von Vivar,
der geborn zu guter Stunde,
dreimal schlägt er mit dem Schwerte
auf den Maurenkönig Fariz;
er verfehlt ihn mit zwei Hieben,
doch der dritte hat getroffen,
und das Blut beginnt zu fließen
durch des Kettenhemdes Spangen.
Nun zur Flucht vom Schlachtfeld wendet
König Fariz schnell sein Streitroß.
Mit dem einen Schwertstreich hat der
Cid das Feindesheer geschlagen.

Martin Antoliñez aber
traf mit hartem Schlag den Galve,
die Rubine seines Helmes
lösten sich, er war gespalten,
tief ins Fleisch drang noch der Hieb ein;
und der Maure wagt es nicht mehr,
auf den zweiten Schlag zu warten.
König Fariz, König Galve
sind mit ihrem Heer geschlagen.
Für die Christen alle war es
ein ganz großer Tag des Sieges,
denn die Maurenkrieger fliehen
da- und dorthin in Verwirrung.
Hinter ihnen in Verfolgung
sprengen Cid Rodrigos Kämpfer.
Flüchtend reitet König Fariz
nach Terrer, um Schutz zu suchen;
doch dort weigern sich die Bürger,
König Galve aufzunehmen,
und so reitet er denn weiter
nach Calatayud in Eile,
hart verfolgt vom Campeador,
der die Jagd auf ihn nun fortsetzt
und nicht abläßt, bis er selbst noch
in die Stadt ihm nachgeritten ...

Ausgeplündert hat die Heerschar
meines Cid das Maurenlager.
Schilde, Waffen, reiche Schätze
haben sie gleich mitgenommen,
und noch außerdem fünfhundert-
zehn der stolzen Maurenpferde.
Große Freude herrschte jetzo
bei den Christen, denn es fehlten
fünfzehn Mann nur von den ihren.
Ihre Beut' an Gold und Silber
ist so groß, daß sie nicht wissen,
wieviel da ist. Alle Christen
sind nun reich geworden von der
fetten Beute, die sie machten.
In die Burg zurück nun schickten
sie die Mauren, die dort wohnten;
aus der Fülle einen Teil noch
schenkt der Cid dann noch den Mauren ...

Überallhin in die Lande
hat die Kunde sich verbreitet,
auch zum Grafen von Barcelona
drang die Nachricht unverzüglich,
daß mein Cid Rodrigo Diaz

103. Nahkampf zwischen Rittern, eine anonyme italienische Zeichnung, etwa um 1460.

kreuz und quer durch seine Lande
zieht. Das ärgert schwer den Grafen,
der beleidigend es findet.
Dieser Graf, ein großer Prahlhans,
spricht nun albern, unbesonnen:
»Dieser Cid, der aus Vivar kommt,
tut mir großen Schaden an jetzt.
Einstmals hat er mich beleidigt
hier an meinem eig'nen Hofe;
hat verwundet meinen Neffen
und nicht gutgemacht den Schaden.
Länder unter meinem Schutze
plündert nun der kecke Bursche,
den ich nie verletzt und dem ich
meine Freundschaft nicht entzogen.
Da er mich herausgefordert,
woll'n wir jetzt Abrechnung halten.«

Mächtig ist das Heer des Grafen,
das sich schnell um ihn versammelt.
Mauren so wie Christen kommen
und sie leisten ihm Gefolgschaft,
reiten los zum Kampfe gegen
meinen guten Cid von Vivar.
Durch drei Tage und zwei Nächte
mußten sie noch weiter reiten,
bis zu meinem Cid sie kamen
in den Pinienwald von Tevar;
und sie glauben, so viel Männer
müßten ihn gefangennehmen.

Als mein Cid Rodrigo Diaz
mit der mitgeführten Beute
niedersteigt von einem Berge
in ein Tal, da kommt die Botschaft
von Graf Ramon. Da der Cid nun
sie gehört, schickt er dem Grafen
eine Antwort: »Sagt dem Grafen,
er soll's mir nicht übelnehmen,
denn von seinen Gütern nehm' ich
nichts; er lasse mich in Frieden!«
Doch des Grafen Antwort lautet:
»Das ist keineswegs die Wahrheit!
Zahlen soll er, was er jetzt mir
angetan hat und auch früher;
der Verfemte soll erfahren,
wer es ist, den er beschimpft hat!«

Und zurück in Windeseile
bringt der Bote diese Antwort.
Damit hatte Don Rodrigo
de Vivar auch klar verstanden,
daß er diesen Ort nicht würde
ohne Kampf verlassen können.

»Nun, ihr Ritter, bringt die Beute
rasch zur Seite, und dann gürtet
hurtig euch mit euren Waffen.
Graf Ramon von Barcelona
will uns eine Feldschlacht liefern;
bei sich hat er eine Menge
Mauren und auch Christenritter.
Keinesfalls wird ohne Schlacht er
uns vom Ort hier ziehen lassen,
und verfolgt uns, wenn wir flüchten.
Laßt uns denn die Schlacht hier schlagen.
Zieht die Sattelriemen fest an,
seid gewappnet, wenn sie kommen
von dem Berg herunter, alle
tragen nur die Hosen, haben
flache Sättel und der Bauchgurt
ihrer Rosse ist ganz locker.
Auf galic'schen Sätteln reiten
wir, die Hosen in den Stiefeln.
Mit nur hundert Rittern schlagen
wir die Feinde in die Flucht heut';
wir empfangen sie mit Lanzen,
eh sie noch ins Flachland kommen.
Und für jeden, den ihr treffet,
werden sich drei Sättel leeren.
Graf Ramon soll hier noch sehen,
wem im Pinienwald von Tevar
seine Beute abzujagen
er am heut'gen Tag versucht hat.«
Als mein Cid nun so gesprochen,
rüsten alle sich zum Kampfe,
wappnen sich, besteigen eilig
ihre Rosse, und dann sehn sie
ihren Feind, die Katalanen,
auf dem Abhang abwärts kommen.
Als sie schon am Fuß des Hügels
nach dem flachen Lande reiten,
führt mein Cid, im Glück geboren,
seine Mannen an zum Angriff.
Eifrig und voll starken Willens,
stürmen vorwärts seine Ritter,
voll Geschicklichkeit gebrauchen
sie die Lanzen und die Fahnen.
Sie verwunden manchen Gegner,
werfen viele aus dem Sattel.

104. Vollständiger Kriegspanzer für Mann und Roß (nicht für Turniere), wie er in den letzten Stadien der Kriege der Weißen und der Roten Rose (1455–85) verwendet wurde.

105. »Der italienische Tjost«, Turnierbild von Albrecht Dürer, das zeigt, daß die Schranken, die Plankensperre, zwar frontale Zusammenstöße zwischen den Pferden, nicht aber schwere Verletzungen verhinderten.

und der Cid gewann das Treffen,
der zu guter Stund geboren.
Als Gefang'nen führt er mit sich
Graf Ramon, und auch Colada,
dessen Schwert, hat er gewonnen,
das wohl tausend Gulden wert ist.

IN DEN KREUZZÜGEN

Wir besitzen kein maurisches Gedicht aus dem islamitischen Andalusien, das sich mit dem *Poema del Cid* vergleichen ließe. Die Memoiren des Usamat ibn Munkid (1095–1188), der im Jahr der Einnahme Jerusalems durch die Franken geboren wurde und im Jahr der Rückeroberung der Stadt durch die Mohammedaner starb, bieten allerdings ein unerreichtes Bild von »der anderen Seite«. Usamats Ideologie ist der des Cid am anderen Ende des Mittelmeers erstaunlich ähnlich und genau so sachlich und genau so undenkbar außerhalb ihres Zusammenhangs mit der Reitkunst. Im Gegensatz zu den Hengsten der Fafanghi reitet er allerdings eine Stute und trägt anstatt eines Panzerhemds ein pfeilehemmendes Wams.

106. Tizians Bild von Kaiser Karl V. bei der Schlacht von Mühlberg, 1547.

Eine fränkische List gegen Shayzar wird vereitelt. Als ein Beispiel menschlicher Unerschrockenheit und Tapferkeit im Kriege erlebte ich folgendes:

Eines Morgens erhoben wir uns zur Zeit des Morgengebets, da sahen wir einen Trupp Franken, etwa zehn Reiter, die zum unteren Stadttor gekommen waren, bevor es geöffnet wurde. Sie fragten den Torwächter: »Wie heißt diese Stadt?« Er antwortete: »Shayzar.« Daraufhin schossen die Franken durch den Türspalt einen Pfeil auf ihn ab, machten wieder kehrt und trabten davon.

Da bestiegen wir unsere Pferde. Mein Onkel (Allah gewähre seiner Seele Gnade!) ritt als erster voran, und ich begleitete ihn, während die Franken unbehelligt dahinritten. Einige unserer Leute folgten uns. Ich sagte zu meinem Onkel: »Du brauchst nur zu befehlen, dann verfolge ich mit unseren Gefährten die Feinde und werfe sie aus dem Sattel, bevor sie zu weit fort sind. – »Nein«, sagte mein Onkel, der mehr vom Kriegführen verstand als ich. »Gibt es denn in Syrien einen Franken, der Shayzar nicht kennt? Das ist eine List.«

Dann rief er zwei unserer Reiter, die schnelle Stuten ritten, und sagte: »Reitet auf Erkundung nach Tell-Milh!« Das war der Ort, wo die Franken gewöhnlich ihren Hinterhalt legten. Sobald unsere Kundschafter imstande waren, das Tell zu überblicken, setzte sich das ganze Heer von Antiochia in Bewegung. Wir eilten der Vorhut entgegen, um sie zu überraschen, bevor die Schlacht vorbei war. Dschum'ah el-Numeiri und sein Sohn Mahmud ritten mit uns. Dschum'ah war eigentlich unser Anführer und Scheich. Irgendwie geriet sein Sohn Mahmud unter die feindlichen Reihen, und Dschum'ah rief: »O ihr hochherzigen Ritter! Mein Sohn!« Da ritten wir mit ihm zurück, sechzehn an der Zahl, streckten mit unseren Lanzen sechzehn Frankenritter nieder und retteten unseren Kameraden aus ihren Händen. Bei

107. Ein Kupferstich aus Stradanus' Serie über moderne Erfindungen, womit Dinge gemeint sind, die in der klassischen Antike unbekannt waren. Hier ist die Falknerei dargestellt. Diese war in Wirklichkeit schon von Reiseschriftstellern der griechisch-römischen Welt erwähnt worden; sie wurde jedoch nur von Skythen und ähnlichen Reitervölkern, nicht den Ländern der klassischen Antike betrieben. In englischen Dokumenten tritt sie zum erstenmal 1757 auf, wahrscheinlich infolge von Kontakten mit Skandinaviern, die wiederum mit asiatischen Nomaden in Berührung standen. Durch diese war die Falknerei auch an der unteren Donau bekannt. Einen weiteren Weg nach Europa nahm sie über Sizilien, als dieses mohammedanisch war.

dem Gefecht kam es zu einem so dichten Handgemenge, daß einer von unseren Feinden Dschum'ahs Kopf im Würgegriff hielt, doch wir befreiten ihn schnell durch die Lanzenstöße, die wir austeilten ...

Auf der Flucht vor den Franken aus Antiochia.
Das antiochenische Heer unternahm einen Streifzug gegen uns. Unsere Kameraden stießen mit der Vorhut zusammen und zogen sich vor ihr zurück. Ich postierte mich auf ihrem Weg und wartete auf sie in der Hoffnung, solcherart Gelegenheit zu haben, den Feind anzugreifen. Unsere Kameraden kamen fliehend an mir vorbei, unter ihnen befand sich Mahmud ibn Dschum'ah. Ich sagte: »Halt, o Mahmud!« Er hielt einen Augenblick an, dann gab er seinem Roß die Sporen und ritt weiter. Inzwischen war die Vorhut der fränkischen Ritter herangekommen, also zog ich mich vor ihnen zurück, hielt die Lanze gegen sie gerichtet, aber auch meine Augen – eines ihrer Pferde hätte sich als zu schnell erweisen und der Reiter mich mit seiner Lanze durchbohren können. Vor mir ritten einige meiner Gefährten, und wir waren von Gärten mit Mauern von der Höhe eines sitzenden Mannes umgeben. Meine Stute stieß mit der Brust gegen einen unserer Gefährten, deshalb drehte ich ihren Kopf nach links und setzte ihr die Sporen in die Seiten; sie sprang über die Mauer. Nun richtete ich es so ein, daß ich, nur durch die Mauer von ihnen getrennt, auf einer Höhe mit den Franken blieb. Einer ihrer Ritter sprengte auf mich zu; ich sah seine Farben, einen grün-weißseidenen Waffenrock, unter dem er, wie ich glaubte, kein Panzerhemd trug. Also ließ ich ihn unbehelligt an mir vorbei, dann gab ich meiner Stute die Sporen, sie sprang über die Mauer, und ich traf ihn

108. Das unheilvolle Turnier, bei dem König Heinrich II. von Frankreich im Jahre 1559 getötet wurde und das wegen der peinlichen politischen Folgen im Zusammenhang mit dem plötzlichen Tod vornehmer Turnierkämpfer den Tjost in Verruf brachte.

109. Der Einzug Kaiser Karls V. in Tunis, aus einer Buchillustration. Der spanische Gegenangriff gegen die Mauren wurde von Karl V. nach Afrika übertragen, und dieses Bild vom Sturm auf Tunis zeigt die Begrenzungen des Rittertums und der Kavallerie überhaupt. Bevor sie die Festung stürmen konnte, mußten Fußtruppen das Tor für sie sprengen.

mit der Lanze. Er bückte sich seitwärts, so tief, daß sein Kopf seinen Steigbügel berührte; Schild und Lanze entfielen seiner Hand, und er verlor seinen Helm. Inzwischen waren wir bei unserem Fußvolk angelangt. Nun setzte er sich wieder aufrecht im Sattel; da er unter dem Waffenrock ein Panzerhemd trug, hatte ihn meine Lanze nicht verwundet. Seine Gefährten holten ihn ein, und alle ritten zurück; der Troßknecht sammelte seinen Schild, die Lanze und den Helm wieder ein.

Sogar Dschum'ah flieht.

Als das Gefecht vorbei war und die Franken sich zurückzogen, kam Dschum'ah (Allah gewähre seiner Seele Gnade!) zu mir und entschildigte sich für seinen Sohn Mahmud; er sagte: »Der Hund floh hinweg, als er mit dir war!« Ich antwortete: »Was ist dabei?« Er sagte: »Er läßt dich im Stich, und du fragst, was dabei ist?« – »Bei Eurem Leben, o Abu-Mahmud«, sagte ich, »auch Ihr werdet fliehen, wenn Ihr mit mir zusammen seid.« Darauf erwiderte er: »O welche Schande! Bei Allah, wahrlich ich würde lieber sterben, als zu fliehen und dich im Stich zu lassen.«

Schon nach wenigen Tagen unternahmen die Reiter von Hamah einen Überfall gegen uns. Sie raubten uns eine Viehherde und pferchten sie in einem Hain unterhalb der Dschalali-Mühle ein. Ihre Bogenschützen stiegen in die Mühle, um die Herde zu verteidigen. Ich ritt mit Dschum'ah und Shuya' el Dawlah Madi hin; das war einer unserer Gefolgsleute, ein tapferer Mann. Ich sagte zu meinen zwei Begleitern: »Wir wollen den Fluß überqueren und unser Vieh von der anderen Seite zurückholen.« Wir ritten hinüber. Madis Stute wurde von einem Pfeil getroffen, der zu ihrem Tod führte; sie brachte ihn nur mit knapper Not zurück zu seinen Gefährten. Meine Stute wurde im Nacken von einem Pfeil getroffen, der eine Spanne tief eindrang. Aber bei Allah, meine Stute schlug nicht aus und war auch nicht behindert, sondern lief weiter, als spüre sie keine Verletzung. Was Dschum'ah anlangt, so ritt er zurück, er wollte sein Pferd keiner Gefahr aussetzen. Als wir zurückkamen, sagte ich: »O Abu-Mahmud, sah ich, als du deinen Sohn Mahmud tadeltest, nicht voraus, daß auch du von mir fliehen würdest?« – »Bei Allah«, antwortete er, »ich hatte vor nichts Angst, nur um meine Stute. Sie ist mir so teuer.« Und er entschuldigte sich ...

110. Diese große Panoramaskizze gibt einen Eindruck von der gewaltigen Zahl von Pferden und Zugtieren aller Art, die nicht nur in den Kampfformationen mittelalterlicher Heere, sondern vor allem in den Nachschubkolonnen verwendet wurden.

Tankreds Zusage, Schutz zu bieten, erweist sich als wertlos. Tankred, der erste Fürst von Antiochia nach Bohemund, hatte schon vorher sein Lager gegen uns aufgeschlagen. Nach dem Kampf kam es zu einer Aussöhnung, und er sandte uns eine Botschaft, in der er als Geschenk ein Pferd verlangte, das einem Gefolgsmann meines Onkels Izz el-Din (Allah gewähre seiner Seele Gnade!) gehörte. Es war ein edler Hengst. Mein Onkel sandte ihm das Tier, geritten von einem Kurden namens Hasanun, einem unserer tüchtigsten Reiter, ein junger, gut aussehender und schlanker Mann. Es sollte vor Tankred mit anderen

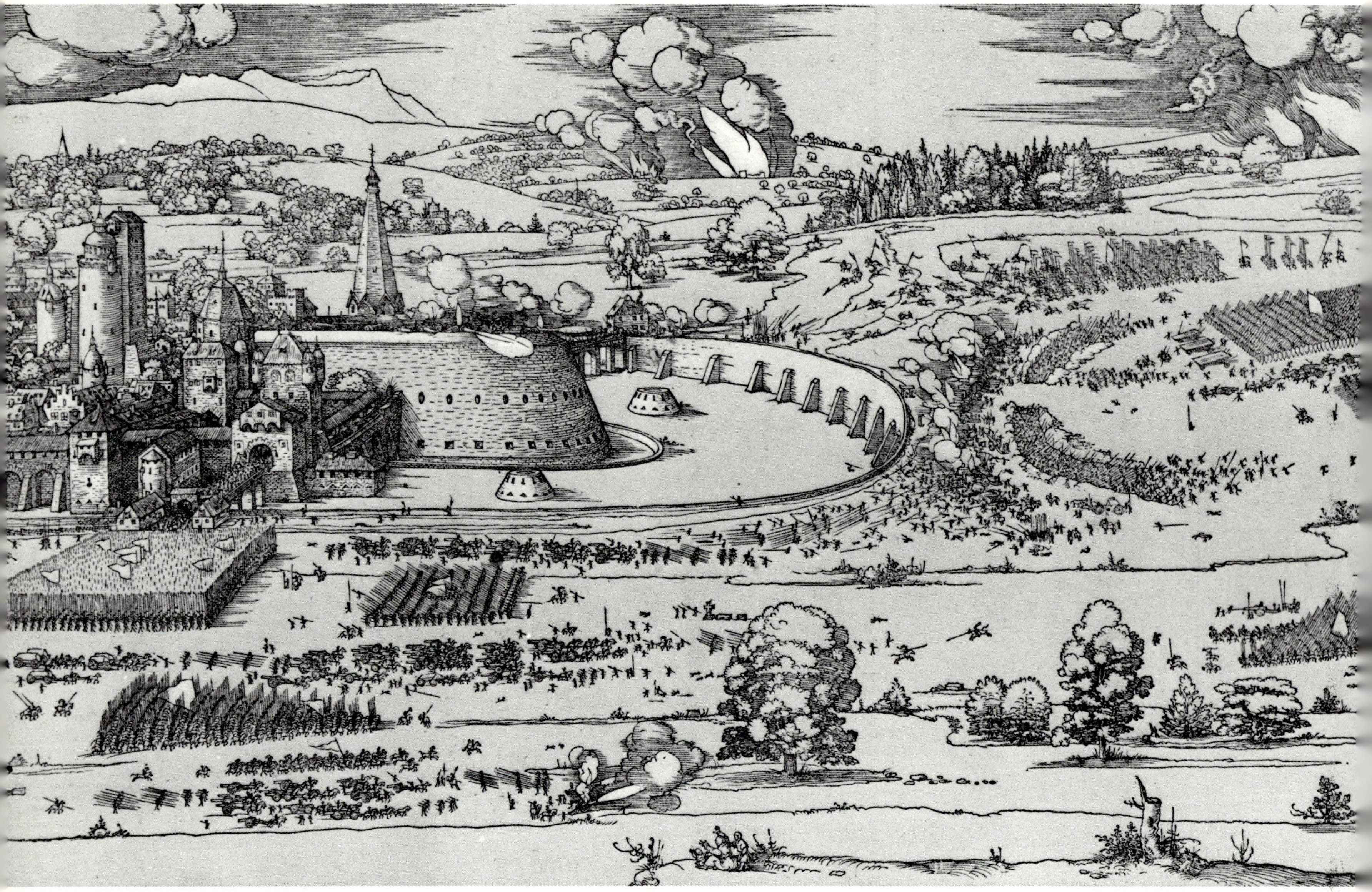

Pferden um die Wette reiten. Hasanun bestritt ein Rennen, und sein Pferd war schneller als alle anderen. Er wurde vor Tankred geführt, und die Ritter befühlten seine Arme und wunderten sich, in Anbetracht seiner hervorragenden Reitkunst, über seine Magerkeit und seine Jugend. Tankred schenkte ihm ein Ehrenkleid. Aber Hasanun sagte ihm: »O mein Fürst, ich wünschte, Ihr würdet mir die Zusicherung Eures Schutzes gewähren, damit ich, sollte ich in Kriegszeiten in Eure Hände fallen, Eurer Gnade teilhaftig und freigelassen werde.« Tankred sicherte ihm seinen Schutz zu – wie Hasanun glaubte; denn diese Menschen sprechen ja nur fränkisch, wir verstehen nicht, was sie sagen.

Es verging ein Jahr oder mehr. Die Waffenruhe war vorbei. Von neuem marschierte Tankred an der Spitze des Heeres von Antiochia gegen uns, und es kam nahe der Mauer unserer unteren Stadt zu einer Schlacht. Unsere Reiter waren auf die fränkische Vorhut gestoßen, und einer unserer Leute, ein Kurde namens Kamil el-Mashtub, kämpfte sehr wirkungsvoll mit seiner Lanze. Kamil und Hasanun waren an Beherztheit ebenbürtig. Das Folgende ereignete sich, während Hasanun auf

seiner Stute neben meinem Vater (Allah gewähre seiner Seele Gnade!) hielt und auf sein Streitroß, das ein Gefolgsmann für ihn vom Tierarzt holte, sowie auf sein gestepptes Wams wartete. Der Gefolgsmann war verspätet, und Hasanun wurde ungeduldig, zumal er die Lanzenstöße Kamil el-Mashtubs sah. Also sprach er zu meinem Vater: O Herr, laßt mich eine leichte Ausrüstung anlegen!« Mein Vater antwortete: »Dort stehen die mit Waffen beladenen Maultiere. Lege an, was dir paßt.« Damals stand ich hinter meinem Vater, ich war noch ein Junge, und es war der erste Tag, an dem ich einem wirklichen Gefecht beiwohnte. Hasanun untersuchte die Koller in den Kisten auf den Rücken der Maultiere, doch es paßte ihm keiner. Inzwischen brannte er vor Ungeduld, hinzureiten und es Kamil el-Mashtub gleichzutun. Also ritt er ohne Rüstung los. Ein fränkischer Ritter trat ihm entgegen und schlug die Stute auf die Kruppe. Sie bekam das Gebiß zwischen die Zähne, ging mit ihrem Reiter am Rücken durch, raste mitten in die Linien der Franken und warf ihn dort ab. Sie nahmen ihn gefangen, und er mußte vielerlei Martern erdulden; sie wollten ihm sogar das linke Auge ausstechen. Tankred jedoch (Allahs Fluch über ihn!) sagte ihnen: »Stecht ihm lieber das rechte Auge aus, damit das linke, wenn er seinen Schild trägt, bedeckt ist und er nichts mehr sehen kann!« Diesem Befehl gemäß stachen sie ihm das rechte Auge aus. Auch verlangten sie von ihm tausend Dinar als Lösegeld und einen Rappen, der meinem Vater gehörte, ein Chafadschah-Vollblut, ein prächtiges Pferd! Mein Vater (Allah gewähre seiner Seele Gnade!) kaufte ihn mit diesem Pferd los ...

111. Das Pferd in der mittelalterlichen Landwirtschaft. Während die Kriege zu Pferde geführt wurden, war die Rolle des Pferdes als Arbeitstier beschränkt. So wurden in England nur in manchen Grafschaften, besonders in Suffolk, Pferde für Erntewagen und -karren verwendet. Hier ist eine realistische Zeichnung eines Farmkarrens mit Seitenwänden aus Weidengeflecht und Rädern mit Eisenfelgen aus dem Luttrell-Psalter (etwa 1340), gezogen von einem Deichselpferd und zwei Zugpferden an Strängen. In den meisten englischen Grafschaften wurden damals solche Arbeiten, besonders das Pflügen, von Ochsen besorgt.

112. Türken und Tataren übten ihren Einfluß auf Persien und Indien aus, besonders hinsichtlich der Beschäftigungen der Oberklasse im Freien. Dies ist ein Bild von der Falknerei, wie sie von einem Sikh-Rajah im 18. Jh. betrieben wurde.

113. Realistische Jagdszene von einem unbekannten Florentiner Maler aus der Zeit Uccellos. Adelige Reiter treffen auf den bequemen Zeltern zusammen, die tatsächlich bei der Jagd verwendet wurden. Von einer florentinischen Brauttruhe.

Pferdegeschichten: Ein widerstandsfähiges Pferd. Übrigens, da ich von Pferden spreche, möchte ich erwähnen, daß es unter ihnen, wie unter den Menschen, widerstandsfähige und auch andere, mutlose, gibt. Hier folgt ein Beispiel für die erstgenannte Art. Unter unseren Leuten gab es einen Kurden namens Kamil el-Mashtub, ein mutiger, gottesfürchtiger und gütiger Mann (Allah gewähre seiner Seele Gnade!). Er besaß einen Rappen, der so groß war wie ein Kamel. Es kam zu einem Zweikampf zwischen ihm und einem Frankenritter. Der Franke traf das Roß neben dem Kehlriemen. Der Stoß war so heftig, daß der Pferdehals auf eine Seite gebogen wurde, die Lanze den unteren Teil des Halses durchstieß und dann noch Kamil el-Mashtubs Schenkel durchbohrte. Weder das Pferd noch der Reiter rührten sich von der Stelle. Ich habe, nachdem die Schenkelwunde geschlossen und geheilt war, die Narbe oft gesehen; man kann sich kaum eine größere Wunde vorstellen. Auch das Pferd blieb am Leben, und Kamil hatte Gelegenheit, es wieder in der Schlacht zu reiten; da stieß er mit einem Frankenritter zusammen, der seine Lanze dem Pferd in den Stirnknochen stieß und ein Loch in den Knochen schlug. Wieder wich das Pferd nicht von der Stelle und überlebte auch diesen zweiten Stich. Man konnte sogar nachher, als die Wunde geheilt war, die geballte Faust in den Stirnknochen des Pferdes stecken, wo die Wunde geschlagen worden war und Platz dafür gelassen hatte.

Ein Pferd mit Herzstich trägt seinen Reiter. Anläßlich eines Kampfes bei Hims wurde ein Pferd unter mir verwundet. Der Lanzenstoß schnitt ihm das Herz entzwei, und es wurde von mehreren Pfeilen in den Leib getroffen. Dennoch trug es mich aus der Schlacht, wobei ich, obwohl das Blut wie aus Wasserhähnen aus seinen Nüstern rann, in seinem Verhalten nichts Ungewohntes bemerkte. Als wir meine Gefährten erreicht hatten, starb das Tier.

An Arab-Syrian Gentleman and Warrior,
übers. P. Hitti, 1924

7. Reiten als Kunst

Als erster europäischer Autor schrieb nicht Xenophon, sondern Simon über die Reitkunst. Er zitiert ihn, wenngleich kaum jemals wortwörtlich. Wir wissen jedoch von Simon nur das, was Xenophon uns von ihm erzählt. Und das ist so wenig, daß der arme Simon es in keinem klassischen Wörterbuch zu einer Rubrik gebracht hat.

In manchen Versionen der *Hippike* wurden die Fachausdrücke durch das übliche Vokabular der Nach-Renaissance-Reitkunst wiedergegeben. Darin gibt es genug Wörter zur Bezeichnung eines jeden von Xenophon verwendeten griechischen Ausdrucks, so daß die Interpretation übereinstimmt. Es sind jedoch auch noch andere Kombinationen möglich, und andere Versionen haben, in der englischen und in anderen Sprachen, unterschiedliche und gleichfalls übereinstimmende Wiedergaben des Originals zustande gebracht. Eine ganz genaue Wiedergabe ist in keiner modernen Sprache möglich, weil in der Praxis nicht übersehen werden darf, daß Xenophon das Reiten ohne Steigbügel und eigentlich sattellos lehrte, nämlich auf einer Decke und mit Hilfe eines einfachen Gebisses. Das Pferd war viel kleiner als heute oder in den letzten Jahrhunderten in der klassischen Reiterei.

Im Prinzip lassen sich die Darstellungen in gewissem Maße auf die moderne Reitkunst anwenden.

Sitzt der Reiter auf dem nackten Pferderücken oder auf einer Decke, dann befürworte ich nicht einen Sitz, als säße der Mann auf einem Stuhl. Er sollte vielmehr so sitzen, als stünde er aufrecht, mit gespreizten Beinen. Denn so wird er einen besseren Oberschenkelschluß auf dem Pferd haben und zugleich, weil aufrecht, auch seinen Speer kraftvoller schleudern und nötigenfalls vom Pferd aus bessere Schläge führen können. Er muß vom Knie abwärts Unterschenkel und Fuß lose herabhängen lassen. Hielte er nämlich das Bein steif, könnte er, falls es an etwas anstößt, brechen. Ein locker gehaltenes Bein dagegen würde bei einem Anstoß nachgeben, ohne den Oberschenkel in Mitleidenschaft zu ziehen. Auch sollte sich der Reiter daran gewöhnen, den Körper oberhalb der Hüften möglichst geschmeidig zu halten. Hierdurch erreicht er nicht nur größere Aktionsfreiheit, sondern er riskiert auch weniger, vom Pferd zu fallen, falls ihn jemand hinunterziehen oder -stoßen will. Das Pferd muß so abgerichtet werden, daß es still steht, wenn der Reiter aufsitzt, bis er unter sich die Kleidung zurechtgezogen, nötigenfalls die Zügel ausgeglichen und den Spieß richtig gefaßt hat.

All dies soll den bleibenden Wert des Werks nicht herabsetzen, sondern bloß darauf hinweisen, daß solche Unterschiede ihre praktische Bedeutung haben. Auch ist das Ziel nicht ganz gleich wie bei Newcastle, Pluvinel oder den Neapolitanern. Das ist auf den politischen Hintergrund zurückzuführen. Die Reitlehrer der Renaissance und deren Nachkommen halten immer die Gegenwart eines Zuschauers für möglich, der – wie in einem anderen Abschnitt dieses Buchs gezeigt wird – in der königlichen Loge sitzt: *Il Principe* im Sinne Machiavellis, der Mann, den Xenophon einen Tyrannen nennen würde. Es gehörte nicht zu Xenophons Absicht, solchen Zuschauern Unterhaltung oder Vergnügen zu bieten. Er unterrichtet, wie man eine Bürgerpflicht (unbezahlten Dienst bei der berittenen Waffe einer Republik wie Athen) wirkungsvoll und elegant ausübt.

Im 16. Jahrhundert lebte das Interesse an wissenschaftlicher Reitkunst wieder auf, es kam in der Einrichtung von Gian Battiste-Pignatellis Reitakademie in

114. Die Anatomie und die Proportionen des Pferdes wurden ebenso wie die Reitkunst in der Renaissance zu interessanten Themen. Diese Illustration stammt aus Carlo Ruinis »Anatomie und Krankheiten des Pferdes«, 1598, die früheste Serie von anatomischen Stichen, die es gibt.

Neapel zum Ausdruck sowie 1561 in der Veröffentlichung des ersten Buchs über die Reitkunst in der Renaissance, Federico Grisones *Gli Ordini de Cavalcare* (»Die Regeln der Reitkunst«).

Grisons Methode wurde von Salamon de la Broue nach Frankreich gebracht und durch den Reitlehrer Ludwigs XIII., Antoine de Pluvinel, weiter entwickelt. William Cavendish, Herzog von Newcastle (1592-1676) veröffentlicht dessen *Instruction du Roi* nach seinem Tod, im Jahre 1629. Seine *Nouvelle Méthode* wurde zuerst in französischer Sprache geschrieben und später unter dem Titel *A General System of Horsemanship in All Its Branches* (Eine allgemeine Methode der Reitkunst in allen ihren Zweigen) ins Englische übersetzt. Die Pflege der Hohen Schule wurde in dem 1733 erschienenen Werk »Ecole de cavalerie« von François Robichon de la Gueriniѐre (1687–1751) fortgesetzt. Sie herrschte bei dem Unterricht der Reitkunst, einschließlich der Kavallerieschulung, auch weiterhin vor, mit Abänderungen durch Graf Antoine d'Aure (1799–1863), François Baucher (1796–1873) und James Fillis bis zu der Revolution im Reitstil durch Caprilli in den ersten Jahren des 20. Jahrhunderts.

LA GUERINIÈRE ÜBER DIE TERMINOLOGIE DER REITKUNST

Nichts als das Verständnis der ihr eigentümlichen Fachausdrücke trägt mehr zur Kenntnis einer Kunst oder Wissenschaft bei. Die Reitkunst besitzt deren viele, die für sie typisch sind.

Manége hat (in der französischen Sprache) zwei Bedeutungen: der Ort, an dem Pferde zugeritten werden, und die Übungen, die sie ausführen. (Im Englischen wurden von La Gueriniѐres Zeitgenossen beide Bedeutungen durch das Wort *manage* wiedergegeben.)

Gang nennt man die schöne Haltung, die ein Pferd in verschiedenen Schrittarten haben soll. Das Wort bezeichnet auch den richtigen Rhythmus oder das Ebenmaß jeder Bewegung, die es bei jeder Gangart (amerikanisch *gait*), ob sie natürlich oder erlernt ist, ausführt. Darauf wollen wir später noch zurückkommen.

Handwechsel ist die Aktion der Beine eines Pferdes beim Schrittwechsel, um beim Galopp mit dem linken oder dem rechten Vorderbein zuerst auszuschreiten. Dieser Ausdruck stammt von den Reitmeistern der früheren Zeit. Sie benannten die Körperteile des Pferdes

115. Studie der Hinterhandflexion aus einer Reihe von Anatomie- und Proportionsstudien des Pferdes von Leonardo da Vinci.

116. Die Pferdehalle im Palazzo del Té zu Mantua. Diese *trompe l'oeil*-Pferdeportraits stammen entweder von Giulio Romano oder von Mitarbeitern seiner Werkstatt und sind in ihrer stereoskopischen Wirkung die realistischsten Darstellungen der berühmten, im Besitz der Gonzaga-Dynastie befindlichen und von ihr gezüchteten Pferde. Man sieht, daß sie ihren andalusischen Vorfahren viel zu verdanken haben. Heinrich VIII. machte sich die Mühe, einige dieser Pferde zu kaufen, und sie dürften viel zu den Vorfahren der ursprünglichen Königlichen Stuten und damit des Vollbluts beigetragen haben.

nach denen des Menschen, indem sie Nase und nicht Nüstern, Kinnladen und nicht Ganaschen sagten. So hieß es bei ihnen auch Vorderhand und nicht Vorderbein. Handwechsel ist also der Beinwechsel. (Dieser Sprachgebrauch wurde bei keinem anderen Tier verwendet.) Üblicherweise zeichnet Handwechsel auch den Weg, den das Pferd beim Durchqueren der Manege vor dem Schrittwechsel zurücklegt ...

Hilfen verwendet der Reiter als Mittel, um das Pferd in Gang zu bringen und ihm zu helfen. Sie bestehen aus verschiedenen Hand- und Beinbewegungen.

Anlehnung ist die durch das Halten des Zügels in der Hand des Reiters hervorgerufene Empfindung und ebenso die durch die Zügelhand an den Trägern im Maul verursachte Empfindung. Es gibt Pferde ohne Anlehnung und andere, die zuviel davon haben, aber auch solche mit der richtigen Anlehnung. Keine Anlehnung haben die Pferde, die sich vor dem Gebiß fürchten und keinen Druck auf die Träger vertragen. Sie wehren sich deshalb, wie bereits erwähnt, gegen die Hand. Zuviel Anlehnung haben jene Pferde, die sich auf die Hand legen. Die richtige Anlehnung, die das beste Maul ergibt, hat das Pferd, wenn es im Gebiß ruhig, leicht und sanft ist, ohne sich auf die Hand zu legen oder sich gegen sie zu wehren. Diese drei Eigenschaften machen das Pferd mit dem idealen Maul aus und entsprechen denen der Reiterhand, die leicht, sanft und doch fest sein soll.

Unter *Versammlung* eines Pferdes versteht man eine Verkürzung seines Gangs oder der Gangart, die es ausführt, ein vermehrtes Untersetzen der Hinterbeine. Das erfolgt durch sanftes Zurückhalten der Vorderhand mit der Zügelhand und Untersetzen der Schenkel mit den Waden, so daß das Pferd zwischen Vorderhand und Hinterhuf gehalten wird.

118. Zeichnung von George Stubbs für sein im Jahre 1766 veröffentlichtes Buch »Anatomie des Pferdes«, die klassische, unübertroffene Studie über dieses Thema.

117. Der übliche Heukarren der flämischen Landbevölkerung, gemalt von Rubens (Ausschnitt aus »Das Schloß von Steen«).

119. Heroische Reiterstatue Cosimos de' Medici, eines der hervorragendsten Kriegsherren seiner Zeit. Das Pferd zeigt eine bemerkenswerte Ähnlichkeit mit dem des Reiterstandbildes Kaiser Marcus Aurelius' (Bild 70), das ein viel bewundertes Vorbild war.

120. Pferd im Paßgang von Antonio Susini, um 1600–1624. Kritiker aus dem 18. Jh. und später, die nur das trabende und galoppierende Pferd kannten, bezeichneten solche Darstellungen als unrealistisch; in Wirklichkeit ist sie jedoch eine naturgetreue Wiedergabe einer Phase des Paßganges.

Innen und außen ist ein mitunter anstatt rechts und links verwendeter Ausdruck für die mit der Hand oder dem Bein zu erteilenden Hilfen sowie die Bewegungen der Beine des Pferdes entsprechend der Hand, auf der es geht. Zum besseren Verständnis muß man wissen, daß die früheren Reitmeister (écuyers) ihre Pferde stets im Kreis arbeiten ließen. Der Mittelpunkt des Kreises, um den sie sich bewegten, bestimmte, auf welcher Hand sie gingen. Bei einem Pferd, das die Kreisbahn im Uhrzeigersinn beschrieb, wurden also der Zügel, das Bein und die Ferse des Reiters sowie die Beine des Pferdes, die dem Mittelpunkt näher waren, als »inneres« Bein, Zügel usw., gleichbedeutend mit rechtes Bein usw., bezeichnet. Dann waren der linke Zügel, das linke Bein außen. Ebenso werden bei einem Pferd, das entgegen dem Uhrzeigersinn geht, Zügel und Bein, die dem Mittelpunkt zugewandt sind, also der linke Zügel und das linke Bein, als innerer Zügel und Bein bezeichnet. Den rechten Zügel und das rechte Bein nennt man dagegen äußeren Zügel und äußeres Bein. Heutzutage jedoch haben wir viereckige Reithallen und -bahnen. Sie sind von Mauern oder Zäunen umgeben, und verständlicherweise verstehen wir unter »außen« die Seite nächst der Mauer. Ist die Mauer links vom Reiter, so sagt man, er reitet auf der rechten Hand, dann sind linker Zügel und linkes Bein außen und die inneren dem Mittelpunkt der Reitschule zugewandt. Ist die Mauer an der rechten Seite des Reiters, so geht dieser auf der linken Hand: der rechte Zügel und das rechte Bein sind außen, und daher der linke Zügel und das linke Bein innen. Ich mußte das so eingehend erklären, weil viele Leute diese Begriffe verwechseln. Um jedoch deutlicher zu sein, sagt man rechts und links, was einfacher ist, ob man nun von den Beinen des Pferdes oder des Reiters oder von den Zügeln spricht.

(Ich habe diese verwickelte Erklärung nicht durch Verwendung der Wörter »entfernter« und »näher« für rechts und links noch weiter kompliziert. Im 16. Jahrhundert wurden in England die Pferde für die Hohe Schule im Kreis eingeritten. Manche Autoren aus König Jacobs Zeit, dem ersten Viertel des 17. Jahrhunderts, sprechen demgegenüber noch von der Arbeit im »Ring«. Schon das allein zeigt, daß die Zirkustraditionen konservativer sind als die der »edlen« Reitkunst. Sie sind nämlich enger mit dem Ritual eines alten Sonnenkults verwachsen, mit dem die Pferde in nahen Zusammenhang gebracht werden. Es ist hier nicht der geeignete Ort, für meine Theorie, der zufolge Stonehenge die statische Darstellung einer Prozession von Pferden (mit oder ohne Reiter?) zu Ehren der Sonne versinnbildlicht, aber die Parade von Pferden in einem Kreis *ist ein in der Bronze- und Eisenzeit häufiges Thema der rituellen Kunst.)*

SCHULEN AUF DER ERDE

Diese »niederen« Schulen, die auf der Erde oder nah davon ausgeführt werden, sind die Passage, die Piaffe, der Schulgalopp, der Handwechsel, die Volte, die halbe Volte, die Passade, die Pirouette und das Terre-à-Terre.

Die meisten dieser Bezeichnungen stammen aus dem Italienischen, weil die Italiener die Erfinder der Regeln und Prinzipien dieser Kunst waren.

Die *Passage* hieß früher französisch *passege,* vom Italienischen *passegio,* Spaziergang oder Prozession. Es ist ein ausbalancierter Schritt oder Trab im richtigen Tempo. Bei dieser Übung muß das Pferd wie beim Trab ein diagonales Beinpaar in der Luft halten. Es muß sich aber verkürzen und die erhobene Beindiagonale länger und höher halten als bei gewöhnlichem Trab, so daß zwischen jedem Schritt, den es macht, nicht mehr Entfernung als ein Fuß liegt. Der in der Luft befindliche

Fuß sollte also in etwa 30 cm Entfernung vor dem auf dem Boden befindlichen aufgesetzt werden.

Piaffieren. Wenn ein Pferd die Passage auf der Stelle ausführt, ohne vor- oder zurückzugehen oder sich zur Seite zu bewegen, seine Beine in anmutiger Aktion hochhebt und abbiegt, so piaffiert es. Dieser überaus edle Gang war bei Reiterturnieren und -festen am beliebtesten. Noch heute wird er in Spanien hochgeschätzt, und die spanischen Pferde ebenso wie die von Neapel sind dafür besonders geeignet.

Schulgalopp. Sehr ruhig, gut versammelt, kurze Schritte der Vorderhand, volle Aktion der Nachhand, das heißt, ohne sie nachhinken zu lassen, so daß durch die Gleichmäßigkeit jedes Sprunges das rhythmische Schwingen erreicht wird, das die Zuschauer entzückt und auch dem Reiter Vergnügen bereitet.

Volte. Auch das ist ein italienischer Ausdruck für einen Kreis, einen Ring oder Zirkel. Die Italiener nennen den von einem Pferd beschriebenen Kreis, nur auf einer Spur gegangen, eine Volte. Sie bezeichnen das, was wir in Frankreich Volte nennen, als *Radoppio.* Bei uns bedeutet nämlich Volte das Seitwärtsgehen auf zwei Spuren, wobei das Pferd zwei konzentrische Kreise oder ein Viereck mit abgerundeten Ecken beschreibt . . .

121. »Die Levade«, sich bäumendes Zirkuspferd, von Toulouse-Lautrec.

Terre-à-Terre. Seine Lordschaft, der Herzog von Newcastle, definiert das Terre-à-Terre richtig als einen Galopp im Zweiertakt auf zwei Spuren. Bei dieser Aktion hebt das Pferd die beiden Vorderbeine zugleich und fußt sie zugleich auf. Dann folgen die Hinterbeine und begleiten die Vorderbeine, so daß gewissermaßen eine Reihe von kurzen niedrigen Sprüngen sehr nah von der Erde, mit ständiger seitlicher Vorwärtsbewegung, zustande kommt.

Obgleich das Terre-à-Terre mit Recht zu den Schulen auf der Erde gezählt wird, weil es so nah der Erde ausgeführt wird, so ist es doch die Schule, welche als Grundlage für alle Schulen über der Erde dient, weil alle Sprünge gewöhnlich im Zweiertakt wie beim Terre-à-Terre ausgeführt werden.

SCHULEN ÜBER DER ERDE

So werden alle Schulen genannt, bei denen das Pferd die Erde mehr verläßt als beim Terre-à-Terre. Es gibt deren sieben, und zwar die Pesade, das Mézair, die Kurbette, die Kruppade, die Ballotade, die Kapriole, der *Pas et Saut.*

Pesade. Das ist eine Schule, bei der das Pferd auf der Stelle, ohne sich vorwärts zu bewegen, die Vorhand vom Boden abhebt und dabei die Hinterbeine, ohne sie zu bewegen, auf dem Boden läßt. So geht es mit seinen Hinterbeinen nicht, wie in allen anderen Schulen, mit. Diese Übung wird zur Vorbereitung des Pferdes verwendet, damit es freier springt und seine Vorhand kontrollieren lernt . . .

Mezair. Das heißt »Halb-luft« (ital. mezzo = halb). Es ist ein Sprung, der, wenngleich zu den Schulen über der Erde gezählt, nur wenig anders ist als ein Terre-à-terre, jedoch weniger gemessen und mit mehr Raumgewinn nach vorne als die Kurbette. Der Name ist darauf zurückzuführen, daß er ein Mittelding zwischen den beiden genannten Sprüngen kennzeichnet. Deshalb nennen ihn manche Reitmeister auch Halbkurbette, eine ziemlich richtige Beschreibung der bei dieser Schule von dem Pferd ausgeführten Bewegung.

Kurbette. Bei diesem Sprung erhebt sich das Pferd vorne höher, er ist eine länger dauernde und höhere Version des Mezair, bei der die Hinterhand im Augenblick, da die Vorhand den Boden berührt, in niedriger, aber eleganter Aktion in einem Sprung nachfolgt.

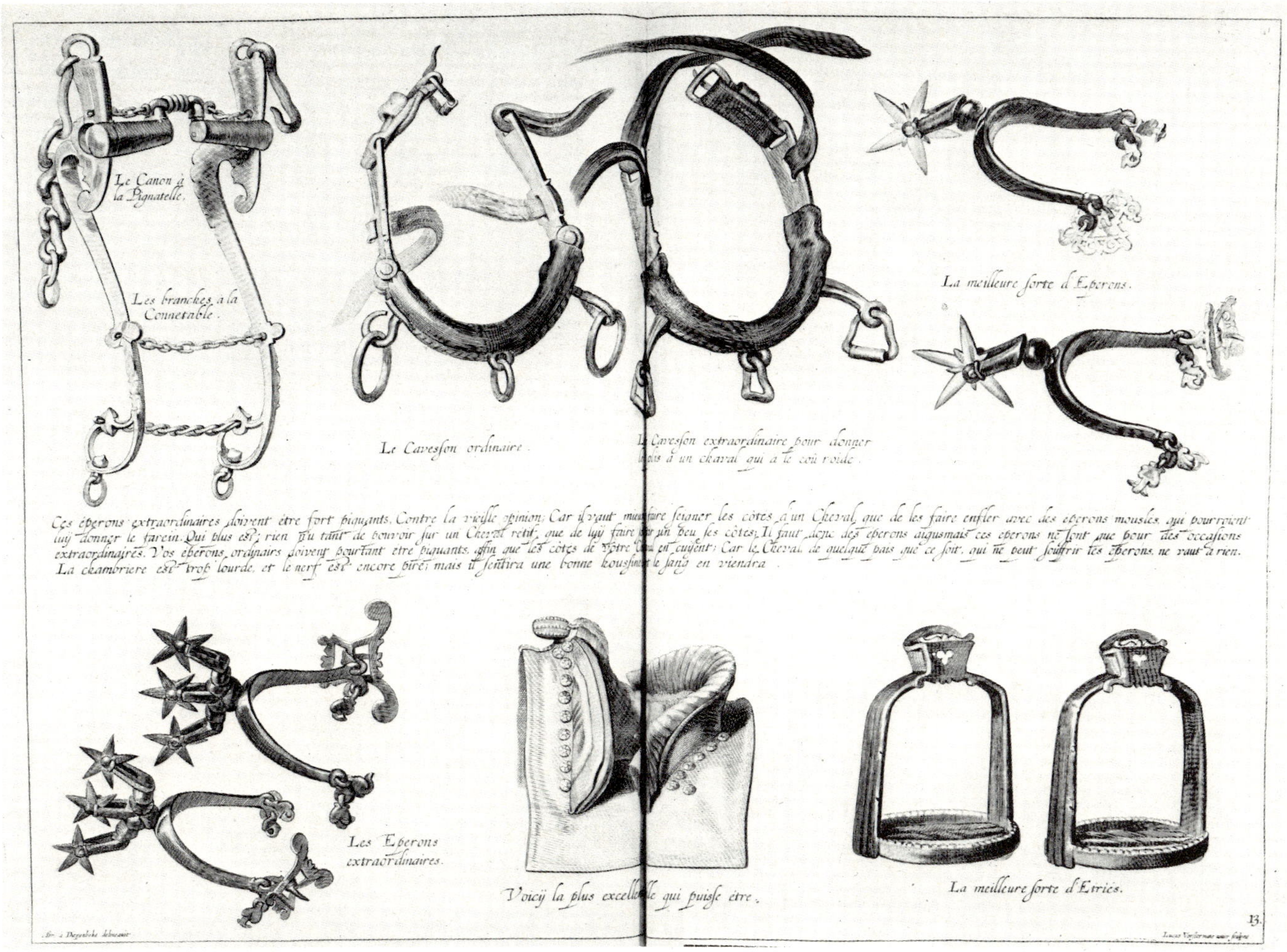

122. »Wenn ein Pferd, gleichgültig aus welchem Land, die Sporen nicht erträgt, ist es nichts wert«. Das von dem Herzog von Newcastle gebilligte Sporenmodell sowie die von ihm empfohlene Form von Sattel, Steigbügeln und Kappzaum.

Kruppade. Dieser Sprung ist vorne und hinten höher als die Kurbette. Dabei zieht das Pferd, während es in der Luft ist, die Hinterbeine unter dem Bauch an und hält sie auf der gleichen Höhe wie die Vorderbeine.

Ballotade. Bei diesem Sprung sind alle vier Beine in gleicher Höhe in der Luft. Die Hinterbeine, zum Ausschlagen bereit, ohne jedoch, wie bei der Kapriole auszuschlagen, sind so am Körper angezogen, daß – von hinten betrachtet – die Hufeisen zu sehen sind, anstatt wie bei der Kruppade unter dem Bauch angezogen zu werden.

Kapriole. Das ist der höchste und vollendetste aller Sprünge. Während das Pferd sich, in seiner ganzen Länge waagerecht, in der Luft befindet, schlägt es aus, es »streicht«, gewissermaßen als wollte es sich entzwei reißen, so daß seine Hinterbeine wie Pfeile herausschießen. Früher nannte man das »die Achselschnur knüpfen«.

Man beachte, daß diese letzten drei Schulen, Kruppade, Ballotade und Kapriole, sich voneinander dadurch unterscheiden, daß das Pferd bei der Kruppade, am höchsten Punkt seines Sprungs, seine Hintereisen nicht sehen läßt, sondern sie im Gegenteil unter dem Bauch anzieht. Bei der Ballotade zeigt es die Hintereisen, als wäre es zum Ausschlagen bereit, streicht aber nicht, während es bei der Kapriole mit aller Kraft ausschlägt.

Der Pas et Saut besteht aus drei Aktionen: zuerst ein verkürzter Galopp oder Terre-à-terre, dann eine Kurbette und als drittes eine Kapriole, dann das Ganze nochmals. Pferde, die nicht kräftig genug sind, die Kapriole zu wiederholen, machen diesen Sprung aus eigenem Antrieb. Sogar die stärksten Springer machen ihn, wenn sie müde werden, um die Anstrengung zu verringern und mehr Zeit für den Sprung zu gewinnen.

Ecole de Cavalerie, 1733.

DIE HOHE SCHULE DER REITKUNST

Alle hier von La Guerinière beschriebenen Übungen werden vom *Cadre Noir* von Saumur ausgeführt, und in der ganzen westlichen Welt absolvieren Anhänger der Dressur, wie sie heute genannt wird, feierlich und mit ernster Miene die wesentlichen Grundübungen der klassischen Reitkunst. Das Vokabular ist praktisch überall das gleiche wie in La Guerinières Lehrbuch. Die Ausübung der klassischen Reiterei in England führte seit der Zeit Jakobs I. zum Entstehen eines sehr beträchtlichen Sprachschatzes von *franglais.* In dem Zauberkreis, der, wie das obige Zitat zeigt, seit etwa dem Jahre 1600 ein Rechteck ist, wird er noch immer angewandt.

123. Aus La Guerinières »Ecole de Cavalerie«. Künstliche Gangarten: Schulen auf der Erde. Passage, Galopade, Volte, Pirouette, Terre-à-Terre, Mezair.

124. Aus La Guerinières »Ecole de Cavalerie«.
Künstliche Gangarten: Schulen über der Erde.
Pésade, Courbette, Croupade, Balotade, Capriole.

125, 126. Pluvinel, Ludwigs XIII. Reitlehrer, ist der französiche Lehrer, der dem Herzog von Newcastle unter den englischen Instruktoren am nächsten kommt. Im ersten dieser beiden Bilder wird er beim Unterricht gezeigt; er ist der Mann hinter und unmittelbar rechts vom Schüler.
Im zweiten Bild trägt das Pferd links die von La Gueriniére als nützlich beschriebenen Augenbinden. Die Gestalt in der rechten äußersten Ecke ist der sechzehnjährige König.

Wir können hier nicht von der westlichen Welt sprechen, das ist unrichtig, denn die Reitkunst wird in Japan und auch in Osteuropa – hier war sie lange fremd – betrieben. Überall jedoch ist der Wortschatz im wesentlichen französisch mit Spuren von italienisierten Formen, wie La Guérinière zeigt. Die Kunst an sich ist ja neapolitanischen Ursprungs. Und diese Neapolitanismen sind ihrerseits ein Italienisch von leicht spanischer Färbung, da die neapolitanische Schule der Reitkunst erst unter der Herrschaft der spanischen Monarchie zum Blühen gelangte. Die ersten Lehrer in Neapel waren Spanier, und das in den Reitschulen arbeitende neapolitanische Pferd war nichts anderes als das alte, verläßliche, mit einem Erzieher ausgestattete andalusische Modell.

»Entzückt die Zuschauer und bereitet dem Reiter Vergnügen«, sagt der Meister. Gemeint ist damit, daß die Passade zum Beispiel ein Hin- und Herreiten vor der Königlichen Loge gegenüber dem Mittelpunkt der Arena darstellt. Die *Reprise* ist das ständige Proben für die Galavorstellung in Gegenwart des Allerchristlichen Königs, des Allerkatholischsten Fürsten, der Allerlutheranischsten Königin oder zumindest vor einem hohen Adeligen.
Der Adel war es, der diese edle Reitkunst förderte.

In Wien wurde der 1572 zum ersten Mal erwähnte »Spainische Reitsall« auf Anregung Karls VI. 1729–1735 von Fischer von Erlach zu dem heutigen Bau der Spanischen Hofreitschule (Abb. 147) umgestaltet. Für diese berühmte Pflegestätte der Hohen Schule hatte Erzherzog Karl 1588 in Lipizza bei Triest ein Hofgestüt eingerichtet, in dem Pferde spanischen Ursprungs gezüchtet wurden. Schon sein Vater, Kaiser Ferdinand I., hatte in Kladrub an der Elbe in Böhmen 1562 ein Gestüt mit Zuchtpferden aus Andalusien gegründet. Heute kommen die Lipizzaner für die Spanische Reitschule in Wien aus dem Staatsgestüt in Piber in der Steiermark. Bekannte Stallmeister in Wien waren Weyrother und sein Schüler L. Seeger. In Deutschland war die Coburger Reitschule berühmt. Bekannter deutscher Stallmeister war L. Hünersdorf in Kassel.

DAMENSATTEL

Amazone war der französische Ausdruck für eine im Damensattel reitende Frau und auch für ihr Reitkleid. Vom sprachlichen Standpunkt könnte er nicht unpassender sein. Die griechische Quelle, welche die ursprüng-

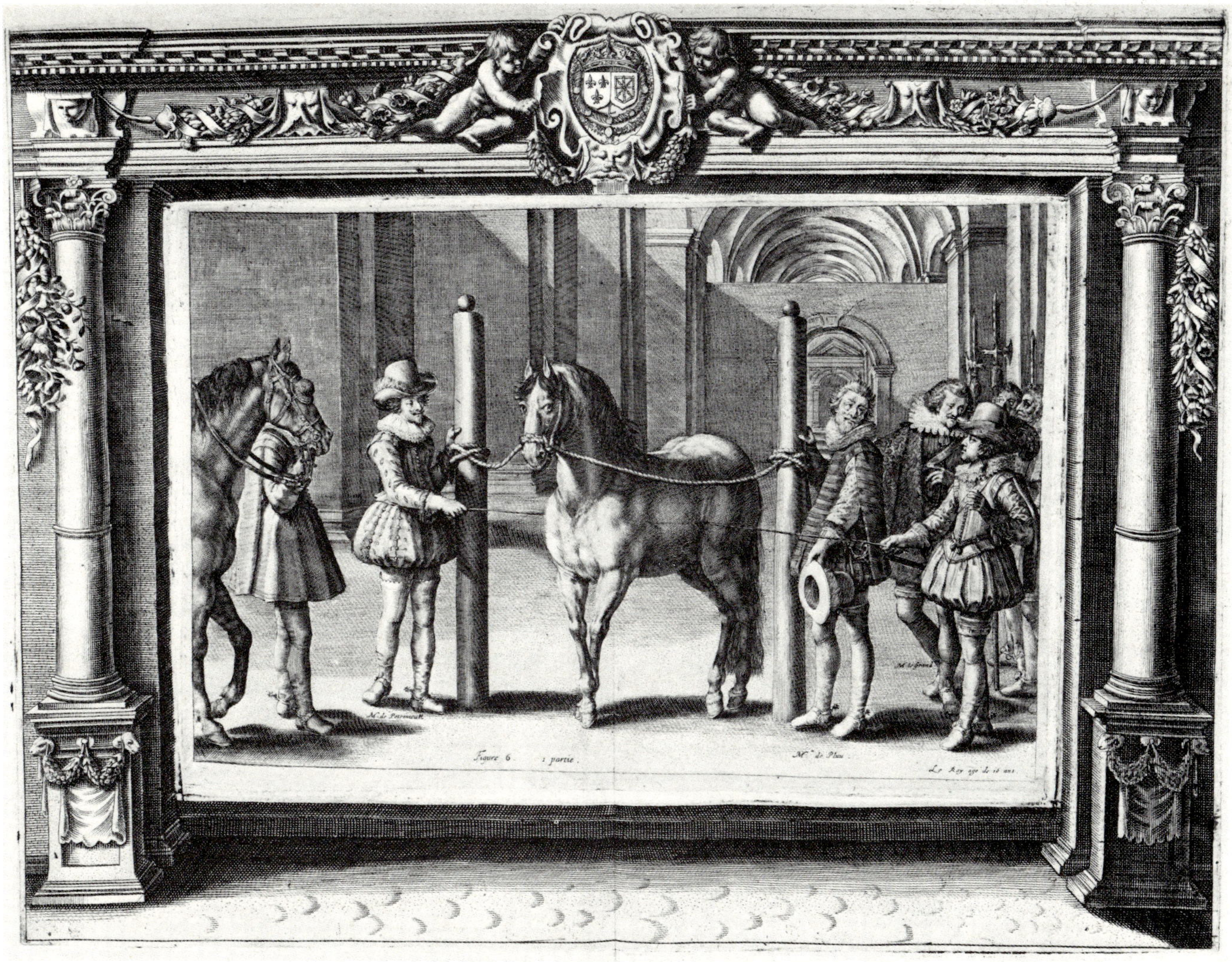

lichen Amazonen beschreibt, deutet nicht darauf hin, daß sie irgendwie anders ritten als die Männer, höchstens vielleicht besser. In der reichhaltigen Unterrichtsliteratur für diese Kunst aus der viktorianischen Zeit (oder dem Zweiten Kaiserreich oder der Wilhelminischen Periode – je nachdem, um welches Land es sich handelt) zeigt nicht die Reiterin, sondern der Autor das gequälteste Verhalten. Besonders im Englischen herrscht die Schalkhaftigkeit vor. Die Worte »Frau« oder »Mädchen« kommen nur selten vor; meist spricht man von der »Dame«, der »lieblichen Reiterin«, dem »zarteren Geschlecht« und dergleichen. Es ist dies auch bei weitem der klassenbewußteste Zweig der Reitliteratur. In ihm spiegelt sich die Tatsache wider, daß das Reiten (das praktisch ausschließlich im Damensattel betrieben wurde) Mitte des 19. Jahrhunderts den Frauen der Oberklasse oder solchen, die sich dafür hielten, vorbehalten war. Die Frauen von Landwirten oder Geschäftsleuten wurden immer weniger im Sattel gesehen. Sie benutzten statt dessen die neu eingeführten leichten Fahrzeuge, wie Zweisitzer und »Gigs«. So war auch zugleich das Problem gelöst, was man mit dem Einkaufskorb tun sollte.

Bezeichnend dafür ist einer der ersten Absätze in dem Buch »Das Pferd und wie man es reiten soll« von John Butler aus dem Jahre 1861, das für »junge Reiter«, nicht aber für Kinder geschrieben wurde:

»Nichts beweist so sehr die Beliebtheit der Reitkunst und deren Wichtigkeit bei der Erziehung eines Gentleman als die bekannte Tatsache, daß Seine Königliche Hoheit der Prinz von Wales einer der gewandtesten und elegantesten Reiter der heutigen Zeit ist.«

In dem Abschnitt von Butlers Werk mit dem Titel »Damenreiten« lesen wir: »... wenn es übertrieben wird, hört es auf, eine einer Dame würdige Leistung darzustellen; zum Beispiel ist Jagdreiten kaum der richtige Platz für eine junge Dame.« Der Grund hierfür war die unvergessene Teilnahme der Mätressen von vornehmen Herren an Jagden zur Zeit der »Regentschaft« im zweiten Jahrzehnt des 19. Jahrhunderts. Das gilt aber auch für die Anwesenheit jener Art von *poules de luxe,* wie sie im Roman durch Surtees' Lucy Glitters und im wahren Leben durch »Skittles« (Catherine Walters) verkörpert wurden, einer Dame, die bis zum Jahre 1922 lebte und vormals das Bett des oben erwähnten »gewandten und eleganten Reiters« sowie des späteren Napoleon III. und Wilfried Scawen Blunts geteilt hatte.

Nirgends ist der Klassenunterschied so deutlich wie beim Auf- und absitzen vom Damensattel:

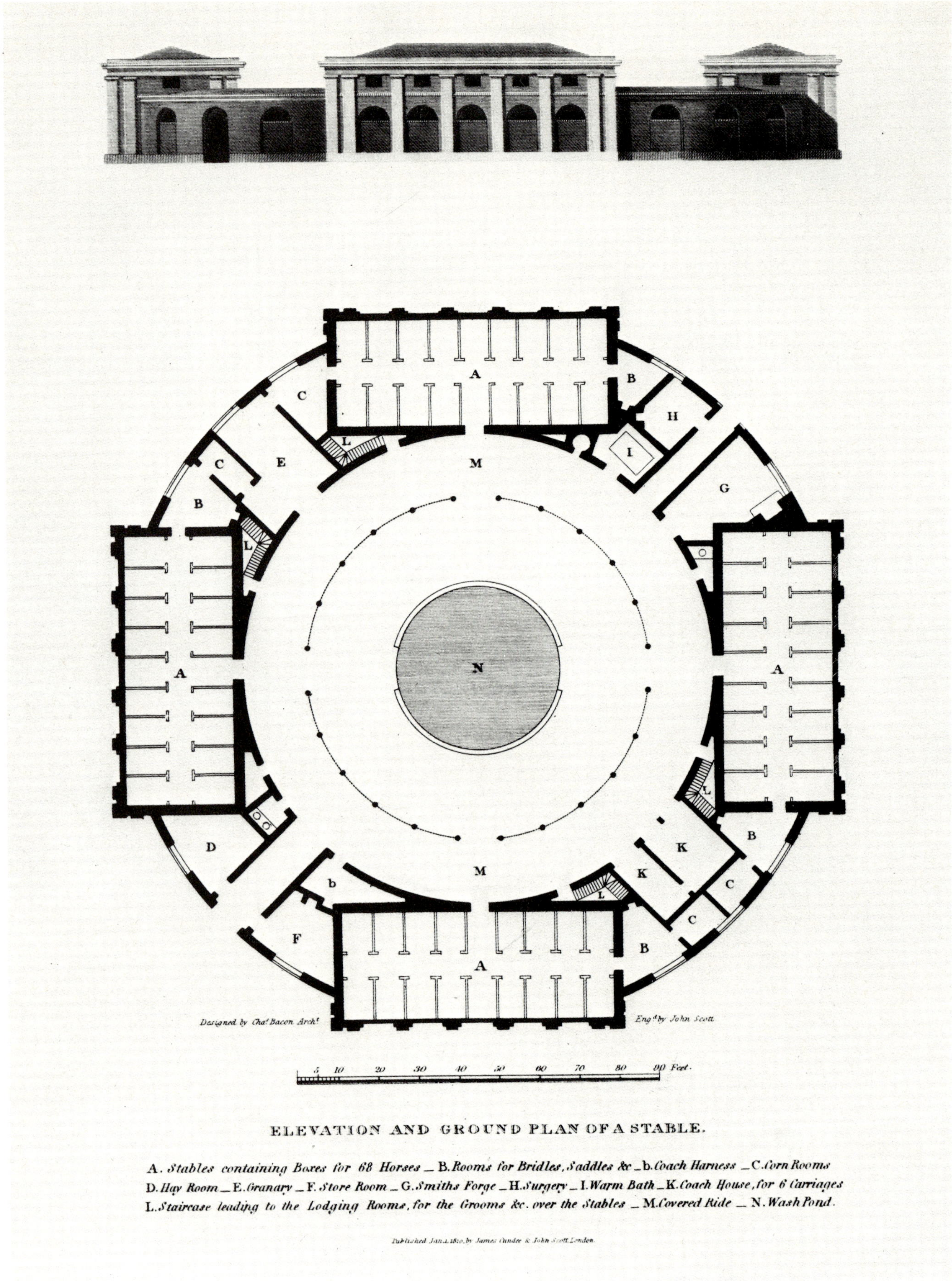

127. Vornehmer Stall im 18. Jh.; er enthält, statt einer gesonderten Reithalle eine gedeckte, runde Arkadenreitbahn.

AUF- UND GRUNDRISS EINES STALLES:
A. Ställe mit 68 Pferdeboxen – B. Räume für Zaumzeug, Sättel usw. – b. Kutschengeschirr – C. Getreidekammern – D. Heukammer – E. Kornkammer – F. Vorratskammer – G. Schmiede – H. Operationsraum – I. Warmbad – K. Kutschenhaus für 6 Wagen – L. Treppe zu den über den Ställen liegenden Wohnräumen für Stallknechte u.a. – M. Gedeckte Reitbahn – N. Waschteich.

»Es gibt wenige Gentlemen, die, wenn sie viel in Gesellschaft verkehrten, nicht manchmal Gelegenheit hatten, einer Dame in den Sattel zu helfen, und ich kenne nichts so Ärgerliches für einen Gentleman als dabeistehen und zusehen zu müssen... So oft ein Gentleman dieser zu jeder Zeit angenehmen Pflicht ungezwungen und elegant nachzukommen versteht, werden seine Dienste von der Dame stets höchlich gewürdigt, und das sind Dienste, die jeder Gentleman sehr leicht und passend erstreben kann ...«

Leider erforderte das Aufsitzen in den Damensattel, außer für die athletische und geübte, langbeinige Frau, eine enge körperliche Berührung mit einem Helfer, und zwar einem männlichen Helfer. Daher:

»Um einer Dame in den Sattel zu helfen, sollen zwei Männer in Bereitschaft stehen: einer (zumeist der Reitknecht) neben dem Kopf des Pferdes, während der Gentleman die angenehmere Funktion des *cavaliere servente* ausübt, der Dame beim Aufsitzen zu helfen ... Der Herr ordnet die Zügel der Trense und legt sie der Dame in die rechte Hand; er steht dann mit der linken Schulter vorne, doch nahe der Schulter des Pferdes; wenn die Schöne gewichtig oder ein wenig träge ist, wird er wahrscheinlich beide Hände brauchen, um sie hochzuheben; in diesem Fall muß er die Finger seiner Hände ineinander verflechten, um den Fuß der Dame mit den Innenflächen beider Hände aufzunehmen.«

Im großen ganzen gab es dabei keine sehr gute Ausbildung, weder im Druck noch in der Praxis, weil nur wenige männliche Lehrer jemals selbst im Damensattel geritten sind. Das beste Buch über das Thema (*The Horsewoman,* 1893) wurde von Alice Hayes geschrieben und enthält keinerlei läppisches Zeug. Ihre Einstellung zum Jagdreiten für Frauen ist positiv und praktisch:

»Solange sie ihr Pferd nicht einwandfrei in der Hand hat, sollte sie sich auf die Hasenjagd beschränken, denn

128. Alle von La Gueriniere beschriebenen Übungen sind in großartigen Kupferstichen zu der »Neuen Methode« des Herzogs von Newcastle illustriert. La Gueriniere hatte für den englischen Herzog so viel Respekt, wie ihn ein französischer Praktiker gegenüber einem englischen nur immer empfinden konnte. Der erste dieser zwei Stiche nach Diepenbeke für Newcastles Handbuch zeigt den Herzog, wie er Captain Mazin Unterricht in der Volte erteilt.

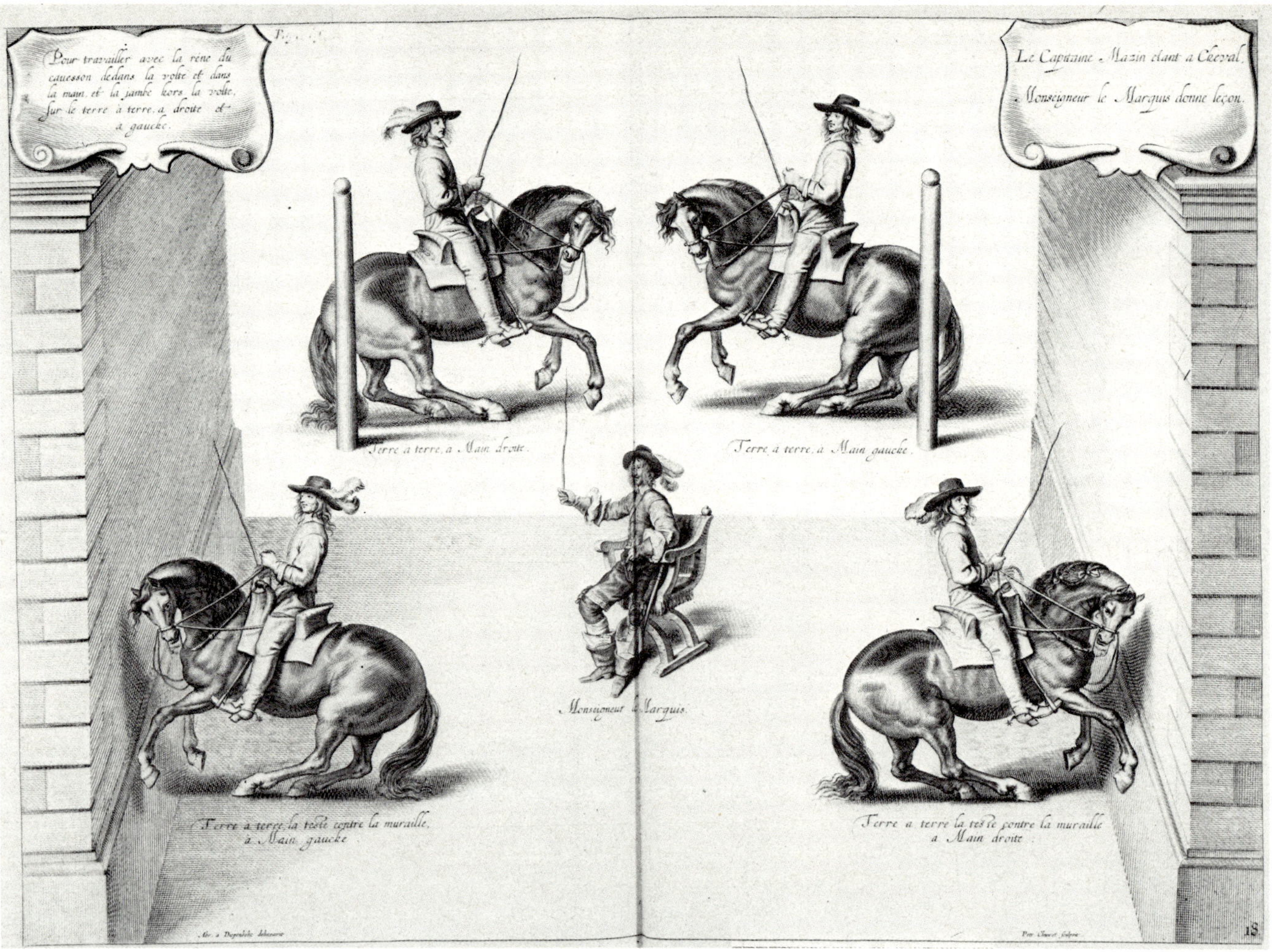

129. Der zweite Kupferstich für Newcastles Handbuch zeigt das Terre-à-Terre auf der linken und der rechten Hand, mit dem Kopf zur Wand. Die Reithalle, in der die Zeichnungen ausgeführt wurden, standen hinter Rubens' altem Haus in Antwerpen, das der im Exil lebende Newcastle von der Witwe des Künstlers gemietet hatte.

»Meister Lampe« läuft gewöhnlich im Kreis und führt seine Verfolger nicht weit fort von seinem Lager. Wenn die Anfängerin Lust bekommt, an Fuchsjagden teilzunehmen, sollte sie sich anfangs damit begnügen, nur einfach mitzureiten, und dann allmählich weiter trainieren, bis sie über die Fähigkeit und Sicherheit verfügt, an dem Sport richtig teilzunehmen. Bis dahin wird sie erkannt haben, daß es vor allem wichtig ist, richtig zu starten, seine eigene Linie zu finden und die Hunde nicht zu stören.«

Sie trat auch dafür ein, daß kleine Mädchen im Herrensitz reiten lernen sollten, bevor sie den Damensattel verwendeten. Sie machte vernünftige Bemerkungen wie: »Fast alle Frauen haben eine Vorliebe für muntere auffallende Pferde, wenn sie auch im allgemeinen wünschen, deren Feuer und Lebhaftigkeit gut im Zaum halten zu können«. Oder, was keiner ihrer männlichen Zeitgenossen zugeben wollte: »Eine junge Dame mit einer schlanken hübschen Figur wird am besten auf einem Pferd aussehen, das die Eigenschaften des Vollbluts aufweist; für eine stattliche und würdevolle Dame hingegen paßt am besten ein Gewichtsträger vom Schlag eines Hunters oder ein kluger Cob.« – »Frauen, die gleiche Gelegenheiten zur Erlernung des Reitkunst hatten wie Männer, reiten ebenso gut wie sie. In der Regel jedoch bekommen sie nicht die Chance, hervorragend zu werden, auch werden sie nicht dadurch gefördert, daß man ihnen lieb- und rücksichtslos unangenehme Wahrheiten sagt ...« – »... ein Mädchen mit einer netten, schlanken Figur wird, wenn sonst alles gleichwertig ist, besser reiten als ein beleibtes ...« – was daran mahnt, daß trotz des während des größten Teils des 19. Jahrhunderts geltenden ästhetischen Ideals zur Zeit Viktorias die meisten englischen Frauen, die sich genügend Essen leisten konnten, mehr oder weniger korpulent wurden.

Aber Alice war eine bemerkenswerte Frau. Sie war gegen Ende jener Zeit eine »zarte Bereiterin« im buchstäblichen Sinn, als diese Bezeichnung gewöhnlich »Hure zu Pferd« bedeutete. Bevor sie Captain Horace Hayes heiratete, einen Veterinär, der auch ein erfolgreicher und fruchtbarer Schriftsteller über praktische Reiterei und Reitkunst war, diente sie als medizinische Missionarin in indischen Leprakrankenhäusern. Sie war und ist die einzige Frau, die jemals beim Reiten im Damensattel auf einem Zebra fotografiert wurde. Wir bedauern, daß dieses Veteranenfoto in seiner achtzigjährigen Halbtonform jetzt zu unscharf ist, um hier wiedergegeben zu werden.

James Fillis, ein wichtiges Glied in der ununterbrochenen Folge von Reitmeistern auf höchster Ebene, war lange Zeit Reitlehrer in der Kaiserlichen Russischen Armee. Neben den Kosaken, die ihre Reittechnik ebenso

130. Königin Margarete von Österreich im Damensattel auf einem andalusischen Schecken, gemalt von Velasquez. Die Scheckenfarbe wurde aus der andalusischen Rasse herausgezüchtet.

131. Reiten im Damensattel im 19. Jh.: »Reiten im Bois de Boulogne« von Renoir.

wie ihre taktischen Methoden und ihre Gewandtheit im Gebrauch der Waffen tatarischen Vorbildern verdankten, verfügte die zaristische Armee über eine vollständige Kavallerietruppe in »europäischem Stil« – Husaren, Dragoner, Lanzenreiter, Kürassiere. Mit der Ausbildung dieser Kavallerie war Fillis betraut. Das Titelblatt seines bekanntesten Werks, *Principes de Dressage et d'Equitation,* 1890 in Paris herausgegeben und unter dem Titel *Breaking and Riding* ins Englische übersetzt, zeigt ihn in russischer Uniform. Wir entnehmen daraus die folgende Textstelle.

»Von den Beinen abgesehen, sollte die Dame genau so wie ein Mann im Sattel sitzen. Es wird seit einiger Zeit davon gesprochen, daß Damen im Herrensattel reiten sollen, was sie ihrer weiblichen Anmut berauben und kein nützliches Ergebnis zeitigen würde. Das Haupterfordernis für den guten Sitz eines Reiters ist fester Knieschluß, den eine Frau noch schwerer erlernen könnte, wenn sie im Herrensattel säße, weil ihre Schenkel runder und schwächer sind als die eines Mannes. Deshalb erübrigt sich eine Diskussion über dieses Thema. Damen, die im Herrensattel reiten, machen so schwere Stürze, daß sie diese Praxis bald aufgeben.

Die Schultern der Dame sollten bei allen Gangarten zu den Pferdeohren parallel sein, und das ist nur dann möglich, wenn die Hüften die gleiche Position einnehmen. Daher hängt die Haltung der Dame ganz von der ihrer

132. Nach englischem Brauch ritten die Damen im Damensattel auf der linken Seite, wie die Reiterin links auf dem Bild. Für das Pferd war es jedoch besser, abwechselnd auch rechts zu reiten, wie die Dame rechts auf dem Bild. Einige Damen, darunter die zukünftige Königin Alexandra von England, ritten aber stets auf der rechten Seite. (»Spazierritt im Bois«, Aquarell von Constantin Guys.)

Hüften ab. Beide Beine befinden sich auf der linken Seite, das rechte Bein liegt abgewinkelt über dem oberen Horn, weiter vorne und höher als das linke Bein, das ein wenig über dem Knie an die Sattelklappe gedrückt wird, wobei der linke Fuß im Steigbügel sitzt.«

Es ist angeregt worden, die Damen sollten auf der rechten Sattelseite sitzen. Englische und amerikanische Zeitungen befaßten sich mit den schlimmen Folgen für Mädchen, die nur auf einer Seite des Pferdes sitzen, und versuchten zu beweisen, daß diese Gewohnheit zu einer Rückgratverkrümmung führt. Da ich nur auf Grund von praktischen Beobachtungen zu urteilen vermag, kann ich nicht sagen, welche Wirkung es bei fünf- oder sechsjährigen Kindern verursachen würde. Aber ich habe oft Anfänger im Alter von dreizehn oder vierzehn Jahren unterrichtet und darf ganz entschieden behaupten, daß die Mädchen dieses Alters in dieser Hinsicht nichts zu befürchten haben …

Die Position der Dame auf der linken Seite des Sattels führt dazu, daß fast ihr ganzes Körpergewicht auf die rechte Seite gelagert wird. Da infolgedessen die linke Hüfte weniger belastet wird, hat die Reiterin die Tendenz, die rechte Hüfte vorzuschieben – ein Fehler, den man vermeiden sollte. Das Körpergewicht soll auf beiden Seiten gleichmäßig verteilt werden. Ebenso wie der Mann sollte die Dame in ihrem Sattel sitzen wie auf einem Stuhl, nämlich mit den Hüften und Schultern parallel zum Ohrenpaar des Pferdes. Das ist nicht nur eine Frage der richtigen Haltung, sondern gibt auch die Gewähr des kräftigen Sitzes. Das ist die Hauptsache …

Die Reiterin muß, hebt sie sich im Trab hoch, ihren Körper richtig beherrschen. Der Oberkörper macht keine Anstrengung, sondern läßt sich durch die Bewegung des Pferdes dirigieren. Der Fuß bleibt ohne Steifheit im Steigbügel, und Fessel sowie Knie fungieren nur als Gelenke. Die geringste Muskelkontraktion oder die kleinste von Fessel, Knien oder Schenkel vollführte Anstrengung gibt der Reiterin ein steifes und schwerfälliges Aussehen und ermüdet sie. Befolgt die Dame diese Regeln, so wird sie in zwei Tempi reiten, nämlich eines

133. Das Aufkommen der Springreiterin, immer noch im Damensattel. Miss Helen Prentice in den Vereinigten Staaten, 1922.

134. François Clouets Portrait König Franz' I. von Frankreich auf seinem isabellfarbenen (gelb mit schwarzen Stellen) Andalusier, dem beweglichen Thron, der für alle europäischen Monarchen viele Jahrhunderte lang *de rigueur* war.

135. Der unromantische Goya behandelt aus der Phantasie ein Thema aus dem ägyptischen Abenteuer Napoleons, das von französischen romantischen Malern, die solchen Vorfällen tatsächlich beigewohnt hatten, weniger realistisch gemalt wurde. (Ausschnitt aus »Der 2. Mai 1808; Angriff der Mameluken«).

im Sattel und eines über ihm in der Luft. Andernfalls kommt sie zu schnell nach unten, sitzt beide Tempi aus und muß unnötige und ermüdende Stöße aushalten ...

Eine Reiterin sollte über große körperliche Geschmeidigkeit verfügen. Sie kann das durch Reittraining und andere Vorübungen, am besten durch Tanzen, erreichen. Dabei spielen auch manche kleine Einzelheiten in der Kleidung eine Rolle. Ich möchte sie nun besprechen.

Die Reiterin kann sich leicht verletzen. Die geringste Falte in ihrer Kleidung kann eine Schramme verursachen. Die Dame sollte für einen langen Ritt, und schon gar für ein Jagdreiten, eine kurze, anliegende Bluse aus sehr dünnem Material tragen. Kragen und Manschetten sollten an die Bluse angenäht und nicht bloß mit Nadeln festgesteckt sein, die herausfallen oder die Trägerin verletzen könnten. Ich rate dringendst, Socken und nicht Strümpfe zu tragen, weil ein Strumpfband immer unbequem ist und ernste Wunden verursachen kann. Die Socken sollten mit einem eng anliegenden Rand aus weichem und elastischem, gestricktem oder aus Jersey hergestelltem und mit Seide oder, noch besser, sehr feinem Rehleder gefüttertem Material versehen sein. Die Hose müßte Gummistege haben und ziemlich eng sitzen, damit sie keine Falten macht. Die Stiefel sind mit seitlichem Gummizug gearbeitet, nicht mit Knöpfen, welche Wunden verursachen könnten. Ich empfehle lieber gewöhnliche als lange Stiefel, da diese zu hart sind und infolgedessen die Trägerin unter dem Knie verletzen beziehungsweise sie daran hindern können, das Pferd richtig mit dem Bein zu spüren. Das Korsett sollte sehr kurz sein. Ein langes Fischbein ist nicht nur lästig, sondern auch gefährlich. Ich hätte diese Einzelheiten nicht besprochen, hinge nicht die Kleidung der Reiterin mit ihrem festen Sitz und ihrer Bequemlichkeit im Sattel so eng zusammen. Ich habe es oft erlebt, daß Damen mit Schmerzen von einem Ritt zurückkamen und viele Tage im Liegestuhl verbringen mußten. Deshalb bin ich sicher, daß die Punkte, auf die ich hingewiesen habe, wichtig sind.

Die Kopfbedeckung der Dame sollte fest sitzen. Sie nimmt dann die Aufmerksamkeit der Reiterin nicht in Anspruch. Andernfalls denkt sie zu wenig an ihr Pferd. Wenn sie dann ihren Hut verliert, verliert sie wahrscheinlich auch den Kopf.

CAPRILLI UND DER VORNÜBERGENEIGTE SITZ

Federico Caprilli (1868-1907) kommt als nächster nach Fillis, und dazwischen gab es einen Wendepunkt. Außer der Hohen Schule folgen die heutigen Reitwettbewerbe nicht mehr Fillis', sondern Caprillis Schule. Die Anmerkungen des folgenden Auszugs aus Caprillis Werk stammen von Piero Santini, seinem bedeutendsten Schüler, der erst vor wenigen Jahren gestorben ist. Der Schlüsselsatz in der ganzen Caprilli-Santini-Doktrin lautet »Die Vorschiebung des Gravitationszentrums mit dem Körper begleiten«. Dieses Werk ist die endgültige Formulierung des Prinzips des »vornübergeneigten Sitzes«, der heute die Sprungwettbewerbe auf jeder Ebene in der ganzen Welt beherrscht.

Beobachten wir einmal ein reiterloses Pferd beim Sprung. Sobald es sich dem Hindernis nähert, streckt es den Hals, um es besser zu sehen und abzuschätzen – ein sogar vom rein mechanischen Standpunkt wichtiges Detail. Zugleich schlägt es die Vorderbeine in die Erde, und dadurch sein Gewicht nach hinten zu verlegen. Durch diese Bewegung bringt es seinen Schwerpunkt nach hinten, so daß die Hinterbeine den Großteil des Körpergewichts zu tragen bekommen. Der Körper wird dann durch den Rückstoß der Hinterbeine nach vorn geworfen. Diese Bewegung wird durch Zurückziehen von Kopf und Hals und Zusammenziehen der Rumpfmuskeln bewerkstelligt. Sie verlagern den Schwerpunkt zurück und bringen dadurch, mit Hilfe des Gegenstoßes der Vorderbeine, die Vorhand in die Höhe. Auf diese Weise erreicht das Pferd durch die Hinzufügung der Triebkraft der Hinterbeine zu der in den letzten Schritten gesammelten kinetischen Energie seiner ganzen Körpermasse die gewünschte Höhe.

Diese Bewegung, durch die das Pferd vom Boden abgestoßen wird, ist von höchster Wichtigkeit. Nach Erreichen der gewünschten Höhe verlegt das Pferd seinen Schwerpunkt wieder nach vorn, indem es die Vorderbeine von hinten nach vorn streckt. Sie haben, wie bereits festgestellt, zur Verlegung des Gravitationszentrums nach oben beigetragen, unterstützt durch die Kontraktion der Rumpfmuskeln. Sobald die Vorderbeine den Boden berühren, wird die Hinterhand nach vorne gebracht, um das Aufsprunggewicht des Pferdes aufzufangen und ihm zu ermöglichen, seinen Lauf fortzusetzen.

Die Hauptlehre für den Reiter aus diesen Bemerkungen: Er soll sich bemühen, das Pferd in der von mir beschriebenen Weise *und nicht anders* springen zu lassen.

Der Sprung mußt stets im richtigen Winkel angesetzt werden, in regelmäßigem Tempo, wobei der Pferdekopf tadellos gerade gehalten werden und die Hände des Reiters ruhig und knapp über dem Widerrist liegen sollen. Sein Körper soll vornüber, aber nicht übermäßig, geneigt sein ...

Es ist überaus schwierig, dem Pferd systematisch anzugeben, wann es springen soll. Dafür treten manche Leute ein. Sogar wenn das zeitlich tadellos koordiniert ist, schadet es in der Regel mehr, als es nützt; denn das Pferd lernt vielleicht, diese Zeichen zu fürchten, und gefährdet in der Erwartung den Erfolg des Sprungs.

Ein leistungsfähiger Springer sollte nicht auf diese Weise behindert werden. Im Augenblick, da er das Hindernis abschätzt, beschließt er schon instinktiv, wieviel Kraft er braucht, um es zu überspringen. Dazu braucht der Reiter nichts mehr hinzuzufügen. Den mittelmäßigen und unerfahrenen Springer kann man dagegen nur durch rationelles und andauerndes Training, nicht durch Hilfen oder gewalttätige und überstürzte Mittel bessern. Nur ausnahmsweise können Hilfen bei den zwei oder drei letzten Schritten oder im Augenblick des Absprungs zweckmäßig sein – z. B. wenn das Pferd zaudert oder anscheinend einen verkürzten Galoppsprung einschalten will. Jedenfalls muß man vorsichtig und im richtigen Ausmaß handeln.

Caprilli war prinzipiell dagegen, dem Pferd »einen Wink zu geben«. Er war der Ansicht, man solle es ihm überlassen, an das Hindernis heranzugehen und es sich selbst einzuteilen, wann es springen wolle. Heutzutage wird es auf dem Turnierplatz eher unterstützt als getadelt, daß man das Pferd einen oder mehrere kürzere Galoppsprünge einschalten läßt. Soweit Piero Santini.

Ein nach meinen Prinzipien trainiertes Pferd weiß, daß es zum Sprung zusätzliche Energie braucht, und verhält sich dementsprechend. Eine Beeinflussung seitens des Reiters ist nur schädlich. Setzte man beim Herunter-

136. Der Jäger: Duncombe von Ben Marshall, 1809 (Eigentum George Treacher).

steigen über eine Treppe einen Fuß falsch auf und versuchte jemand, einem durch einen Schlag unter das Kinn zu helfen, so würde man sich wahrscheinlich ärgern. Er hätte nämlich die natürliche Koordination zwischen Kopf und Bein gestört ...

Ich habe stets festgestellt, daß meine Hand vielleicht *vor* dem Sprung einen gewissen Einfluß haben mochte, aber *während* des Sprungs hat sie einen Sturz nie verhindert, sondern in Wirklichkeit *eher dazu beigetragen*. Es ist einleuchtend, daß das Pferd unter Kontrolle gehalten werden soll, und es sollte aus eben diesem Grund zur rechten Zeit davon befreit werden. Wenn der Reiter sein Herz auf dem rechten Fleck hat, wird sein Sitz von seinen Händen unabhängig sein. Ich würde gern auch nur von einem einzigen Fall hören, bei dem das Pferd besser weniger Freiheit gehabt hätte. Je heftiger das Naturell des Pferdes ist, desto mehr veranlaßt es das Tier, den Hals zu strecken. Ein ohne Zügel gerittenes Pferd bewegt sich so unbehindert, als säße eine Puppe in seinem Sattel. Auch Esel und Maultier klettern hervorragend im Gebirgsland, weil keine Menschenhand sie stört. Besonders trittsicher ist das sardische Pferd. Es ist von frühester Jugend an gewohnt, ungehindert umherzuklettern.

Ich frage jeden erfahrenen Springreiter, ob es einen Grund dafür gibt, die Zügel nicht völlig loszulassen, wenn man spürt, daß das Pferd schlecht abspringt. So kann das Pferd wieder auf die Beine kommen, wie es das Tier in der Natur gelernt hat. Außerdem wird das Pferd, wenn es den Kopf frei hat, sehen, wo es hintritt. Verstreuen Sie ein paar Steine auf der Aufsprungseite und Sie werden sehen, wie geschickt es ihnen ausweicht.

Der Engländer »Flying Childe« aus Kinlet Hall in

137. »Junge Herren vergnügen sich mit dem »Gegeneinanderreiten««. Aus einer Serie von Radierungen von Robert Frankland, 1815.

Shropshire (geb. 1750), ein Vorgänger Caprillis, teilte diese Ansicht. Er soll »als erster die derzeitige kühne Methode der Parforcejagd eingeführt« haben. »Offenbar ohne viel Rücksicht darauf, was er auf einem Pferd tat, verblüffte er seine Landsleute, indem er einen sehr steilen, mit Geröll bedeckten Teil der Clee Hills, der als »Titterstones« (Kichersteine) bekannt ist, hinuntergaloppierte, wobei er versicherte, »daß ein Pferd, solange man ihm den Kopf frei läßt, damit es den Boden sehen kann, einwandfrei durchkommt«.«
Aus J. R. Youngs Buch »Fox Hunting« nach Piero Santini.

Es ist nicht richtig, daß die Anwesenheit des Reiters auf dem Pferderücken unweigerlich das Tier daran hindert, sein Rückgrat zu wölben. Sind Kopf und Hals frei, ist das kein Hindernis. Auch durch das Vornüberbeugen und das Freilassen des Pferdehalses wird der Schwerpunkt nicht in Richtung zu den Pferdeschultern verlegt. Er wird im Gegenteil tiefer verlegt, dadurch erhöht sich die Elastizität, und das Gewicht des Reiters scheint verringert ...

Der Schwerpunkt des Pferdes liegt hinter und unterhalb der Schulter, so trifft den Reiter bei unserem System der Rückschlag der Pferdebewegungen nicht auf das Hüftbein, sondern auf die weichen Oberschenkelmuskeln. Sogar beim Traben macht sich das Gewicht des auf den Sattel zurückfallenden Reiters für das Pferd kaum bemerkbar.

Beim Springen beschreibt der nach hinten oder aufrecht gehaltene Oberkörper des Reiters einen viel größeren Bogen, als wäre er vornübergebeugt, und verursacht dadurch schädliche Verschiebungen im Sattel. Diese bringen keinerlei Vorteil, sondern stellen im Gegenteil einen unnützen Energieaufwand dar.

Alles im Zusammenhang mit dem Springen Gesagte gilt auch für die verschiedenen Gangarten. Das Reiten mit vorgebeugtem Oberkörper im Galopp gehört zur natürlichen Reiterei. Lehnten wir uns beim Springen

138. König Georg III. jagt im Windsor Park, 1820, von James Pollard jun. Das Ende der seit der Regierung Königin Elisabeths I. während Tradition der Hirschjagd. Die königlichen Jagdhunde wurden bis in die Regierungszeit Königin Victorias gehalten.

zurück, würden wir eine ungewohnte Haltung einnehmen. (Beim Schulreiten ist das Vorbeugen des Oberkörpers nicht gestattet. Das ist in gewisser Hinsicht berechtigt, weil die empirische Anwendung eines solchen Prinzips mehr schaden als nützen würde.)

Beim natürlichen Reiten ist der Oberkörper immer vorgeneigt. Er muß es ganz besonders im Augenblick des Aufsprungs sein, sonst würden die Hinterbeine des Pferdes, während sie über dem Hindernis sind, nicht hoch genug gehoben werden können, um es zu überspringen. *The Forward Impulse,* 1936

REGELN FÜR SCHLECHTE REITER

Die »ländliche« Schule der Reitkunst verschwand in England etwa gegen Ende der Regierungszeit Königin Viktorias. Dies steht einerseits in engem Zusammenhang mit der Verbesserung der von Pferden gezogenen Fahrzeuge und anderseits mit dem Verschwinden der Falknerei, als Schrotflinten aufkamen, mit denen man die Vögel »im Flug schießen« konnte.

Das Reisen mit Kutschen zwischen den Städten war immer noch sehr kostspielig und unzulänglich. Angehörige des Mittelstands mußten reiten können, um in der Welt vorwärtszukommen. Sie waren sonst in ihrer Tätigkeit auf ihre Heimatstadt oder, noch schlimmer, auf ihren Pfarrbezirk beschränkt. Es war absolut keine Frage, ob man gern ritt oder nicht, es war für die meisten strebsamen Geschäfts- und Handwerksleute ebenso obligatorisch wie noch bis zum Jahre 1939 für die Kandidaten der Zivilverwaltung in Indien. Diese sah man noch damals in einem staatlich konzessionierten Institut in Süd-London unter dem Auge des Reitlehrers Qualen erdulden.

Nur wenige Autoren auf dem Gebiet der Reitkunst berücksichtigten diese Tatsache. »Regeln für schlechte

139. Ein Jagdtreffen des Herzogs von Beaufort: Pferdeverladung in Badminton im zweiten Jahrzehnt dieses Jahrhunderts. Es dürften einige der letzten mit der Eisenbahn transportierten Fuchsjagdpferde gewesen sein.

Reiter« ist fast ein Einzelfall - jeder mußte sich nun bis zu einem gewissen Grad dem früheren ritterlichen Reitstil auf dem »großen und ungestümen« Pferd anpassen, insbesondere beim Trab im Sattel bleiben - eine nützliche Abhandlung darüber, wie man es schaffen konnte. Sie sollte für die vielen Leute von Dr. Johnsons Klasse und dessen reiterlichen Fähigkeiten dem Gebrauchsreiten ihre Marter nehmen (was ihr wahrscheinlich auch gelang): Reiten nicht als Kunst, sondern als eine unentbehrliche Fertigkeit, nicht bloß das Äquivalent zum Autolenken, sondern auch zum Radfahren.

Oft wird betont, ein solcher (ein schlechter Reiter) habe keinen *Sitz* auf dem Pferd. Das bedeutet nicht nur, daß er nicht gut reitet, sondern daß er nicht auf dem richtigen Pferdeteil sitzt. Einen *guten Sitz* haben, heißt auf dem Teil des Pferdes sitzen, der beim Sprung im Zentrum der Bewegung liegt und von dem sich natürlich jedes Gewicht nur sehr schwer abwerfen läßt. Das Zentrum ist, so wie bei einem im Gleichgewicht befindlichen Brett beim Hoch- und Niedergehen, stets am ruhigsten. Der richtige Sitz befindet sich in Ihrem Sattel dort, wo Ihr Körper natürlich hingleiten würde, wenn Sie ohne Steigbügel ritten. Er kann nur durch das richtige Gleichgewicht des Körpers beibehalten werden, obwohl auch die Reiter im allgemeinen glauben, es ließe sich durch den Schenkel- und Kniedruck bewerkstelligen. Der Reiter sollte sich an dieser Stelle mit dem Pferd verbunden fühlen und sein Gleichgewicht wiederherstellen, wenn er von dort verrückt wird ...

Strecken Sie Ihre Beine nicht vor sich aus. Das würde Sie rückwärts gegen den Sattel drücken. Ziehen Sie auch ihre Knie nicht an wie ein Mann auf einem Packpferd, das verlagert Ihre Schenkel nach oben. Beides bringt Sie aus dem Sitz. Halten Sie Ihre Beine gerade nach unten und sitzen Sie nicht auf dem fleischigsten Teil Ihrer Schenkel, sondern drehen Sie sie nach innen, so daß Ihre Knie und Zehen nach innen gerichtet sind. Es ist auch sicherer, mit dem Fußballen als mit dem Bügel auf den Steigbügel zu drücken. So hält der Druck des hinter dem Steigbügel liegenden Absatzes die Schenkel nach unten ...

Soll Ihr Pferd vorwärts gehen, heben Sie seinen Kopf ein wenig und berühren es leicht mit Ihrer Gerte oder drücken Sie Ihre Waden in seine Seiten. Bewegt es sich nicht schnell genug, so verstärken Sie den Druck, bis die Sporen es berühren. Durch diese Behandlung setzt sich das Pferd (wenn es etwas Temperament hat) auf den leisesten Druck des Beins in Bewegung. Man darf ihm nie stoßweise die Sporen einsetzen. Muß man es aber plötzlich anspornen, hält man die Sporen knapp an seinen Seiten und gibt nach, sobald es gehorcht.

Wenn Ihr Pferd zu bocken versucht, nehmen Sie die Zügel getrennt in je eine Hand, strecken Sie die Arme vor und halten sie es kurz. Es kommt oft vor, daß der Reiter dann kräftig mit tief gehaltenen Armen an den Zügeln zieht. Aber dadurch hat auch das Pferd den Kopf tief und kann so leichter ausschlagen. Wird sein Kopf sehr hoch gezogen und steht infolgedessen die Nase ein wenig vor, so vermag es weder vorn noch hinten hochzugehen: Ohne den Kopf frei zu haben, kann es diese Bewegungen nicht ausführen. Ein Brett im Gleichgewicht kann nicht an einem Ende hochgehen, wenn es sich nicht am anderen neigt.

Ist Ihr Pferd starrsinnig, ziehen Sie nicht dauernd an den Zügeln, sondern lassen Sie sie locker und ziehen Sie immer wieder daran, bis es gehorcht. Pferde sind so gewohnt, sich beim Vorwärtsgehen auf den Zügel zu legen, daß sie den Mut verlieren, wenn der Reiter sie nicht gewähren läßt.

Ist ein Pferd weich im Hals, wird es bei ständigem Zügelanzug den Kopf hochreißen. Dann sieht der Reiter die Vorderseite seines Kopfes und hat keine Gewalt über das Pferd. Falls Ihr Pferd das tut, senken Sie die Hand und lassen Sie den Zügel nach, dann wird es natürlich den Kopf wieder in die richtige Stellung fallen lassen. Während es den Kopf senkt, müssen Sie den Zügel wieder leicht anziehen. So finden Sie die Anlehnung an sein Maul. Mit einiger Übung läßt sich das sofort bewerkstelligen. Diese Methode wird ein Pferd nach wenigen Metern zum Stehen bringen, während es mit einem Reiter durchbrennt, der mit aller Kraft den Zügel anzieht. Ein Pferd in mäßigem Tempo mißdeutet den angezogenen Zügel - die Hilfe, die es zum *Stehen* bringen sollte - als Aufforderung, sich in den Zügel zu legen und *schneller zu gehen.* Das wird wohl jeder Reiter beobachtet haben.

Scheut ein Pferd vor etwas, lenken es die meisten Reiter vom Weg ab. Sie zwingen es, auf das zuzugehen, wovor es scheut. Wenn es seine Angst nicht überwindet oder sich bereitwillig fügt, geht es gewöhnlich an dem Gegenstand vorbei und beschreibt mit der Hinterhand oder der Kruppe einen großen Kreis darum. Das Pferd sollte jedoch lernen, gerade weiterzugehen, ohne sich um Dinge rechts und links zu kümmern.

Scheut es vor etwas, das links liegt, halten Sie seinen Kopf hoch und gerade in der Straßenrichtung, hindern Sie es daran, das Objekt anzusehen, vor dem es scheut, und drücken Sie Ihr linkes Bein fest an seine Seite, in seine Flanke. Es wird dann geradeaus weitergehen.

140. Gebrauchsritt.

Durch diese Methode und indem Sie seinen Kopf noch etwas mehr auf die andere Seite drehen, können Sie es zwingen, mit der Kruppe näher an das heranzukommen, wovor es gescheut hat. Wenn sein Kopf in die eine Richtung gezogen wird, muß seine Kruppe zwangsläufig in die andere gehen. Sie müssen Differenzen mit Ihrem Pferd möglichst vermeiden. Neigt es dazu, scheu zu werden, sollten Sie genug Gelegenheit finden, seinen Gehorsam zu erzwingen. Liegt das, wovor es scheut, auf seinem Weg, *müssen* Sie es daran vorbeilenken. Wenn es nicht zum Scheuen neigt, streiten Sie nicht wegen einer Kleinigkeit mit ihm.

8. Pferdehandel und Pferdediebstahl

DER PFERDEKAUF

Den ersten Kaufpreis für ein Pferd finden wir in einer Gesellschaft ohne Münzen, wohl aber mit einem auf dem Silberwert fußenden Geldsystem. In einem Gesetzbuch der Hethiterkönige wird der Preis eines nicht zugerittenen Pferdes mit vierzehn und der eines geschulten Pferdes mit dreißig Schekeln angegeben. Es mag zur Zeit Kikkulis, des Söldnerstallmeisters, und seines Handbuchs über die Streitwagengespanne gegolten haben. Ein Schekel hatte damals etwa fünf Gramm Silbergehalt. Diese Kenntnis hilft uns nicht viel weiter, da wir nicht wissen, wie groß der Gesamtumlauf an Silber war. Aufschlußreicher ist der Vergleich mit dem Wert anderer Haustiere und Waren in der gleichen Währung. Ein Schekel war der Wert eines Schafes; eine Kuh kostete sieben und ein Zugochse zum Pflügen fünfzehn Schekel.

Etwa drei Jahrhunderte später erfahren wir aus dem Zweiten Buch der Chronik, daß König Salomon, erst der zweite König der Israeliten mit Streitwagen, Pferde und Streitwagen unter anderen Quellen von »allen Hethiterkönigen« kaufte. Nun kostete aber ein Gespann bereits 150 Schekel, jedes Pferd also 75, der Streitwagen selbst, in erstklassiger ägyptischer Ausführung, 600 Schekel. Die Inflation war teils eine Folge der stärkeren Verwendung von Streitwagen bei der Kriegführung, teils der erhöhten Menge vorhandenen Edelmetalls – »der König machte Silber und Gold in Jerusalem so allgemein verbreitet wie Steine«. Ein Teil des Preises erklärt sich allerdings aus dem Handel über Kaufleute aus Tyros, der König kaufte nie direkt. Die Kriegsmacht Salomons betrug auf ihrem Höhepunkt (Chron. II, 1/14) eintausendvierhundert Streitwagen und zwölftausend Pferde. Diese zwölftausend Pferde hatten nach demselben Buch (9/25) nichts mit den Streitwagen zu tun, sondern waren Streitrosse und Soldatenpferde. Für die Gespanne der Streitwagen gab es viertausend Pferde, und zwar eintausendvierhundert Paare für sofortigen Einsatz und sechshundert Paare oder »Joche« als Reserven. All diese Pferde wurden kaum über tyrische Agenten oder sonstwie gekauft; viele waren Kriegsbeuten, andere Tributleistungen oder stammten aus

141. Ein Rajah prüft bei Fackelbeleuchtung die Gliedmaßen eines Pferdes, um 1750. Die weiße Leinwand macht das Profil deutlicher.

142. »Der große sommerliche Pferdemarkt«, japanischer Stich von Ando Hiroshige (1795–1858).

Lösegeldern. Möglicherweise wurden auch manche als Pfänder gegeben, wie man Geiseln für die Einhaltung von Verträgen nahm. Die letzte Form der Erwerbung wird in Chroniken oft durch den Euphemismus »Geschenk« bemäntelt. Viele der qualitativ besten Pferde in Salomons riesigen Marställen in Megiddo waren auch zweifellos Geschenke von anderen Herrschern. Jedenfalls ist es interessant, daß ihm die Königin von Saba keine Pferde schenkte, weil Südarabien damals weder für die Menge noch für die Qualität der dort gezüchteten Pferde berühmt war. Dieser Faktor, königliche Schenkungen, war seither stets wichtig bei hervorragenden Pferdebesitzern, nicht nur unter erblichen Monarchen. Gamal Abdel Nasser schenkte hervorragenden politischen Persönlichkeiten in Ländern, deren Freundschaft er wünschte, Pferde aus dem staatlichen Gestüt. Nikita Chruschtschow erhielt im Jahre 1964 von den Herrschern des Vasallenstaates Ungarn ein prachtvolles Gespann von fünf arabischen Stuten zum Geschenk. Der stete Strom von Pferdegeschenken von seiten orientalischer Potentaten in Richtung Sandringham und Windsor wird kaum jemals versiegen, selbst wenn die Scheichtümer durch Volksrepubliken von Ras-el Sowieso ersetzt werden. Schließlich ist das der Weg, über den die meisten Zuchthengste des *General Stud Book* nach Europa kamen. Dieser Brauch wurde schon von den Vorfahren der Engländer eingehalten, bevor sie den Kontinent verließen – das können wir im »Beowulf« über König Hrothgars Geschenk an den Helden: acht Pferde mit goldverzierten Zügeln, nachlesen.

Die älteste noch vorhandene Schilderung des klassischen Vorfalls, Erbeutung von Pferden im Krieg, ist der nächtliche Überfall auf die Pferde des Feindes im zehnten Gesang der Ilias. Er ist auch darum bemerkenswert, weil er fast die einzige Episode in den Homerischen Epen darstellt, bei der Pferde nicht gelenkt, sondern geritten werden. Eine moderne Schilderung einer der vielen Gesellschaften, in denen die Erwerbung eines Pferdes durch Raub, mit oder ohne Gewalt, als das ehrenhafteste Mittel gilt, findet sich in

Carl Raswands Buch über seinen Aufenthalt bei den Beduinen »Die schwarzen Zelte Arabiens«. Andere derartige Gesellschaften waren die Kosaken ungefähr bis zum Jahre 1700 und das Gebiet beiderseits von der englisch-schottischen Grenze vor 1603.

Xenophons Bemerkungen über den Pferdekauf sind so klar, daß sie nur wenig Kommentare erfordern.

Hat man sich einmal der Jugend des Pferdes vergewissert, muß man darauf achten, wie es sich das Gebiß ins Maul und das Kopfgestell über die Ohren legen läßt. Das kann man am besten feststellen, wenn der Käufer den Zaum vor seinen Augen auflegen und wieder abnehmen läßt. Sodann muß man beobachten, wie das Pferd den Reiter aufsitzen läßt. Viele Pferde lassen Dinge, deren Heranbringen ein Zeichen für Arbeit ist, kaum in ihre Nähe kommen. Man muß auch darauf achten, ob das Pferd bei aufgesessenem Reiter bereit ist, sich von anderen Pferden zu trennen oder ob es, wenn es an ihnen vorbeikommt, zu ihnen hin läuft. Es gibt auch Pferde, die infolge schlechter Erziehung von der Reitbahn nach Hause flüchten. Ob ein Pferd hartmäulig ist, verrät die sogenannte Volte – und noch mehr das Wechseln auf die andere Hand. Viele Pferde versuchen nur dann durchzugehen, wenn das Maul auf derselben Seite hart ist, auf der der Weg nach Hause führt. Ferner muß man auch wissen, ob es sich in vollem Tempo kurz anhalten und wenden läßt ...

Man muß auch herausbekommen, ob das Pferd gegen andere Pferde oder gegen Menschen eine besondere Tücke hat und ob es leicht erregbar ist. Das ist für seinen Besitzer lästige Eigenschaften. Man kann Schwierigkeiten, die es beim Aufzäumen und Aufsitzen macht, sowie andere Fehler besser erkennen, wenn man, nach-

143. »Pferdemarkt in Eston« um 1909 in Yorkshire, der Heimat des Cleveland Bay. Von J. Atkinson.

144. »Der Markt in Barnet« in den ersten Jahren dieses Jahrhunderts. Von Jack Yeats.

dem das Pferd sich abgearbeitet hat, nochmals das gleiche wie vor dem Ausreiten versucht. Pferde, die sich bereitwillig ein zweites Mal der Arbeit unterziehen, beweisen hinreichend ihr gutartiges Temperament.

Wir wissen nur wenig über die Stellung des Pferdehändlers in der athenischen Gesellschaft und das Ausmaß, in dem der Handel ein besonderer Beruf oder bloß ein Teil des Austausches von Überschußgütern zwischen Grundbesitzern war. Dies läßt manche Vermutungen zu. Wahrscheinlich stammten die meisten von den Athenern gerittenen Pferde nicht aus einer heimischen Zucht, sondern aus Thessalien, Thrakien oder sogar aus barbarischen Ländern in der Gegend der Donau. In diesem Fall können wir annehmen, daß es eine Klasse von Pferdehändlern gab, die entweder Ausländer aus dem Norden waren oder Hellenen mit regelmäßigen, saisonbedingten Reisen in Richtung des Schwarzen Meeres, um Tiere einzukaufen.

Das *Kabus Nama* des Persers Kai-Kaus (Kjekjawus) ibn Iskander (1082 n. Chr.) ist eine Art Handbuch für vornehmes Benehmen und Taktgefühl. Zu ihm gibt es Gegenstücke in mehreren europäischen Werken des Mittelalters, wie das norwegische *Konungs-Skuggsja* oder *Speculum Regale*. Sie alle enthalten Abschnitte über die Reitkunst – nicht darüber, wie man reitet, sondern über Dinge wie Wahl der Kleidung, Sattelzeug und Ausrüstung. In diesem Fall sind es Winke für den Pferdekauf. Kai-Kaus nimmt an, daß sein Leser nur Hengste kaufen wird, weniger jedoch zu Zuchtzwecken, als um im Sattel »eine gute Figur« zu machen. Man beachte seine Abneigung gegen »ungleichmäßige Farben« wie Schecken und Rotschimmel und das »Glasauge«, das bei scheckigen Pferden oft vorkommt.

Merkwürdigerweise sieht man unter den chinesischen Bildern von »Himmlischen« baktrischen Pferden, die in der Antike die berühmteste persische Zucht darstellten, häufig scheckige und andere ungewöhnlich gefärbte Pferde. Der Sinn des Abschnitts über Stellen, die schwarz sein sollten, liegt darin, daß das Pferd eine durchwegs schwarze Haut haben sollte. Es gibt zwei Arten von cremefarbenen Pferden, solche mit schwarzer und solche mit rosa Haut. Diese zweite Art (die gewöhnlich blaue Augen hat) würde Kai-Kaus ablehnen, ebenso wie alles andere, das an Albinismus grenzt.

Wenn du Pferde kaufst, sei auf der Hut, daß du keine Fehler machst. Im wesentlichen ist es mit Pferden und Menschen das gleiche: Für ein gutes Pferd oder einen guten Menschen kannst du keinen zu hohen, und für ein schlechtes Pferd oder einen schlechten Menschen keinen zu geringen Preis bezahlen. Ein Sprichwort besagt, daß die Welt durch die Menschen fortbesteht und die Menschen durch die Tiere; und das wertvollste unter den Tieren ist das Pferd; denn seine Erhaltung ist für die Landwirtschaft ebenso erforderlich wie für ritterlichen Dienst. Es heißt auch: Du mußt Pferde und

Kleider in gutem Zustand erhalten, wenn du wünschst, daß sie dich in gutem Zustand erhalten.

Es ist schwerer, Pferde zu beurteilen als Menschen; denn man kann einiges über den wahren Wert von Menschen aus dem erfahren, was sie über sich aussagen, während alle Ansprüche des Pferdes in seinem Äußeren liegen. Um herauszufinden, worauf es Anspruch hat, betrachte zuerst seine äußere Erscheinung; denn ein gutes Pferd sieht gewöhnlich gut aus, ein schlechtes schlecht. Das Gebiß darf keine Lücken haben, die Zähne müssen fein und weiß sein, die Unterlefze muß länger als die obere, die Nase hoch, breit und gerade, die Stirn breit, die Ohren unten glatt, oben spitz und aufgestellt und in der Mitte gerade, der Hals schön gestreckt, der Rumpf (wörtl. »Stelle des Sattelgurts«), der Hals- und Ohrenansatz muß glänzend sein, der Mittelfußknochen kräftig mit kürzerem Ober- als Unterschenkel, die Mähne spärlich, der Huf lang und schwarz, die Sohle rund, der Rücken gewölbt (wörtl. »hoch«), der Teil zwischen Flanke und Bauch kurz, die Brust breit, der Raum zwischen Vorder- und Hinterhand gut geöffnet, der Schwanz buschig und lang, die Schwanzwurzel fein und kurz, der Hodensack schwarz, Augen und Wimpern ebenfalls. Das Tier soll sich auf der Straße vorsichtig bewegen.

Außerdem sollen seine Schienbeine glatt, die Oberschenkel gut gebaut, die Kruppe breit, die Schenkelinnenseite fleischig und kräftig sein. Macht der Reiter eine Bewegung, muß das Pferd es merken.

Diese von mir angeführten Eigenschaften sollte jedes Pferd unbedingt aufweisen. Es gibt noch andere, die wohl bei dem einen, nicht aber bei einem anderen Pferd zu finden sind. Von den Farben gilt als beste kastanienbraun, aber auch Dattelfarbe ist gut. Das Pferd sollte Hitze und Kälte ertragen können und bereitwillig arbeiten. Es zeugt von guter Qualität, wenn der Hodensack, die Stelle zwischen den Schenkeln, Kniescheibe, Schwanz, Vorder- und Hinterbeine, Brust und Stirn schwarz sind. Auch ein Fuchs ist gut, besonders wenn die Farbe dunkel, der Kopf schwarz gefleckt und Brust, Stirn, Schwanz, Hodensack, Kniescheibe, die Stelle zwischen den Schenkeln, die Augen und Lippen schwarz sind.

Ein cremefarbenes Pferd sollte ebensolche Färbungsmerkmale haben, ein hellbraunes jedoch einfärbig ohne kontrastierende Flecken sein. Der Rappe muß glanzend schwarz sein. Pferde dürfen keine roten Augen haben; rotäugige Pferde sind gewöhnlich widerspenstig und bösartig. Die aschgrauen mit schwarzen Beinen, welche auch die Eigenschaften besitzen, die ich für die braunen geschildert habe, sind gut, die Schecken jedoch haben wenig Wert und werden nicht geschätzt. Sie sind gewöhnlich tückisch.

Da du jetzt die Vorzüge des Pferdes kennst, mußt du auch die Fehler kennenlernen. Es gibt einen bestimmten Fehler, der die Arbeitsfähigkeit des Pferdes beeinträchtigt und häßlich aussieht. Er bedeutet aber nur, daß das Pferd brünstig ist. Es gibt aber auch Fehler, die auf Gebrechen zurückgehen, und häßliche Eigenschaften, von denen manche geduldet werden dürfen, andere nicht. Jeder Makel und jedes Gebrechen kann mit einem Namen bezeichnet werden, wie ich nun angeben will.

Einer der Fehler von Pferden ist Stumpfheit; das stumpfe Pferd hat sehr wenig Wert. Das Zeichen dafür ist die herausgelassene Rute beim Anblick einer Stute, aber kein Wiehern. Dann gibt es das halbblinde Pferd, das nachtblind ist. Man erkennt es daran, daß es nachts vor den Dingen, die Pferde gewöhnlich fürchten, keine Angst hat und nicht scheut. Es wagt sich auf jede Art Boden, wie schlecht er auch sein mag. Auch ein taubes Pferd ist schlecht. Man erkennt es daran, daß es das Wiehern anderer Pferde nicht hört und nie darauf antwortet, obgleich es die Ohren vorne und offen hat. Auch ein »linkshändiges« Pferd ist schlecht, es stolpert immerzu. Wenn man es in einen Durchgang führt, setzt es das linke Bein zuerst vor. Außerdem kann es nicht schwimmen. Das kurzsichtige Pferd ist schlecht, weil es bei Tag nicht sieht. Das Zeichen dafür ist die grünliche Pupille, weiter hält es immer das Auge offen und schließt nie die Lider. Das kann bei einem, aber auch bei beiden Augen der Fall sein ...

Das »bestrumpfte« Pferd hat eine weiße Vorder- oder Hinterhand. Sind das linke Vorder- und Hinterbein weiß, so bringt es Unglück. Wenn beide Augen blau sind, so mag es hingehen. Es ist aber ein Makel, wenn es nur eines, besonders das linke ist. Das glasäugige Pferd, d.h. eines mit einem weißen Auge, ist schlecht. Auch der Rotschimmel, ebenso wie das langhalsige Pferd, dessen Hals geradegestreckt ist, taugt nichts. Ein derartiges Tier verdient keine Beachtung. Das (?) »Krabben«pferd ist schlecht, weil seine Hinterbeine krumm sind; in Persien heißt es »säbelbeinig«. Es stürzt häufig zu Boden. Schlecht ist auch das Pferd mit allzuviel Haar auf dem Rücken und rund um die Hinterbeine sowie das Pferd mit Haarringen, d.h. Haare rund um die Beine und unter den Hufen. Am schlimmsten ist es, wenn das Haar auf beiden Seiten, aber auch an der Innenseite der Beine über dem Huf wächst. An der Außenseite kann man sich damit abfinden ...

Kaufe große Pferde, denn auch wenn ein Mann dick und stattlich ist, so sieht er auf einem lächerlich kleinen Pferd

145. »Auf den Steinen« – der Viehmarkt in der Caledonian Road, auf dem billige Gäule verkauft wurden. Die letzten Spuren dieser Tradition in der Londoner Gegend gibt es noch auf dem Markt in Barnet: die gleichen Gesichter, die gleichen Pferde. Ebenfalls ein Bild von Yeats.

unscheinbar aus. Man muß auch wissen, daß auf der linken Seite eine Rippe mehr vorhanden sein kann als rechts. Zähle die Rippen, hat das Pferd auf beiden Seiten gleich viele Rippen, so zahle sogar einen höheren Preis, als es wert ist; denn du wirst kein besseres Pferd finden. Was immer du kaufst, ob Tiere oder Landbesitz, achte darauf, daß du, solange du lebst, daran Freude hast und ebenso deine Freunde und Erben nach dir.«

GEMEINE VERBRECHEN

Das Pferdestehlen war in Shakespeares England so verbreitet und noch viel besser organisiert als heute der Autodiebstahl. Es gab da Großhändler, Mittelsleute, Einzelhändler sowie jene, die die Ware besorgten und sie nach besonderen Verfahren unkenntlich machten. Neben den richtigen Verbrechern, Dieben, Wegelagerern und Schnapphähnen, gab es eine Reihe von Verbrechern im Nebenberuf, die ihnen halfen, wie Hufschmiede, Gastwirte und dergleichen. Sie drehten eine »krumme Sache«, nahmen ihr Geld und stellten keine Fragen. Der Handel war für die Erledigung der rechtlichen Seite seiner Geschäfte gut ausgestattet. Das war wichtig, weil das von Greene erwähnte elisabethanische Gesetz nur einen Teil einer großen Legislatur über den Handel mit Pferden, das Einpferchen und den schließlichen Verkauf von Ausreißern u. a. darstellte, die damals in Kraft war und aus der Zeit der ersten Tudor-Regierungen oder noch früher stammte. Das hier erwähnte Gesetz war nur eine Wiederinkraftsetzung eines allgemeinen Gesetzes über den Pferdehandel, das im Jahre 1555 unter Philip und Mary verabschiedet wurde. Die Erwähnung der zur Veränderung des Äußeren eines Pferdes verwendeten Tricks erinnert daran, daß selbst der angesehene und fruchtbare Autor der Tierheilkunde im 17. Jahrhundert, Gervase Markham, ein Rezept für das Anbringen eines untilgbaren weißen Stirnfleckks besaß.

Für die Ausführung einer solchen gemeinen Tat wie Pferdediebstahl sind zumindest zwei Menschen erforderlich: der Dieb und der Hehler. Der Dieb stiehlt das Pferd, und der Hehler übernimmt und verändert es und veräußert es bei einem Volksfest, auf einem Jahrmarkt oder sonst einem Ort, wo sich Pferde gut verkaufen lassen. Dabei verfahren sie folgendermaßen: Wenn der Dieb beritten ist, also bereits ein Pferd besitzt, hat er mehrere Gefolgsleute dabei. Diese reiten wie Gentlemen, gewöhnlich als Viehhändler getarnt. Kommen sie so auf die Weiden oder zu den Koppeln, als beabsichtigten sie das Vieh zu besichtigen, sehen sie sich die auffallenden Pferde oder solche, die wertvoll scheinen, an und auch, ob sie Fesseln tragen oder nicht. Dann warten sie auf eine Gelegenheit, um es nachts zu stehlen. Sie verstehen ihr dunkles Handwerk gut, öffnen geschickt die Fesseln oder Schlösser und verschwinden im Nu aus der Gegend.

Wenn die Diebe ein Pferd in Yorkshire stehlen, schaffen sie es gewöhnlich nach Surrey, Kent oder Sussex, und ihr Hehler, der es übernimmt, verhökert es auf irgendeinem unauffälligen Jahrmarkt, nachdem er es einen oder zwei Monate bei sich behalten hat, bis das Zetergeschrei sich gelegt hat. Ist nun das Pferd sehr wertvoll und wird eifrig gesucht, noch dazu etwa mit einem Brandzeichen oder einer Ohrenmarke versehen, so daß sie es schwerlich gefahrlos verkaufen können, brennen sie ihm über dem ersten ein zweites Brandzeichen ein oder sie entfernen die Ohrmarke und halten das Pferd bei Kornfutter, bis es wieder gesund ist. Oder aber sie verkaufen es in Cornwall oder Wales, stammt es aus Cumberland, Lincolnshire, Northfolk oder Suffolk, vorausgesetzt das Pferd ist viel wert und der Unterhalt lohnt sich. Wenn es jedoch nur scheckig und ohne Brandzeichen ist, behandeln sie es sofort mit verschiedenen Methoden, bringen ihm Sattelflecken, weiße Stirnflecken an und verändern seinen Schwanz. Dabei verschweige ich noch allerlei Geheimnisse, sonst würde ich anderen zu viele Informationen geben, wie sie solche Betrügereien nachahmen könnten. Doch zurück zu unseren berittenen Dieben, die die Pferde weit von ihrem Wohnort, wo sie selbst zu Hause sind, stehlen und sie dann an einem anderen ebenso entfernten Ort mit Hilfe der Hehler verkaufen. (Auch der Kiebitz schreit möglichst weit von seinem Nest.) Außerdem gibt es den gewöhnlichen Dieb, der bloß aus Not stiehlt und dazu ein Landstreicher ist. Er geht zu Fuß, gekleidet wie ein einfacher Bauer, mit Stiefeln ohne Sporen oder auch ohne Stiefel und mit einem langen Stab am Nacken. An diesem hängt ein Schwarzer Rucksack. Damit sieht er aus wie ein armer Schreiber mit irgendwelchen Schriftstücken. Tatsächlich trägt er jedoch so geschickt und listig angefertigte Sattel, Zügel und Sporen, Steigbügel und -riemen mit sich, daß er sie in einer Männerhose unterbringen könnte. Der Sattel ist ohne Sattelbaum hergestellt, hat jedoch sinnreich aus Stoff und Wattierung gefertigte Kissen und Zwiesel, die man zusammenlegen und in einen kleinen Raum packen kann. Seine Steigbügel sind mit Klammern und Schrauben versehen, so daß man sie in ein Paar Handschuhe stecken kann, die Sporen ebenso, dazu ein kleines weißes Lederkopfstück und Zügel mit einem kleinen schottischen Gebiß oder einer Trense. All das ist, wie gesagt, so geschickt gearbeitet, daß man es in einem Rucksack unterbringt. Der Landstreicher sucht sich also ein Pferd aus, um es zu stehlen, sattelt und zäumt es so ordentlich, als wäre es sein eigen, besteigt es, reitet weit weg von dem Gestüt und verkauft es dort.

Robert Greene, *A notable discovery of coosnage*

DIE ENTHÜLLUNG VERSCHIEDENER VON JOCKEYS ANGEWANDTER TRICKS UND SCHWINDEL

Das Wort Jockey erhielt seine Bedeutung als Bezeichnung eines berufsmäßigen Reiters von Rennpferden erst im 18. Jahrhundert. Zu Ben Johnsons Zeit bezeichnete man damit zumeist einen Mann, der im Dienst eines Pferdehändlers stand und die Pferde auf Märkten wie etwa Smithfield vorführte (manchmal auch ritt). Für Gervase Markham bedeutete Jockey einen Pferdehändler, und zwar insbesondere einen minderwertigen. Als Spitzname hat das Wort einen nordischen Einschlag, und seine Verwendung im Zusammenhang mit dem Pferdehandel geht wahrscheinlich auf die Händler aus den nordischen Provinzen und aus Schottland zurück, die im 16. und 17. Jh. auf den städtischen Viehmärkten dominierten.

Erstens: Um also einen müden Klepper ohne Peitsche oder Sporen zum Treten, zu schneller Reaktion und Ausschlagen zu veranlassen, verwenden sie folgende Vorrichtung: Sie bringen vorne am Sattel zu diesem Zweck eine Eisenplatte mit drei Löchern an, durch die mittels einer Feder drei scharfe Drahtspitzen gedrückt werden. Solange der Reiter aufrecht sitzt, stechen sie das Pferd nicht, neigt er sich aber vor und drückt auf den Sattelbogen, quälen sie es so, daß es tanzt und springt. Der ahnungslose Käufer hält das für ein Zeichen großen Temperaments des Tieres, was der Händler nicht versäumt, durch eifrige Eide zu bestätigen.

Zweitens: Stellt ein Gentleman ein Pferd in einem Mietstall ab, richtet es der Jockey, indem er entweder den Stallknecht besticht oder selbst in dessen Abwesenheit die Gelegenheit ausnützt, so ein, daß er dem Pferd an der Innenseite des Beins die Vene abbindet oder ihm das Fesselgelenk mit einem Stück Draht einschnürt (beides kann nur bei gründlicher Untersuchung festgestellt werden). Dadurch wird das Pferd in beiden Fällen nach einem viertelstündigen Ritt völlig lahm. Dann holt man den Besitzer, der Jockey gibt vor, etwas im Stall erledigen zu müssen. Wundert sich der Gentleman über das plötzliche Mißgeschick, das seinem Pferd zugestoßen ist, erklärt der Jockey, es sei sehr schade, daß ein so gutes Pferd unbrauchbar geworden sei. Allmählich wird er mit dem Gentleman besser bekannt, rät ihm zu einem Hufschmied, der den Fuß dann untersucht, darin jedoch keine Ursache für das Lahmen findet. Darauf verzweifelt der Gentleman an der Heilung des Tieres und läßt sich oft von dem Jockey überreden, ihm

146. »Vorführung bei Tattersall's«, von Robert Bevan. *Tattersall* befand sich im Knightsbridge Green, wo die Firma immer noch ein Büro hat, aber sonst nichts. »Tattersall wird gewöhnlich als das Hauptquartier der Londoner Pferdewelt betrachtet. Zweifellos ist es die Zentrale der Pferde für Sport und Vergnügen... Der Hof ist gedeckt, eine hochgebaute, mit Glas gedeckte Halle, deren Errichtung 30.000 Pfund gekostet hat, so groß wie so manche Bahnhofshalle... Wenn man Reit- oder Kutschpferde sucht, so geht man zu Tattersall« (W.J. Gordon in: »Die Londoner Pferdewelt«, 1893).

das Tier zu dessen halbem Wert zu verkaufen oder gegen irgendeinen müden Klepper einzutauschen, den er oder einer seiner Kameraden in der Nähe stehen hat. Wenn er dann das Pferd des Gentleman bekommen hat, löst er die abgebundene Vene, und das Pférd ist wieder gesund wie zuvor.

Der dritte Schwindel mit Reisenden, die in eine Herberge kommen, geht so vor sich: Der erste Weg der Schwindler führt sie in den Stall, wo sie sich die Pferde ansehen und das für ihre Zwecke beste aussuchen. Sie fragen, wem dieses schöne Pferd gehört, was ihnen der Stallknecht, da er von ihren Absichten nichts weiß, bereitwillig sagt. Dann stellen sie ihre Pferde neben das betreffende Tier und geben vor, sie nur zu füttern oder abzureiben. Sie verlangen vom Stallknecht ein Paket Hafer, und während er sich entfernt, um das Gewünschte zu holen, stecken sie dem Pferd einen etwa tennisballgroßen Stein, den sie zu diesem Zweck stets bereit haben, in den After. Nach einer Viertelstunde beginnt das Pferd heftig zu schwitzen, zu zittern und starrt, als wollten seine Augen aus dem Kopf fallen. Es ist an mehreren Stellen mit weißem Schaum bedeckt. Der Stallknecht bemerkt es, holt den Besitzer des Tiers und sagt ihm, sein Pferd sei todkrank. Dieser läuft erschrocken in den Stall und findet es in schlimmer Verfassung. Er weiß nicht, was er denken soll, oder nimmt an, es sei vergiftet worden. In verzweifelter Eile fragt er nach einem Hufschmied oder einem Pferdedoktor. Da tritt der Herr Jockey auf den Plan, fragt, worum es sich handle, als wüßte er, der arme stille Mensch, nichts von der Sache, begreift jedoch alsbald, worum es geht, bedauert das Pferd und den Gentleman, das erstere wegen seines jammervollen Zustands und letzteren, weil die Gefahr besteht, daß er sein Pferd verliert. Er bietet ihm seine Hilfe an: »Sir, es tut mir leid zu sehen, daß es Ihrem Pferd so schlecht geht«, und will riskieren, es ihm abzukaufen, ob es nun am Leben bleiben würde oder nicht. Gelingt ihm das nicht zu einem billigen Preis, so erbietet er sich, es zu heilen. Er sagt dem Gentleman, es sei zwar nicht seine Gewohnheit, sich mit derlei Dingen zu befassen, er sei jedoch bereit, für vierzig Shilling das Leben des Pferdes zu retten. Der Gentleman erklärt sich damit einverstanden, um nicht ein Pferd zu verlieren, das zwanzig Pfund wert ist. Dann gibt der Jockey dem Tier zum Schein ein Abführmittel, findet eine Gelegenheit, den Stein herauszuziehen, und eine halbe Stunde später geht es dem Pferd wieder gut.

Markham's Masterpiece, 1688

WIE MAN DAS ALTER EINES PFERDES FESTSTELLT

William Cavendish, Herzog von Newcastle, ist der bekannteste klassische englische Autor auf dem Gebiet der Reitkunst. Er wäre es wahrscheinlich sogar, hätten die Engländer keine solche Vorliebe für Lords. Tatsächlich ist er als Autor einer Abhandlung über die Hohe Schule, die »Neue Methode«, so berühmt, daß dadurch seine Schriften über die allgemeine Reitkunst in den Schatten geraten sind.

Wir geben hier einen Abschnitt des weniger bekannten Aspekts von Newcastles Werk wieder. Daraus geht hervor, daß er für einen Autor in dem Ruf, nur für Gentlemen zu schreiben, erstaunlich gute Kenntnisse über mancherlei Praktiken besaß. Diese waren eines Gentleman recht unwürdig, darunter die heute als »Mallochen« (engl. *bishoping)* bekannten Manipulationen an Pferdegebissen, um die Tiere jünger erscheinen zu lassen.

Ein für die Arbeit taugliches Pferd soll vierzig Zähne haben; vierundzwanzig Backenzähne, die uns keinen Aufschluß geben, und sechzehn andere, die alle einen Namen haben und das Alter des Pferdes erkennen lassen.

Stuten haben gewöhnlich keine Hackenzähne, ihr Gebiß besteht nur aus sechsunddreißig Zähnen. Solche ohne Hackenzähne gelten als unfruchtbar, sind also wohl für die Arbeit, nicht aber für das Gestüt geeignet. Sie sind hitziger als andere und bekommen selten Füllen, außer in einem Land mit gemäßigtem Klima und zu einer anderen Jahreszeit als im Mai. Das ist aber der richtige Monat, um sie decken zu lassen.

Ein Pferdefohlen wird ohne Zähne geboren. Nach einigen Tagen bekommt es vier Schneidezähne, die sogenannten Zangen. Bald darauf kommen neben den Zangen vier weitere Schneidezähne, die Mittelzähne, zum Vorschein. Dann dauert es manchmal drei oder vier Monate, bis die nächsten, die sogenannten Eckzähne, hervorwachsen. Diese vorn im Maul stehenden zwölf »Milchzähne« bleiben ohne Änderung erhalten, bis das Fohlen zwei oder zweieinhalb Jahre alt ist. Das macht es in diesem Zeitraum schwierig, sich nicht betrügen zu lassen, wenn der Verkäufer einen Vorteil daran findet, das Fohlen für älter oder jünger auszugeben, als es wirklich ist. Nur nach seinem Fell und Mähnen- und Schwanzhaar kann man sich ein Urteil bilden. Ein einjähriges Füllen hat ein geschmeidiges rauhes Fell, ähnlich dem eines Wasserspaniels. Das Mähnen- und Schwanzhaar fühlt sich an wie Flachs, es hängt nach unten wie ein entflechtetes Seil. Ein zweijähriges Füllen hat dagegen ein flaches Fell und straffes Haar wie ein erwachsenes Pferd.

Mit etwa zweieinhalb Jahren, manchmal früher, manchmal später, je nachdem, wie es gefüttert wurde, beginnt ein Pferd seine Zähne zu wechseln. Weiche Nahrung, wie insbesondere Gras, beschleunigt, hartes Futter im Stall verzögert diesen Wechsel. Die zuerst hervorgekommenen Zangenzähne fallen auch als erste aus, so, daß ein Dreijähriges vier Pferde- und acht Milchzähne hat. Sie lassen sich leicht voneinander unterscheiden; die ersten sind breiter, flacher und gelber als die anderen, außerdem sind sie vom Ende bis ins Zahnfleisch streifig. Diese vier Pferdezangen weisen an ihren Enden in der Mitte ein schwarzes, sehr tiefes Loch auf, während die des Fohlens rund und weiß sind. Mit vier Jahren verliert das Pferd seine vier Mittelzähne, welche durch vier andere ersetzt werden. Sie entwickeln sich ebenso wie die Zangenzähne. Das Tier hat nun acht Pferdezähne und vier Milchzähne. Als Fünfjähriges verliert es die vier Eckzähne, seine letzten Milchzähne, und heißt nun Pferd. Im Laufe dieses Jahres kommen auch seine vier Hackenzähne, einer nach dem anderen, heraus – die sind für die Pferde typisch –, die unteren sind oft vier Monate vor den oberen da. Man kann jedenfalls von einem Pferd mit den zwei unteren Hackenzähnen, aber ohne die oberen entgegen dem allgemeinen Glauben annehmen, daß es noch keine fünf Jahre alt ist. Dies gilt nicht, falls die übrigen Zähne das Gegenteil beweisen. Manche Pferde, die sehr alt werden, haben nämlich überhaupt keine oberen Hackenzähne. Die beiden unteren Hackenzähne sind eines der sichersten Zeichen dafür, daß ein Pferd bald fünf Jahre alt ist, selbst wenn es noch einige Milchzähne hat.

Jockeys und Pferdezüchter reißen dem Fohlen mitunter die letzten Milchzähne aus, um es für fünfjährig auszugeben, wenn es erst vier Jahre alt ist. Fehlen alle Milchzähne und sind keine Hackenzähne zu sehen, dann wurde dieserart geschwindelt. Ein anderer angewandter Kniff besteht darin, jeden Tag an der Stelle, wo die Hackenzähne herauskommen sollen, dem Fohlen mit einem Holzschlegel auf den Gaumen zu schlagen. So soll er hart erscheinen, als würden die Hackenzähne schon bald hervorstoßen.

Wird ein Pferd sechs Jahre alt, sind die unteren Zangen ausgefüllt und weisen statt der oben erwähnten Löcher nur einen schwarzen Fleck auf. Zwischen dem sechsten, dem siebenten und achten Jahr geschieht mit den Eckzähnen das gleiche. Danach läßt sich das Alter

147. Eine Reihe von Skizzen der Spanischen Hofreitschule in Wien von Baron Reis von Eisenberg, jetzt im Wilton House; die Pferde zeigen die traditionellen Schulen. Die klassische Reitkunst war im 17. und 18. Jh. in der Oberklasse ganz Westeuropas ziemlich gleichmäßig verbreitet. Die heute noch vorhandenen Überreste sind in Wien und Saumur zu besichtigen.

148. Typische Halbblut-Hunter Anfang des 19. Jh., entstellt durch die häßliche Gewohnheit des Stutzens von Schwanz und Ohren. (Ausschnitt aus Stubbs' »John und Sophia Masters beim Ausritt in Colwick Hall«.)

149. »Pferdemarkt in Barnet« von William Farley. Überfüllter und zugleich friedlicher als die gleiche Szene auf dem Bild von Yeats (Bild 144).

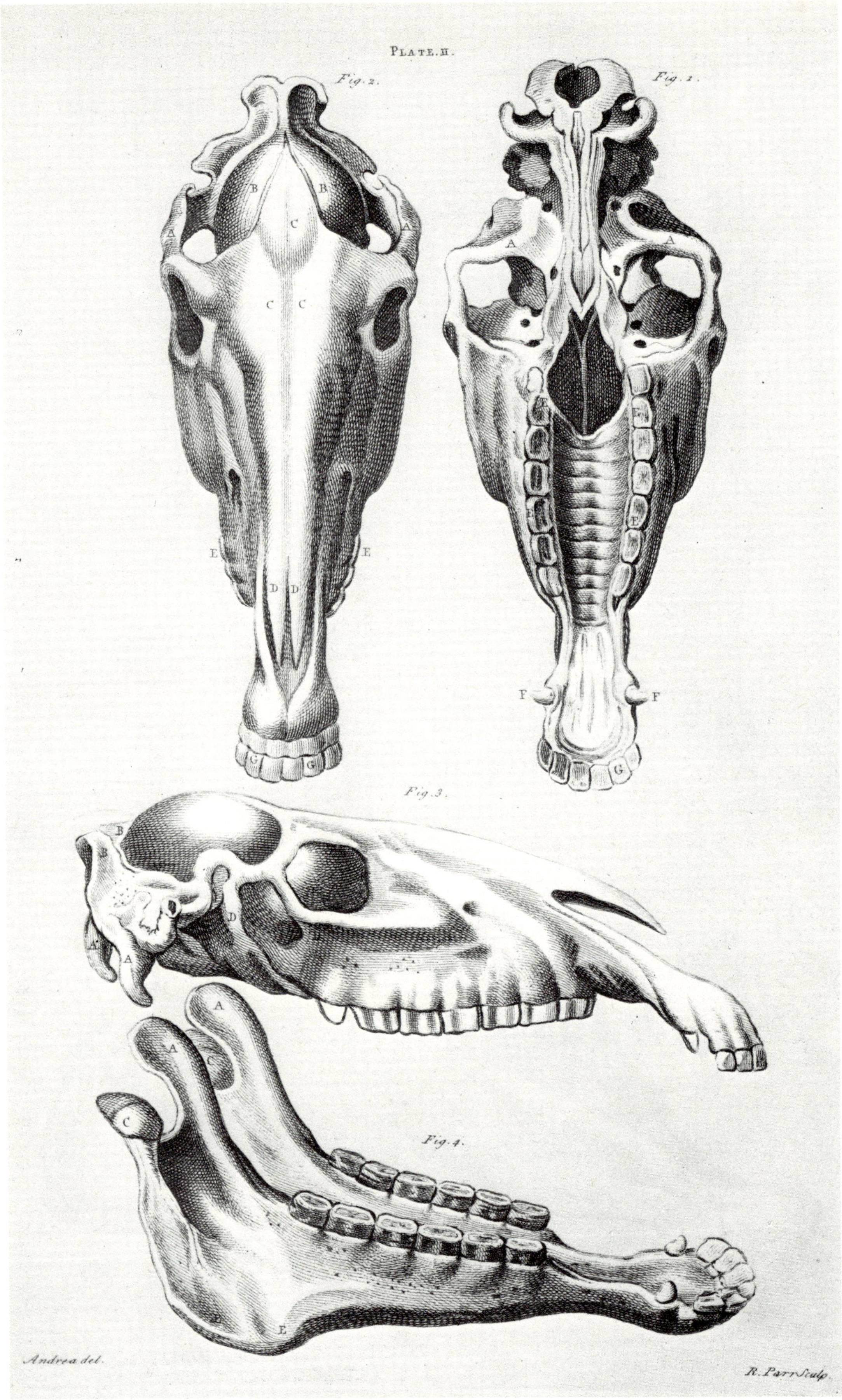

150. Schädel und Zähne des Pferdes. Illustration aus »Die vollständige Kenntnis des Pferdes« des Herzogs von Newcastle.

eines Pferdes nicht mit Sicherheit bestimmen, da es keine Anzeichen mehr in seinem Maul gibt. Hackenzähne und der Zustand der übrigen Zähne bilden dann nur noch die Anhaltspunkte.

Bei den Hackenzähnen muß man ihre Innenseite von der Spitze bis zum Zahnfleisch betasten. Ein spitzer, flacher Hackenzahn mit zwei kleinen Kanälen an der Innenseite beweist ein junges Pferd, allenfalls noch nicht zehn Jahre alt. Zwischen elf und zwölf Jahren wird aus den zwei Kanälen ein einziger, nach zwölf Jahren verschwinden sie völlig. Die Hackenzähne sind dann innen ebenso rund wie außen. Als letzter Hinweis bleibt Ihnen nur noch die Stellung der Zähne. Die längsten Zähne sind nicht immer ein Zeichen für hohes Alter, wohl aber ihr Überhängen und Vorstehen. Mit Bestimmtheit weist es auf die Jugend des Tieres hin, wenn sie senkrecht aufeinander treffen …

Juden und unehrliche Händler lassen ältere Pferde nur sechs oder sieben Jahre alt erscheinen, indem sie mit einem Grabstichel – wie bei Elfenbeinarbeiten – kleine Vertiefungen in die Mittelzähne meißeln und etwas stärkere in die Eckzähne. Das Tier wird dabei zu Boden geworfen, damit sie es besser bändigen können. Dann füllen sie die Löcher mit etwas Harz, Pech, Schwefel oder Weizenkörnern an und brennen sie mit einem Stück glühenden Draht, der Größe des Lochs entsprechend, ein. Das machen sie mehrmals, bis das Loch ganz schwarz bleibt und natürlich aussieht. Das

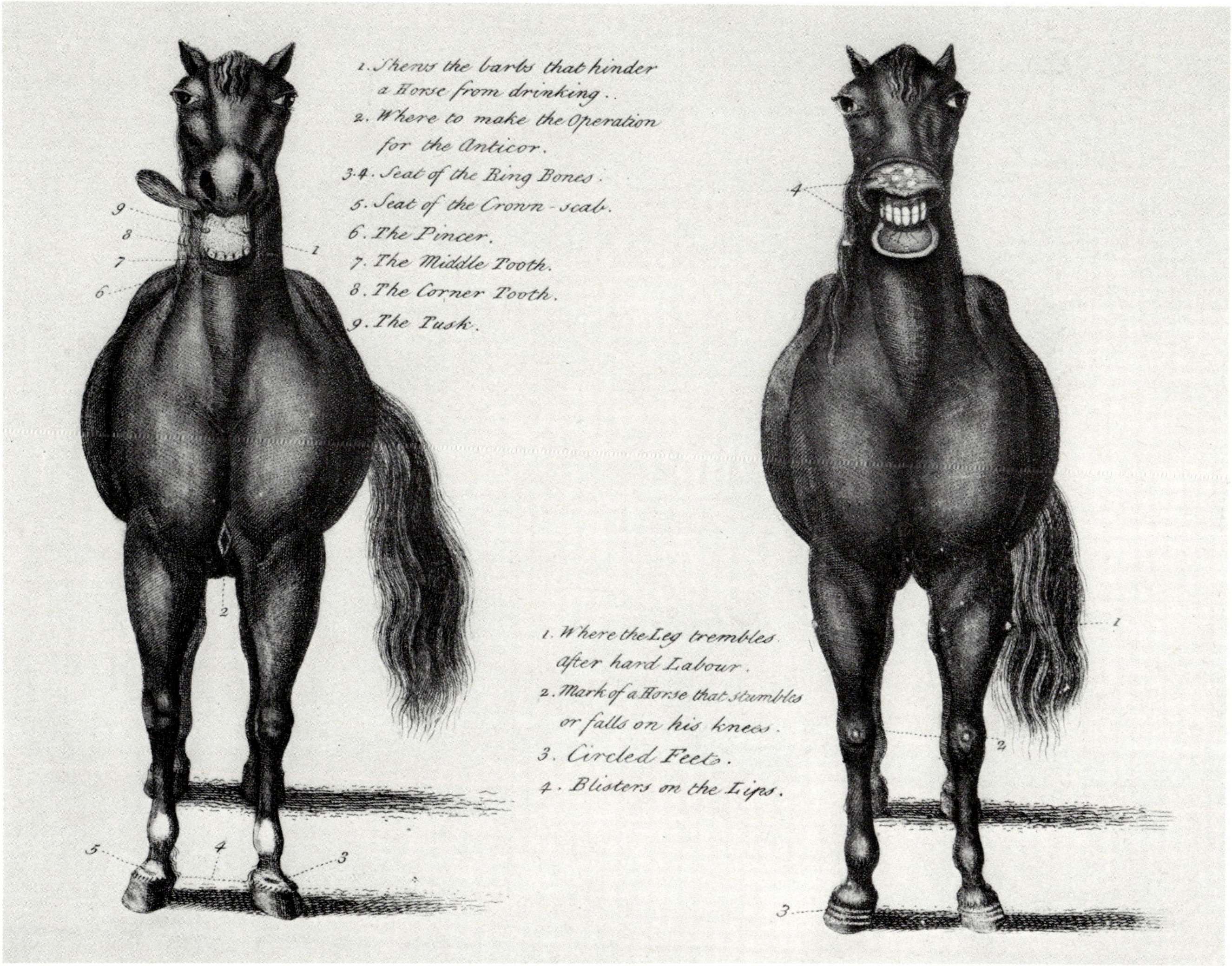

151. Tierärztliche Skizze aus »Die vollständige Kenntnis des Pferdes« des Herzogs von Newcastle.

152. »Überraschender Höhenflug«. Illustration zu einer Anekdote Mark Twains.

heiße Eisen hinterläßt jedoch trotz ihrer Bemühungen – wie auch bei Elfenbein – einen kleinen gelblichen Kreis rund um die Löcher. Diese Spuren versuchen sie daher noch mit einem Trick zu kaschieren: Sie reiben dem Pferd Maul, Lefzen und Gaumen mit Salz und mit gesalzenen, getrockneten Brotkrusten ein. So hat es das Maul voller Schaum, der den vom Eisen hinterlassenen Kreis verdeckt.

Junge Hackenzähne können sie nicht fälschen: Die erwähnten zwei natürlichen Rinnen lassen sich nicht manipulieren. Sie können sie mit Feilen schärfer oder flacher machen, doch damit nehmen sie aber auch das glänzende natürliche Email fort. Man erkennt also stets an diesen Hackenzähnen Pferde, die zwischen sieben und zwölf oder dreizehn Jahre alt sind.«

A General System of Horsemanship, 1657

9. Pferde aus dem Orient und Vollblut

Das orientalische Pferd ließ sich in Europa nur sehr langsam verbreiten. Dieser Vorgang gilt selbst dann, wenn wir unter »orientalisch«, wie allgemein üblich, auch Berberpferde aus Marokko verstehen, die bei 8 Grad westlicher Länge – das ist beträchtlich westlicher als Penzance, die Westspitze Südenglands – geboren wurden.

Im Sinne von dokumentarisch belegten Beweisen können wir eigentlich nicht weiter zurückgreifen als bis auf die Eroberung Galliens und Britanniens durch die Römer im ersten Jahrhundert unserer Zeitrechnung. Diese Expansion war eine – vom römischen Standpunkt aus – logische Folge der Eroberung Spaniens in den beiden vorhergehenden Jahrhunderten. Vorher war Karthago die »imperialistische« Macht in Spanien gewesen, und die karthagische Armee verdankte ihre Erfolge ihrer Reitertruppe aus numidischen Söldnern, welche auf nordafrikanischen (»Berber«-)Pferden ritten. In dieser frühen Zeit hatte das spanische Pferd also eine starke Beimischung von nordafrikanischem Blut. Der Sieg der Römer über die Karthager war zum Teil durch Bestechung der numidischen Reiter möglich, die Seiten zu wechseln. Von da an bildeten die Numider zusammen mit den »inländischen« berittenen iberischen Hilfstruppen einen beträchtlichen Teil der römischen Einheiten zu Pferd. Zu ihnen gehörten auch die Garnisonen in Britannien und Gallien. Die staatlichen Gestüte in Spanien bildeten lange Zeit die Hauptquelle für die Pferde des Militärs in allen westlichen Provinzen. Es war in dieser Hinsicht die am stärksten orientalisierte Provinz des ganzen Römischen Reiches.

Durch den Fall des Weströmischen Reiches, ein teils durch germanische Fußvölker, teils aber durch asiatische berittene Bogenschützen verursachter langwieriger Zermürbungsprozeß, wurde ein wahrscheinlich einflußreicheres, jedoch weniger meßbares Element eingeführt. Die Hunnen waren das letzte einer langen Reihe solcher Völker. Ihre Verbindungslinien reichten weit hinein nach Zentralasien, wenn nicht bis in die Mongolei selbst mit ihren widerstandsfähigen, brauchbaren, aber ästhetisch wenig eindrucksvollen Pferden, und dann zumindest so weit wie Turkestan, die Zuchtstätte solcher Rassen wie der sagenhaften blutschwitzenden »Himmlischen Pferde«. Die Kaiser von China waren an diesen so sehr interessiert, daß sie ihre Gesandten anwiesen, sich bei ihren Verhandlungen einer sonst niemals Herrschern fremder Barbaren erwiesenen Höflichkeit zu befleißigen. Die hunnischen Truppen, nicht aber Heerführer wie Attila und seine Hauptleute, ritten zweifellos auf kurzbeinigen, struppigen Ponys mit dicken Köpfen vom Typ I, die dem Ur-Taki stark ähnlich sahen.

Ich teile nicht die Überzeugung mancher Autoren, daß die Kreuzzüge zu einem starken Zustrom arabischer Pferde in die »fränkischen« Länder geführt »haben müssen«. Es gibt dafür nur spärliche schriftliche Belege. Es ist nicht einmal bewiesen, daß die zwei »höchst edlen arabischen Pferde«, Saladins Geschenk an Richard Löwenherz, jemals die Basis auf Zypern, geschweige denn England erreichten. Es ist auch unwahrscheinlich, daß viele solche Importe stattfanden. Die Tatsache, daß die bösen Heiden meist den Christenhunden in großem Bogen auswichen, beeinflußte das militärische Denken des Westens nicht übermäßig. Ein vierzehn Faust hohes, sieben Zentner schweres Sarazenenpferd war nicht kräftig genug, so daß sein Besitzer einen anderen Ritter im Kampf oder im »freundschaftlichen« Turnier nicht aus dem Sattel heben konnte. Außerdem waren die

153. Bahram Ghur, der große Jäger (regierte 420–438 n. Chr.), durchbohrt einen Löwen und einen Wildesel mit einem einzigen Pfeil. Eine persische Miniatur, um 1490.

meisten Kreuzfahrer am Ende ihrer Pflichtreise völlig pleite, und ein maritimer Pferdetransport ist kostspielig. Auch wünschten sich die wenigsten ein Andenken – eine Erinnerung an die Hitze, den Staub und die stechende Sonne, an den sandigen, erstickenden Wüstenwind »Chamsin«, an Ruhr und Bakschisch, an den unerträglichen Durst zur Dienstzeit und an den fast völligen Mangel eines trinkbaren Weins in der Freizeit.

Wahrscheinlich brachte die Offensive der Sarazenen in Spanien, die in den Jahren vor der Thronbesteigung Karls des Großen bis weit in das Innere Frankreichs drang, mehr orientalische Pferde in westliche Hände als die gesamten Kreuzzüge. Das tat auch eine weniger spektakuläre Infiltration über Konstantinopel, solange es in christlichem Besitz blieb – also weit bis ins 15. Jahrhundert. Auf den Märkten am Bosporus besorgten griechische und armenische Vermittler nach Bedarf sarazenische Pferde für reiche »fränkische« Kunden, zu Zwecken, die mit Krieg wenig zu tun hatten. Sie dienten als elegante, bequeme, folgsame Reitpferde, die ebenso angenehm aussahen wie sie sich reiten ließen.

Der Hauptweg orientalischer Pferde im Mittelalter zum Westen war über Italien. Sizilien wurde im achten Jahrhundert von mohammedanischen Emiren erobert. Den Machtkampf dort und in Süditalien zwischen den Sarazenen, den Byzantinern, dem Heiligen Römischen Reich und dem Papsttum entschieden schließlich die im päpstlichen Sold stehenden normannischen Abenteurer durch ihren Sieg. Das normannische Sizilien war eine einzigartige und prächtige Mischung mehrerer verschiedener kultureller Traditionen. Aber auf dem Gebiet der Reitkunst, Jagd, Falknerei und vor allem hinsichtlich des dort gerittenen und gezüchteten Pferdetyps war das sarazenische Element vorherrschend. Das *cavallo gentile* im Italien der Renaissance verdankte seine Qualität diesen orientalischen Quellen. Im übrigen Europa war es als apulisches oder kalabrisches Pferd bekannt, aber gegen Ende des 15. Jahrhunderts wurde es eher in der

154. Ein Prinz mit Gefolge, daneben (rechts) ein europäischer und ein anatolischer Höfling. Das vordere Pferd würde in vieler Hinsicht den Kriterien der *Arab Horse Society* entsprechen. Persische Miniatur, um 1680.

155. Polospiel, Persische Miniatur, um 1600.
»Mein Sohn, wenn das Polospiel dir Erholung verschafft, sollst du es nicht dauernd betreiben, denn so manchem, der es tat, ist ein Mißgeschick zugestoßen ... Wenn du ein- oder zweimal im Jahr Vergnügen am Polo findest, betrachte ich es als zulässig. Du solltest aber dabei nicht allzu viel reiten, denn darin liegt die Gefahr. Es dürfen nicht mehr als acht Reiter auf dem Feld sein; bleibe an einem Ende des Feldes, ein anderer Mann soll am entgegengesetzten Ende bleiben, und auf dem Feld sollen sechs Männer den Ball spielen. Wenn er in deine Richtung kommt, schlag ihn zurück und mach wieder kehrt mit deinem Pferd, aber beteilige dich nicht am Kampf um den Ball, dadurch vermeidest du einen Zusammenstoß. Du kannst deinen Zweck erreichen, indem du einfach zusiehst.«
Aus Kai Kaus ibn Iskander: Quabus Nama – Ein Spiegel für Prinzen, 1082.

Poebene gezüchtet als im Süden. Und hier begann die lange und verwickelte Geschichte der halbbewußten Bemühung, das Englische Vollblut zu schaffen. Von 1520 an erwarb Heinrich VIII. von den Gonzagaherrschern Paduas die spezifischen »Laufpferde«. Damals war das königliche Gestüt in Tutbury bereits mindestens zwei Jahrhunderte alt. Es verhielt sich so wie mit jener Fleischbrühe, die generationenlang auf demselben Herd blubbert – die Grundbestandteile sind nicht mehr feststellbar, doch der Duft ist unverkennbar. Die Beifügungen der Gonzagas sind die frühesten, die sich identifizieren lassen und von denen wir wirklichkeitsgetreue Bilder besitzen. Es folgte dann im selben Jahrhundert noch Zuwachs aus Ungarn, höchstwahrscheinlich türkischen Ursprungs. In den achtziger Jahren des 16. Jahrhunderts ermöglichte jedoch zum erstenmal seit mehr als hundert Jahren ein Handelsvertrag den direkten Handel durch Schiffe englischer Nationalität mit Konstantinopel und manchen anderen Häfen des großen türkischen Reichs. Der Sultan hatte nun die Tür, wenn auch nur einen Spalt weit, geöffnet. So war es möglich, neben den Berberpferden und dem eigentlichen Türkenpferd, einem großen, ausdauernden und vor allem schnellen Renner, der aus der »Großen Tartarei«, d. h. Turkestan, stammte, unter beträchtlichen Kosten Pferde der klassischen Araberstämme zu kaufen.

156. Ein indischer Wandbehang – zum Vergleich mit dem Wandteppich von Bayeux (Bild 13) –, der aber im späten 18. Jh. hergestellt wurde. Er zeigt das ausweglose Ende der zentralasiatischen Kriegsführungstradition zu Pferde. Nun sind die meisten Bogenschützen abgesessen. Die Signale werden durch Kesselpauken (eine türkische Erfindung) gegeben, wie sie von der berittenen Garde in England noch heute verwendet werden. Der Ausgang wird nicht, wie die meisten Schlachten zwischen indischen Herrschern im 18. Jh., durch die Verwendung von Feuerwaffen oder europäischen Söldnern kompliziert.

157. Die beiden auf diesem Pferdebild dargestellten Tiere kommen in mehreren von James Wards Kompositionen vor; der kleine weiße Araber zum Beispiel in »Der Hirschdieb«. Das Modell für das andere Pferd war angeblich das Rennpferd Smolensko. (»L'Amour de Cheval« von Ward, 1827.)

Unter Jakob I., Karl I., im Commonwealth, unter Karl II. folgten weitere derartige Importe. Sie erreichten ihren Höhepunkt unter Königin Anna mit der Ankunft der identifizierbaren großen Namen, auf welche die modernen Rennpferde ihre Abstammung zurückführen können. Das war, wie in der Einleitung dargelegt, eine Nebenwirkung des Rückzugs der Türken aus dem Donautal. Als dann die Türken ihre Stellung in Europa wieder einmal stabilisiert hatten, hatte England alle orientalischen Pferde bereits erworben, die es im Lande brauchte. Später schickten andere Nationen Regierungsmissionen in türkisches (und arabisches) Gebiet, um Zuchttiere für leichte Kavalleriepferde einzukaufen. Großbritannien machte nur davon Gebrauch während des Krimkriegs. Das geschah nur, um einsatzbereite Dienstpferde für den unmittelbaren Gebrauch zu besorgen.

Ganz abgesehen von den hochspezialisierten Erfordernissen der Rennbahn wuchs in England eine Menschenklasse auf, die gewohnt war, ihr ganzes aktives Leben lang arabische Pferde zu reiten. Das waren die Militär- und Zivilbeamten der East India Company. In Indien selbst fanden sie bei dem vorhandenen Pferdematerial wenig, das sie befriedigt hätte. Aber sie ritten Araberpferde, die vom Persischen Golf auf dem Seeweg nach Bombay gebracht wurden, und verwendeten sie für alle Zwecke, auch für Sport und Vergnügen. All diese Pferde waren Hengste, von denen kaum einer in Qualität oder Größe dem auf Stubbs' Porträt von Warren Hastings entsprach. Es war eine vererbte, unwandelbare Tradition bei den Offizieren der indischen Armee nach der Meuterei und den Beamten des Zivildienstes: Generationen von Engländern hatten jahrzehntelang tagaus, tagein arabische Hengste geritten und nie eine arabische Stute gesehen. Nach der Eröffnung des Suezkanals nahm mancher Engländer, wenn er in Pension ging, aus Indien ein arabisches Pferd mit in die Heimat. Es war aber nie eine arabische Stute, und die Hengste hatten keinen bekannten Stammbaum. Ihre Geschichte begann am Dock in Bombay, wenn sie von einer arabischen Dhau aus dem Persischen Golf an Land gesetzt wurden.

Eine andere »besondere Beziehung« gab es in Frankreich, und sie ging auf Napoleons ägyptisches Abenteuer zurück. Diese Expedition zerschlug die Macht der herrschenden Mameluken-Aristokratie in Ägypten, die bis dahin die meisten und besten arabischen Pferde außerhalb von Arabien besessen hatte. Alle französischen Soldaten von Napoleon abwärts lernten die Vorzüge des reinrassigen Araberpferdes als Kriegsroß schätzen, und die französischen Maler der romantischen Schule nahmen es trotz seiner verhältnismäßig geringen Größe als ideales Modell für das »Heldenroß«. So ritt Napoleon ebenso wie Wellington auf dem Schlachtfeld von Waterloo ein arabisches Pferd, Wellingtons war allerdings in Irland gezüchtet worden.

DIE AHNEN DES VOLLBLUTS

Zwischen dem armen Araber und seinem Pferd, oft sein gesamter Besitz, besteht eine unübertreffliche Anhänglichkeit. Die Stute und ihr Füllen wohnen im Zelt mit der Familie und werden von allen gehegt und gepflegt. Oft ist der Körper einer Stute das Kissen für ihren Herrn und noch öfter für seine Kinder, die ohne das geringste Risiko mit ihr und dem Füllen spielen.

Die auf diese Weise entstehende Zuneigung wird von der Stute in vielen jener Situationen erwidert, in denen das Leben des Wüstenkindes nur von der Klugheit und Schnelligkeit seines getreuen Renners abhängt.

Fällt der Araber verwundet von seiner Stute, bleibt sie sofort stehen und wiehert, bis Hilfe kommt. Sollte ihn die Müdigkeit zwingen, sich hinzulegen und in der Wüste zu schlafen, so wacht sie über ihn und weckt ihn beim Herannahen von Mensch oder Tier ...

Die Araber können sich infolge ihrer Armut nur spärliche Nahrung für ihre Pferde leisten. Das arabische Pferd bekommt außer dem trockenen aromatischen Gras, das es zufällig finden mag, nur zweimal in vierundzwanzig Stunden Futter. Nachts erhält es ein wenig Wasser und fünf oder sechs Pfund Gerste oder Bohnen und ein wenig Stroh... Man gibt sehr wenig Wasser, da die Araber – mit Recht – der Ansicht sind, daß zu viel Flüssigkeit der Gestalt des Pferdes schadet und seinen Atem beeinträchtigt.

Nach Vollendung seines zweiten Lebensjahres wird das Fohlen geritten, und da unterzieht es der bei allen anderen Gelegenheiten zu seinem Pferd so freundliche Araber einer grausam schweren Prüfung. Das Hengst- oder Stutenfohlen wird hinausgeführt, um zum erstenmal geritten zu werden. Sein Herr springt auf seinen Rücken und reitet es in vollem Tempo vielleicht fünfzig Meilen weit, über Sand- und Felsenboden durch die heiße Wüste, ohne ihm einen Moment der Pause zu gönnen. Dann führt er es in tiefes Wasser, so daß es schwimmen muß. Wenn es gleich danach frißt, als ob nichts geschehen wäre, wird seine Reinrassigkeit und Standhaftigkeit als unbestreitbar angesehen.

Dieser Bericht wurde uns von angesehenen Gewährsleuten übermittelt, die ihn ihrerseits von den Arabern selbst erhalten hatten. Man muß jedoch die Neigung zum Übertreiben berücksichtigen, die bei allen orientalischen Völkern und ganz besonders bei den Arabern beträchtlich ist. Da sie mit Recht auf die Heldentaten ihrer schönen Hengste stolz sind, ist es verständlich, daß sie sie gelegentlich Fremden gegenüber aufbauschen.

Die größte Sorgfalt wird für die Zucht der Kohlani oder Kuhaylan, der edlen Rasse, verwendet. Sowohl die Vereinigung dieser Tiere als auch die Geburt des Füllens wird von traditionellen Zeremonien begleitet. Innerhalb einer Woche nach der Geburt wird ein Zeugnis ausgestellt, das ordnungsgemäß beglaubigt wird. Allgemein herrscht die Ansicht, daß es seit mindestens fünfhundert Jahren Pferdestammbäume mit getrennter Angabe von Mutterstute und Zuchthengst gibt. Der folgende Stammbaum wird von Weston in seinen »Fragmenten der orientalischen Literatur« erwähnt. Man fand ihn am Hals eines arabischen Pferdes hängend, das von Oberst Ainslie in der letzten Kampagne in Ägypten gegen die Franzosen gekauft wurde.

»Im Namen Gottes, des Barmherzigen und Mitleidigen, und Seyd Mohammeds, des Propheten Gottes, des Herrn, und der Anhänger Mohammeds und Jerusalems. Gepriesen sei der Herr, der allmächtige Schöpfer. Dies ist ein edel gezüchtetes Pferd, und sein Milchzahn hängt hier in einem Beutel an seinem Hals zusammen mit seinem Stammbaum, der von unanzweifelbarer Autorität ist, so daß kein Ungläubiger sich weigern kann, ihm Glauben zu schenken. Es ist der Sohn vom Rabbamys, aus der Stute Lahada, und ebenbürtig an Kraft seinem Erzeuger aus dem Stamm der Zazhalah. Er ist fein gebaut, zum Laufen geschaffen wie ein Strauß, und mächtig ist sein Schritt, der weit ausgreift. Er hat so berühmte Verwandte wie Zaluah, Vater von Mahat, Vater von Kallack, und den unerreichten Alket, Vater von Manasseth, Vater von Alschek, von dem die Linie des berühmten Zuchthengstes, des Vaters der Lahalala, abstammt. Möge er sein ganzes Leben lang Grünfutter, Korn und Wasser im Überfluß haben als Belohnung vom Stamm der Zazhalah für seine feurige Zeugungskraft, und mögen tausend Zweige seinen Leichnam vor der Gräberhyäne und dem heulenden Wüstenwolf schützen. Möge ihn der Stamm der Zazhalah mit einem Fest in einer von Mauern umgebenen Anlage feiern, mögen Tausende sich bei Sonnenaufgang in Scharen dort versammeln, wo der Stamm unter einem mit den Himmelszeichen verzierten Baldachin innerhalb der Mauern den Sattel mit dem Namen und der Familienbezeichnung des Besitzers zur Schau stellt. Dann mögen sie unter unaufhörlichem lautem Händeklatschen zu Gott um Schutz beten für Zoabs Geschlecht, den erleuchteten Stamm.«

Nächst dem arabischen Blut verdanken wir unsere jetzige Zucht von Vollblütlern den Berberpferden...

Außer diesen zwei berühmten Rassen haben wir auch persische, türkische und ostindische Pferde importiert...

158. »Andere Länder, andere Sitten«: in Marokko legt man den Sattel vor dem Zaumzeug an. (»Marokkaner, sein Pferd sattelnd« von Eugène Delacroix, 1855).

159. »Wettrennen im Schatten von Schloß Windsor« von Francis Barlow, 1687. Man beachte die Abwagevorrichtungen vor der Königlichen Loge.

160. Das Steeplechase, heute verkörpert durch die von Jagdgesellschaften organisierten Start-Ziel-Sitte und durch das professionelle Hindernisreiten nach den Nationalen Jagdreitregeln, das auf einer Rennbahn stattfindet, die sich nur insofern von einer Flachrennbahn unterscheidet, als künstliche Hindernisse darauf gebaut sind. Beide gingen aus dem Steeplechase des späten 18. Jh. hervor, bei dem in Grafschaften wie Leicestershire Amateurreiter auf einer Strecke in typischem Jagdgelände miteinander auf Jagdpferden in Konkurrenz traten, die alles andere denn Vollblütler waren. Henry Alkens Bild vom Start einer solchen Konkurrenz ist in den ersten Jahren des 19. Jh. entstanden.

Der beste Schlag von Türkenpferden stammt von arabischen und persischen ab, die sie jedoch an Größe übertreffen. Ihr Rumpf ist sogar länger und ihre Kruppe höher als bei den Arabern. Sie haben beträchtlich zur Verbesserung der englischen Zucht beigetragen...

Die türkischen Pferde sind... bemerkenswert lenksam, wie Busbekius berichtet, der im 17. Jahrhundert Gesandter in Konstantinopel war. Es wäre gut, wenn Herren und Stallknechte aus der Klugheit und Menschlichkeit dieses wirklich wertvollen und gütigen Autors lernen könnten. Er schreibt:

»Die Sanftmut der türkischen Pferde ist unübertrefflich, und ihr Gehorsam ihren Herren und den Reitknechten gegenüber bemerkenswert. Das ist darauf zurückzuführen, daß die Tiere immer mit großer Güte behandelt werden. Ich konnte selbst bei meinem Aufenthalt in Pontus, als ich durch ein bithynisches Gebiet bei Kappadokien, namens Axillon, kam, beobachten, wie freundlich die Bauern zu jungen Fohlen waren und wie liebevoll sie mit ihnen umgingen.

Sie nahmen sie in ihre Behausungen, reinigten, kämmten und liebkosten sie so liebevoll, als wären es ihre eigenen Kinder. Sie hängten ihnen eine Art Schmuckstück sowie ein breites, mit Amuletten gegen Gift, wovor sie sich besonders fürchten, besetztes Band um den Hals. Sie schlagen sie nie, und die Stallknechte, die sie pflegen, sind ebenso freundlich wie ihre Herren. Diese Behandlung führt dazu, daß die Tiere natürlich sehr anhänglich, folgsam und leicht lenkbar sind. Die Türken setzen ihren Stolz darein, sie so zahm zu machen, daß sie auf Befehl hinknien, um sich besteigen zu lassen, einen Stock oder einen Krummsäbel vom Boden aufheben und stets, wenn der Reiter herunterfällt, sofort stehenbleiben. Leider haben die Pferde unserer christlichen Stallknechte zumeist – und berechtigtermaßen – Angst vor ihren Pflegern.«

James Christie Whyte,
History of the British Turf, 1840

Die Dichter der romantischen Schule schrieben auch über das arabische Pferd, man denke nur an Byron.

Anne Isabella King, eine Enkelin Byrons und Tochter des Earls von Lovelace, heiratete Wilfrid Scawen Blunt. Seiner erinnert man sich heute eher wegen seiner Gedichte als auf Grund seiner politischen Ansichten, die ihn zu seinen Lebzeiten berühmt machten. Die Blunts verbrachten die ersten zehn Jahre ihrer Ehe fast ständig auf Reisen, zumeist zu Pferde, oft in unzivilisierten Ländern. Im Laufe einer Expedition gelangten sie in das Nedschd, die Kernlandschaft der arabischen Halbinsel und das klassische Zuchtgebiet des reinrassigen Araberpferdes.

Blunt war überzeugt, eine neue Beimischung von arabischem Blut würde dem Vollblut nach einigen Generationen nicht nur größere Schnelligkeit verleihen, sondern auch als einziges Mittel den Entkräftungsprozeß aufhalten, dem es durch die Zucht unvermeidlich anheimfallen mußte. Mit der Zeit änderten sich seine

Ansichten in beiden Punkten. Doch der erste Impuls veranlaßte ihn in den siebziger Jahren des vorigen Jahrhunderts zum Erwerb einer Anzahl arabischer Hengste und Stuten - Stuten hatte es in England kaum jemals gegeben -, die einen einzigartigen, bisher unerreichten Pferdebestand bildeten. Die Blunts besaßen eine Niederlassung in Ägypten und eine zweite in Sussex. Blunts Auktionen in Sussex mit jungen Pferden wurden in der ganzen westlichen Welt berühmt. Sie waren aus von den Blunts nach England gebrachten Wüstenpferden gezüchtet.

Wilfrid Blunt starb ein oder zwei Jahre vor dem Datum, das wir als das Ende des Pferdezeitalters ansehen, seine Frau wenige Jahre vorher. Er lebte aber doch lange genug, um der erste Ehrenpräsident der »Arab Horse Society« zu werden, eine Gründung, um »die Zucht und die Einfuhr reinrassiger Araberpferde zu fördern und die Neuzuführung von arabischem Blut in die Zucht des leichten englischen Pferds zu begünstigen«. Es war die erste derartige Vereinigung, und sie übte in einer Phase der Pferdegeschichte einen bedeutenden Einfluß aus, welche die Blunts nicht mehr erlebten - in dem Zeitalter, in dem das Pferd in der produktiven Friedenswirtschaft und in der zerstörenden Kriegsanstrengung keine Rolle mehr spielte. Zugleich wurde es auf der ganzen Welt für die Freizeitgestaltung durch Sport und Erholung immer wichtiger.

EIN ARABISCHES REZEPT FÜR DAS AUFZIEHEN EINES FOHLENS

In »Beduinenstämme am Euphrat« und auch in »Eine Pilgerfahrt in das Nedschd« hat Lady Anne Blunt einen unerreichten und völlig unromantischen Bericht über ihre und ihres Mannes romantische Suche nach den Überresten authentischer arabischer Rassepferde geschrieben. Das Kapitel über die Aufzucht und das Zureiten von Hengstfohlen scheint viel glaubwürdiger als die Schilderung Whytes und sollte als deren Berichtigung betrachtet werden.

»Wenn du ein Fohlen dazu bringen willst, daß es schneller läuft als seine Gefährten«, sagte unser Gewährsmann, »dann merk dir folgende Regeln: In seinem ersten Lebensmonat soll es nur die Milch seiner Mutter bekommen, das genügt ihm. In den nächsten fünf Monaten füge man zu dieser natürlichen Menge so viel Ziegenmilch hinzu, als es trinken will. In den folgenden sechs Monaten gibst du ihm Kamelmilch und außerdem in einem Futterbeutel eine Kelle Körner, die du vorher eine Viertelstunde lang in Wasser eingeweicht hast.

Wenn das Fohlen ein Jahr alt ist, braucht es keine Milch mehr; es muß mit Körnern und Gras gefüttert werden; die Körner bekommt es trocken in einem Futterbeutel, das Gras grün, sofern es welches gibt.

Als zweijähriges Fohlen muß es arbeiten, sonst wird es wertlos. Füttere es dann wie ein ausgewachsenes Pferd mit Gerste, gib ihm aber im Sommer auch täglich zu Mittag eine Mehlsuppe. Die bereitest du folgendermaßen zu: du nimmst zwei Handvoll Mehl und vermengst es mit Wasser, bis das Wasser aussieht wie Milch. Dann seihst du die Mischung durch, läßt den Mehlrückstand zurück und gibst dem Fohlen die Flüssigkeit.

Sorge von seiner Geburt an dafür, daß das Fohlen in der Sonne steht, der Schatten ist für Pferde schädlich; aber gib ihm an heißen Tagen genügend Wasser.

Nun soll das Fohlen geritten werden, und sein Besitzer sollte es überallhin mitnehmen, damit es alles sieht und Mut bekommt. Es muß ständig in Bewegung gehalten werden und soll nie lang an seiner Krippe bleiben. Man soll es auch auf eine Reise mitnehmen, denn die Arbeit stärkt seine Glieder.

Mit drei Jahren sollte es galoppieren lernen. Wenn es ein richtiges Vollblut ist, wird es dann nicht zurückbleiben. Yallah!«

DAS »GENERAL STUD BOOK«

Als J. Weatherby jun. den ersten Band von *»A General Stud Book«* herausgab, das später für die ganze Welt *»The General Stud Book«* wurde, waren schon hundert Jahre seit dem Ende des Kriegs vergangen, in dem Capitain Byerlys türkischer Hengst sich so auszeichnete, ehe er all jene Stuten beschälte, wobei er sich noch mehr auszeichnete.

Einige der Informationen, die Weatherby in kluger Voraussicht in seiner Einleitung erwähnte, beinhalten alles, was wir je über die Gründerväter der Vollblutrasse erfahren werden, denn nicht alle Quellen seiner Notizen sind erhalten geblieben, und manche waren bloß mündliche Familienüberlieferung. Wie er in seiner Vorrede sagt, »änderten« viele Pferde ständig »zusammen mit ihren Besitzern auch ihre Namen«, sobald sie in andere Hände kamen. Das läßt einen ahnen, welch schwierigen Identitätsproblemen der Herausgeber dieses umfassendsten genealogischen Werks, das es je gab, gegenüberstand. Das wurde manchmal auch noch durch politische und soziale Faktoren kompliziert. Zum Bei-

161. Ausschnitt aus George Stubbs' »Rennpferde aus dem Besitz des dritten Herzogs von Richmond beim Zureiten«, gemalt etwa 1760–61.

spiel: *Curwen's Bay Barb* wurde von einem katholischen Gentleman aus Cumberland importiert, zu einer Zeit, als kein Katholik ein Pferd besitzen durfte, das mehr als fünf Pfund wert war. Infolgedessen galt er lange, hauptsächlich in Lincolnshire, als der *Bay Barb* eines anderen Besitzers.

Diese biographischen Notizen zeigen auch sehr deutlich den Einfluß der frühen Importe außerhalb des Zauberkreises. Aus ihm sollte bald die stetige Vollblutzucht entstehen: besonders im Norden des Landes, wo Curwens Hengst so viele Ponystuten deckte, aus deren Fohlen »sehr hochgebaute Galloways« wurden. Solche Paarungen wurden nicht aufgezeichnet, müssen jedoch beträchtlich zahlreicher gewesen sein als jene mit den Gründungsstuten der Vollblutrasse. Deren Zahl war gering, und sie hatten einen gewaltigen Einfluß auf die Massenentwicklung des britischen Bestands an leichten Pferden im Gegensatz zur Elite der Rennbahn.

ARABER, BERBER UND TÜRKEN

Place's White Turk war Eigentum von Mr. Place, dem Stallmeister Oliver Cromwells in den Jahren seines Protektorats, und war der Vater von Wormwood, Commoner sowie der Urgroßmütter von Windham, Grey Ramsden und Cartouch.

Die Königlichen Stuten (Royal Mares). König Karl II. schickte den Oberstallmeister ins Ausland, um eine Anzahl ausländischer Hengste und Stuten zu Zuchtzwecken zu besorgen.

Die von ihm nach England gebrachten Stuten (wie

162. »Der Jockey« – Toulouse-Lautrecs Impression von einem Rennen, das deutlich den »Sitz« des Jockeys – beinahe ein »Stand« – zeigt.

163. »Die drei jüngeren Söhne von Schah Dschehan beim Ausritt« von Balchard.

165. »Das Derby zu Epsom« von Théodore Géricault. Der »fliegende Galopp« ist eine künstlerische Konvention, keine natürliche Gangart. Er wurde schon von den ältesten Künstlern des Ostens und von den Buschmännern in der letzten Phase der südafrikanischen Felsenmalerei dargestellt (siehe Seite 16 und 222).

164. Zur Zeit Philipps IV. von Spanien war die Wildschweinjagd eine mit dem römischen Amphitheater eher vergleichbare Zeremonie geworden als die Stierkampfarena, vor allem eine Gelegenheit zur Schaustellung der Geschicklichkeit des Lanzenträgers und der Gewandtheit der andalusischen Kriegsrosse. Von Weidwerk keine Spur, aber auf diesem Bild gibt es mehrere Exemplare der Andalusier alten Stils und der Maultiere, die in Spanien Kutschen zogen und aus Kreuzungen andalusischer Stuten mit katalonischen Eseln gezüchtet wurden. (Ausschnitt aus »Die Wildschweinjagd« von Velasquez.)

auch viele ihrer Sprößlinge) hießen seither die »Königlichen Stuten«...

Byerly Turk war Captain Byerlys Kriegsroß in Irland in den Kriegen König Wilhelms III. (1689-1702). Er deckte nicht viele Zuchtstuten, war aber der Beschäler der Mutterstute von Kingston's Sprite, der für fast so gut galt wie Leedes, der Mutter von Rutlands Black-Hearty und Archer, von Devonshires Basto, von Lord Bristols Grashopper und Lord Godolphins Byerly Gelding, alles gutgeratene Pferde, von Halloways Jig, einem mittelguten Pferd, und von der schön gebauten Knightleys Mare.

Curwen's Bay Barb war ein Geschenk von Mulay Ismael, dem König von Marokko, für Ludwig XIV. und wurde von Mr. Curven nach England gebracht. Dieser kaufte in Frankreich von Graf Byram und Graf Toulouse – zwei natürliche Söhne Ludwigs XIV., der erste Oberstallmeister, der zweite ein Admiral – zwei Berberhengste. Beide erwiesen sich als hervorragende Deckhengste und sind unter den Namen *Curwen Bay Barb* und *Toulouse Barb* bekannt. Curwens Bay Barb zeugte Mixbury und Tantivy, beides sehr gut gebaute Galloways; das erste war nur dreizehn Faust und zwei Zoll hoch, und dennoch gab es zu seiner Zeit nur zwei Pferde, die es mit Gewichtsvorgabe schlagen konnten; weiters Brocklesby, Little George, Yellow Jack, Bay Jack, Monkey, Dangerfield, Hip, Peacock und Flatface, von denen die beiden ersten gut geraten, die übrigen mittelgut waren, auch zwei Mixburys, Brüder des ersten Mixbury, mittelgute Galloways, sowie Long Meg, Brocklesby Betty und Creeping Molly, außerordentlich gut gebaute Stuten, Whiteneck, Mistake, Sparkler und Lightfoot, sehr gute Stuten, und mehrere mittelgute Galloways, die im Norden an Zuchtrennen teilnahmen. Er zeugte zwei Schwestern Mixburys, von denen die eine Partner, Little Scar, Soreheels und die

166. Peytona und Fashion bei ihrem Großen Wettrennen am 13. Mai 1845 um 20.000 Dollar auf dem Union Course, Long Island. Lithographie von N. Currier. Maler C. Severin.

Mutterstute von Crab zur Welt brachte. Die andere war die Mutter von Quiet, Silver Eye und Hazard. Der Hengst deckte nicht viele Stuten außer denen von Mr. Curwen und Mr. Pelham.

Darleys Arabian wurde von einem Bruder Mr. Darleys aus Yorkshire herübergebracht, der als Handelsagent im Ausland lebte, Mitglied eines Jagdreiterklubs wurde und dadurch dieses Pferd zu erwerben interessiert war. Es wurde der Vater von Childers und auch von Almanzor, einem sehr guten Pferd, von einem weißbeinigen Pferd aus der Tochter von Somerset, einem Bruder Almanzors, das für ebensogut gehalten wurde, aber infolge eines Unfalls nie öffentlich geritten wurde, von Cupid und Brisk, zwei guten Pferden, von Daedalus, einem sehr schnellen Pferd, Dart, Skipjack, Manica und Aleppo, guten Flachrennpferden, obwohl sie von schlechten Stuten stammten, Lord Lonsdales sehr schön geratener Stute und Lord Tracys Stute, die bei Flachrennen erfolgreich war.

Er deckte sehr wenige Stuten außer denen von Mr. Darley, der außer Almanzors Mutterstute sehr wenige erstklassige Pferde besaß...

Belgrade Turk wurde bei der Belagerung Belgrads von General Merci erbeutet und von ihm dem Prinzen von Craon geschickt, der ihn dem Prinzen von Lothringen schenkte. Später wurde es von Sir Marmaduke Wyvill gekauft und starb in dessen Besitz ungefähr im Jahre 1740 ...

Godolphin Arabian. Über diesen wertvollen Hengst gibt es – so seltsam es scheinen mag – kaum irgendwelche schriftlichen Aufzeichnungen. Es läßt sich nach eingehender Untersuchung nur feststellen, daß er ein brauner Hengst, etwa fünfzehn Faust hoch und zuerst Eigentum von Mr. Coke war. Er hatte ihn von Mr. Roger Williams, dem Besitzer des St. James Kaffehauses, geschenkt bekommen und gab ihn weiter an Lord Godolphin, in dessen Besitz er als Privathengst bis zu seinem Tod verblieb. Jene, die im Pferdesport gründlich bewandert sind, wissen, daß er zweifellos mehr zur Verbesserung der Pferdezucht beitrug als irgendein Hengst vor oder nach ihm; für sie ist es unnötig, seine Nachkommenschaft aufzuzählen. Weniger mit den Annalen des Rennsports Vertrauten mögen die Namen Cade, Regulus, Blank, Babraham und Bajazet als Beweis dienen. Es ist vielleicht nicht überflüssig zu sagen, daß beinahe – wenn nicht überhaupt – alle hervorragenden Pferde der heutigen Zeit etwas von seinem wertvollen Blut mitbekommen haben. Er starb im Jahre 1753 in Hogmagog im neunundzwanzigsten Lebensjahr und ist in einem gedeckten Gang, der zum Stall führt, begraben. Über ihm liegt ein flacher Grabstein ohne irgendeine Inschrift. Nach allem, was wir über ihn erfahren haben, wurde kein Pedigree mit ihm ins Land gebracht, wie bereits festgestellt. Man nimmt allgemein an, daß der Hengst gestohlen wurde. Vielleicht erscheint die ungewöhnliche Zuneigung dieses Pferdes zu einer Katze belanglos, die im Stall lebte und die sich besonders durch seine heftige Unruhe anläßlich des Todes dieses Tiers äußerte. Wir erwähnen diesen Umstand bloß zur Erklärung einer Katze auf dem Porträt des Godolphin Arabian, auf die wir den Leser bezüglich einer richtigen Darstellung des Hengstes hinweisen.

ARABERBLUT IN AMERIKA

Die (Bostoner) Ausgabe von William Youatts »The Horse« (1849) enthielt viel Material, das speziell für den amerikanischen Leser hinzugefügt worden war.

Wir zitieren daraus einen Auszug über die anscheinend erste unmittelbare Zuführung arabischen Bluts in die amerikanische Pferdezucht.

Der zweite Auszug befaßt sich mit der amerikanischen Spezialität, dem aus der Standardzucht stammenden Trabrennpferd. Seine Leistungen stellen in der Öffentlichkeit, quantitativ gesehen, in den Vereinigten Staaten als Flach- oder Hindernisrennen einen bedeutenderen Zuschauersport dar. Das gilt auch für manche europäische Länder und Neuseeland, das am stärksten anglisierte Land des Commonwealth. Der einzige Gründungshengst

167. »Der Angriff der Scots Greys bei Waterloo« von Lady Butler. Dieses Bild zeigt, was Hauptmann Bluntschli in Shaws »Helden« meint, wenn er sagt, daß Kniebrüche der Soldaten die verbreitetsten Verwundungen bei Kavallerieangriffen seien.

der Standardzucht war Messenger, ein Sohn des Vollbluthengstes Mambrino, der von Darley Arabian abstammte und eines der am stärksten arabisch aussehenden britischen Rennpferde seiner Zeit war, wenn wir seinem Porträt aus Stubbs' Hand Glauben schenken wollen. Messenger stammte auch von Eclipse und Marske und damit von Darley Arabian ab.

Der amerikanische Herausgeber von Youatts Buch hebt die besonderen sozialen – und bis zu einem gewissen Grad politischen – Einflüsse hervor, die den Traber für Flachrennen in Amerika von der Zeit der Revolution an dem Galopper vorzogen. Es muß jedoch auch manches den regionalen Traditionen der frühen englischen Siedler zugeschrieben werden, von denen die meisten aus der Gegend zwischen Suffolk und Lincolnshire stammten. In diesem Gebiet rund um den Meerbusen *The Wash* wurden die besten Erfolge bei der Zucht der Traber erzielt, die dort am meisten geschätzt wurden. Der Norfolk-Traber erfreute sich zu Lebenszeiten Messengers des besten Rufs. Die meisten Stuten, die den Ausgangspunkt der amerikanischen Traberstammbäume bilden, wurden als kanadisch bezeichnet: Sie kamen aus der Provinz Quebec und waren normannischer Herkunft wie die Einwohner Quebecs selbst. Das normannische Pferd war berühmt wegen seiner Traberqualitäten, ebenso wie das einzige andere bedeutende Element im Pferdebestand von Quebec – der *postier breton,* ein scharf trabender Reisepferd- oder Cobschlag aus Finistère.

168. Das berühmte Pferd »Lexington«, dessen Kopf die weitgehend arabische Abstammung der amerikanischen Standard-Traberzucht zeigt. Von Louis Maurer; Lithographie von N. Currier, 1855.

169. Das Vollblut »Mambrino« war ein Nachkomme von »Flying Childers«. Sein Sohn »Messenger« wurde ungefähr zur Zeit der Unabhängigkeitserklärung in die Vereinigten Staaten exportiert und nicht nur der Ahnherr von berühmten amerikanischen Rennpferden wie »Man o'War«, sondern auch eines ganzen Traberstammes, der Standardzucht von Trabrennpferden. (»Mambrino« von George Stubbs.)

Bei der Kavallerie, vielleicht in noch höherem Maß als bei jeder anderen Waffengattung, verschafft uns unsere Lage stets über jede angreifende Macht einen Vorteil. Ein Feind kann keine Kavallerie mitbringen. Mit einem entsprechend organisierten Zuchtsystem unserer Pferde kann dieser Vorteil in Kriegszeiten zu einem ausschlaggebenden Faktor werden. Mit der Voraussicht, die seine militärische Verwaltung auszeichnete, war Napoleon so klug, in verschiedenen französischen Departements *haras,* Gestüte, einzurichten. In Ihnen wurden den einfachen Bauern Vollblutzuchthengste zur Verfügung gestellt, für deren Dienste sie so wenig zahlten, daß dadurch kaum deren Erhaltungskosten gedeckt wurden. Um aber von den Vereinigten Staaten zu sprechen: Wer mit den Vorfällen aus der Zeit unserer Revolution irgendwie vertraut ist, kennt die Leistungen der berühmten Legion General Lees im Süden. Aber es werden sich vielleicht nur verhältnismäßig wenige bewußt sein, welchem Umstand dieses berühmte Korps seine Leistungsfähigkeit hauptsächlich verdankte – und doch läßt sich nicht leugnen, daß vor allem *die Güte des Blutes seiner Pferde* es sofort zur Geißel und zum Schrecken des Feindes machte.

Das *Turf Register* bildete die Informationsquelle für alle mit diesen Themen zusammenhängenden außerordentlichen Tatsachen. Vorher war nicht allgemein bekannt, daß manche glänzenden Taten auf dem Schlachtfeld sowie im Rennsport in Amerika auf die erstaunliche und zufällige Einwanderung des berühmten *Lindsey's Arabian* zurückgeführt werden können. Die merkwürdige Geschichte dieses namhaften Arabers verdient es, hier festgehalten zu werden. Der Herausgeber erfuhr sie von

170. »Der berühmte amerikanische Traber Tom Thumb«, von E.J. Lambert, bei der Vorführung eines Rennsulky, auch »machine« genannt.

einem verdienten Offizier der Revolution aus Maryland, dem ehrwürdigen General T.M. Forman, einem noch lebenden Monument aus der »Zeit, da man die Seelen der Männer prüfte«...

Der Kapitän einer britischen Fregatte bekam das Pferd zum Dank für einen wichtigen Dienst, den dieser einem Sohn des damaligen Herrschers von Marokko geleistet hatte, von dem Herrscher geschenkt – es war das wertvollste aus seinem Stall. Der Kapitän nahm es an Bord in der freudigen Erwartung, es nach seiner Landung in England zu einem hohen Preis zu verkaufen. Die Fregatte machte, entweder in Befolgung entsprechender Befehle oder aus sonstigen Ursachen, eine Zwischenlandung auf einer der britischen Westindischen Inseln. Sie mußte einige Zeit dort bleiben, und der Kapitän setzte das Pferd aus Mitleid, um ihm etwas Bewegung zu ermöglichen, an Land. Man konnte keine andere passende, umfriedete Stelle finden als einen großen Holzplatz, auf dem man das Pferd frei umherlaufen ließ. Es war aber so fröhlich und verspielt wie ein Kätzchen, und die Freiheit erwies sich bald als lebensgefährlich für das junge Tier. Es stieg auf einen der Holzstöße, der zusammenstürzte und es mitriß. Dabei brach es sich drei Beine. Damals traf der englische Kapitän im selben Hafen einen alten Bekannten aus einem unserer jetzigen Oststaaten. Ihm schenkte er das Pferd als ein Tier von unschätzbarem Wert für den Fall, daß er es wieder gesund machte. Der amerikanische Kapitän aus dem Osten nahm das Geschenk gern an und brachte das Pferd – er wußte, er werde einige Zeit auf der Insel bleiben müssen, ehe er seine aus verschiedenen Waren bestehende Ladung veräußert hätte – an Bord seines Schiffs, hängte es in Schlingen auf, richtete seine gebrochenen Beine sehr sorgfältig ein und verband sie. Es ist nicht wichtig, wie lange er im Hafen blieb oder ob das Tier bei Ankunft an unserer Küste schon völlig gesund war. Aber es kam tatsächlich an, und es mußten bestimmt mehrere Jahre vergangen sein, ehe es, wie schon erwähnt, bemerkt wurde...

Der Hengst wurde in Connecticut – glaube ich – Ranger genannt; in Virginia hieß er, wie es sich gehörte, *Lindsey's Arabian* – nach dem Kapitän, der ihn etwa 1778 als Kavalleriehengst kaufte. Er war der Vater von Tulip und vielen anderen guten Rennpferden und vererbte allen seinen Nachkommen eine vorzügliche Gestalt. Sein Blut fließt in den Adern einiger der besten Pferde der heutigen Zeit.

EIN UNGEWÖHNLICHES TRABRENNEN

Sonnabend, den 6. Oktober 1838, um 4 Uhr nachmittags, fand auf dem Beacon Course gegenüber unserer Stadt ein Trabrennen mit beiderseitigem Einsatz von 1000 Dollar unter dem Sattel statt. Die Annalen des Rennsports kennen dazu keine Parallele; jeder Meter der Strecke wurde heiß umkämpft, und die erzielte Zeit ist bei weitem die beste, die offiziell belegt ist.

Das Rennen wurde von den Pferden Dutchman und Rattler bestritten. Dutchman ist ein schöner brauner, groß und kräftig gebauter Wallach, etwa 16 Faust hoch, was man als »ein fleischiges Pferd« bezeichnet, und sieht in richtiger Kondition wie ein gewöhnliches Reisepferd in »guter Verfassung« aus. Er wurde für das Rennen trainiert und geritten von Hiram Woodruff. Rattler ist ein brauner, etwa 15½ Faust hoher Wallach, der »großartig aussieht«. Er wurde, obwohl er zu jenen gehört, die selten eine Unze überflüssiges Fleisch aufweisen, kurzgehalten. Angeblich betrug sein Futter in letzter Zeit selten mehr als zwölf Pfund am Tag, während Dutchman zwischen vierundzwanzig und zweiunddreißig Pfund erhielt. Rattler wurde von William Wheelan trainiert und geritten. Sein Gang ist dem Dutchmans im Stil überlegen, er streckt sich gut, und sein Schritt ist frei und gleichmäßig. Dutchman scheint seine Hinterhand nicht tadellos unter Kontrolle zu haben, er hebt sie, anstatt sie vorwärtszuwerfen, so hoch, daß sie seinen Körper hochwirft. Dadurch wird sein Schritt kürzer. Die Wetter verließen sich vor allem auf seinen Kampfgeist. Ein Gentleman, der eine bedeutende Summe auf Rattler setzte, bot vor dem Start 2 zu 1 auf Dutchman an, vorausgesetzt, die Entscheidungsläufe würden getrennt ausgetragen.

Bevor die Pferde auf die Bahn kamen, standen die Wetten 5 zu 4 für Dutchman, nach dem Aufsitzen der Reiter herrschte 5 zu 3 vor und schließlich 2 zu 1. Als die Pferde vor dem Start vor der Tribüne hin und her geritten wurden, schienen beide in hervorragender Form zu sein, und ihre Aktion war tadellos ...

Das Rennen. Rattler hatte die Innenbahn, überließ sie jedoch nach der ersten Viertelmeile Dutchman. Auf der Gegengeraden kam er in Führung und war bei der halben Meile um zwei Längen voraus, wechselte jedoch bald darauf die Gangart. Dadurch kam Dutchman in Front und führte bei der Tribüne (2:42) und um die Kurve zur Gegengeraden, wo die Bahn leicht abschüssig ist. Rattler überholte seinen Gegner hier, da das für ihn günstig ist. Dutchman schloß beim Dreiviertelmeilenposten zu ihm auf, wo Rattler ihn abschüttelte und an der Tribüne (2:38) in führender Position mit vier Längen vorbeikam. Er hielt das Tempo weiter durch und blieb in der Gegengeraden in Führung, auch um die Kurve zur Zielgeraden. Aber dort beugte sich Hiram bis zu Dutchmans Kopf vor und setzte ihm die Sporen ein. Es kam zu einem kolossalen Finish, das jedoch mit fast einer Länge Vorsprung von Rattler gewonnen wurde, der die dritte Meile in 2:34½ trabte; seine Gesamtzeit betrug 7:54½.

Zweiter Lauf. Dutchman fiel nach dem Start aus der Gangart, und es wurde 2 zu 1 gegen ihn angeboten. Auf der Gegengeraden lagen die Pferde die ganze Zeit Kopf an Kopf; auf der Steigung bis etwa 50 Meter nach dem Halbmeilenpfosten gewann Dutchman ein wenig an Boden und kam als erster (2:37) zur Tribüne. Er zog mit zwei Längen Vorsprung durch die erste Kurve der zweiten Meile, doch Rattler nahm auf der Gegengeraden die Jagd gegen ihn auf und kam mit ihm auf gleiche Höhe. Beim Halbmeilenpfosten war Dutchman wieder vornan, aber Rattler schloß durch eine verzweifelte Anstrengung in der Geraden wieder zu ihm auf – und so kamen sie zur Tribüne (2:33). Auf der Gegengeraden ging Rattler wie gewöhnlich wieder in Front, aber nur für einen Augenblick. Dutchmans Reiter gab ihm heftig die Sporen, und der Kampf war verzweifelt. Dutchman hing sich an Rattlers Hinterhand und kam allmählich bis zum Halbmeilenpfosten auf, wo sie wie in einem Doppelgespann dahinzogen. Der Kampf war für Rattler beinahe zu hart, er schaltete mehrmals Galoppsprünge ein und konnte nur durch das Zurückhalten Bills am Wechseln der Gangart gehindert werden. Sie erreichten in mächtigem Tempo die Zielgerade, doch Rattler wechselte unseligerweise vor der Viermeilen-Zieltribüne die Gangart, als er eine Länge weit in Führung lag – und Dutchman gewann den Lauf mit sechs oder acht Längen. Als Rattler zu springen begann, hätte ihn Wheelan fest in die Hand nehmen müssen, aber er lag so weit in Führung und war so nahe dem Ziel – kaum 180 Meter weit –, daß er das in der momentanen heftigen Erregung nicht tat. Wäre dies geschehen, so hätte er bei Dutchmans Tempo noch mit ein, zwei Meter Vorsprung gewonnen; denn Rattler vermochte den durch sein Zurückhalten verursachten Rückstand nicht wiedergutzumachen. Er verlor diesen Lauf nur durch seinen Gangwechsel. Im Augenblick, als Rattler zu springen begann, zog Hiram Dutchmans Zügel an. Er wollte schon aufgeben, und nur die Zurufe der Leute auf der Tribüne, er solle weitermachen, stimmten ihn um. Die letzte Meile wurde in 2:40 gelaufen, die Gesamtzeit betrug 7:50. Hätte Dutchman sein Tempo beibehalten, so wäre die Zeit 7:48 gewesen.

Dritter Lauf. Dutchman ging in schönem Schritt los – es wurde für ihn 2 zu 1 geboten – und führte ungefähr bis zur Mitte der Gegengeraden, dann holte Rattler auf. Beim Halbmeilenpfosten waren sie gleichauf und kamen so zur Tribüne (2:42). Sie gingen in der gleichen Position durch die Kurve, und nur die wiederholten Mahnungen der Schiedsrichter, Ruhe zu bewahren, verhinderten ohrenbetäubende Ovationen von der Tribüne. Es war ein wunderschöner Anblick: Beide Pferde, Dutchman unter eingesetzten Sporen, liefen in höchstem Tempo, Kopf an Kopf. In der Mitte der Gegengeraden kam Rattler beinahe klar in Front, aber Dutchman legte bald darauf einen Zwischenpreis ein, und als sie zur Tribüne kamen (2:38½), war er eine halbe Länge voraus. Dann, auf der Gegengeraden, holte Rattler ihn wieder ein, und sie gingen Kopf an Kopf bis knapp zum Halbmeilenpfosten, wo Dutchman wieder vorne lag, da Wheelan Rattler etwas zurückhielt. Er wollte ihn für die Zielgerade schonen. Später, in der Kurve, lagen sie wieder gleichauf, und der folgende Endkampf weckte Erinnerungen an Bascombe und Postboy. Auf der Tribüne herrschte tiefe Stille, damit keines der Pferde aufgeregt oder erschreckt und dadurch zum Springen veranlaßt würde. Das Rennen war so aufregend, daß alle Zuschauer den Atem anzuhalten schienen, als die Pferde sich der Tribüne näherten. Sie kämpften bis zum Schluß; Dutchman kam um eine Nase voraus, da Hiram den Zügel nachließ und ihm so einen Vorsprung *à la Chifney* verschaffte, was ihn knapp mit 30 cm zum Sieger machte. Die Aufregung der Menge auf der Tribüne ließ sich nicht länger im Zaum halten. Die Zuschauer brachen in tosende Hochrufe aus, die man wohl drei Meilen weit hören konnte. Die letzte Meile wurde in 2:41½ zurückgelegt, die Gesamtzeit betrug 8:02. Nach einiger Beratung erklärten die Richter das Ergebnis als totes Rennen ...

Vierter Lauf. Dutchman führte vom Start bis zur Mitte der Gegengeraden, wo sein Vorsprung drei Längen betrug. Rattler holte ihn bis zum Halbmeilenpfosten ein, doch bald darauf zog Dutchman wieder in Front. Von da an bis zum Ende hielt ihn Hiram im Tempo, und Rattler konnte ihn, soweit wir sahen – es war nun so dunkel, daß man weder Pferd noch Reiter ausmachen konnte –, nicht wieder einholen. Rattler fiel dann zurück und wurde schließlich mit sechs Längen nach dem schneidigsten, ehrlichsten, bei weitem schnellsten Rennen, das wir je sahen, glatt geschlagen.

10. Die Straße

DIE ENGLISCHE POSTKUTSCHE

»Die moderne Reiseart kann sich bezüglich Größe und Macht nicht mit dem alten Postkutschensystem messen«, schrieb de Quincey an anderer Stelle in dem Essay, aus dem wir Auszüge zitieren. De Quinceys Essay ist bereits ein Rückblick. So kam die Schrift von Größe und Macht über dieses Thema zustande, nachdem die Postkutsche ihrem Konkurrenten, der Eisenbahn, gewichen war oder sich mit ihr zu noch demütigenderen Bedingungen ausgeglichen hatte als die Eisenbahn heute gegenüber dem Lufttransporter. Doch immer noch war die Eisenbahn für ihre »Zubringer« von Pferdefuhrwerken abhängig. Das wurde bei der Neueröffnung der Whitby-Pickering-Eisenbahn unter privaten Unternehmern im Jahre 1873 treffend symbolisiert: Die königliche Gesellschaft fuhr in einem Gespann von *Cleveland Bays* in einer Kutsche zum Bahnhof. Diese Linie, besser gesagt deren privater Abschnitt zwischen Grosmont und Goathland – heute mit Dampf betrieben –, erinnert an den einstigen Kompromiß: In den ersten Jahrzehnten ihres Bestehens fuhren ihre Waggons auf Schienen, wurden aber von Pferden gezogen.

171. Die Kutsche in den Niederlanden, Karosserie hauptsächlich aus Leder. (»Landschaft mit einem Wagen« von S. Ruysdael, 1606-70.)

172. »Ihre Majestät, König Georg IV. auf der Reise« von James Pollard jun., 1821. In der Regierungszeit dieses Monarchen erreichte der englische Kutschenbau seinen Höhepunkt.

173. »Die Postkutsche London-Dartford«, ein Druck aus dem Anfang des 19. Jh. Nur Straßen mit Makadambelag machten diesen leichten Bau und die Verwendung von Pferden, die hoch im Blut standen, möglich.

174. Auf diesem Bild ist der für steile Gefällstrecken verwendete Bremsklotz am Hinterrad der Kutsche zu sehen.

»Mehr als zwanzig Jahre, bevor ich in Oxford inskribierte, brachte Mr. Palmer, das damalige Parlamentsmitglied für Bath, zwei Dinge zustande. Sie sind auf unserem kleinen Planeten, der Erde, sehr schwierig, für so unbedeutend sie auch von exzentrischen Leuten auf Kometen angesehen werden mögen: Er hatte die Postkutschen erfunden und die Tochter eines Herzogs geheiratet...

Diese von Mr. Palmer geschaffenen Postkutschen will ich eingehend behandeln. Sie hatten einen so beträchtlichen Anteil an der Entwicklung der anarchischen Seite meiner späteren Träume, eine Wirkung, die sie erstens durch eine zu jener Zeit noch nie dagewesene Geschwindigkeit erreichten; denn sie waren die ersten, welche uns den Zauber der Bewegung erschlossen. Zweitens erreichten sie dies durch herrliche optische Effekte zwischen Lampenlicht und dem Dunkel auf einsamen Straßen, drittens durch die animalische Schönheit und Kraft, die so oft von dem für diesen Postdienst erwählten Pferdetyp entfaltet wurden, viertens durch das betonte Vorhandensein eines zentralen Intellekts, der trotz gewaltiger Entfernungen – unter Stürmen, Dunkelheit, Gefahr – alle Hindernisse überwand und zu stetigem Zusammenwirken zum Wohle der Nation vereinte. Für mein Gefühl war es mit diesem Postdienst wie bei einem gewaltigen Orchester, bei dem tausend Instrumente schwere Dissonanzen hervorbrächten, würden sie keine Rücksicht aufeinander nehmen. Unter dem führenden Taktstock eines großen Leiters finden sie aber in sklavischem Gehorsam zu einer idealen Harmonie, vergleichbar dem organischen System von Herz, Gehirn und Lunge. Letzten Endes lag jedoch der besondere Faktor in dem ganzen System. Er machte den stärksten Eindruck auf mich und bewirkte, daß Mr. Palmers Postkutschennetz meine Träume durch Terror und schreckliche Schönheit noch heute tyrannisiert, in der enormen politischen Mission, die es damals erfüllte. Wie durch das Öffnen apokalyptischer Gefäße streute die Postkutsche die erschütternden Nachrichten – die Siege von Trafalgar, Salamanca, Vittoria und Waterloo – über das ganze Land aus...

Die als nationales Verbreitungsmedium für diese gewaltigen Ereignisse solcherart einflußreich gewordene Postkutsche wurde selbst ein beseelter Gegenstand der Verehrung für ein leidenschaftliches Herz – und im Oxford jener Zeit waren natürlich alle Herzen voll Leidenschaft; denn wir waren fast alle junge Männer. In den meisten Universitätsstädten gibt es nur ein einziges College, Oxford hatte fünfundzwanzig, alle besetzt mit jungen Männern, der Elite ihrer Generation – nicht Knaben, sondern Männer, keiner unter achtzehn. In manchen dieser vielen Colleges durfte der Student sogenannte »Kurztrimester« einhalten, d. h. es wurden die vier Trimester vom 29. September (Michaelistag), der Fastenzeit, Ostern und *Act* (Verteidigung der These) durch einen Studienaufenthalt von einundneunzig Tagen oder dreizehn Wochen erfüllt. Bei diesem unterbrochenen Aufenthalt konnte ein Student viermal im Jahr Gründe für eine Heimfahrt finden. Hin und her ergab

175. »Die Postkutsche nach Louth wird vom Schnee aufgehalten, es ist Hilfe in Aussicht, aber keine Zeit zu verlieren; die Postsäcke werden mit dem Wächter in einer Chaise mit vier Pferden weitergeschickt.« Von James Pollard jun., 1836.

das acht Reisen. Da aber die Heimatorte der Studenten über alle Grafschaften der Insel verstreut lagen und die meisten unter uns alle Postkutschen außer der königlichen Linie verachteten, konnte sich außerhalb Londons keine Stadt einer so umfangreichen Verbindung mit Mr. Palmers Einrichtung rühmen wie Oxford. Ich erinnere mich, daß damals täglich mindestens drei Postlinien durch Oxford kamen und meine persönliche Kundschaft genossen – die Worcester-, die Gloucester- und die Holyheadpost. Wir machten durchschnittlich alle sechs Wochen eine Reise mit der Postkutsche, so wurde es für uns natürlich interessant, uns ein wenig mit den praktischen Einzelheiten des Systems zu befassen. Mit einigen davon hatte Mr. Palmer nichts zu schaffen. Sie stützten sich auf Ergänzungsbestimmungen, die von den Beförderungsfirmen zu deren eigenen Vorteil erlassen wurden, und auf andere, ebenso strenge Statuten, die von den Fahrgästen im Wagen zwecks Veranschaulichung ihrer stolzen Exklusivität bekundet wurden. Diese Statuten konnten unseren Zorn erregen, und es war kein langer Weg vom Zorn zur systematischen Meuterei. Bis dahin, sagen wir 1804 oder 1805 (das Jahr von Trafalgar), galt es als eine fixe Annahme (als alte Tradition aller öffentlichen Beförderungsmittel seit der Regierungszeit Karls II.), daß die erlauchte Vierergruppe, die Passagiere im Inneren der Kutsche, eine kostbare Abart der menschlichen Rasse darstellte. Ihre Würde wäre aufs Spiel gesetzt worden, hätte sie nur ein Wort der Höflichkeit mit den drei Außenfahrgästen, diesen jämmerlichen Steingutfiguren, gewechselt. Sogar ein Fußtritt gegen einen der Außenfahrgäste hätte den hierzu verwendeten Fuß schimpflich besudelt. Dessen Makellosigkeit konnte vielleicht nur durch einen Parlamentsakt wiederhergestellt werden. Wie soll man dann das Entsetzen, das Gefühl des Verrats ausdrücken, als sich tatsächlich der Fall ereignete, daß alle drei Außenreisenden – dieses Paria-Dreigestirn – den vergeblichen Versuch unternahmen, an demselben Frühstücks- oder Mittagstisch Platz zu nehmen wie die geweihten Vier? Ich selbst war Zeuge eines solchen Versuchs. Bei dieser Gelegenheit bemühte sich ein gutmütiger älterer Herr, seine geheiligten drei Mitinsassen zu besänftigen. Er meinte, das Gericht würde, falls die Außenfahrgäste nächstens für diesen verbrecherischen Versuch vor Gericht gestellt würden, ihn nicht als einen Fall von Verrat, sondern von Irrsinn oder *delirium tremens* betrachten …

Eine Würde ist nicht vollkommen ohne das Geheimnisvolle. Die Verbindung der Post mit dem Staat und der exekutiven Macht – eine augenfällige, wenngleich noch nicht genau definierte Verbindung – verlieh dem ganzen Postwesen eine offizielle Würde. Sie nutzte uns auf den Straßen und verbreitete heilsamen Schrecken um uns. Der war um nichts weniger eindrucksvoll, weil seine Legalität nicht scharf umrissen war. Man betrachte nur die Schlagbäume! Mit welch ehrerbietiger Hast, mit welch folgsamem Ruck fliegen sie hoch, sobald wir kommen! Man betrachte die lange Reihe der Fuhrwerke und Fuhrleute vor uns, die unverschämt die Straßenmitte für sich beanspruchen. Ach, noch hören sie uns nicht, die Treulosen. Aber sobald das gewaltige Schmettern unseres Posthorns ihnen unsere Ankunft ankündigt, werdet ihr sehen, mit welcher Angst und Aufregung sie zu den Köpfen ihrer Pferde eilen werden, um durch ihre Hast unseren Zorn von ihren schwanenhälsigen Vierbeinern abzuwenden …

Manchmal wurde Seiner Majestät Post nach dem Frühstück übermütig und warf dann bei den schwierigen

176. »James Selby's Kutsche nach Brighton«, 1888-89, von A.S. Bishop.

Wendungen inmitten der Verwirrung von Frühmärkten einen Äpfelkarren, einen mit Eiern beladenen Wagen u.a. um. Groß war die Betrübnis, war die Bestürzung, schrecklich war der Krach? Ich war bemüht, in solchen Fällen soweit wie möglich das Gewissen und das moralische Empfinden der Post zu vertreten. Wenn Unmengen von Eiern poschiert unter den Hufen unserer Pferde lagen, streckte ich gramerfüllt meine Hände aus und sprach die – damals aus den falschen Berichten von Marengo nur allzu bekannten – Worte: »Ach, warum haben wir keine Zeit, euch zu beweinen?« Das war natürlich unmöglich, da wir ja in Wirklichkeit keine Zeit hatten, über sie zu lachen. Durfte sich denn die Königliche Post, die in manchen Fällen behördlich an eine Höchstzeit von fünfzig Minuten für eine Strecke von elf Meilen gebunden war, mit Mitleid und Bedauern befassen? Konnte man von ihr erwarten, daß sie über Straßenunfälle Tränen vergoß? Selbst dort, wo sie die Menschlichkeit mit Füßen zu treten schien, tat sie es meiner Ansicht nach in Erfüllung ihrer gebieterischen Pflichten.

Indem ich die moralischen Grundsätze der Post billigte, schützte ich *a fortiori* ihre Rechte... Ich erinnere mich, wie ich einmal auf dem Bock der Holyhead-Post zwischen Shrewsbury und Oswestry reiste, als ein aufgedonnertes Ding aus Birmingham, eine auffallende Kutsche in Grün und Gold, neben uns auftauchte. In welchem Gegensatz stand zu unserer königlichen Einfachheit in Form und Farbe dieses plebejische Scheusal! Auf unserer dunkelschokoladebraunen Grundfarbe war der einzige Schmuck der mächtige Schild mit dem königlichen Wappen, aber in so bescheidenen Proportionen heraldisch dargestellt, daß es wie ein Siegelring neben einem Bürostempel wirkte. Es war nämlich nur an einer Seitenwand angebracht und verkündete nur flüsternd, nicht laut, unsere Beziehung zur Staatsmacht. Das Unding aus Birmingham dagegen, unser grüngoldener Freund aus dem falschen, vergänglichen, meineidigen *Brummagem,* hatte so viel Schrift und Farbe an seinen ausladenden Flanken, daß es einen Dechiffrierspezialisten von den Gräbern in Luxor in Verlegenheit gebracht hätte. Eine Zeitlang fuhr der Wagen aus Birmingham neben uns her – eine Vertraulichkeit, die mir schon an sich hinreichend jakobinisch erschien. Aber plötzlich ließ die Gangart der Pferde die verzweifelte Absicht erkennen, uns zu überholen. »Sehen Sie d a s?« sagte ich zum Kutscher. »Ich sehe«, erwiderte er kurz. Er war hellwach, wartete jedoch länger, als mir klug schien, denn die Pferde unseres frechen Gegners wirkten unangenehm frisch und kräftig. Doch der Postillion hatte ein loyales Motiv: Es sollte sich die Eitelkeit Birminghams voll entfalten, dann erst würde er sie lahmlegen. Als es soweit war, setzte er die ihm bekannten Hilfsmittel ein, oder um es stärker auszudrücken, er jagte sie ins Treffen. Er trieb unsere königlichen Rosse wie Cheetahs oder Jagdleoparden auf das geängstigte Wild. Es schien kaum zu glauben, daß sie nach der Tagesarbeit noch solche Kraft- und Feuerreserven besaßen. Aber wir hatten außer der körperlichen Überlegenheit eine überragende moralische Kraft auf unserer Seite, nämlich den Namen des Königs, »der jenen auf der anderen Seite fehlte«. Wir überholten sie mühelos, ließen sie hinter uns, und der Abstand wuchs derart, daß schon das die bitterste Verhöhnung ihrer Einbildung war. Dazu blies unser Beifahrer einen schmetternden Siegestusch auf dem Posthorn, der wirklich so spöttisch klang, daß es schmerzte.«

177. Der Nord-Yorkshire-Wagen mit einer Ladung Pflastersteine, gezogen von vier hintereinandergespannten Pferden. Der Pfad, auf dem der Fuhrmann steht, ist die alte Packpferde-»Spur« aus der Zeit, bevor es die Straße gab. Foto aus dem 19. Jh. von Frank Meadow Sutcliffe.

178. Während in Europa und Amerika im 18. und 19. Jh. die Entwicklung des Transportes auf Rädern vorwärtsging, war Japan die Domäne des Packpferdes. Das Bild von Keisi Yeisen (1792–1848) zeigt Packpferde und Träger auf dem Marsch vor dem Fujiyama.

DER ÜBERLAND-SCHAFFNER

Das von den Amerikanern als »Stage-coach« bezeichnete Fahrzeug war eigentlich das gleiche wie die englische Postkutsche, deren Leben sich nach der Mitte des 19. Jahrhunderts in der Neuen Welt fortsetzte, im Gegensatz zu England. Hier war ihr Schicksal in dem Augenblick besiegelt, als zum erstenmal Postsäcke auf einen Eisenbahnzug geladen wurden. Nur dauerte es länger, Eisenbahnlinien von der atlantischen bis zur pazifischen Küste zu bauen, als von London nach Thurso oder Falmouth. Auch gab es keine feindlichen Rothäute jenseits der Tyne oder der Tamar.

Der amerikanische Postdienst war auf die gleiche Weise hervorragend wie der britische. Es war nicht so sehr die hohe Qualität des Materials oder des Personals wie die sorgfältige Organisation der Routen und des Pferdewechsels sowie die allgemeine Verläßlichkeit der Quartiermeister. Alles wurde in beiden Fällen durch kapitalistischen Unternehmergeist ohne jede Spur einer staatlichen Hilfe erreicht.

»Unser neuer – soeben zugestiegener – Schaffner hatte seit zwanzig Stunden nicht geschlafen. Das kam häufig vor. Die Entfernung von St. Joseph in Missouri bis Sacramento in Kalifornien betrug mit der Postkutsche fast neunzehnhundert Meilen, über dreitausend Kilometer, und die Reise wurde oft in fünfzehn Tagen – heute brauchen die Eisenbahnwagen viereinhalb Tage – zurückgelegt. Aber wenn ich mich recht erinnere, betrug die in den Postverträgen vorgesehene und fahrplanmäßig erforderliche Zeit neunzehn Tage. Berücksichtigt waren dabei Stürme und Schnee sowie andere unvermeidliche Verzögerungen. Der Postdienst hielt überall strenge Disziplin und eine gute Ordnung. Er setzte für je zweihundertfünfzig Meilen der Strecke einen Agenten oder Oberaufseher ein und verlieh ihm eine große Autorität. Sein Gebiet, sein Verwaltungsbezirk von zweihundertfünfzig Meilen Länge hieß »Division«. Er kaufte Pferde, Maultiere, Geschirr und Nahrung für Männer und Tiere und verteilte von Zeit zu Zeit nach eigenem Ermessen alles, was jede Station brauchte, unter seinen Poststationen. Er baute Stationsgebäude und grub Brunnen, sorgte für die Bezahlung der Stationsverwalter, Pferdeknechte, Fuhrleute und Hufschmiede und entließ sie, wann es ihm paßte. Er war ein sehr, sehr großer Mann in seiner »Division« – eine Art Großmogul, ein indischer Sultan, in dessen Gegenwart gewöhnliche Menschen sich in Sprache und Benehmen bescheiden verhielten. Sogar der blendende Postkutscher verblaßte im Glanz des Agenten zu einer Pennykerze. Alles in allem gab es auf der Überlandroute etwa acht solcher Könige.

Als nächster in Rang und Wichtigkeit nach dem Divisionsagenten kam der »Schaffner«. Sein Amtsbereich war ebenso lang wie der des Agenten – zweihundertfünfzig Meilen. Er saß neben dem Postkutscher und durchfuhr nötigenfalls Tag und Nacht diese schrecklich lange Strecke ohne mehr Ruhe oder Schlaf, als er so hoch oben auf dem dahinrasenden Fahrzeug ergattern konnte. Denken Sie nur! Er trug die absolute Verantwortung für die Poststücke, Expreßgut, Passagiere und Postkutsche, bis er sie dem nächsten Schaffner übergab und die Quittung dafür erhielt. Demnach mußte er ein Mann mit Intelligenz und Entschlossenheit sein und von beträchtlicher Eignung als Führer. Gewöhnlich war er ein ruhiger, angenehmer Mann, der seine Pflichten genau erfüllte und weitgehend ein Gentleman war. Ein Divisionsagent mußte nicht ein Gentleman sein, und mitunter war er es auch nicht. Aber er war immer ein hervorragend fähiger Verwalter, mutig und entschlossen wie eine Bulldogge – sonst wäre das Amt eines Häuptlings der gesetzlosen Untergebenen des Überlandpostdienstes für ihn stets nur gleichbedeutend gewesen mit einem Monat, in dem er unter Unverschämtheit und Mißgunst gelitten und an dessen Ende ihn eine Kugel und ein Sarg erwartet hätten. Es gab etwa sechzehn oder achtzehn Schaffner im Überlanddienst; denn es gab Tagesetappen in beiden Richtungen und für jede Etappe einen Schaffner.

Als nächster im tatsächlichen und offiziellen Rang, in der Wichtigkeit nach dem Schaffner kam der Kutscher – als nächster in der wirklichen, nicht aber in der scheinbaren Wichtigkeit. Wir haben ja gesehen, in den Augen des einfachen Mannes stand der Kutscher zum Schaffner so wie der Admiral zum Flaggschiffkapitän. Die Fahrstrecke des Kutschers war ziemlich lang und seine Schlafzeit auf den Stationen mitunter ziemlich kurz. Sein Leben wäre also, hätte es die Würde seiner Stellung nicht gegeben, recht hart und beschwerlich gewesen. Wir bekamen jeden Morgen beziehungsweise jeden Abend einen neuen Kutscher – sie fuhren ständig dieselbe Teilstrecke hin und zurück – und wurden mit ihnen nicht so gut bekannt wie mit den Schaffnern. Auch wären sie meistens zu stolz gewesen, um mit solchem Menschenausschuß wie Fahrgästen freundlichen Umgang zu pflegen. Dennoch waren wir immer begierig, den neuen Kutscher beim Austausch zu sehen. Wir waren jeden Tag entweder begierig, einen unangenehmen Menschen loszuwerden, oder wir bedauerten die Trennung von einem sympathischen und gefälligen Kutscher, mit dem wir uns angefreundet hatten. Und so war denn stets die erste Frage an den Schaffner, sobald wir den Ort des Kutscherwechsels erreichten: »Welcher ist er?« Das war vielleicht grammatikalisch falsch, aber damals konnten wir ja nicht wissen, daß es eines Tages in einem Buch stehen würde. Solange alles glattging, befand sich der Überlandkutscher in einer recht guten Lage. Erkrankte jedoch ein Kollege plötzlich, gab es Ärger; denn die Kutsche muß weiterfahren. So blieb dem Potentaten, der im Begriff stand, hinunterzusteigen und, nachdem er eine Nacht lang in Wind, Regen und Dunkel auf dem Bock gesessen hatte, sich wohlig auszuruhen, nichts anderes übrig als auf seinem Platz auszuharren und die Arbeit des Erkrankten zu übernehmen. Als ich einmal in den Rocky Mountains merkte, daß der Kutscher auf dem Bock tief schlief, während die Maultiere im üblichen halsbrecherischen Tempo dahinjagten, sagte der Schaffner, ich solle mich nicht darum kümmern, es bestehe keine Gefahr. Er machte doppelten Dienst – er hatte auf der einen Kutsche fünfundsiebzig Meilen gefahren und fuhr nun diese, ohne Rast oder Schlaf, wieder zurück. Einhundertfünfzig Meilen lang hielt er sechs heimtückische Maultiere am Zügel und ließ sie nicht auf die Bäume klettern! Es klingt unglaublich, aber ich erinnere mich sehr wohl an diese Behauptung.

Die Stationsverwalter, Pferdeknechte usw. waren gemeine, rauhe Burschen, wie bereits geschildert. Vom westlichen Nebraska bis Nevada dürften viele unter ihnen Geächtete gewesen sein – Flüchtlinge vor dem Gesetz, Verbrecher, die sich in einem Landabschnitt, wo es kein Gesetz, ja nicht einmal ein vorgetäuschtes gab, am sichersten fühlten. Wenn der »Divisionsagent« einem dieser Burschen einen Befehl erteilte, wußte er genau, daß er seinen Worten möglicherweise mit einem sechsschüssigen Marinerevolver werde Nachdruck verleihen müssen. Deshalb hatte er die Waffe stets schußbereit bei sich. Dann und wann war ein Divisionsagent tatsächlich gezwungen, einem Pferdeknecht eine Kugel durch den Kopf zu schießen, um ihm eine einfache Sache beizubringen, die er ihm mit einem Knüppel beigebracht hätte, wären die Umstände anders gewesen. Aber es waren schneidige, fähige Männer, diese Divisionsagenten. Versuchten sie einem Untergebenen etwas beizubringen, bekam der es gewöhnlich »durch den Kopf.«

Mark Twain, *Roughing It,* 1872

PONY EXPRESS

Die Geschichte der Post ist langwierig. Alle Postdienste begannen als königliche Botenorganisationen. Schon in alten Zeiten konnte der Monarch einem Untertanen eine Gunst erweisen, indem er ihm oder seinen Botschaften gestattete, mit der königlichen Post zu reisen. Das letzte Überbleibsel hiervon, das Privileg des »Frankierens« von Briefen, blieb in England bis zum Beginn des 19. Jahrhunderts als eine Form der Begünstigung erhalten. Seit wann eine Regierung zum erstenmal die Kosten ihres privaten Informationsdienstes durch die Beförderung von Post gegen Bezahlung deckte, ist nicht bekannt. Sicher ist jedoch, daß der römische *cursus publicus* im Westen, der ursprünglich für offiziellen Gebrauch bestimmt war, zahlende Fahrgäste und private Schreiben beförderte. Procopius schreibt über den *cursus publicus* im Oströmischen Reich unter Justinian, sieht ihn vor allem als Beförderungsmittel für offizielle Botschaften und stellt ihn auf die gleiche Stufe wie das militärische Nachrichtensystem.

Im römischen Reich wurde der Postdienst von der Zeit des Augustus an vorwiegend durch Wagen besorgt. Die meisten Etappen wurden in einem von zwei Pferden gezogenen Wagen zurückgelegt, der der »Postchaise« des vorigen Jahrhunderts nicht unähnlich war. In manchen Provinzen jedoch mußten die kaiserlichen Boten des Straßenzustands wegen reiten. Nach Herodot waren die ursprünglichen persischen Boten ebenso wie jene der Nachfolger Alexanders, die an ihre Stelle traten, Reiter. Das gleiche gilt für die von Marco Polo im 2. Buch seiner »Reisen« beschriebenen mongolischen Kuriere. In England wurde die Königliche Post bis zum Jahre 1784 zu Pferde befördert.

Der von Mark Twain geschilderte Postdienst war nur zwei Jahre lang – 1860 und 1861 – in Betrieb und endete als finanzielles Fiasko trotz der verlangten hohen Gebühren: eine Verbindung von Schiene und Telegraf schickte sich an, ihn überflüssig zu machen. Die Überlandroute von St. Joseph nach Sacramento war – eine nach britischem Maßstab gewaltige Strecke – fast genau zehnmal so lang wie die Entfernung von London nach York. Für diese Kutschenfahrt betrug die Rekordzeit 22 Stunden.

Hinsichtlich der Waffen irrte Mark Twain. Tatsächlich waren die meisten Postreiter mit einem Karabiner und zwei Revolvern bewaffnet, sonst wären sie im indianischen Gebiet tote Männer gewesen. Waffen und Munition wogen mehr als ihre ganze übrige Ausstattung.

179. »Whistlejacket«, das Rennpferd, wahrscheinlich das schönste von Stubbs gemalte Tier mit voller Mähne und Schwanz, dessen Temperament durch die aufgestellten, unbeschädigten Ohren zum Ausdruck kommt.

180. Eine von Thomas Rowlandsons Jagdszenen (»Der Abschuß«, 1787).

181. »Postkutsche in Fahrt« von Frederic Remington.

182. Schwere Pferde bei schwerer Arbeit – eine Radierung von L.D. Luard.

Bald darauf wurde unsere ganze Aufmerksamkeit in Anspruch genommen, um Ausschau zu halten nach dem Postreiter – dem Eilboten, der quer durch den Kontinent von St. Joe nach Sacramento jagte und die Briefe in acht Tagen neunzehnhundert Meilen weit transportierte! Man denke nur, welche Leistung da Fleisch und Blut von Mensch und Pferd vollbrachten! Gewöhnlich war der Postreiter ein kleiner, ausdauernder, von Energie strotzender Mann. Gleichviel zu welcher Tages- oder Nachtstunde sein Dienst begann, ob es Winter oder Sommer war, ob es regnete, schneite, hagelte oder graupelte, ob seine Strecke eine gerade ebene Straße oder ein gewundener Pfad über felsige Berge und Abgründe war, ob sie durch friedliche oder durch Gebiete führte, die von feindlichen Indianern wimmelten, stets mußte er bereit sein, in den Sattel zu springen und in Windeseile loszureiten! Für einen Postreiter im Dienst gab es keine Muße. Er ritt je nach Bedarf und ohne haltzumachen fünfzig Meilen bei Tag, im Licht des Mondes, der Sterne oder in tiefer Dunkelheit. Er ritt ein prächtiges, als Renner geborenes Pferd, das wie ein Gentleman ernährt und untergebracht wurde. Er ritt es in schärfstem Tempo zehn Meilen lang, wenn er dann in die Station hineinplatzte, wo zwei Männer ein frisches, ungeduldiges Pferd bereithielten, bestieg es der Reiter mit dem Postsack im Handumdrehen. Sie waren wieder davon und außer Sicht, bevor noch der Zuschauer einen flüchtigen Blick auf sie werfen konnte. Roß und Reiter reisten möglichst unbelastet. Der Anzug des Reiters war dünn und anliegend, er trug eine enge, kurze Jacke und ein Käppchen und steckte seine Hose wie ein Rennreiter in die Stiefelschäfte. Er trug keine Waffen – nichts, was nicht unbedingt nötig war; denn schon die Postgebühr für seine schriftliche Fracht betrug fünf Dollar pro Brief. Er bekam nur wenig unwichtige Korrespondenz zur Beförderung – sein Postsack enthielt zumeist Geschäftsbriefe. Auch sein Pferd war von jeder überflüssigen Belastung befreit. Es trug einen dünnen und kleinen Rennsattel und keine sichtbare Decke. Der Reiter trug leichte oder gar keine Schuhe. Jede der beiden kleinen, flachen Posttaschen, die unter seinen Hüften befestigt waren, hatte etwa das Volumen einer Kinderfibel. Sie enthielten eine große Menge wichtiger Geschäfts- und Zeitungsbriefe, auf fast so leichtem, dünnem Papier geschrieben wie Blattgold, um an Umfang und Gewicht zu sparen. Die Postkutsche legte etwa hundert bis hundertfünfundzwanzig Meilen täglich – vierundzwanzig Stunden hindurch – zurück, der Postreiter etwa zweihundertfünfzig. Tag und Nacht waren ständig ungefähr achtzig Postreiter im Sattel, die von Missouri bis Kalifornien eine lange, auseinandergezogene Kolonne bildeten. Vierzig von ihnen jagten nach Osten und vierzig nach Westen, und so verdienten vierhundert tapfere Pferde rührig ihren Lebensunterhalt und sahen an jedem Tag des Jahres viele Kilometer der Landschaft.

183. »Da kommt er!«

Wir hatten uns von Anfang an glühend gewünscht, einen Postreiter zu sehen. Doch irgendwie wollte es der Zufall, daß alle des Nachts an uns vorbei- oder uns entgegenkamen, so daß wir nur ein Flitzen und einen Zuruf hörten – und schon war das flüchtige Wüstenphantom vorbei, bevor wir unsere Köpfe aus dem Fenster hatten. Nun aber erwarteten wir jeden Augenblick einen, und den würden wir im vollen Tageslicht sehen. Da ruft der Kutscher: »Dort kommt er!«

Alle Hälse strecken sich hinaus, alle Augen werden aufgerissen. Weit draußen am Horizont der Prärie taucht ein schwarzer Fleck auf, der sich vom Himmel abhebt und sich deutlich bewegt. Ja, da gibt es keinen Zweifel: In ein oder zwei Sekunden wird daraus ein Pferd mit dem Reiter, der auf und nieder, auf und nieder hüpft, immer näher und näher zu uns heranfegt, größer und deutlicher, immer schärfer konturiert wird - näher und noch näher. Leise dringt der Hufschlag an unser Ohr - noch einen Augenblick, ein lauter Ruf und Hurra von unserem Oberdeck, ein Winken des Reiters, aber keine Antwort, und Mann und Roß stürmen vorbei ...

Das alles ist so plötzlich, so ähnlich einem unwirklichen Blitz der Phantasie, daß wir, nachdem die Vision vorbeigehuscht und verschwunden war - hätte es nicht die weiße Schaumflocke gegeben, die zitternd und sich auflösend an einem Postsack klebte -, vielleicht gezweifelt hätten, ob wir überhaupt ein wirkliches Pferd mit Reiter gesehen hatten...

Wir kamen nachts durch Fort Laramie, und am siebenten Morgen unserer Reise befanden wir uns in den Black Hills. Neben uns ragte gewaltig und einsam der Laramie Peak zum Himmel - tief, dunkel, satt indigoblau wirkte seine Farbe, so unheilkündend runzelte der alte Riese die Stirn unter seinen buschigen Brauen, den Sturmwolken. In Wirklichkeit war er dreißig oder vierzig Meilen weit entfernt, aber er schien ganz nah hinter dem niedrigen Kamm rechts von uns zu stehen. Wir frühstückten in der Hufeisen-Station, sechshundertsechsundsiebzig Meilen von St. Joseph entfernt. Nun hatten wir das Land feindseliger Indianer erreicht, kamen am Nachmittag an der Laparelle-Station vorbei und waren die ganze Zeit in diesem Gebiet sehr beunruhigt. Wir wußten, daß sich in vielen von den Bäumen, an denen wir in Armeslänge vorbeijagten, ein oder zwei spähende Indianer versteckt hielten. In der vergangenen Nacht hatte ein Wilder aus dem Hinterhalt dem Postreiter eine Kugel durch die Jacke geschossen, doch der war trotzdem weitergeritten. Postreiter dürfen nicht anhalten und nachforschen. Solange sie noch leben, müssen sie im Sattel bleiben und weiterreiten, auch wenn die Indianer seit einer Woche auf sie warten und völlig die Geduld verloren haben. Etwa zweieinhalb Stunden vor unserem Eintreffen in der Laparelle-Station hatte der dortige Verwalter viermal auf einen Indianer gefeuert, sagte aber gekränkt, der Indianer sei »so umhergehüpft, daß alles verpatzt war - dabei ist die Munition so verdammt knapp«. Seinen Worten war zu entnehmen, daß sich der Indianer durch sein »Umherhüpfen« einen unbilligen Vorteil verschafft habe. Unsere Kutsche wies an der Vorderseite ein hübsches Loch auf - ein Andenken an ihre letzte Fahrt durch dieses Gebiet. Die Kugel hatte den Kutscher leicht verwundet, aber der kümmerte sich nicht darum. Er sagte, die Gegend, wo man richtig wütend wurde, sei unten auf der südlichen Überlandstrecke bei den Apachen gewesen, bevor die Gesellschaft die Postkutschenroute nach Norden verlegt hatte. Die Apachen hätten ihn dort die ganze Zeit belästigt, und er sei nahe daran gewesen, inmitten von Überfluß zu verhungern, weil sie ihm so viele Löcher in den Leib schossen, daß er »keine Gewalt mehr über seine edlen Teile hatte«. Den Behauptungen dieses Mannes wurde wenig Glauben geschenkt.

184. Pferdewechsel.

11. Die Grenze

DER MEDIZINHUND

Augenzeugenberichte wie Catlin's Schilderung von den letzten Tagen des unabhängigen Lebens unter den Prärie-Indianern erhalten ihren Wert zum Teil dadurch, daß Tausende Jahre später die gleiche Art von Episoden stattfindet, wie sie sich in der Alten Welt zur Zeit der Wanderungen berittener Nomaden ereignet haben müssen, als sie auf die militärischen Kräfte der seßhaften Bauern- und Städtereiche der Antike stießen. Nur war es nun der »angesiedelte« weiße Landwirt, der auf der Wanderschaft war und auf die Grenzen der Jagdgründe des roten Mannes einen unerträglichen Druck ausübte. Die Ähnlichkeit zwischen der voll entwickelten Pferdekultur der amerikanischen Indianer und der Kultur der Nomaden zwischen der Mandschurei und Turkestan ist um so bemerkenswerter, da das Pferd im Leben der Indianer erst seit weniger als zwei Jahrhunderten vor Catlins' Zeit eine Rolle spielte, bei manchen Stämmen sogar seit noch viel kürzerer Zeit. Dennoch dachten und handelten diese Komantschen so, als stützten sie sich auf eine viele Jahrhunderte oder gar Jahrtausende alte Reitertradition. Man kann die Kapriolen ihrer Herolde zwischen den Heeren mit dem Waffenspiel vergleichen, das der Gotenkönig Totila (siehe Seite 97) vollführte. Die »höchst malerische« (Catlin) Vermengung von Kleidung und Ausrüstung in der Kolonne der US-Kavallerietruppe in einfacher blauer Uniform mit den bunt gekleideten Gruppen ihrer tributpflichtigen Verbündeten, der Tscherokesen und Komantschen, erinnert an einen römischen *Agmen* wie die Truppe Arrianus'. Bei dieser wechselte die zweckbetonte Kleidung der regulären römischen Kohorten mit der barbarischen Tracht der keltischen, numidischen oder iberischen Hilfsvölker und den nicht weniger barbarischen Geschirren ihrer Pferde ab.

Aber nicht genug damit: Catlins' Aussage über die panische nächtliche Flucht aus den Pferdegehegen beweist, daß dies der Hauptweg, wenn nicht gar der einzige war, aus dem der Mustangbestand der großen Prärien stammte. Auch das hatte seine Parallele in der Alten Welt. In manchen Gebieten des ursprünglichen Lebensraums des Wildpferdes, namentlich der arabischen Halbinsel, vermögen die Archäologen keine Spur eines einheimischen Wildpferdes nachzuweisen, das vor der Domestikationsära dort gelebt hätte. Und doch erzählt dort eine starke lokale Tradition von Wildpferden aus den Bergen oder der Wüste, aus denen irgendein legendärer Kulturheld als erster das Pferd in jenem Land gezähmt hat. Die fraglichen Tiere müssen verwilderte Pferde gewesen sein, ähnlich wie der amerikanische Mustang oder das australische »Brumby«, Abkömmlinge jener ebensolchen Ausreißer aus den Gehegen der assyrischen, babylonischen, hethitischen oder ägyptischen Invasionsheere, die vielleicht viele Generationen später von Beduinen wieder in den Dienst der Menschen zurückgebracht worden waren. Auf genau die gleiche Weise verschafften sich die Prärie-Indianer ihre Pferde weniger durch tatsächliche Erbeutung von den Bleichgesichtern. Vielmehr fingen sie die wilden Nachkommen von Pferden ein, die aus den Ansiedlungen ausgebrochen waren, meist zur Zeit, als diese von den Indianern angegriffen wurden.

Die Rolle der Maultiere ist in allen Berichten über den amerikanischen Westen bemerkenswert, besonders auf dem Gebiet der Postkutsche. Es ist schade, daß Catlin nicht angegeben hat, ob die Maultiere, die er bei den Komantschen grasen sah, gestohlen, gekauft oder von den Komantschen selbst gezüchtet worden waren.

Der große Unterschied zwischen dem berittenen Indianer und dem zu Pferde wandernden asiatischen Stammesangehörigen liegt natürlich darin, daß im ersten Fall das Pferd kein integrierender Bestandteil einer Viehzüchterwirtschaft ist. Das Pferd blieb bis zum Augenblick, da die Lebensweise des freien Indianers mit Häuptling *Sitting Bull* starb, abgesehen vom Hund das einzige Haustier des roten Mannes. Es diente wie der Hund ausschließlich als Helfer bei der Jagd und im Anschluß daran, im Krieg.

Unser Weg führte fast gerade westwärts, auf der Wasserscheide zwischen dem Washita und dem Roten Fluß, mit den Rocky Mountains vor uns. Das Land, durch das wir Tag für Tag kamen, war von einzigartiger Schönheit. Unser Weg führte ständig über Prärie aus grünen Feldern mit einzelnen Baum- und Sträuchergruppen, gerade ausreichend für die Zwecke und als Augenweide eines Landwirts. Es war mehr als die Hälfte des Regiments auf dem Marsch, etwa 250 Mann, nicht nur 200, wie ich in meinem Brief aus Fort Gibson voraussagte... Wir kamen munter vorwärts, und es ging alles vortrefflich. Nur in der zweiten Nacht kam es zu einem Durcheinander in unserem Lager, es gab furchtbare Aufregung und Verwirrung. Wir lagerten auf einer schönen Wiese, wo wir jeden Augenblick den Überfall des lauernden Feindes befürchteten. Mitten in der Nacht nun, als alles ruhig und tief zu schlafen schien, krachte plötzlich wenige Schritte von uns ein Schuß, gefolgt von entsetzlichem, fürchterlichem Stöhnen. Sofort waren wir alle auf den

185. Die künstlerische Gepflogenheit, den »fliegenden Galopp« darzustellen, bei dem alle vier Beine gestreckt sind, was anatomisch unmöglich ist, hielt sich seit der früheuropäischen Kunst bis in das 19. Jh. Unabhängig davon ist die gleiche Darstellung bei den Buschmännern Afrikas und, wie hier, bei den amerikanischen Prärie-Indianern zu finden. (Bemaltes Büffelfell: Cheyenne, Wyoming, 1850–75. Siehe auch Seite 16 und 199.)

Beinen, und unsere erschreckten Pferde, die ihre Riemen zerrissen, rasten unter gräßlichem Schnauben und begleitet vom Schreien »Indianer! Indianer! Pawnees!« usw., das von allen Ecken und Enden unseres kleinen Lagers ertönte, in vollem Lauf an uns vorbei und davon! Nach wenigen Augenblicken war die Aufregung im großen ganzen vorüber, es herrschte wieder Stille. Wir konnten dann die trampelnden Hufe der Pferde hören, die sich in alle Richtungen davonmachten – einer Schweineherde nicht unähnlich, die einmal ins Meer rannte, als sie von Teufeln besessen war. Nur da und dort ließen sie einen einzelnen Vierfüßler zurück, der in unserem kleinen Lager an seinem Pfahl befestigt blieb...

Nach einer sofortigen Bereitstellung zum Kampf erholten wir uns ein wenig von dem Schrecken, als wir einige Zeit vergeblich darauf gewartet hatten, daß der Feind sich zeige. Eine allgemeine Aufklärung brachte uns nun alle wieder auf die Beine und zur Überzeugung, daß es vorläufig noch kein bestimmtes Hindernis gab, um die Komantschensiedlungen und danach »das traute Heim«, die Arme unserer Frauen und der lieben Kindchen, zu erreichen. Vorausgesetzt, es gelang uns jemals, unsere Pferde wieder einzufangen, die sich in fünfzig Richtungen zerstreut hatten und noch dazu mit genügend Schwung, um uns für die nächsten ein oder zwei Tage in Atem zu halten.

Zur gegebenen Zeit forschte man allgemein nach der Ursache dieses wirklichen Mißgeschicks. Es ergab sich, daß es folgendermaßen zustande gekommen war: Ein unerfahrener Rekrut, der in jener Nacht als eine der Wachen Posten stand, »glaubte« aus einem wenige Schritte von ihm entfernten Busch einen Indianer hervorkriechen zu sehen und legte sein Gewehr auf ihn an. Als das arme Geschöpf auf seinen Anruf »Halt! Losungswort!« nicht antwortete, feuerte er und jagte einem armen Dragonerpferd eine Kugel ins Herz. Es hatte sich in der Nacht zuvor verlaufen, war den ganzen Tag getreu unserer Spur gefolgt und kam nun, in tierischer Ängstlichkeit,

186. Das berüchtigte Abschlachten des Bisons durch berittene Indianer hing völlig von der Geschicklichkeit des Reiters ab. Der verwendete Bogen ließ den Pfeil nur dann tief genug eindringen, wenn er in dieser Kernschußweite abgeschossen wurde. Ebenso hatten im nächsten Stadium die Vorderladermusketen der Jäger nur eine geringe, lose in den Lauf gestopfte Pulverladung und töteten den Büffel nur auf eine Entfernung von wenigen Schritten. (»Eine Büffeljagd« von Charles M. Russell.)

heran und durch ein kleines Gesträuch ins Lager zu seinen Gefährten, wieder in die Gefangenschaft.

Der plötzliche Schuß und das schreckliche Stöhnen des armen sterbenden Tieres mitten in der Nacht und so nah an der Schwelle des Tiefschlafs erregte unsere Nerven. Dann folgte ein unruhiger und mühevoller Tag, da wir zwanzig Meilen oder noch mehr zurückreiten mußten, um unsere scheuen Pferde zu verfolgen. Einige fünfzehn oder zwanzig nahmen das freie Leben in der Prärie auf. Wir ließen sie zurück, da sie nicht mehr aufzufinden waren. Wir wurden durch dieses Mißgeschick zwei Tage lang aufgehalten, nahmen dann den Marsch wieder auf und setzten unseren Weg über weitere grüne Felder mit wilden Blumen, unterbrochen durch Baumgruppen und Gehölz, energisch und erfolgreich fort.

Am vierten Tag entdeckten wir viele frische Büffelspuren und schließlich riesige Büffelherden, die auf den fernen Hügeln grasten. Täglich stießen wir auf mehr Pfade der Indianer und sahen vor uns in verschiedenen Richtungen ihre Rauchzeichen. Am selben Tag entdeckten wir zu Mittag in einer Entfernung von mehreren Meilen eine große Indianergruppe zu Pferd, die uns beobachtete. Wir hielten die Männer wegen des Blitzens ihrer Lanzenspitzen, die in der Sonne glänzten, zuerst für mexikanische Reiter, welche vielleicht von unserem Eindringen in ihr Land benachrichtigt worden waren und

187. Das Verbrennen von Gras ist eine primitive, zur richtigen Jahreszeit jedoch wirkungsvolle Methode zur Verbesserung der Weiden. Hier wird es entweder zum Treiben von Wild oder als Kriegslist verwendet. (»Indianer zünden die Prärie an« von Frederic Remington.)

188. »Captain Stewart führt sein Kommando an« von Alfred Jacob Miller. Eine auf den »Helden«-Bildern der amerikanischen Expansion über die großen Prärien nicht oft gesehene Erinnerung daran, daß Esel und Maultier (rechts im Vordergrund) bei der Eroberung eine fast so große Rolle spielten wie das Pferd.

189, 190. George Catlins Bilder von Indianern beim Jagen und Einfangen des wilden Mustangs mit dem Lasso.

nun zwecks Abwehr herankamen. Aus größerer Nähe jedoch und als wir sie genau mit unseren Ferngläsern betrachteten, erkannten wir sie bald als Komantschen auf dem Kriegspfad, die nach ihren Feinden Ausschau hielten.

Das Regiment machte halt, es wurden die erforderlichen Vorbereitungen getroffen und die Befehle erteilt, dann rückten wir in gerader Linie auf sie los, bis wir auf zwei bis drei Meilen an sie herangekommen waren. Da verschwanden sie plötzlich hinter dem Hügel und tauchten bald darauf in einer anderen Richtung und auf einem entfernteren Hügel wieder auf. Das Regiment änderte nun seine Route und begann wieder gegen sie vorzurücken. Wie vorher verschwanden sie und zeigten sich dann in einer anderen Richtung. Nach mehreren derartigen erfolglosen Bemühungen befahl Oberst Dodge dem Regiment Halt. Er selbst ritt mit einigen Offizieren seines Stabs und einem Fähnrich, der eine weiße Fahne trug, vorwärts. Ich schloß mich dieser Abordnung an. Die Indianer wichen nicht zurück, bis wir auf eine halbe Meile an sie herangekommen waren, ihre Bewegungen jetzt deutlich beobachten und ihre Zahl feststellen konnten. Wir hielten an, und die weiße Fahne wurde ein Stück vorausgeschickt. Der Mann winkte mit ihr den Indianern, sie sollten herankommen. Darauf sprengte einer von ihnen auf einem milchweißen Roß heran. Als Reaktion auf unser Fahnenzeichen trug er ein Stück einer weißen Büffelhaut an der Spitze seiner langen Lanze.

Das war der Anfang einer der schönsten und aufregendsten Szenen, die ich je erlebt habe. Die Augen aller, seiner und unserer Gruppe, waren auf die Bewegungen dieses mutigen Burschen gerichtet, und das wußte er sehr wohl.

Die Entfernung zwischen den beiden Gruppen betrug vielleicht eine halbe Meile auf einer schönen, sanft geneigten Wiese. Auf ihr tummelte er eine Viertelstunde lang sein wildes Pferd, mal spornte er es an, mal griff er in die Zügel und näherte sich uns allmählich. Dabei lavierte er wie ein Schiff, das gegen den Wind kämpft, bald nach rechts, bald nach links. Schließlich kam er tänzelnd und springend heran, bis er bei der Regimentsfahne stand. Dann lehnte er für einen Augenblick seinen Speer daran, blickte dem Träger voll ins Gesicht, riß sein Pferd herum und sprengte mit ausgestreckter Hand auf Oberst Dodge zu, die dieser sofort ergriff. Wir alle schüttelten ihm nacheinander die Hand. Als der Rest seiner Gruppe sah, daß wir ihn so freundlich empfingen und ihn nicht töteten, wie sie wahrscheinlich erwartet hatten, jagten sie mit verhängtem Zügel auf uns zu und waren in wenigen Augenblicken wie eine dunkle Wolke um uns. Darauf stellte sich das Regiment in regelmäßiger Ordnung auf, es folgte ein allgemeines Händeschütteln,

191. Die Mustangherde, bei der die verschiedenen, von Catlin beobachteten Farben angedeutet sind.

192. Ein »schneidiger kleiner Bursche«.

indem alle Krieger die Reihen entlangritten und jedem, an dem sie vorbeikamen, die Hand gaben. Diese notwendige Formalität erforderte beträchtliche Zeit. Ich hielt während des ganzen Vorgangs meinen Blick auf die mutige, wunderbare Erscheinung des kleinen Mannes geheftet, der uns an der Spitze seiner Lanze die weiße Fahne gebracht hatte. Er ritt ein schönes und temperamentvolles wildes Pferd, weiß wie Schnee, mit einer üppigen Mähne und einem langen, buschigen Schweif, der am Boden schleifte. Die Zügel in seiner Hand waren an einem schweren spanischen Gebiß befestigt, und er stieß dem Pferd bei jedem Sprung seine riesigen Sporen in die Flanken, bis diese ganz mit Blut bedeckt waren. Wahrscheinlich hatte er Gebiß und Sporen bei den Kämpfen, die ständig an der mexikanischen Grenze tobten, von den Spaniern erbeutet. Die Augen des edlen kleinen Pferdes schienen ihm fast aus dem Kopf treten zu wollen, seine Angst, seine Erregung brachten auf seiner Haut einen weißen Schaum von Schweiß zum Ausbruch. Der Krieger trug seinen Köcher an einem Riemen auf dem Rücken, bereit zum sofortigen Gebrauch im Notfall. Am Arm trug er seinen Schild, und am Oberschenkel in einer schönen Wildledertasche hing seine Pistole – die Lanze in seiner rechten Hand war vierzehn Fuß lang.

So war dieser schneidige Reiter bewaffnet und ausgerüstet, der Rest seiner Gruppe fast ebenso. Viele von den Männern führten ein zweites Pferd mit, das, wie wir bald erfuhren, ihr bevorzugtes Kriegsroß war. Wir erkannten aus all diesen Umständen, daß es sich bei ihnen um eine Gruppe auf dem Kriegspfad handelte, die auf der Suche nach ihrem Feind war.

Nach dem Händeschütteln stiegen wir von den Pferden, die Friedenspfeife wurde angezündet und ging von Hand

193. Die Büffeljagd – eine andere Illustration von Catlin, die genau zeigt, wie Indianer beim Einfangen ihrer Hauptnahrung zu Werke gingen.

zu Hand. Dann begann die Unterhaltung mit Hilfe eines Spaniers, den wir zum Glück bei uns hatten und der mit einem der Komantschen, welcher ein wenig Spanisch verstand, sprechen konnte.

Oberst Dodge erklärte ihnen, daß wir in friedlicher Absicht in ihr Land kämen – daß der Präsident uns beauftragt habe, ihre Dörfer aufzusuchen, die Bekanntschaft der Häuptlinge der Komantschen und der Pawnee-Picts zu machen, ihnen die Hand zu schütteln, die Friedenspfeife mit ihnen zu rauchen und Handelsverbindungen mit ihnen anzuknüpfen, die für beide Teile vorteilhaft sein würden.

Sie hörten aufmerksam zu und verstanden alles. Sie schenkten dem Wort des Obersten Vertrauen, teilten uns mit, daß ihr großes Dorf nur einige Tagesmärsche entfernt sei, und zeigten uns die Richtung. Sie boten uns an, ihren Kriegszug aufzugeben, umzukehren und uns in das Dorf zu begleiten, was sie auch getreulich taten. Wir begannen unseren Marsch am Nachmittag desselben Tages, und sie führten uns eifrig Tag um Tag über Berg und Tal, lagerten nachts neben uns und nahmen am Morgen den Marsch wieder auf.

Während des Marsches durch eines der malerischsten Länder der Welt gab es ständig allerhand Unterhaltung und Anregung, zeitweilig schien das ganze Land von Büffeln und wilden Pferdeherden zu wimmeln.

Wir hatten etwa dreißig Osagen, Tscherokesen, Senecas und Delawaren bei uns, die dem Regiment als Führer und Jäger dienten. Zusammen mit den neunzig oder hundert Komantschen auf dem Kriegspfad bildeten wir bei unserem Zug über die grünen Felder einen höchst malerischen Anblick und verursachten natürlich arge Verwüstung unter den Büffelherden, denen wir fast stündlich begegneten. Wir befanden uns nun fern von der Möglichkeit, Brotgetreide zu finden, und ernährten uns fast ausschließlich von Büffelfleisch. Den Indianern der verschiedenen Stämme, die bemüht waren, uns ihre Geschicklichkeit bei der Jagd und das Feuer ihrer Pferde im besten Licht zu zeigen, bereitete es höchstes Vergnügen, sich auf jede Herde zu stürzen, an der wir vorüberkamen. Auf diese Weise war das Regiment täglich mit frischem Fleisch versorgt...

Der Landstrich, durch welchen wir zwischen dem falschen Washita und dem Dorf der Komantschen zogen, ist nicht nur reich an Büffeln, sondern auch an wilden Pferdeherden. Von ihnen sahen wir täglich mehrere. Es gibt auf den Prärien kein anderes so wildes und so scharfsinniges Tier wie das Pferd, und keinem anderen ist so schwer beizukommen. Ihre Augen sind so scharf, daß sie gewöhnlich »auf den ersten Anblick«, noch eine Meile weit entfernt, davonrennen. Wenn sie in Bewegung sind, halten sie selten eher als nach drei oder vier Meilen an. Ich versuchte mehrfach, mich an sie heranzuschleichen, während sie grasten und spielten. Doch es gelang mir nur ein einziges Mal, als ich vom Pferd stieg und mit meinem Freund Chadwick etwa zwei Meilen weit durch eine Schlucht schlich. Wir kamen schließlich bis in Flintenschußweite einer schönen Herde. Hinter einem kleinen Gebüsch versteckt, tatsächlich von ihren Blicken abgeschirmt, entwarf ich eine Bleistiftskizze. Wir sahen in dieser Herde fast all die Farben, die man in einer Meute englischer Hunde findet. Manche Pferde waren milchweiß, manche kohlschwarz, andere fuchs- oder kastanienbraun, auch cremefarben, und viele waren eisengrau. Es gab auch Schecken mit mehreren verschiedenen Farben bei demselben Tier. Ihre Mähne hing in dichten, überaus wirren Strähnen über Hals und Kopf herab – und ihr Schwanz schleppte auf der Erde...

Will der Indianer ein wildes Pferd einfangen, so besteigt er den schnellsten Renner, den er bekommen kann, schlingt sich das Lasso um den Arm und sprengt mit verhängtem Zügel los, bis er mitten unter die Herde kommt. Hat er einem der Pferde die Lassoschlinge um den Hals geworfen, so springt er sofort ab, läßt sein Pferd stehen und läuft, so schnell er kann, wobei er das Lasso allmählich und vorsichtig durch die Hand gleiten läßt, bis das Pferd aus Atemnot zu Boden fällt und hilflos liegen bleibt. Dann nähert sich der Indianer langsam dem Kopf des Pferdes, wobei er das Lasso stets straff um den Hals des Tieres gespannt liegen läßt, fesselt es an den Vorderbeinen, löst das Lasso – damit es atmen kann – und befestigt eine Schlinge um den Unterkiefer. Dadurch bekommt er das verschreckte Tier in seine Gewalt. Es schlägt, sobald es wieder frei atmen kann, gewaltig um sich. Nun greift der Mann an der Schlinge Hand über Hand bis zur Nase des Pferdes vor, bis er sie, unter Gefahr für seine Glieder, niederhalten und das Tier hindern kann, sich auf den Rücken zu werfen. So geht er behutsam vor, bis er seine Hand auf die Nase des Tieres und über dessen Augen legen kann. Schließlich bläst er ihm seinen Atem in die Nüstern, worauf es bald gefügig und besiegt ist. Es bleibt dem Indianer dann wenig mehr zu tun, als ihm die Fußfesseln abzunehmen und es zum Lager zu führen oder zu reiten.

Dieses »Einbrechen« oder Zähmen geht aber nicht ohne die verzweifeltste Gegenwehr von seiten des Pferdes vor sich. Es bäumt sich in jeder möglichen Weise auf und bockt, um sich zu befreien, bis seine Kraft erlahmt und es mit Schaum bedeckt ist. Schließlich unterwirft es sich der Macht des Menschen und wird für den Rest seines Lebens dessen williger Sklave. Durch diese sehr harte Behandlung scheint das arme Tier so völlig bezwungen zu werden, daß es nicht mehr um seine Freiheit kämpft, sondern sich ruhig für immer unterwirft und ganz ohne Schwierigkeit reiten oder führen läßt. Es wird jedoch bei dieser und der weiteren Behandlung sorgfältig vermieden, den Elan des Tieres zu beseitigen. Er wird sorgfältig gepflegt und aufrechterhalten, obwohl die Männer die Pferde sehr streng behandeln. Sie sind, allgemein gesprochen, grausame Herren.

Das wilde Pferd dieser Gegenden ist ein kleines, aber sehr kräftiges Tier mit stark hervortretenden Augen, schmaler Nase, hohen Nüstern, schlanken Fesseln und zarten Schenkeln. Es stammt zweifellos von den bei der Eroberung Mexikos durch die Spanier eingeführten Pferden ab. Von ihnen entliefen einige in die Prärien, verwilderten und bildeten die Stammrasse der Präriepferde von dort bis zum Winnipegsee, zwei- oder dreitausend Meilen weiter nördlich...*)

Die Komantschenpferde sind gewöhnlich klein. Sie sind alle von wilder Abkunft, sehr ausdauernd und brauchbar. Es gibt aber, soviel ich von den hiesigen Häuptlingen erfahren kann, weiter südlich, näher der mexikanischen Grenze, einige der edelsten Tiere, die von den Häuptlingen verwendet werden. Ich weiß jedoch nicht, ob wir Grund haben, dieser Information mehr Glauben zu schenken als jener, welche die Pferdehändler, die bei uns waren, gegeben hatten. Sie rissen sich wie verrückt um den Besitz von Pferden, die wir dort bekommen könnten. Unter den riesigen Herden, die wir im Gebiet der Komantschen grasen sahen, waren vielleicht ein Drittel Maultiere, die viel wertvoller sind als die Pferde.

George Catlin, *Letters and Notes of the Manners, Customs and Conditions of the North American Indians,* 1841

DIE AUSRÜSTUNG IM WILDEN WESTEN

Die historischen Vorläufer des Sattels in Wildwest gehen über Mexiko zurück auf andalusische und letzten Endes auf marokkanische Modelle. Sie werden von Rollins

*) Über das erste Erscheinen der Pferde bei den verschiedenen Indianerstämmen gibt es viele sehr merkwürdige mündliche Überlieferungen, von denen manche das Geschilderte bestätigen. Bei den meisten Stämmen gibt es irgendwelche Geschichten über das erste Erscheinen von Pferden, und bei den Sioux wurde die Tatsache besonders schön der Nachwelt überliefert, indem man dem Pferd den Namen *Shonk a-wakon* (der Medizinhund) gab.

194. Der nordamerikanische Indianerhäuptling auf seinem Pferd, um 1910. Man beachte den Sattel und die Steigbügel.

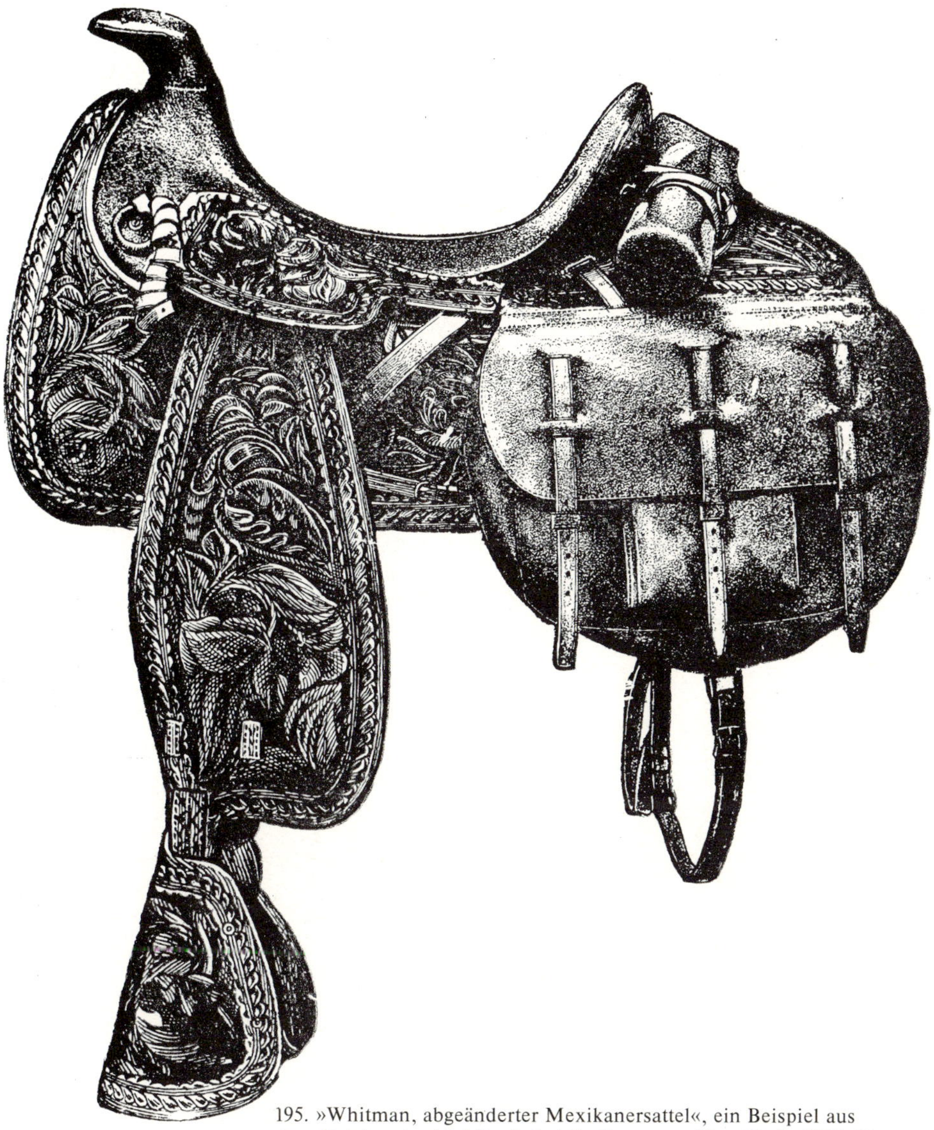

195. »Whitman, abgeänderter Mexikanersattel«, ein Beispiel aus dem Katalog der Mehlbach Saddle Company, New York, 1907. Ein »erstklassiger, handgearbeiteter Cowboysattel aus erlesenem Eichenholz, mit solidem Nickelbeschlag, bester Ausrüstung, ohne Taschen und Ponchohalter«, Verkaufspreis 65 Dollar.

korrekt beschrieben. Warum aber nannten ihn die Mexikaner *basto,* was Packesel heißt (vgl. franz. *bât* = Tragsattel) und nicht Reitsattel?

Der *»plate«,* für den es wirklich nichts Gleichwertiges im englischen Sattelbau gibt, ist die Grundlage mancher in jüngster Zeit in westlichen Mittelmeergegenden, namentlich in der Provence, verwendeter Sättel. Bei ihm ist die halbtonnenartige Form sogar noch ausgeprägter. Diese Art Sattel ist jedoch in erster Linie nicht für Pferde-, sondern für Maultierreiter bestimmt.

Man fragt sich, welcher ethnische Teil der Texaner für die Gurte die typisch englische Bezeichnung *girth* anstatt *cinch* verwendete?

In vielen europäischen Ländern, auch in England, wurde im 15. und 16. Jahrhundert der *tapadero*-Typ des Steigbügels verwendet.

Die vom Sattel hängenden Riemen weisen ein sogar noch ansehnlicheres Alter auf. An dem ältesten erhaltenen Sattel, der tiefgekühlt aus den Gräbern in Pazyrik im Altaigebirge Westsibiriens geborgen wurde, wo er um etwa 430 v. Chr. begraben wurde, hängen vier Paar Riemen, die genau so angebracht sind wie an dem mexikanischen *basto.*

Kaum ein Wildwestfilm vermittelt je richtig die schrecklichen Strapazen des Cowboylebens, zu denen häufig, ob der Mann ein Bett hat oder nicht, der Schlafmangel gehört. In den Filmen scheint immer Sommer zu sein. Wer hat je gefilmt, wie die Guten in einem heftigen Schneesturm die Bösen jagten? Und welcher Wildwestfilm hat uns je im entferntesten eine Ahnung von der eintönig unverdaulichen und teuflisch ungenießbaren Kost gegeben, wie sie in diesem Auszug beschrieben wird? Wie viele Cowboys starben an Skorbut?

Der Reitsattel des Cowboys verdient es beschrieben zu werden, nicht nur weil er die Werkbank oder der Thron des Cowboys war, je nachdem, wie man sich ihn vorstellen will, sondern auch weil man die Geschicklichkeit des Cowboys beim Reiten des *bronco,* des halbwilden Pferdes, nur abschätzen kann, wenn man den Bau des Sattels versteht...

Der auf den Weideflächen Nordamerikas, der Range, allgemein verwendete Reitsattel war der im ganzen Westen als *cow saddle, range saddle* oder noch allgemeiner *stock saddle* bekannte Typ, der im Osten mexikanischer, westlicher oder Cowboysattel genannt wurde. Man hätte ihn vielleicht eher maurischen als mexikanischen Sattel nennen sollen; denn die Mauren brachten ihn fast in seiner jetzigen Grundform vor mehr als tausend Jahren aus Afrika nach Spanien...

Im Grundbau waren alle Cowboysättel gleich, obschon sie sich in nebensächlichen Einzelheiten voneinander unterschieden.

Höhe und Neigung von Sattelkopf und Hinterzwiesel, und ob der Sitz kurz oder lang war, breit oder schmal, ob er annähernd gleichmäßig breit oder mehr oder minder dreieckig, ob er horizontal war oder ob er zum Sattelknopf oder zum Hinterzwiesel oder zu beiden anstieg, ob der Sattelknopf vertikal oder vorgeneigt, ob er oben horizontal oder am Vorderrand höher als hinten war, das alles waren Dinge, die völlig dem Belieben des Reiters überlassen waren. Die Hinterzwiesel mußten nur hoch genug sein, um zu verhindern, daß der Lassowerfer nach hinten glitt, wenn sich sein Pferd nach dem Wurf auf die Hinterkeulen kauerte und sich versteifte. Die Reiter, die nach texanischem Brauch das Lassoende am Sattelknopf befestigten, bevor sie das Lasso warfen, brauchten zumindest einen ziemlich hohen Sattelknopf. Sie mußten nicht nur genug Platz dafür haben, sondern auch noch für das Straffziehen; denn sobald das Lasso seine Beute erfaßt hatte, mußte es am Ende einige Male um den Sattelknopf gewunden und dadurch gestrafft werden.

Diese gewaltige Zugbeanspruchung beim Einfangen mit dem Lasso erforderte einen kräftigen Sattelbau.

Am Vorderende eines kräftig gebauten, aus Längsgabel und Querzwiesel bestehenden Hartholzsattelbaums war ein metallener Sattelknopf befestigt. Das Ganze, mit ungegerbtem Leder bedeckt, war an einer breiten, gebogenen Lederplatte festgemacht, die auf dem Pferderücken lag. Diese Platte wurde allgemein Sattelblatt genannt, wenn man nicht lieber zwischen der Blatthälfte auf der linken Seite, dem linken, und der Hälfte auf der rechten Seite des Pferdes, dem rechten Seitenblatt, unterschied. So verwendete man den Begriff »Die Seitenblätter« statt der Einzahl, wenn man von beiden Hälften gemeinsam sprach.

Die Synonyme für Seitenblatt und Seitenblätter waren *basto* beziehungsweise *bastos* (vom spanischen *basto* = Trag- oder Packsattel). Allerdings benutzten manche Leute diese Ausdrücke nur für das Lederfutter des Seitenblattes, das auch den Namen *sudadero* (Schweißtuch) trug.

Über dem Seitenblatt lag auf jeder Seite des Pferdes ein Stück Leder, das, kürzer und schmäler als das Seitenblatt, unten genau an Sattelknopf und Zwiesel eingepaßt war und dessen Außenrand ein Stück innerhalb des unteren und hinteren Seitenblattrandes, parallel zu diesem, verlief. Dieses Lederstück war das sogenannte »Jockey«. Es bestand gewöhnlich aus zwei Teilen, dem »Vorderjockey« vor dem Steigbügelriemen und dem »Hinterjockey«, das dahinter lag.

Das auf dem Pferderücken so zusammengesetzte Gefüge, als hätte man ein Faß ohne Boden dafür verwendet, nachdem man es der Länge nach halbierte, und der ganze faßähnliche Sattelteil hießen in der Umgangssprache *bastos,* obgleich dieser Ausdruck eigentlich nur die oben angegebene Bedeutung hatte.

In seltenen Fällen reichten Seitenblatt und Hinterjockey nicht weiter nach hinten als bis zur Hinterzwiesel. Dann war an dieser unten eine *»anquera«,* eine Schabracke, angenäht, eine breite Lederplatte, welche den ansonsten frei liegenden Teil der Pferdelenden bedeckte und die Kleidung des Reiters vor dem Schweiß des Tieres schützte.

Das normal große Seitenblatt reichte vom Widerrist des Pferdes bis zu dessen Hinterteil und nach unten bis fast über die Hälfte seiner Flanken. Es hatte so viel Tragfläche, daß der Sattel sogar ohne die Hilfe einer Gurte an der Stelle blieb. Zum Reiten eines bockenden Pferdes oder zum Einfangen mit dem Lasso brauchte man ein großes Seitenblatt, aber für gewöhnliches Hantieren verwendeten manche Ranchbesitzer ein viel kleineres Seitenblatt.

Ob der Sattel mit einem Wulst ausgerüstet sein sollte, war dem individuellen Belieben des Reiters überlassen. Manche verwendeten diesen Zusatz, andere nicht. Er bestand aus einer langen Einfassung, die etwa einen Zentimeter weit über die Vorderseite der Hinterzwiesel, knapp unter deren oberem Rand, hervorragte. Dieser simsartige Zusatz sollte vermeiden, daß der Reiter nach dem Lassowurf nach hinten aus dem Sattel glitt oder hochgeschleudert wurde, wenn sein Pferd bockte.

Der Sattel war entweder mit einer »Gurte«, die ungefähr auf gleicher Höhe mit den Steigbügeln unter dem Bauch des Tieres verlief, an dem Pferd befestigt oder durch zwei Gurten, die als »Vorder-« beziehungsweise »Hintergurten« bezeichnet wurden und deren eine knapp hinter den Vorderbeinen des Tieres und die zweite etwa 30 cm weiter hinten verlief. Der Sattel mit zwei Gurten wurde technisch als Doppelgurtsattel bezeichnet...

Manche Texaner nannten die Gurten »Gürtel« und deren hintere Teile »Flankengürtel«.

Ob der Sattel mit einer oder zwei Gurten befestigt werden sollte, war dem Geschmack seines Besitzers überlassen. Der Sattel mit Einzelgurt ließ sich leichter anlegen und abnehmen, war beim Reiten ein wenig nachgiebiger, veränderte aber leicht beim Einfangen mit dem Lasso, beim Bocken des Pferdes und auf steilen Wegen seine Lage...

Die *»cincha«* oder, wie sie oft genannt wurde, die Gurte, war ein breites, kurzes Band aus grob geflochtenem

196. Zur Reitkunst der nordamerikanischen Indianer gehörten nur Übungen, die bei der Jagd oder im Kampf von unmittelbarem Nutzen waren. Manche davon sind sehr ähnlich den von europäischen Präriebewohnern, wie den Kosaken, praktizierten Kunststücken. Ein Bild von George Catlin.

198. Whitman Cowboy- oder Ranchsättel von der Mehlbach Company. »Sämtliche Sattelbäume sind mit Stahlstützen versehen, lederüberzogen, die Satteltaschen mit Wollfutter und die Sitzflächen aus kräftigem Leder, mit Stahlspanner und gepolsterten Hinterpauschen. Die Steigbügelriemen bei Typ 1 und 2 sind 62 mm, bei Typ 3 57 mm und bei Typ 4 45 mm breit.«

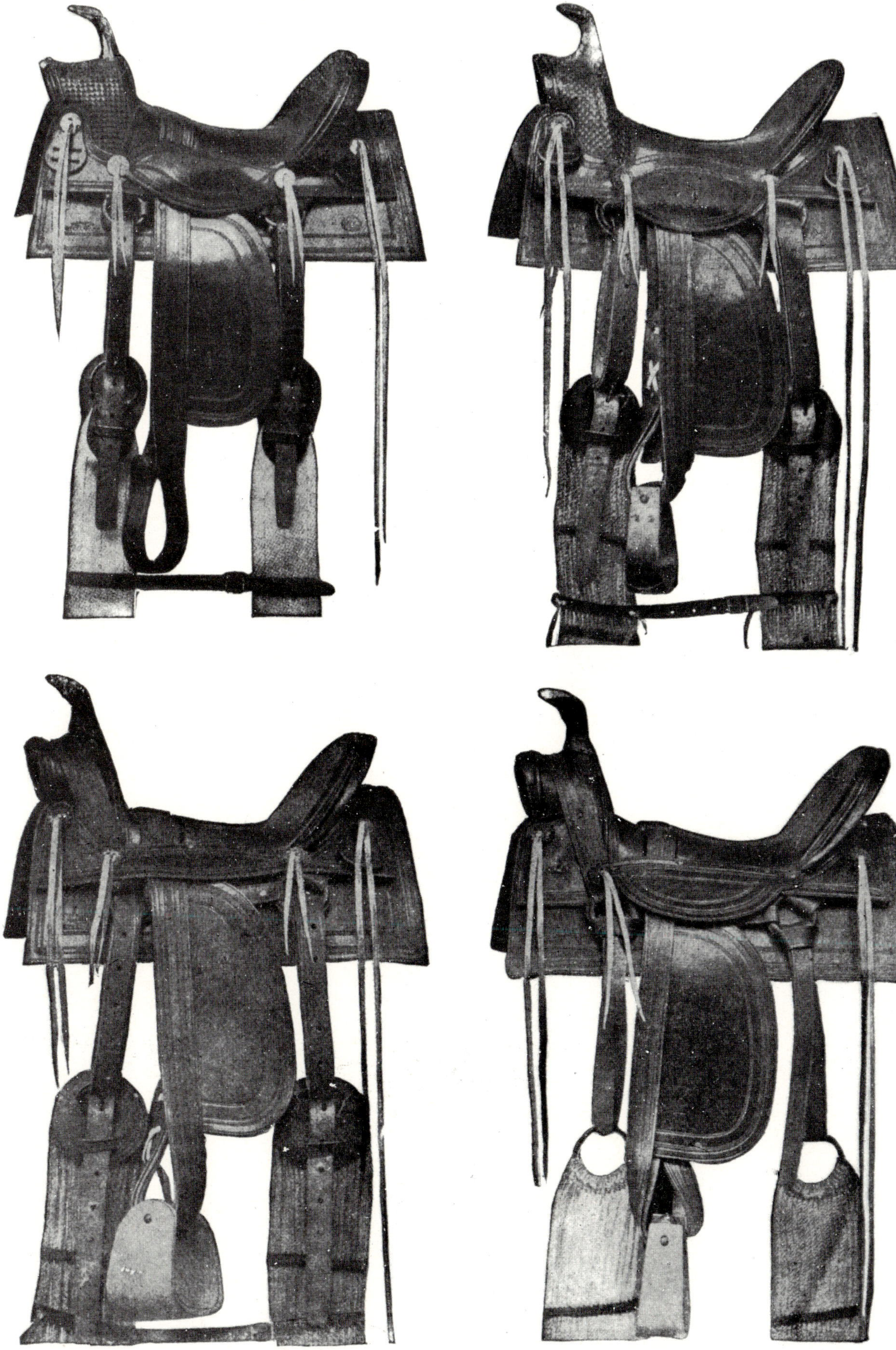

197. Die Vorfahren der nordamerikanischen Indianer zogen aus Ostasien über Alaska auf den amerikanischen Kontinent, bevor das Pferd gezähmt worden war, nicht aber vor der Erfindung des von dem einzigen domestizierten Tier, dem Hund, gezogenen *travois*. Um 4000 v. Chr. begannen asiatische Nomaden ein *travois* größerer Bauart hinter dem in letzter Zeit gezähmten Pferd zu verwenden, davon gibt es jedoch keine bildliche Darstellung. Die Prärieindianer besaßen vor dem Jahre 1700 n. Chr. keine Pferde, aber sie machten sofort den Schritt nach vorn, der in Asien sechstausend Jahre vorher gemacht worden war. Dieses Bild von George Catlin zeigt eine Szene im 19. Jh. in Amerika, die ebenso gut aus der neolithischen Mongolei stammen könnte. Es ist dies der Ahnherr aller, östlichen wie westlichen, von Pferden gezogenen Fahrzeuge.

199. »Der Cowboy« von Frederic Remington.

Pferdehaar oder manchmal aus Segeltuch oder Schnüren, das an beiden Enden einen Metallring trug. An jeder Seite des Sattelbaums war für jede Gurte ein zweiter Metallring befestigt, der sogenannte Gurten-, Baum- oder Sattelring. Von ihm hing ein langer Lederriemen, genannt *»latigo«*, herab. Dieser Riemen wurde nacheinander und gewöhnlich zweimal durch den Ring der Gurte und den entsprechenden Baumring gezogen und danach auf ganz ähnliche Weise unter dem letzten befestigt, wie man heute einen langen Herrenschlips bindet. Der *latigo* auf der rechten Sattelseite wurde ständig so befestigt gelassen, so daß beim Auflegen und Abnehmen des Sattels die Manipulationen auf den Riemen an der linken Seite beschränkt blieben...

Wenn Cowboys in einem Wald lagerten, mußten sie sorgfältig auf ihre *latigos* achtgeben, da diese aus unerfindlichen Gründen für Stachelschweine die gleiche Anziehungskraft besaßen wie Zuckerwerk für Kinder. Es kam nicht selten vor, daß ein abgesessener Cowboy, wenn er seinen Sattel nicht als Kissen verwendete, ihn an einen Ast hängte oder auf eine horizontal hoch über dem Boden befestigte Stange legte...

Die Steigbügelriemen hingen ... vom Sattelbaum herab. Sie liefen von ihrem Ausgangspunkt knapp hinter dem Sattelknopf getrennt, der eine rechts, der andere links vom Sattel in seichten Rinnen nach unten, die in das Holz des Sattelbaums geschnitten waren. Bei manchen Sätteln begann die Lederdecke des Sitzes an der Hinterzwiesel und reichte nur bis zum Hinterrand dieser Rinne. Bei anderen bedeckte sie den ganzen Sitz und auch den oberen Teil der Steigbügelriemen. Diese beiden Formen der Sitzdecke hießen »Dreiviertelsitz« beziehungsweise »Vollsitz«.

Wo der Steigbügelriemen aus dem Seitenblatt des Sattels kam, wurde eine flache Lederplatte aufgelegt. Sie wurde als »Sitzjockey« oder »Beinjockey« bezeichnet und verhinderte, daß das Bein des Reiters sich wundrieb.

An der Rückseite jedes Steigbügelriemens war eine vertikale, breite Lederplatte, der *»rosadero«* (Taufänger) angenäht, manchmal auch fälschlich *»sudadero«* genannt. Er schirmte das Bein des Reiters vor dem Pferdeschweiß und bot ihm einen verläßlichen Schutz.

Am Ende jedes Steigbügelriemens hing ein aus einem breiten zähen Stück Holz geformter, oben zusammengebogener Steigbügel. Er war so stark, daß er durch ein stürzendes Pferd nicht zerbrochen wurde. Der Fuß des Reiters wurde bis zum Absatz in den Bügel gesteckt, seine Zehen waren nach innen und entweder horizontal oder nach unten gerichtet. Der Steigbügel war gewöhnlich vorn und an den Seiten von einem keilförmigen, hinten offenen Lederfutteral umschlossen. Der technische Name dieses Futterals lautete *tapadero*, er wurde aber in der Umgangssprache fast immer zu *tap* verkürzt.

Gewöhnlich hatte jede Seite der *taps* die Form eines auf der Spitze stehenden Dreiecks und war so lang, daß diese Spitze fast bis zum Boden reichte. Aber manche Reiter verwendeten *taps,* die dem historischen spanischen Modell nachgebildet waren und wie horizontal liegende Kohlenkisten aussahen. Die *taps* hinderten die Füße des Reiters daran, völlig durch die Steigbügel zu rutschen, von Unterholz behindert oder von einem wilden Pferd gebissen zu werden. Wenn sie lang waren und unter einem Reitpferd hin und her geschlagen wurden, dienten sie auch bisweilen als Peitsche.

Offene Steigbügel, d. h. solche ohne *taps,* gab es auf der »Range« nur selten.

An jedem Sattel hingen beiderseits je vier Riemenpaare herunter, eines am Vorder-, eines am Hinterende, die zwei anderen waren so angebracht, daß die Beine des Reiters gerade dazwischen Platz hatten. Die beiden hinteren Riemenpaare dienten zum Festhalten der Dinge, die man hinter der Zwiesel über den Sattel legte. Das war vor allem der lange Regenmantel aus Öltuch, wie ihn die Küstenfischer tragen. Im Südwesten wurde statt dessen manchmal ein mexikanisches Obergewand, das *serape,* mit den Riemen festgeschnürt. Mit den vorderen und den Seitenriemen befestigte man die Pakete.

Begab sich ein Cowboy auf einen Ritt, bei dem er zwar ein Nachtlager aufschlagen mußte, aber nicht viel Vorräte und somit kein Packpferd brauchte, so beschränkte er sich dennoch nicht auf den traditionellen Verpflegungssatz der Hudson Bay Gesellschaft: eine Kaninchenspur und eine Patrone. Er packte vielmehr in den hinter dem Sattel angeschnallten Regenmantel die erforderlichen Reiserequisiten, Dinge wie Bratpfanne, etwas Mehl, Speck, Kaffee, Salz und als Hefeersatz entweder ein Gefäß mit Sauerteig oder eine Dose Backpulver.

Hieß es haltzumachen, schlug man das Lager irgendwo auf, wo es Futter für das Pferd und Trinkwasser gab. Manchmal war das Wasser zwar trinkbar, aber nicht bekömmlich. Gelegentlich gab es in der Wüste gar keines oder es war hoffnungslos alkalisch gesättigt. Es hätte jedem, der davon trank, den Magen »ausgerostet«. In diesem Fall mußten nur die Pferde die beißende Flüssigkeit zu sich nehmen und widerwillig riskieren, »alkalisiert« zu werden. Die Reiter hielten sich an Tomatenkonserven. Die Flüssigkeit in den Dosen löschte den Durst und neutralisierte die Wirkung von bereits geschlucktem Alkalistaub. Rieb man sich mit den festen Früchten das Gesicht ab, heilten sie blutende Schnitte, die durch den mörderischen Staub entstanden waren. Gelegentlich konnte man auch eine Tomate an den Lippen eines Pferdes auspressen, um ihm Linderung zu schaffen.

Als unfehlbaren Dosenöffner verwendete man einen horizontalen Pistolenschuß gegen den oberen Dosenrand.

Das Aufschlagen des Lagers war einfach: Man nahm dem Pferd Sattel und Zügel ab und ließ es entweder am Ende eines angepflockten Seils oder mit Fußfesseln frei grasen und zündete schließlich ein Feuer an. Letzteres war nicht immer ganz leicht; denn die Streichhölzer konnten verlorengegangen oder naß geworden sein. Dann brauchte man das Pulver aus einer zerschnittenen Patrone, das man mit einem Pistolenschuß anzündete. Bei ungenauem Zielen konnte man mitunter »das Anmachholz rundum in der Gegend verstreuen«.

War der Kaffee im Lager wie gewöhnlich ungemahlen, zerrieb man die Bohnen mit einem Pistolengriff an einem Felsen. Das entstandene Gemenge aus pflanzlichen und mineralischen Substanzen wurde beiseite gestellt, bis man in der Pfanne zuerst das Brot gebacken und dann den Speck gebraten hatte.

Das Brot war durchaus genießbar. Man verteilte den dickflüssigen Teig in einer dünnen Schicht auf dem Boden der Pfanne und legte sie für kurze Zeit auf glühende Kohlen, bis sich unten eine Kruste bildete. Dann kippte man sie seitlich und hielt sie weit genug

200. Die hervorragendsten Cowboys beim Rodeo der *American Legion.* Reiter (und eine Reiterin) aus dem Westen zur Zeit Henry Fords.

201. »Zwei Cowboys verfolgen einen Stier, um ihn mit dem Lasso zu fangen« von Charles M. Russell. Die Langhorn-Rinderrasse spanischen Ursprungs, die es heute in den westlichen Staaten nicht mehr gibt, war der unmittelbare Nutznießer des ausgerotteten Büffels.

vom Feuer, damit sie ein wenig Hitze bekam und das Brot aufging. War das erreicht, so wurde die Pfanne, immer noch seitlich geneigt, in die richtige Entfernung von den Kohlen gebracht und dort gelassen, bis der Pfanneninhalt durchgebacken war.

Das so gebackene Brot, das bekannte »Bratpfannenbrot« des amerikanischen Westens, wurde aus der Pfanne genommen, die nun Speckscheiben aufnahm. Nach dem Braten klopfte man die Pfanne gegen einen Felsen oder Baum, um das Fett, das sich leicht abgießen ließ, zu entfernen. Dann goß man Wasser hinein und fügte das Sand-Kaffee-Gemenge hinzu. Wenn die kochende Flüssigkeit gut mit dem von der Pfannenwand geschmolzenen Fett bedeckt war, war das bittere Gebräu trinkbereit...

Bei kaltem Wetter nahm der Cowboy... gewöhnlich das Zaumzeug des Pferdes mit sich unter die Decke, damit das Gebiß warm blieb und dem Pferd der Schmerz erspart wurde, den das kalte Metall in seinem Maul verursacht hätte.

Das Kampieren in kaltem Klima war oft ein durch nächtlichen Widerstreit zwischen dem Wunsch nach Schlaf und der Furcht vor Rheumaschmerzen gekennzeichneter Vorgang. Entscheidend war, ob eine schläfrige Hand Brennstoff auf das Feuer warf oder ob die Glut erlosch.

Bei unserem Thema handelt es sich jedoch um den Sattel des Cowboys und nicht um dessen Probleme.

Mitunter gab es unten am Sattelknopf einen »Bockriemen« in Form einer Schlinge, die beim Lassowerfen einen praktischen Halt gewährte. Wer ihn verwendete, rühmte sich dessen nicht. Spitzenreiter verschmähten den Bockriemen und verbannten ihn von ihren Sätteln.

Nicht selten waren zwei Ledertaschen am Sattel angebracht, manchmal hinter der Zwiesel, seltener am Sattelknopf. Diese Säcke hießen *cantineses* oder Satteltaschen...

Das Leder des ganzen Sattels, auch der *taps* und Steigbügelriemen, war gewöhnlich mit hübschen Blätter- und Blumenornamenten bedruckt. Ein derart geschmückter Sattel kostete in den siebziger und achtziger Jahren des vorigen Jahrhunderts etwa fünfzig Dollar. Im Südwesten wurde gelegentlich nicht nur der gedruckte Ornamentgrund mit Silber, sondern auch Sattelknopf und Zwiesel mit Edelmetall verziert. Dann war der Sattel natürlich teurer. Oft bezahlte man für die Dekoration zehn Monatslöhne. Zumindest ein Ranchbesitzer hatte einen Sattel mit Knopf und Zwiesel aus purem Gold.

Oft waren die Cowboysättel mit selbstgemachten Ornamenten aus Messingnägeln geschmückt oder auch mit Klapperschlangenhaut, die flach aufgelegt und mit dem eigenen Leim festgeklebt wurden.

Der Sattel war gewöhnlich hellbraun, manchmal jedoch, besonders bei den weniger kostspieligen Stücken, kirschrot.

Jeder Sattel paßte am besten seinem eigenen Besitzer; denn er bekam nach und nach kleine Erhebungen und Höhlungen gemäß der Anatomie des Reiters, die ihm einen bequemen und sicheren Sitz gewährleisteten. Diese kleinen Formveränderungen, die dem Besitzer gut paßten, widerstanden oft den Konturen fremder Beine. Daher schwor jeder auf seinen eigenen Sattel und verdammte alle anderen...

Außerdem war es gewissermaßen schimpflich, seinen Sattel zu verkaufen, irgendwie, als verkaufe man sein Tafelgeschirr oder den Familienschmuck. Der Satz »Er hat seinen Sattel verkauft« wurde allgemein gebräuchlich, um metaphorisch anzudeuten, daß jemand in irgendeinem Gewerbe finanziell oder moralisch Bankrott gemacht hatte...

Da der Sattel durch seine Form und die große Tragfläche – außer auf widerspenstigen Tieren oder im Gebirge – einen so guten Halt auf dem Pferderücken besaß, ließen die Reiter gewöhnlich die Gurte lose hängen. Das gewährte der Lunge innerhalb der beengenden Riemen Erleichterung. Die Pferde halfen bei diesem Durchhängen mit; denn beim ersten Anziehen am *latigo* bliesen sie sich auf wie Nattern. Man konnte sie für einen Augenblick durch einen Tritt hinter die Rippen ablenken, aber die Biester konzentrierten ihre Aufmerksamkeit auf das Einatmen, bevor man den Riemen wieder zuschnallen konnte.

Um den Sattel eines *»Bronco«*, eines zu einem Reitpferd gezähmten Wildlings, »hochzuschnallen« – er wurde »hochgeschnallt«, nicht bloß angeschnallt –, mußte man seinen Fuß gegen die Rippen des Tieres stemmen und, beim vorderen Riemen, mit aller Kraft an dem *latigo* ziehen und dabei darauf vorbereitet sein, plötzlichen Bissen des aufgebrachten Broncos zu entgehen, der den Kopf hoch- und zurückwarf. Das Anziehen der hinteren Gurte erforderte weniger Muskelanstrengung, aber viel mehr Umsicht; denn die Bisse waren da noch häufiger und gelegentlich von Tritten begleitet.

Der Cowboysattel eignete sich nicht zum Lauf. Er war zu schwer, zumindest dreißig und gewöhnlich vierzig Pfund oder mehr. Aber die auf den Prärien üblichen und zweckmäßigen Gänge erfolgten nicht im Renntempo. Es war der Laufschritt, der Schaukeltrab, der leichte Kanter, dazu dann und wann ein kurzer Galopp hinter umherirrendem Vieh.

Der Cowboysattel verhinderte so gut wie jedes Springen über Hürden. Sobald der Reiter auf ihm die Haltung annahm, um sein Pferd zum Absprung zu ermuntern, verlor er sein Gleichgewicht und war auf Grund der Sattelform außerstande, wie beim englischen Sattelbaum durch kräftiges Zusammendrücken der Schenkel fest sitzen zu bleiben. Aber es gab nur wenig Hürden auf der *Range.*

Auch konnte ein Reiter beim Traben nicht im Sattel auf und nieder gehen, doch das wollte der Cowboy gar nicht. In seiner Sprache wollte er »das Pferd stempeln wie eine Briefmarke«.

Dessenungeachtet war der Sattel ideal für den Dienst, zu dem er verwendet wurde.

P. A. Rollins, *The Cowboy,* 1922

Es gab weiße angelsächsische protestantische Cowboys – aber auch erstaunlich viele Neger, die allerdings nur selten in den Wildwestfilmen zu sehen sind. Für die anderen Amerikaner hießen sie *los Norteamericanos* und hüteten das Vieh in etwa einem Viertel des Weidelands von Nord- und Südamerika. Südlich vom Rio Grande und mit Unterbrechungen bis zum Kap Horn, der Südspitze Südamerikas, führten katholische iberomestizische Cowboys, die unter Namen wie Vaqueros, Gauchos u. a. bekannt sind, das gleiche Leben. Ihre

202. »Jagd auf Pampasstrauße in Südamerika« von George Catlin. Auf den südamerikanischen Pampas waren grasende Säugetiere viel seltener als auf den nordamerikanischen Prärien. Bis zu einem gewissen Grad waren große, flugunfähige Vögel als Jagdbeute ein Ersatz für sie. Sie wurden beseitigt, um für Vieh und Pferde Platz zu schaffen.

Kultur stammte von den berittenen Viehzüchtern Spaniens und Portugals. Wir verweisen den Leser auf die Werke W.H. Hudsons, *Far Away and Long Ago, A Little Boy Lost* und *El Ombu,* über das Leben der Gauchos auf den Pampas und die riesigen Pferdeherden, von denen sie für ihren Lebensunterhalt abhingen, mit all seiner Zügellosigkeit; denn sie vergeudeten Vieh in unglaublichem Maß. Ein Gaucho schlachtete einen Stier für eine einzige Mahlzeit, oder er tötete ein Pferd, bloß um sich ein Paar Stiefel aus der Haut von dessen Vorderbeinen zu machen. Diese Lebensweise ist heute ebenso vorbei wie die des texanischen Viehtreibers seit der Einführung der Stacheldrahtkoppeln, »zahmer« Viehrassen wie der Hereford anstatt der fast wilden spanischen Longhorn, artesischer Brunnen und des Verbrennungsmotors.

203. »Die Schlacht von Bull Run, Virginia, am 21. Juli 1861« – der schneidige Angriff der Zuaven und die Niederlage der »Black Horse Cavalry« der Rebellen. Eine Lithographie von Currier und Ives. »Rebellen« steht für Konföderierte. Mit »Zuaven« ist keine Intervention der Franzosen im amerikanischen Bürgerkrieg gemeint, sondern sie waren nur eine Nachahmung des bewunderten Infanteriekorps, das selbst eine Nachahmung der nordafrikanischen Truppe türkischen Stils war. Man vergleiche die zur gleichen Zeit beliebte Husarenmode der internationalen Kavallerie.

12. Das Pferd im Eisenbahnzeitalter

DER OMNIBUS

Über den die Eisenbahn ergänzenden Passagier- und Warenverkehr mittels Pferdewagen wurde, weil er nicht so spektakulär war wie die Postkutsche, weniger geschrieben, obgleich sein Umfang in den Städten und Vorstädten enorm war. In London wurde er von zwei sehr begabten sozialen Beobachtern, Mayhew im Jahre 1851 und Gordon 1893, dokumentarisch festgelegt. Beide untersuchten eingehend die menschlichen Arbeitsbedingungen wie auch die der Pferde sowie den wirtschaftlichen Hintergrund des Verkehrs zu und von den Bahnhöfen in der spätviktorianischen Zeit. Gordon im besonderen zitiert nicht nur die Preise für Heu und Futter, Stallmiete, die wirtschaftliche Handhabung der Düngerbeseitigung, sondern auch die gängigen Preise für Zug- und Wagenpferde aller Güteklassen. Er gibt die Preise an, die von den Pferdeschlächtern für Tiere in heruntergekommenem Zustand bezahlt werden. Sein letztes Kapitel ist eine Analyse des Katzenfleisch- und Knochenmehlhandels in London.

Zu Ende von Königin Viktorias Regierung gab es in Großbritannien ungefähr vier Millionen Pferde, davon dreihunderttausend in London. Der weitaus größte Teil davon waren Wagenpferde. In London schlachtete ein Pferdeschlächter – Harrison Barber – allein jährlich 26000 Pferde im durchschnittlichen Alter von elf Jahren. Diese Zahl war nur wenig geringer als der höchste britische Pferdebestand kurz vor dem Ersten Weltkrieg. In den Vereinigten Staaten wurde das Maximum 1915 mit einem Bestand von 21431000 Stück erreicht. Aber

204. »Omnibus vor dem Gasthaus Three Compasses in Clapton«, 1850, von Pollard. Der Transport zu Lande in England stand in unzertrennlicher Verbindung mit Gasthäusern.

der Maultierbestand in Amerika wuchs bis 1925. Damals gab es in den Vereinigten Staaten 5918000 Maultiere.

»Die Gesamtzahl der Omnibusse in den Straßen Londons beträgt etwa 3000... die Zahl der Kutscher und Schaffner ungefähr 7000... die Einnahmen jedes Fuhrwerks belaufen sich auf 2 bis 4 Pfund täglich. Nimmt man durchschnittlich 3 Pfund täglich für die gesamten 3000 Fahrzeuge an, so erreicht die von der Londoner Bevölkerung alljährlich für Omnibusfahrgeld ausgegebene Gesamtsumme 3285000 £, mehr als 30 Shilling pro Kopf, alle Männer, Frauen und Kinder Londons mitgerechnet. Jeder Omnibus fährt ungefähr durchschnittlich sechs Meilen. Diese Strecke wird in manchen Fällen von jedem Omnibus zwölfmal täglich oder – wie man es nennt – »sechs hin und sechs zurück« durchfahren...

Die von manchen Omnibuskutschern zurückgelegte Reisestrecke ist gewaltig. Ein Mann erzählte mir, er habe seinen Bus sechs Jahre lang jeden Tag hundertzwanzig Kilometer, zwölfmal zehn Kilometer, weit gefahren, nur jeden zweiten Sonntag um zwanzig Kilometer weniger. Er hat in sechs Jahren also 298925 Kilometer zurückgelegt.«

DER URSPRUNG DER OMNIBUSSE

Dieser gewaltige Umfang des Omnibusverkehrs entwickelte sich innerhalb von zwanzig Jahren; denn erst am 4. Juli 1829 begann Mr. Shillibeer, der heutige Inhaber des Patents für Trauerkutschen, mit dem ersten Omnibus... Mr. Shillibeer war Marineoffizier und stieg in seiner Jugend aus dem Dienst eines Leutnants zur See in das Kutschenbaugeschäft über. Er hatte es bei dem inzwischen verstorbenen Mr. Hatchett aus Long

205. Eine in Dalston fotografierte städtische Straßenbahn, London, 1895.

206. Paris in den neunziger Jahren des vorigen Jahrhunderts, mit Omnibussen. Originalfoto.

Acre erlernt. Dann ließ sich Mr. Shillibeer in Paris als Hersteller englischer Kutschen nieder. Für sie gab es nach dem Friedensschluß, als der englische Reisestrom stark nach Frankreich tendierte, eine beträchtliche Nachfrage. Mr. Shillibeer hatte mit seiner diesbezüglichen Spekulation großen Erfolg. Er baute Kutschen für den Prinzen Polignac und andere einflußreiche Männer unter der Dynastie der älteren Bourbonenlinie und unterhielt ein Verkaufslokal für seine Fahrzeuge. Damit befaßte er sich in Paris bis zum Jahre 1819, als M. Lafitte die ersten Omnibusse einführte, die heute in der französischen Hauptstadt so erfolgreich sind. Lafitte war der Bankier Louis Philippes – später Minister – und der aktivste Mann bei der Errichtung der Königlichen Transportbetriebe, »Messageries Royales«. Fünf oder sechs Jahre nach der erfolgreichen Einführung der Omnibusse in Paris erhielt Mr. Shillibeer von M. Lafitte den Auftrag, zwei Fahrzeuge erlesener Qualität zu bauen. Bei der Ausführung dieses Auftrags kam Mr. Shillibeer auf den Gedanken, ein so bequemes und preiswertes Beförderungsmittel könnte vielleicht mit Erfolg in London eingeführt werden. Also verkaufte er seine Pariser Firma, kam nach London und startete seinen Omnibus, wie ich es erzählt habe... Seine Unternehmung hatte einen durchschlagenden und unmittelbaren Erfolg. Seine zwei Fahrzeuge beförderten je zweiundzwanzig Personen und waren bei jeder Fahrt voll besetzt. Die Form entsprach der des heutigen Omnibusses, war jedoch breiter und geräumiger, da alle zweiundzwanzig Personen im Inneren Platz hatten. Nur der Kutscher saß draußen. Zum Ziehen dieser Fahrzeuge wurden drei nebeneinander eingespannte Pferde verwendet...

Mr. Shillibeers Erfolg hielt an; denn er bot Pünktlichkeit und Gefälligkeit. Auch stand der billige Preis, die Reinlichkeit und Eleganz seiner Omnibusse in vorteilhaftestem Gegensatz zu den hohen Fahrpreisen, dem Schmutz, der Schäbigkeit, und der Grobheit der Kutscher von manchen der »Kurzstreckenkutschen«. Deren Besitzer verspotteten die, wie sie sie gern nannten, »französische Neuerung«. Innerhalb von sechs bis neun Monaten betrieb Mr. Shillibeer zwölf Omnibusse. Die neuen Omnibusse fuhren vom Themseufer über die Route Holborn und Oxfordstreet sowie über Finsbury und die New-Road nach Paddington. Mr. Shillibeer war überzeugt, daß er, hätte er sofort mit fünfzig statt mit nur zwei Omnibussen begonnen, vielleicht ein Vermögen verdient hätte. In den Jahren 1831/1832 wurden seine Omnibusse eine allgemeine Einrichtung auf den großen Hauptverkehrsadern. Die Kurzstreckenwagen gaben den Konkurrenzkampf auf, und deren Unternehmer begannen Omnibusse als Konkurrenz gegen Mr. Shillibeer einzusetzen. Die ersten nach Mr. Shillibeer gebräuchlichen Omnibusse waren jedoch nicht als Konkurrenz gedacht. Es waren die »Caledonians«, die Mr.

Shillibeers Schwager gehörten. Das dritte Unternehmen mit zweispännigen Fahrzeugen hieß albernerweise »Les Dames Blanches«. Der Name, Anlaß zu vielen zweideutigen Witzen, wurde jedoch aufgegeben. Auf den ursprünglichen Omnibussen stand auf den Seitenflächen der Name »Shillibeers« nach dem Begründer, und der Name wird heute noch für diese Beförderungsmittel in New York verwendet. Das beweist von neuem, daß ein Wohltäter in seinem Vaterland nicht geehrt wird, bevor ihm nicht der Tod die geringfügige Ehre einer Grabschrift erweist.

Die Omnibusse der Konkurrenz nahmen jedoch weiter an Zahl zu, da immer mehr Kurzstreckenlinien aufgegeben wurden. Einer der Konkurrenten nannte seine Omnibusse »Shillibeers«, so daß es echte und falsche Shillibeers auf den Straßen gab. Die Gegner wurden aggressiver. Die »Busse«, wie sie nach ein oder zwei Jahren genannt wurden, begegneten einander, fuhren um die Wette oder stießen einander rücksichtslos die Deichsel in die Wagenrückwand. Die Unfälle und Händel sowie das Umherbummeln häuften sich. Die Zeit der Polizeibeamten wurde so sehr durch »Omnibusangelegenheiten« in Anspruch genommen, daß die Sache 1832 im Parlament als Ärgernis besprochen wurde, dem abgeholfen werden mußte. 1833 wurde von der Regierung ein Gesetz zur »Reglementierung von Omnibussen – sowie anderen Transportmitteln – innerhalb und in der Umgebung der Hauptstadt« eingebracht und beschlossen. Anfang 1834 gab Mr. Shillibeer sein Geschäft in der Hauptstadt auf und begann Omnibuslinien von London nach Greenwich und Woolwich zu betreiben, für die er 20 Fahrzeuge und 120 Pferde einsetzte. Die Zunahme der Dampfboote und die Eröffnung der Eisenbahnlinie nach Greenwich im Jahr 1835 beeinträchtigten jedoch sein Geschäft so sehr, daß er mit seinen Zahlungen an das Stempelamt in Rückstand geriet. Konfiskationen seines Besitzes und neuerliche Konfiskationen nach Bezahlung der Schulden verursachten sehr hohe Kosten, und Mr. Shillibeers Geschäfte wurden so geschädigt, daß er Bankrott machte ...

OMNIBUSKUTSCHER

Der Kutscher wird wöchentlich entlohnt. Sein Gehalt beträgt bei den meisten Linien 34 sh wöchentlich, bei anderen erhält er 21 sh und seine Kutschbockzulage – das heißt den Zuschuß in der Höhe des Fahrgelds für einen Sitz auf dem Kutschbock, wenn ein solcher von einem Fahrgast besetzt wird. Bei gutem Wetter ist die Kutschbockzulage für den Kutscher einträglicher als sein festes Gehalt von 34 sh. Bei schlechtem Wetter kann es jedoch vorkommen, daß ihm die Kutschbockzulage nichts einbringt. Der Jahresdurchschnitt beträgt somit nur 34 sh wöchentlich oder vielleicht doch etwas mehr, weil der Kutscher an manchen Tagen bei schwülem Wetter an Kutschbockzuschlag 6 sh verdienen kann, »wenn der Bus zwölf Fahrten macht«...

Ein Kutscher erzählte mir Folgendes:

»Ich bin seit vierzehn Jahren Kutscher. Ich habe das Baugewerbe erlernt, hatte aber Freunde, die mit Pferden arbeiteten, und half ihnen manchmal beim Fahren und bei der Pferdepflege, wenn ich keine Arbeit hatte. Diese Arbeit gefiel mir, und ich dachte, es würde mir besser behagen, mit einem Bus zu arbeiten als in meinem ursprünglichen Beruf. Ich hatte Freunde und bekam zuerst eine Anstellung als Zeitnehmer. Dann war ich aber vierzehn Jahre lang Kutscher. Ich werde jetzt wöchentlich bezahlt, ohne Kutschbockzulage. Die Bezahlung ist gut, aber unsereiner muß gut leben. Meine Arbeit ist schwer, das ist sie; denn ich habe immer nur ein paar Minuten Pause, außer an jedem zweiten Sonntag. Dann sind es zwei freie Stunden, die Zeit für eine Fahrt hin und zurück. Wenn ich sagte, ich will in die Kirche gehen und dann wieder arbeiten, dann weiß ich, was für eine Antwort ich bekäme: »Sie können, so oft Sie wollen, in die Kirche gehen, wir aber können einen Kutscher kriegen, der nicht verlangt, daß man ihn hingehen läßt.« Die Pferde, mit denen ich fahre, sind so gut wie die Kutschpferde von Gentlemen. Mit der einen Stute fahre ich seit fünf Jahren, und ich glaube sie hat vor mir schon fünf Jahre gearbeitet. Für die Pferde ist es eine harte Arbeit, aber ich wüßte nicht, daß sie bei den Bussen übermüdet werden. Am schwersten ist für sie das Anfahren nach dem Halten, das ist furchtbar anstrengend. Ich habe Mitleid mit den armen Tieren in einer verregneten Nacht, wenn der Bus mit dicken Menschen angefüllt ist. Ich glaube, es ist schlecht, daß manche Ausbindezügel verwenden. Viele sind es ja heute nicht mehr. Der Zügel zieht dem Pferd den Kopf hoch, und es kann nur weiter ziehen, den Hügel hinauf ziehen. Nimmt man ihm den Ausbindezügel ab, so lockert es die Spannung, indem es den Kopf senkt und sein Gewicht auf das Kummet legt, um besser zu ziehen. Was würde ein Mann sagen, der eine Last auf dem Rücken bergauf zu tragen hat, wenn man ihm den Kopf nach hinten bände? Vielleicht haben Sie schon gesehen, wie Mr.-'s Pferde den Bus auf den Hügel von Holborn ziehen. Sie sind fest nach oben geschnallt. Aber das sind erstklassige, kräftige und schöne Tiere. Es gibt vielleicht bei keinem Londoner Bus so schöne Pferde – zumindest keine

207. »Der Milchmann«, aus einer Aquarellserie von New Yorker Händlern, von Nicolino Calyo, um 1840.

schöneren – und sie sind aus Angeberei mit Ausbindezügel angeschirrt. Damit geht kein störrisches Pferd, wohl aber ohne ihn. Das habe ich selbst gesehen. Wozu also soll das gut sein? Es ist nur eine Quälerei für die armen Tiere, wegen irgendeiner Mode.

Ich muß überall, wo ein Zeitnehmer aufgestellt ist, genaue Zeit einhalten. Es wird keine Minute Verspätung geduldet – für die geringste gibt es Geldstrafen. Ich kann nicht sagen, daß sie oft eingehoben werden, aber wir müssen damit rechnen. Wenn ich aufgehalten wurde, muß ich das durch Galoppieren einbringen, und wenn ich beim Galoppieren gesehen werde und es jemand unseren Leuten erzählt, werde ich zur Rechenschaft gezogen. Ich muß, wenn mir der Sturm den Regen ins Gesicht treibt, die Straßen voll Schlamm sind und die Pferde bei jedem Blitz erschrecken – scheuen kann ich es nicht nennen, dazu habe ich sie zu gut in der Hand –, genau so schnell fahren wie auf einer guten harten Straße bei schönem Wetter. Es ist nicht leicht, einen Bus zu kutschieren, aber ich kann und muß auf den Zoll genau fahren, ja, mein Herr, auf einen Zentimeter genau. Ich weiß, wenn ich die Köpfe meiner Pferde durch eine bestimmte Breite bringe, so bringe ich auch mein Achsholz hindurch. Ich fahre nach meiner Deichsel, die halte ich genau in der Mitte. Wenn das der Fall ist, muß ein Wagen folgen, außer bei schlüpfrigem Wetter, und da gibt es dann kein Berechnen. Ich hab' den ersten Bus im Jahre 1829 fahren sehen, hab' gehört, wie man ihn Kasperletheaterwagen nannte, weil man die Leute drinnen ohne Rahmen sehen konnte. Die Form war ungefähr so wie heute, nur größer und schwerer. Heutzutage wechselt ein Bus, je nach der Länge der Fahrtstrecke, vier- oder fünfmal täglich die Pferde. Für die Pferde gibt es keine grausame Behandlung, überhaupt nichts, das wäre nicht erlaubt. Ich denke, jetzt sind die Busse für die Unternehmer ein gutes Geschäft. Früher betrug die Mautgebühr zweieinhalb Penny für die Meile, heute nur mehr eineinhalb. Manche Unternehmer ersparen zwölf Guineas die Woche an der Mautgebühr. Die Einführung der Drei-Penny-Kurzstrecken hat ihnen Geld eingebracht. Ein Buskutscher hat keine Zeit, sich nach einer Frau umzusehen. Jedes Pferd in unseren Ställen hat alle vier Tage einen Rasttag, aber für den Kutscher gibt es keine Rast.«

Henry Mayhew,
London Labour and the London Poor, 1851

DAS LASTPFERD

Das Buch Gordons wurde – ein seltsamer Umstand – im Jahre 1893 von der *Religious Tract Society* herausgegeben. Seine Welt ist im wesentlichen die Welt von *Black Beauty,* aber die Behandlung, die dem Londoner Arbeitspferd damals zuteil wurde, war beträchtlich besser als zu Anna Sewells Lebzeiten. Diese war fast ganz der humanitären Bewegung zu verdanken, welche durch diesen beispiellosen Bestseller ausgelöst wurde. Niemand kennt die Gesamtzahl der gedruckten Exemplare, da viele Ausgaben in den Vereinigten Staaten, wo das britische Urheberrecht nicht respektiert wurde, als Piratendrucke erschienen. Das Buch verkaufte sich nach Erlöschen des Urheberrechts ebenso gut wie vorher, wahrscheinlich war sein Absatz gleich groß wie bei Defoes *Robinson Crusoe* und Bunyans *Pilgrim's Progress.*

Heutzutage liegt das Speditionsgeschäft in den Händen der Eisenbahngesellschaften, und das Lastpferd ist, praktisch genommen, das Eisenbahnpferd. Der überwiegend größte Teil der 84000000 Tonnen verschiedener Waren, die man im Jahre 1890 in England mit der Eisenbahn beförderte, wurde mit Lieferwagen der Eisenbahn abgeholt und zugestellt.

Eine Eisenbahngesellschaft muß verschiedenerlei Pferde in ihren Ställen haben: sie braucht Pferde, die schwere Lasten im Schritt tragen und andere, die leichte im Trab befördern, oder, mit anderen Worten, Lastpferde, Güterpferde, Paketpferde, Zusatzpferde und Pferde für Omnibusse in Fällen, wo ihre Busse nicht vertraglich mit Pferden versorgt werden. All diese verschiedenen Sorten ergeben für die Abhol- und Zustellunternehmen in der Hauptstadt zusammen über 6000 Pferde. Bei einem geschätzten Durchschnittswert von 60 Pfund Sterling pro Kopf heißt das 360000 Pfund an Investitionen für Pferde in London allein für die Aktionäre der Eisenbahn, ganz zu schweigen von den Roll- und Lieferwagen, die ebenso viel wert sind.

Das typische Eisenbahnpferd ist das Lastpferd. Sein Anteil beträgt drei Viertel des Gesamtbestandes an Eisenbahnpferden. Es wird nicht besonders für diese Arbeit gezüchtet, sondern ist ein Lastwagenpferd und durch das Zusammentreffen einiger Vorzüge für die Eisenbahnarbeit besonders geeignet. Das Pferd ist unverkennbar ein Engländer bis in die Knochen, ist aber nicht mehr so leicht aufzutreiben wie früher, da die Ausländer so viele dieser Tiere einkaufen. Es gehört zu den besten Pferden, die wir haben, die personifizierte Kraft. Nichts an ihm ist überflüssige Vergeudung. Jeder Muskel ist wohlge-

208. »Londoner Droschkenstand«, 1888, von R. Dollman. Rechts »Hansoms« (zweirädrige Droschken), links vierrädrige »Growler«.

209. London Bridge zur Mittagszeit, 1872: Eine Verkehrsstockung mit Pferdewagen.

formt, es steht um kein Zoll zu hoch auf seinen gutgeformten Beinen – »Gebt mir nur Beine und Füße«, sagte der Verwalter aus den Midlands zu uns, »dann sorge ich für den Rest« –, breit und kräftig, ohne jede Plumpheit im Rumpf oder Magerkeit in Hals oder Kopf. Es ist wundervoll geeignet für die Arbeit, für die es ausgewählt wurde, und diese Arbeit macht es gut...

Die »Great Western« rühmt sich, eines der Unternehmen mit dem besten Pferdematerial in London zu sein. Die Ställe, in denen es untergebracht ist, sind zugegebenermaßen hervorragend. In dem neuen Häuserblock in der South Wharf Road gibt es vier übereinander geschichtete Stockwerke mit Pferdeställen, wobei die oberste Etage fast so hoch ist wie das Hotel mit Blick auf das Bahnhofsdach. Sonntag ist der Ruhetag für die Pferde, ein Tag, den sie alle kennen, wenn sie ihn vielleicht auch nicht bei diesem Namen nennen. Um das Pferd ruhig und zufrieden, unter besonders günstigen Bedingungen zu Hause zu sehen, gibt es keinen besseren Ort als Paddington. Dort stehen 500 Pferde in den neuen Ställen, und nicht weit davon noch weitere 140 beim Güterbahnhof, in luftigen Gewölbegängen, die vernünftig gelüftet und elektrisch beleuchtet sind. Außerdem gibt es noch ein Tierhospital mit drei Dutzend Ställen für kranke Pferde. Alles in allem arbeiten ungefähr 1100 Pferde für die *Great Western* in London...

Die Pferde der *Great Western* stehen unter der Leitung von Captain Milne, und der Betrieb läßt eine gewisse militärische Genauigkeit und Gepflegtheit erkennen, die man nicht in allen Eisenbahnställen finden kann. Die einzelnen Farben werden möglichst getrennt gehalten, so daß in einem Stall hauptsächlich graue Pferde, in einem anderen Füchse, in einem dritten kastanienbraune Pferde stehen und so fort. Die sorgfältig gepflegten Tiere sehen sehr gut aus, sie stehen in ihrer ordentlichen Streu, zum Teil von Sonnenstrahlen beleuchtet. Blitzsauber heben sie sich von der weißen Rückwand ab, die bis zu der gefirnisten Fichtenholzdecke reicht, wobei die glatten blauen Ziegelbogengänge so rein sind wie das Deck eines Kriegsschiffs. Das einzige, das noch zu sehen ist, sind die zwei Futtersäcke, wie eine riesige Ottomane am hinteren Ende...

Über dem Kopf jedes Pferdes steht seine Nummer, die der anderen, in seinen Huf eingebrannten entspricht, und hinter ihm hängt sein Geschirr, alles tadellos in Ordnung wie beim Militär. Aber es ist kein Kummet zu sehen. Wenn das Pferd der *Great Western* abends nach Hause kommt, wird sein Kummet nicht in den Stall,

210. »Die Brauerei der Smith Brothers«, um 1861, in der 18. Straße zwischen der Siebenten und Achten Avenue in New York. Nach einer Lithographie von »L.M.« (wahrscheinlich Louis Maurer). Dieser Ausschnitt zeigt Bierwagen mit Pferdegespann, die in England »Drays« genannt wurden.

sondern in den Trockenraum gebracht, aus dem es am Morgen tragbereit, warm und angenehm wie ein Paar frische Socken geholt wird.

Montag morgen um zwei Uhr beginnt die Wochenarbeit. Da fahren die Wagen zum Gemüsemarkt Covent Garden. Um acht Uhr herrscht in den Ställen hastige Geschäftigkeit, und die von einem Stockwerk zum anderen schräg nach unten führenden Rollbahnen sind von vielen hinunterkommenden Pferden belebt, die mit rasselnden Geschirren vorsichtig nach unten geführt werden. Manche von ihnen werden, noch bevor der Tag zu Ende ist, bis zur Marinewerft in Woolwich gelaufen sein und wieder zurück, manche werden achtzehn Stunden ausbleiben und sich am nächsten Tag ausruhen, manche werden nur sechs Stunden arbeiten und dann am nächsten Tag länger. So viele Rollwagen müssen mit Pferden ausgerüstet werden, so viel Arbeit muß erledigt werden, und irgendwie muß man es schaffen, sonst würde es zu einer Anhäufung kommen, mit der man nur schwer fertig würde. Am frühen Montagmorgen erwacht der stille Güterbahnhof mürrisch zum Leben und kennt keine Ruhe bis Sonnabend nacht. Was die Züge bringen, müssen die Transportwagen übernehmen, und was die Transportwagen bringen, müssen die Züge übernehmen, ob es viel ist oder wenig. Natürlich gibt es eine Durchschnittsmenge, und man trifft Vorsorge für die Stoßzeiten, die mit dem Michaelistag Ende September beginnen und deren letzte große Welle zu Ostern endet.

Der schwerste Lieferwagen der Eisenbahn wiegt zwei Tonnen und befördert sieben Tonnen oder mehr. Ein solcher von seinem Vierpferdegespann gezogener Wagen mit seiner Last stellt eine bewegte Masse von dreizehn Tonnen dar, eine der gewichtigsten in den Londoner Straßen, so wie der Paketlieferwagen einer der schnellsten ist. Das Gespann geht im Schritt. Das Einzelpferd trabt und soll nicht schneller als dreizehn Stundenkilometer gehen, tut es aber, obwohl ihm nicht jeder das Tempo zutrauen würde, in dem es vorwärtskommt. Es gibt im Zustelldienst der *Great Western* kein Fuhrwerk, das mit der überaus ungewöhnlichen Anordnung von hintereinander gespannten Pferden arbeitet, aber manche der schweren Blockwagen werden von einem Gespann von drei Pferden nebeneinander gezogen, eine sparsame Methode, die fast die gleiche Zugkraft gewährleistet wie vier Pferde paarweise hintereinander und nur den Nachteil hat, daß das Mittelpferd stärker erhitzt wird als die

211. »Die Büffeljagd«. George Catlin erklärt, wieso diese scheinbar unglaublichen Taten möglich waren. Der Büffel war gewissermaßen blind, und nur seine Einfalt und sein falsches, durch Jahrtausende, in denen sein Hauptfeind zu Fuß und ohne Feuerwaffen operiert hatte, verursachtes Gefühl der Sicherheit ermöglichte es den roten ebenso wie den weißen Jägern, ihre gewaltige Vernichtungsarbeit zu leisten.

212. »Der Grand Drive im Central Park«. Lithographie von Currier und Ives aus New York im Sommer 1896.

213. »Das Leben eines Feuerwehrmannes: Die städtische Feuerwehr«. Lithographie von Currier und Ives, New York, 1866. Es gab spezielle Modelle von Fahrzeugen mit Pferdebespannung für alle Löschzwecke.

beiden äußeren. Die Paare sollen ebenso wie die Vierer-, Dreier- und Einzelgespanne im Schritt gehen, und es sind diese Lieferwagen, welche die Hauptarbeit leisten. Ihre Durchschnittslast beträgt eine Tonne. Sie sind so wie Eisenbahnzüge mit kräftigen Bremsen ausgerüstet, was die Beanspruchung beim Anhalten verringert, aber die erforderliche Anstrengung beim Anfahren ist manchmal enorm, besonders bei rücksichtslosen Kutschern, und es ist diese Anstrengung sowie das ständige Scharren der Füße, was das Leben eines Pferdes in London so abkürzt...

Das Wetter verbraucht ein Pferd stärker als einen Menschen, weil es seine Arbeit so stark beeinflußt, und es schadet auch seiner Gesundheit. Bei trockenem Wetter gleiten fast ebenso viele Pferde aus wie bei Regen, und es werden ebenso viele überfahren. Aber bei trockenem Wetter gibt es nichts Vergleichbares mit dem Scheuern durch nasses Geschirr und den Erkältungen und Halsentzündungen, die andere Krankheiten zur Folge haben, welche mit dem Londoner Pferd jeder Art und unter allen Bedingungen kurzen Prozeß machen...

Pickfords (die Agenten der North Western) machen enorme Geschäfte und haben einen Pferdebestand von etwa 4 000 Pferden, von denen etwa 20 Prozent in einem Jahr durch ihre Ställe gehen. Die Firma hat einen langen Stammbaum, sie stammt noch aus der Zeit, da die Kutscher ihrer alten Gespanne nicht auf dem Fuhrwerk saßen, sondern auf einem Handpferd, von dessen Rücken aus sie mit einer langen Peitsche die Pferdekoppel führten. Einer der ersten dieser Kutscher war der Be-

IZAL

gründer von John Smither & Co, der ältesten Zustellungsfirma für Schiffstransporte in London. Das erinnert uns daran, daß die Kai- und Löschanlagen ebenso ihre Zubringer und Verteiler haben wie die Güterbahnhöfe. Manche dieser Schiffsfrachtpferde sind ebenso gut wie die im Eisenbahndienst, aber in der Regel sind sie von minderer Qualität. Manche machen vierzig Kilometer am Tag, und in einem Stall steht ein Pferd, das fünfundzwanzig Jahre alt ist, aber im Durchschnitt arbeiten sie sechs Jahre lang in London, und sie werden mit sechs Jahren gekauft, wenn man sie zu einem günstigen Preis erhält.

Die größte (der Transportfirmen) ist Carter Paterson's, die einen Bestand von 2000 Pferden in den Ställen ihrer zwanzig Londoner Filialen hält; die Zentrale ist in der Goswell Road. Das System, nach dem diese Transportfirmen arbeiten, ist praktisch das gleiche wie das der Eisenbahnen. Die Pakete werden auf Grund der bei den vielen Auftragsstellen, die das Publikum durch die Anschlagtafeln kennt, erhaltenen Informationen von den Absendern geholt. Die Pakete werden in der Regel durch Einspännerwagen aus den Häusern und Läden der Konsignanten zum nächsten Lagerraum gebracht, wo sie in Lastwagen umgeladen werden, die von Zweier- oder Dreiergespannen gezogen werden. Diese bringen sie zu dem der Adresse des Empfängers nächstgelegenen Lager, und darauf werden sie mit den dortigen Einspännerwagen an ihren Bestimmungsort gebracht...

Diese Pferde sind im allgemeinen von leichterem Schlag als das Eisenbahnpferd, wie es ja auch ihrer leichteren Arbeit entspricht, und ihre Arbeit wird anders eingeteilt. Sonntag ist Ruhetag, und in der Woche macht das Pferd neun Fahrten. An einem Tag hat es zwei Fahrten, am nächsten eine, dann wieder zwei und so fort – drei Fahrten im Verlauf von zwei Tagen. Die Länge der Fahrt ist saisonbedingt, und während der Stoßzeit zu Weihnachten hat das Lieferpferd so viel Arbeit, wie es nur fertigbringen kann...

Pickfords, die im Zusammenhang mit der *North Western* schwerere Transporte zu bewältigen haben, sowie die anderen Firmen, die viel mit Eisenbahnen arbeiten, haben schwerere Pferde für diese Zwecke. Auffallend war es, wie am Tag des Erntedankfestes im Jahre 1872 die Kutsche des Unterhauspräsidenten, die gewöhnlich von sechs Pferden gezogen wird, von zwei von Pickfords Clydesdales, die nur für diese Gelegenheit gemietet worden waren, mit Leichtigkeit gezogen wurde und hinter ihnen so leicht wirkte, als wäre sie ein leerer Zustellwagen. Am anderen Ende der Skala steht die Paketlieferungsgesellschaft, die im Durchschnitt ein viel leichteres Pferd verwendet. Tatsächlich gibt es Lastpferde verschiedenster Kategorien...

Manche von ihnen sind sichtlich ältere Tiere, aber nicht jedes Lastpferd wurde in London von Anfang an für diese Arbeit verwendet. Je mehr Stunden sie sich ausruhen können, desto länger leben sie und desto mehr bringen sie ein, wenn sie ausrangiert werden. Aber in sehr vielen Fällen ist das Ausrangieren nur der Weg in das Dunkel, aus dem kein Pferd anders zurückkehrt denn als »Fleisch«. Das sind aber die wenigsten, die meisten machen noch eine oder mehrere Erfahrungen, bevor sie vor dem Schlächter stehen. Manche leben noch einige Monate, über andere gibt es allerlei erstaunliche Geschichten, aber wir wollen uns damit nicht abgeben; und sogar unter Einschluß der alten Tiere dürften wir kaum mehr als eine Durchschnittszeit von fünf Jahren Schwerarbeit in London finden.

W. J. Gordon, *The Horse-World of London,* 1893

214. »Das Newgate-Gefängnis, von der Hl. Grabeskirche aus gesehen«, 1901. Ein Bild der Stadt London mit Pferdegespannen von M. Durham.

DAS ABSCHINDEN UND ANLOCKEN VON PFERDEN

In seinen Werken über die Volkskunde von Ostanglien hat George Ewart Evans viel von der Tradition für uns bewahrt und das ererbte Können der letzten Reitergenerationen eingehend beschrieben. Diese arbeiteten mit den großen Pferden auf dem Land und den Straßen in den östlichen Grafschaften, besonders in Suffolk und Cambridgeshire. Der jüngste dieser »alten Knaben« ist heute etwa fünfundsiebzig, und der Stolz ihrer Jugend stand im Schatten der Jahre des Ersten Weltkriegs. Aber ihre Welt, deren König zweifellos das große rote Suffolk-Roß war, ging erst nach dem Zweiten Weltkrieg endgültig dahin. Mit dem Tode des letzten von ihnen wird unsere Verbindung zu den Landjunkern, Pagen und »Pferdeleuten«, die im Dienst des Großen Pferdes des Rittertums lebten und deren Können einer bestimmten Generation von Bauern und Fuhrleuten in dem Augenblick übermittelt wurde, als das Große Pferd vom Schlacht- zum Kornfeld übersiedelte, für immer abgeschnitten sein.

Einer der interessantesten und spektakulärsten Tricks der alten Reiter auf den Farmen war das plötzliche Parieren eines Pferdes, so daß es sich nicht mehr rührte. Man nannte das in Ostanglien *jading* (Abschinden) des Pferdes. Die Reiter verdankten es hauptsächlich dieser Kunst, daß man sie »Pferdezauberer« nannte, weil sie imstande waren, das Pferd so zum Stillstand zu bringen, als wäre es gelähmt oder verhext. Eine Stelle bei Gibbon zeigt, wie alt dieser Trick war. Sie betrifft den Frankenkönig Chlodwig aus dem sechsten Jahrhundert:

»Nach dem Sieg über die Goten machte Chlodwig dem Hl. Martin von Tours reiche Geschenke. Er wollte durch die Gabe von hundert Goldstücken sein Schlachtroß freikaufen, aber das verhexte Pferd konnte sich nicht aus dem Stall bewegen, bevor nicht sein Lösegeld verdoppelt wurde. Dieses *Wunder* veranlaßte den König zu dem Ausruf: *›Vere, Martinus est bonus in auxilio, sed carus in negotio.‹* (Wahrlich, der Hl. Martin ist gut in der Hilfe, aber teuer im Geschäft.)« Die Priester, die dem Hl. Martin dienten, verstanden es offensichtlich, ein Pferd »abzuschinden« und dessen Zustand dem Eingriff des Heiligen zuzuschreiben. Hätte Gibbon geahnt, wie das *Wunder* zustande gekommen war, so hätte er eine viel schärfere Form der Ironie verwendet als den bloßen Gebrauch von Kursivschrift für das Wort selbst. Denn in Wirklichkeit benutzten die Priester den gleichen Trick und wahrscheinlich mit den gleichen Mitteln wie die alten ostanglischen und schottischen Reiter, die vorgaben – und auch tatsächlich glaubten – daß die Reglosigkeit des Pferdes das Ergebnis eines geheimen Zaubertricks sei, dessen sie sich bedient hatten. Der Vorfall um den Heiligen ist auch ein Beispiel für die Umgestaltung eines alten Heidenglaubens durch die frühen Christen mit politischer Voraussicht für ihre eigenen Zwecke. Wie bereits gezeigt, hielten sich Spuren des alten Pferdekultes noch jahrhundertelang nach diesem von Gibbon aufgezeichneten Vorfall bei den christlichen Zeremonien...

Der folgende Fall von »Abschinden« eines Pferdes ereignete sich kurz nach dem Ersten Weltkrieg in Suffolk. Es ist typisch dafür, wie ein älterer Reiter, der die meisten der alten Geheimnisse kannte, imstande war, eine Situation zu meistern, die einen jüngeren Mann verwirrt hätte. Der ältere Reiter erzählt die Geschichte so: »Ich kam mit drei schönen Rappen nach Hause, die wir immer auf der Straße verwendeten, und ich pflegte sie voll Stolz tipptopp zu putzen, denn sie trugen unsere Kammgarndecken in Rot, Weiß und Blau und sahen prächtig aus. Als ich zum ›Maibaum‹ in Wetherden kam, war dort ein Bursche mit seinen Pferden, der sagte mir: ›Grüß dich, Charlie, du bist gerade der Mann, den ich suche.‹

Ich sagte: ›Was ist denn los, Freundchen?‹

›Da hat sich einer mit dem Sattel von meinen Pferden zu schaffen gemacht, und ich kann sie nicht dazu bringen loszugehen. Das Zugpferd geht rückwärts und das Deichselpferd anderswohin!‹

›Warte mal, Junge, ich werde dir etwas sagen‹, erwiderte ich.

›Du hast wohl wieder einmal geprahlt, oder?‹

›Nein‹, sagt er, ›ich hab' nicht viel geredet.‹

›Ich hab's dir ja gesagt, du darfst nicht damit prahlen, was du alles kannst, denn es gibt immer andere, die sind ebenso tüchtig wie du. Also‹, sag' ich, ›warte einen Moment...‹

›Und deine Pferde?‹ sagt er.

›Ich hab' keine Angst, daß meine Pferde davonlaufen; ich muß mich um deine kümmern.‹

Dann holte ich mir Milch und Essig und rieb mir die Handflächen und Finger damit ein, und darauf rieb ich es den Pferden in die Nasen und rund um die Nüstern. Dann sagte ich zu dem jungen Fuhrmann: ›Jetzt hinauf auf deinen Wagen und fahr los!‹ Und das tat er.«

Aus diesem Bericht ist ersichtlich, daß es sich um keine Zauberpraktik handelte. Es hatte jemand dem jungen Fuhrmann einen Streich gespielt und etwas auf den Boden gelegt, das für den heiklen Geruchssinn der Pferde so abscheulich war, daß sie sich nicht rührten. Der ältere und erfahrenere Pferdemann wußte genau, was geschehen war, und sorgte dafür, daß der Geruch neutralisiert wurde. Die dazu benutzte Materie war auf einen Gegenstand vor dem Pferd oder dem Pferd selbst auf die Stirn geschmiert worden. Das Pferd rührt sich um keinen Zoll, solange der Geruch nicht neutralisiert wird, und widersteht jeder Art von Überredung, sogar der Gewalt. Ein Reiter erzählte mir, er könne ein stehendes Pferd dazu bringen, sich nicht zu rühren, indem er einfach auf dem Sandplatz vor einem Gasthaus rund um das Pferd gehe und unauffällig eines der unangenehm riechenden Pulver, möglichst vor dem Pferd, in den Sand streue. »Sie brauchen das Pferd gar nicht anzufassen, aber es wird sich nicht von der Stelle rühren.« Derselbe Reiter erzählte mir auch, es sei unnötig, eine neutralisierende Substanz anzuwenden, wenn ein solches Pulver benutzt wurde. Ein erfahrener Reiter brauche nur den Pferdekopf fest zu fassen, ihn energisch zur Seite zu drehen und das Pferd *rückwärts* von der Stelle wegzuführen, die mit dem schädlichen Pulver behandelt worden war...

Viele dieser geheimen Schrecksubstanzen sind organischer Natur. Es kommen auch noch solche hinzu, die zum Beispiel ein gut beobachtender Reiter für seine Zwecke anwendet. Ein Reiter, der sein Ackerland pflügte, hatte ein Wiesel beobachtet, das sich in einiger Entfernung an ein Kaninchen heranpirschte. Das Wiesel näherte sich allmählich, ohne daß das Kaninchen es

215. Die letzten Grubenponys in der Kohlenzeche Easington, in Durham, kommen zum letztenmal nach oben.

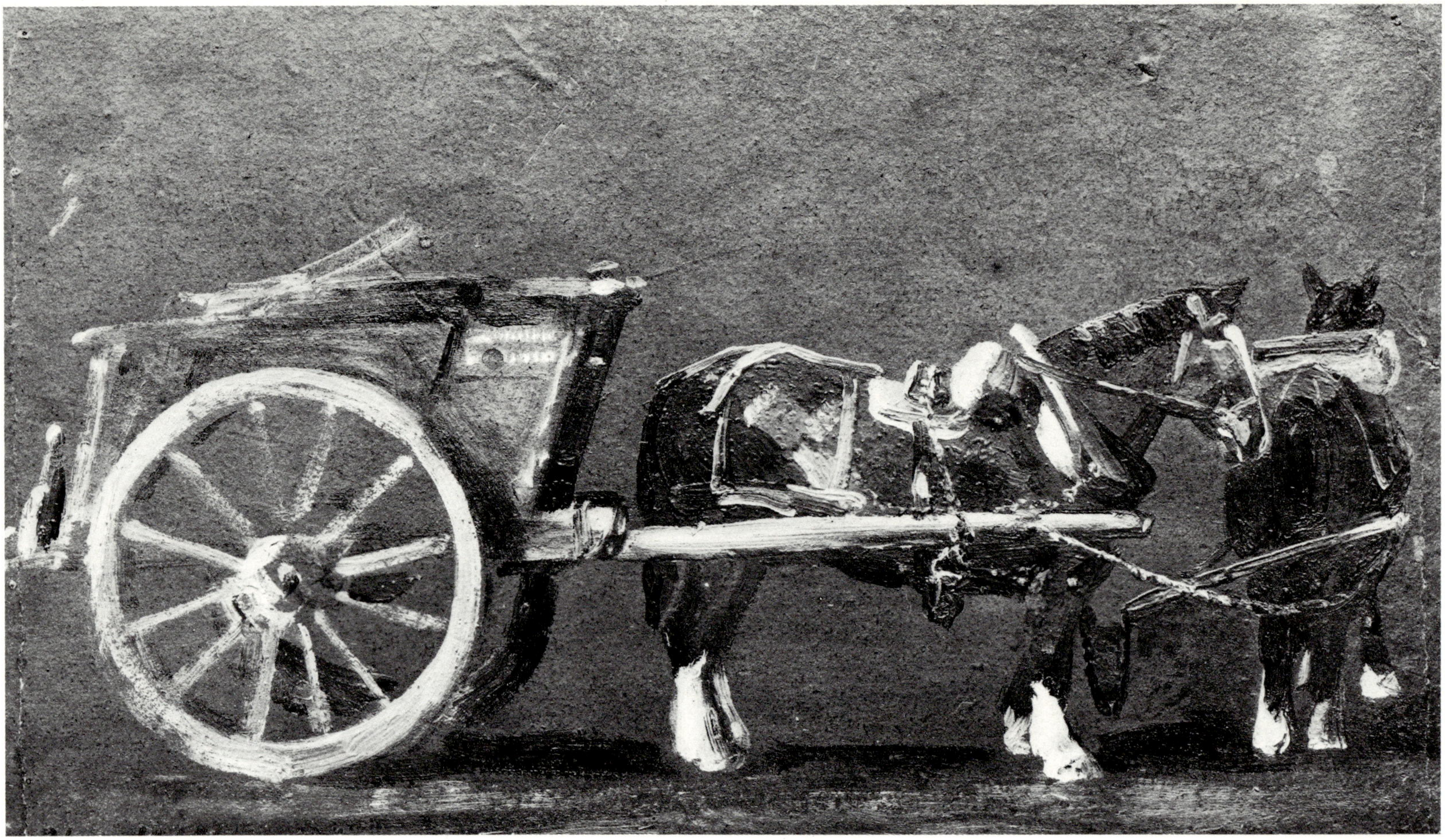

bemerkte. Sobald das Wiesel jedoch in den Wind geriet und das Kaninchen es witterte, stieß es einen Schrei aus und blieb wie gelähmt stehen. Dann war es, wie der Reiter sah, für das Wiesel ein leichtes, seine Beute zu töten. Der Vorfall blieb ihm im Gedächtnis und wurde durch ein Erlebnis verstärkt, das er kurz danach hatte. Er pflügte sein Feld nicht weit von der Landspitze, da hielten seine Pferde plötzlich an. Er war ein zu kluger und erfahrener Pferdekenner, um sie zu zwingen weiterzugehen, sondern machte kehrt und begann eine neue Furche. Kurz darauf ließ er seinen Pferden eine Ruhepause und ging zu der Stelle zurück, wo sie sich geweigert hatten weiterzugehen. Dort fand er ein totes Wiesel bei der Hecke. Er zog seine Schlüsse daraus und bereitete eine abstoßende Substanz aus Wiesel- und Kaninchenleber, die er trocknete, pulverisierte und mit Drachenblut*) – das war ein Codename unter alten Reitern für stark abstoßende Substanzen – vermengte. Derselbe Reiter, ein Hengstführer, gab noch ein anderes Beispiel dafür, wie er sich den überempfindlichen Geruchssinn der Pferde zunutze machte. Wenn sein Pferd harnte, bewahrte er ein wenig von dem Urin in einer Flasche auf, die er verkorkte, bis der Geruch sehr intensiv war. Wenn er sein Pferd von einer bestimmten Stute fernhalten wollte, brauchte er nur ein wenig von der Flüssigkeit in den Zügel des Hengstes oder in die Haut der Stute zu reiben, um zu erreichen, daß das Pferd ihr nicht in die Nähe ging.

Außer den abstoßenden Substanzen gibt es auch anziehende oder lockende Öle. Sie haben die entgegengesetzte Wirkung: Sie *ziehen* oder locken das Pferd zu dem Reiter heran, aber auch sie sind für ihre Wirkung von dem scharfen Geruchssinn des Pferdes abhängig. Die anziehenden Öle strömen aromatische Düfte aus, durch die das Pferd angelockt wird. Zur Bezeichnung »anziehend« kam es folgendermaßen: Um ein ausgelassen umhertanzendes Pferd oder ein junges Füllen auf dem Feld zu fangen, spritzte der Reiter ein wenig gemischtes Origanum-, Rosmarin-, Zimt- und Fenchelöl auf seinen Anzug. Die Gebrauchsanweisung für dieses Rezept, das aus dem Notizbuch eines alten Reiters stammte, lautete: Stellen Sie dieses Gemisch in den Wind!, d. h. dem Reiter wurde geraten, sich in den Wind zu stellen, so daß das Füllen oder das Pferd, sobald es ihn witterte, zu ihm käme. An einem warmen Tag, lautete die Anweisung, würde es genügen, wenn der Reiter ein paar Tropfen auf seine schwitzende Stirn täte, um seine Pferde aus ziemlicher Entfernung anzulocken, ohne daß er ein Wort sprechen oder ein Geräusch verursachen müßte. Eine andere Methode bestand darin, süß duftende

*) Es handelt sich da um ein stark duftendes Harz aus einer Art Palmfrucht.

216. »Lastkarren und Pferde«, von John Constable. Deichsel- und Zugpferd mit dem gleichen Geschirr wie bei dem auf englischen Illustrationen des 14. Jh. dargestellten Tandem-Gespann.

Küchelchen zu backen und sie dem Pferd als Leckerbissen zu geben...

Auch der Spat, der an der Innenseite der Vorhand der Pferde wächst, wurde zur Herstellung von Lockpulver verwendet: »Trocknen Sie ihn in Ihrer Tasche, zerreiben Sie ihn mit einer scharfen Feile oder Raspel zu Pulver. Es wird ein rein weißes Pulver ergeben. Tun Sie es für Ihre Zwecke in eine gutverschlossene Schachtel. Dieses Pulver übt eine große Anziehungskraft auf alle Tiere aus und auch auf das Pferd selbst. Das Rosenholzöl hat Eigenschaften, für die alle Tiere eine Vorliebe haben, und es hat einen besänftigenden Einfluß auf sie. Kümmelöl: dafür hat das Pferd eine instinktive Leidenschaft. Beide stammen aus Arabien. Wenn man das weiß, wird das Zähmen eines Pferdes leicht; wenn das Pferd den Geruch wittert, wird es dadurch angezogen.«

Locköle und abstoßende Substanzen wurden manchmal mit spektakulärem Effekt verwendet. Ein Mann aus Norfolk beantwortete eine Annonce für einen Job als Pferdeknecht in Essex. Er fuhr zu der Farm und bewarb sich um den Job. Man sagte ihm, daß der frühere Pferdeknecht – ein alter Mann – plötzlich gestorben sei. Er verlangte das Pferd zu sehen, und man führte ihn zum Stall. Dort fand er die Stalltür abgeschlossen. Da gab der Landwirt zu, es hätten sich schon viele für den Job gemeldet, aber das Pferd habe alle aus dem Stall verjagt. In letzter Zeit hätten sie ihm das Futter vom Dachboden des Stalls hinuntergeworfen und Wassereimer an einer Schnur nach unten gelassen. Der Landwirt warnte ihn vor der Gefahr, wenn er den Stall beträte. Doch der Mann aus Norfolk sagte: »Keine Sorge. Geben Sie mir die Schlüssel!« Er öffnete die Tür, nahm seine Mütze ab und warf sie in die Box. »Wenn die gern angenommen wird«, sagte er, »dann ich auch.« Nach kurzer Zeit kam das Pferd zum Eingang. Sie legten ihm das Zaumzeug an, und bald darauf ließ es der Mann aus Norfolk beim Schmied beschlagen...

217. Diese Radierung von L.D. Luard zeigt, was mit »sich ins Kummet legen« gemeint war.

219. Die in Westeuropa eingebürgerte Husarentradition – das Offizierspferd, ein Ausschnitt aus Géricaults »Officier de Chasseurs«.

Locköle wurden auch weniger spektakulär verwendet. Ein Hengstführer hatte einen Spazierstock, den er stets bei sich trug, wenn er mit einem Pferd reiste. Das Besondere an dem Stock lag darin, daß er ihn knapp unter dem Griff gespalten und ein Stück Watte hineingesteckt hatte, das er mit einem Lockölgemisch tränkte... Ein ähnliches Verständnis für den scharfen Geruchssinn der Pferde veranlaßte einen alten Hufschmied, wann immer die Jahreszeit es gestattete, einen Veilchenstrauß in der Schmiede aufzubewahren. Er glaubte, daß der Blumenduft auf die Pferde, die zum Beschlagen zu ihm geführt wurden, einen besänftigenden Einfluß habe. In diesem Zusammenhang darf man vielleicht darauf hinweisen, daß es früher als modisch galt, bei der Parforcejagd einen Veilchenstrauß im Knopfloch der Jacke zu tragen.

Viele der Locköle wurden mit den Konditionierungspulvern verbunden, die bis in die jüngste Zeit in großen Mengen verkauft wurden. Die Pulver erhielten das Pferd in guter Kondition, und ihre Essenz oder ihr Öl war oft ein Leckerbissen, der auch als Locksubstanz wirkte. Eine Annonce in einer Zeitung aus dem 18. Jahrhundert zeigt, daß sie sich in einem Zeitraum von zweihundert Jahren fast gar nicht geändert haben:

ANKÜNDIGUNG

Nach Einrichtung zweier Mühlen, die ich mit Pferden betreibe, zwecks Vermahlung der folgenden Pulver, kann ich die Ladenbesitzer auf dem Land zu billigeren Bedingungen beliefern als jeder andere in London. Ich verkaufe, gegen Bargeld, keine geringeren Mengen als 14 Pfund von einer Sorte; und jedem Käufer, der 56 Pfund von einer Sorte auf einmal abnimmt, gewähre ich 2 sh Rabatt je 56 Pfund oder 4 sh je 112 Pfund für den Transport.

220. Frankreich war das erste und ist immer noch das bedeutendste, vom englischen Rennstil und dessen ergänzender Vollblutzucht eroberte Land. (»Rennbahn« von Edgar Degas.)

218. Ein Lastwagen mit Pferdebespannung von Rosa Bonheur. Sechs solcher Percherons konnten einen Lastwagen in gleichmäßig schnellem Trab ziehen.

Feines Lakritzenpulver zu 6 d
Dito zweite Wahl zu 3 d
Alantpulver zu 4 d
Gilbwurzpulver zu 6 d
Bockshornkleepulver zu 4 d
Pferdegewürzpulver zu 4 d
pro Pfund Enzianpulver zu 7 d
Lorbeerfruchtpulver zu 6 d
Lakritzenpulver zu 5 d
Weißes Nieswurzpulver zu 16 d
Feines Ingwerpulver zu 34 sh je Zentner
Dito zweite Wahl zu 18 sh je Zentner
Anissamenpulver zu 6 d
Kümmelsamenpulver zu 6 d
Diapentepulver zu 6 d
Pfefferstaub zu 30 sh je Zentner

Anm. Bitte wenden Sie sich an JOHN ROWLEY, Drogist am Red Cross in der Poultry, London, wo Sie auch alle Arten von Medikamenten, Chemikalien und galenischen Produkten zu zivilen Preisen finden können.

»The Pattern under the Plough«, 1966

221. Einer der Vorteile des Kanalsystems, das in dem halben Jahrhundert vor der Eisenbahnära sein Netz über England ausbreitete, war der große Raum, den es den Zugpferden gab, von denen ein einziges einen Schleppkahn zu ziehen vermochte, der ein Vielfaches des von sechs Pferden gezogenen Lastwagens wog. Als in Boroughbridge, mitten in Yorkshire, die Schifffahrt auf dem Ouse eröffnet wurde, hatte ein Schleppkahn angeblich das Fassungsvermögen von sechshundert Packpferdelasten. (Ausschnitt aus »Flatford Mill« von John Constable.)

222. »Broadway im Schnee, bei der Spring Street«. Lithographie von H. Sebron, 1857.

Dieser Katalog führt viele Artikel an, die schon ein Reiter aus Kent zwei Jahrhunderte früher empfohlen hatte:

»Folgende Dinge sind besonders hervorragende Zusätze zum Pferdefutter, um die Tiere vor... allen Krankheiten zu bewahren.

Das Pulver von einer Wolfsleber
Das Pulver von *Ennula Compana* (Alantpulver)
Das Pulver von Pollipodium der Eiche
Rhabarber, fein geschnitten
Das sehr fein gemahlene Schwefelpulver
Das Pulver von Lakritzen, Anissamen, Bockshornklee, Gelbwurz, Lorbeerfrüchten, Pfefferschoten, Ackermennig, Kamillen, Wermut, Sandelholz, Leinsamen, Sellerie, dito Petersilie, Gartenraute, Huflattich, weißer Andorn und dergleichen.«

Derselbe Autor hat uns die folgende grausige Diagnose und Prognose hinterlassen:

»Das Kinnweh – an welchen Zeichen man die Krankheit erkennt:

erstens am ständig rinnenden Schnupfen,
zweitens an der anhaltenden Schwellung zwischen den Kiefern,
drittens am ständigen Fließen von dickem, stinkendem Nasenschleim,
viertens am Wachsen eines nußgroßen Klumpens an der Innenseite eines der Kiefer; dann können Sie den Kadaver den Krähen überlassen; denn da ist jede Hilfe bereits vergeblich.«

Aus Nicholas Morgan, *Perfection of Horsemanship,* 1609.

Das Kinnweh ist heute unter der Bezeichnung Druse bekannt. Es ist bei den Pferden die dem Ziegenpeter entsprechende Krankheit, sie ist ebenso ansteckend und ebenso wenig gefährlich wie dieser.

DAS WORT DES REITERS

Irgendwann zwischen der Mitte des 17. Jahrhunderts, als das Große Pferd in England vom Militärdienst zur Verwendung in Kutschen-, Lastwagen- und Pfluggespannen überwechselte, und der zweiten Hälfte des 18. Jahrhunderts, als die Verbesserer der Landwirtschaft den überwiegenden Teil der britischen Farmen vom Ackerbau mit Ochsen zu dem mit Pferden umstellten, entstand eine einzigartige Institution, die sogenannte Reitervereinigung. Ihr Bestand scheint sich auf die östliche Seite von England beschränkt zu haben, erstreckte sich jedoch von Kent bis Aberdeenshire und noch weiter. Für die erste Zeit ihrer Geschichte gibt es überhaupt keine schriftlichen Belege. Doch sie muß faszinierend gewesen sein; denn anfänglich setzten sich ihre Mitglieder zur Hälfte aus Pflügern und Lastwagenkutschern zusammen, die in der alten Ochsengespanntradition aufgewachsen waren, zur anderen Hälfte aus Reitknechten und Kutschern von den Landwirtschaften des Adels, die dem Großen Pferd auf sein neues Betätigungsfeld gefolgt waren. Diese verschiedenen Elemente bildeten zusammen weder eine Vereinigung von Freunden noch eine geheime Gewerkschaft, weder einen Arbeiterklub noch eine Handwerksinnung. Aber die Vereinigung hatte in der einen oder anderen Weise etwas vom Wesen all dieser Korporationen an sich, und dazu kam in ihrem Zeremoniell ein stark an Hexerei erinnerndes Element, wie es sich in den »Beichten«

von überführten Hexen über die Kultzeremonien zu Zeiten Cromwells erwies. Die Einführungszeremonien waren denen der Hexenversammlung etwas ähnlich, und tatsächlich waren die wichtigsten Berufsgeheimnisse wie das Vermögen, Pferde zu »zwingen und loszulassen«, so daß sie sich weigern, an einem bestimmten Ort weiterzugehen oder stehenzubleiben, »weiße« Hexerei.

Die letzten Mitglieder dieser Gemeinschaft leben noch jetzt in Großbritannien, alle über siebzig Jahre alt, aber wahrscheinlich gibt es keine Zweige mehr, die »praktizieren«. Die meisten Hufschmiede waren Ehrenmitglieder der Gesellschaft. Die folgende Eidesformel wurde von Bewerbern im ostanglischen Gebiet gesprochen, aber es ist nicht wahrscheinlich, daß es diesbezüglich bezirksmäßig bedingte Unterschiede gab.

»Hiermit gelobe und schwöre ich aus eigenem Willen und Antrieb feierlichst vor Gott und all diesen Zeugen, daß ich die Kniffe und Teile des Reitergeheimnisses, das mir jetzt oder irgendwann später enthüllt wird, stets hüten und verheimlichen werde und sie nie jemand anders als einem wahren und gewissenhaften Bruder mitteilen werde, nachdem ich ihn auf die Probe gestellt, streng geprüft und als einen solchen befunden habe. Weiters gelobe und schwöre ich, daß ich es keinem Narren, Irrsinnigen oder Trunkenbold, keinem, der trinkt oder seine eigenen oder seines Herrn Pferde mißhandelt oder schädigt, geben oder geben lassen werde. Weiters gelobe und schwöre ich, daß ich es keinem Handwerker außer einem Hufschmied, einem Roßarzt oder einem Pferdeknecht geben oder geben lassen werde. Weiters gelobe und schwöre ich, daß ich es keinem unter achtzehn oder über fünfundvierzig Jahren geben oder geben lassen werde, ohne daß er die Summe von 1 Pfund Sterling oder einen Gegenstand von entsprechendem Wert auf den Tisch legt, so wie ich es nun in Anwesenheit von drei vorschriftsmäßig vereidigten Brüdern tue, die nach Probe und Prüfung als solche erkannt wurden. Weiters gelobe und schwöre ich, daß ich es niemandem

223. Ein Schleppkahnpferd um 1905. Man vergleiche das Foto mit dem von Constable auf Bild 221 gemalten Pferd.

224. Indische Armeekavallerie, 1911: Der Empfang für König Georg V. in Dunbar, Delhi.

nach Sonnenuntergang am Sonnabend oder vor Sonnenaufgang am Montag oder in einem öffentlichen Lokal geben oder geben lassen werde. Weiters gelobe und schwöre ich, daß ich jederzeit im Umkreis von drei Meilen für den Ruf eines Bruders erreichbar sein werde, es sei denn, ich kann eine rechtmäßige Entschuldigung, wie die Niederkunft meiner Frau, das Abfohlen meiner Stuten, meine Verhinderung durch Krankheit oder Dienst bei meinem Herrn angeben. Weiters gelobe und schwöre ich, daß ich es weder meinem Vater, meiner Mutter, Schwester, meinem Bruder noch irgendeiner Frau geben oder geben lassen werde. Weiters gelobe und schwöre ich, daß ich nichts niederschreiben oder durch Malerei oder Druck in den Tälern oder auf den Hügeln, auf Fels oder Kies, Sand oder Schnee, Silber oder Gold, Messing oder Kupfer, Eisen oder Stahl, Wolle oder Seide oder sonst etwas Beweglichem oder Unbeweglichem unter dem weiten Himmelszelt darlegen, meißeln oder gravieren oder auch nur durch Zeichen in der Luft mitteilen werde, wodurch die Reitergeheimnisse enthüllt werden könnten. Und wenn ich eine dieser Verpflichtungen, welche ich jetzt oder in späterer Zeit eingehe, brechen sollte, wünsche und begehre ich von Herzen, daß meine Kehle von einem Ohr zum anderen mit einem Reitermesser durchschnitten, mein Leib von wilden Rossen zerrissen und seine Teile in die vier Himmelswinde zu den fernsten Teilen der Erde verstreut werden, daß mein Herz aus meiner linken Brusthälfte gerissen, sein Blut ausgewrungen und daß es im Sand der Meeresküste vergraben werde, wo dreimal in 24 Stunden Ebbe und Flut wechseln, damit mein Andenken nie mehr unter ehrlichen und treuen Brüdern erwähnt wird. Möge Gott mir bei der Einhaltung dieser feierlichen Verpflichtung helfen!«

Die Vereinigung kann nicht einfach als Arbeitergewerkschaft »gegen« den Arbeitgeber eingestuft werden. Wohl stimmt es, daß sie einen einflußreichen Interessenverband darstellte, da sie in der vormaschinellen Zeit die Kontrolle über die Energiequelle besaß. In manchen Gebieten, wo weder Wind- noch Wassermühlen zur Verfügung standen, wurde sogar Getreide in von Pferden betriebenen Mühlen gemahlen. Die Vereinigung konnte einem Landwirt, der von einem ihrer Mitglieder verlangte, es solle etwas tun, was den Traditionen seines Berufs widersprach, das Leben zur Hölle machen. Aber außerhalb jener Bezirke, etwa in Teilen von Northumberland, wo es zumeist große Land-

EDWIN
NOBLE

225. (Links) Pferdeverladung für Tierhospitäler in Frankreich im Ersten Weltkrieg. Zwischen 1914 und 1918 marschierten an der Ostfront gewaltige Massen von Kavallerie auf, und es wurden zwischen den berittenen Waffenteilen der russischen, deutschen und österreichischen Streitkräfte entscheidende Kämpfe ausgefochten. Im Jahre 1939 stellte die polnische Armee eine Kavalleriedivision nach der anderen ins Feld, unterstützt durch berittene Artillerie, die den Flugzeugen und Panzern hilflos gegenüberstanden.

An der Westfront verbrachten fast ebenso starke Kavalleriekräfte ihre Zeit hinter der Front in Erwartung der taktischen Situation, die ihre Verwendung rechtfertigen würde und die sich nie ergab. Es starben mehr Pferde durch Granatfeuer hinter den Linien, wo sie untätig angepflockt standen, oder durch die Unbilden der Witterung als bei irgendwelchen Aktionen. Es ist natürlich wahr, daß der größere Teil der Artillerie an der Westfront von Pferden gezogen wurde, wenn es auch keine berittene Artillerie im praktischen Sinn war, bei der eine Beweglichkeit vorausgesetzt wird, die es den Batterien ermöglicht, in dem Tempo der von ihnen unterstützten Schwadronen mitzuhalten; und die Artillerieremontendepots verschlangen in jenen Jahren Tausende Pferde jeder Art, von Last- bis zu schweren Zugpferden. Dieses und die nächsten drei Bilder sind von Edwin Noble.

226. (Links) Aus der Front evakuierte Pferde und Maultiere auf dem Rückweg zu Feldlazaretten in Frankreich.

227. (Oben rechts) Der motorisierte Pferdetransportwagen entstand aus dem Lazarettwagen der Westfront.

228. (Rechts) Pferde ziehen Pferde aus dem flandrischen Schlamm. Das Pferdegegenstück zum Krankenträger an der Westfront.

229. »Jagd auf Fohlen im New Forest« von Lucy Kemp Welch. Dies ist der alljährliche »Forstabtrieb«, der für die Pächter vieler Schloßherren als Teil der ihren Feudalherren zustehenden Dienste Pflicht war. In New Forest und Exmoor sind mit »Fohlen« die Tiere beiderlei Geschlechts gemeint: man unterscheidet »Stutenfüllen« und »Hengstfüllen«.

güter gab, waren viele der jüngeren Männer, die mit dem *Suffolk Punch,* dem *Shire,* dem *Old Lincolnshire Black Horse,* dem *Cleveland Bay* und dem *Clydesdale* arbeiteten, selbst Landwirtssöhne und hatten gute Aussichten, die gepachtete oder in freiem Grundbesitz befindliche Familienfarm zu erben oder sich in mittleren Jahren auf eigene Rechnung an anderer Stelle niederzulassen. Solche Männer betrachteten sich nicht als ländliches Proletariat, ebenso wenig wie die »Pferdeleute«, d. h. die Pflüger und Lastwagenfahrer im allgemeinen; denn sie waren die bäuerliche Arbeitsaristokratie.

DAS PFERD IM ZWANZIGSTEN JAHRHUNDERT

Das Auftreten von Pferden oder irgendwelchen anderen großen Tieren auf der Bühne ist heutzutage immer von einem leichten Anflug des Lächerlichen begleitet. *Hassan* mit echten Kamelen gilt kaum als Fortschritt gegenüber *Hassan* ohne Kamele. Es gab Zeiten in der Theatergeschichte, da solche Auftritte durchaus möglich waren: Man hätte zum Beispiel mehrere Pferde auf die Bühne des römischen Theaters in Orange bringen können, aber das tat niemand. In der großen Zeit des englischen Dramas in den Jahrzehnten vor und nach 1600 waren die Londoner Theater so gebaut, daß nur Menschen, und zwar über Leitern und durch enge Gänge, auf die Bühne gelangen konnten. Aber die Art historischer Heldenschauspiele, welche die stärksten Zuschauermengen anzogen, neigte zur Darstellung von Figuren, die immer zu Pferde waren, und von Handlungen, die im wirklichen Leben von berittenen Personen ausgeführt wurden. Deshalb enthält der elisabethanische Bühnendialog einige der eindrucksvollsten Schilderungen von Pferden in Aktion, die je geschrieben wurden. Und es war besser so.

Es gab jedoch durch eine kurze Zeitspanne im 19. Jahrhundert in London eine Art von Theatervorstellungen, Hippodrama genannt, die auch in Paris und New York ihre Gegenstücke hatten. Spezialist hierfür war Astley's Amphitheater, aber auch in anderen Theatern wie dem Royal, Drury Lane und dem Covent Garden Opera House wurden solche Vorstellungen gezeigt. Manche dieser Fleisch- und Blut-Pferdeopern wurden speziell geschrieben, andere jedoch waren Umarbeitungen von Shakespearestücken wie etwa *Richard II.,* die so zusammengeschnitten wurden, daß die Reiterszenen und der *White Surrey* in den Vordergrund gebracht wurden; oder es waren spektakuläre Dramatisierungen von Sir Walter Scotts Romanen. *Ivanhoe* mit seinem Turnier bot da offensichtlich ein reiches Betätigungsfeld.

Im ersten Viertel des 20. Jahrhunderts, in dem der Sieg des Autos über das Pferd zuerst unausweichlich und dann vollständig wurde, kam es zu einem ähnlichen Triumph des Kinos über das lebendige Theater. Das Theater wurde fast ausnahmslos in die Hauptstädte gedrängt. Aber das Kino, das an dessen Stelle trat, war stumm und nur schwarz-weiß, und Wortmalerei ging über den Horizont der Menschen hinaus, welche die Filme machten. Ihre Stärke war gewalttätige Aktion im Freien, ob es sich nun um die Darstellung der Formel Cowboys gegen Indianer oder um historische Dramen

230. Pflügen, walzen und Aussaat von Hand, obwohl man damals schon die mit Pferden bespannten Reihensämaschine kannte. (»Saatzeit«, 1854–56, von J.F. Herring.)

aus irgendeiner Zeit in irgendeinem Land handelte. Zu einer Zeit, als das Pferd in den Heeren und Transportunternehmungen der westlichen Welt allmählich seine Beschäftigung verlor, wurden ständig mehr Gelegenheiten dafür auf der stummen, einfarbigen Leinwand geboten. Es war wesentlich, daß das Publikum ein Pferd vom anderen unterscheiden konnte, da es immer schwieriger wurde, einen Schauspieler, sobald er zu Pferd in einer gewissen Entfernung von der Kamera gezeigt wurde, zu erkennen, es sei denn durch seine Kleidung. Dies um so mehr in den vielen Fällen, in denen die Schauspieler nicht wirklich reiten konnten und, wenn die Handlung ein schnelleres Tempo als den Schritt erforderte, durch Doubles ersetzt werden mußten. Der Schwarzweißfilm gestattet keine schnelle Unterscheidung zwischen Füchsen, Braunen und kastanienbraunen Pferden. Ein sehr heller, klassisch gefärbter Palomino ist an seiner Silbermähne erkennbar, aber die einzig sichere Methode besteht darin, den Helden auf einem Schimmel – oder eventuell einem grauen Pferd – und den Bösewicht auf einem Rappen reiten zu lassen. Daher bekamen fotogene Pferde dieser Farbtöne zeitweise in Kalifornien ein Aufgeld. Dieser Umstand führte auch zu einer ständigen Nachfrage für Statisten, die auf einem Pferd sitzen und aussehen konnten, als gehörten sie hin, oder die einen leichten Wagen

oder eine Postkutsche lenken konnten, ganz zu schweigen von Doubles (weiblichen oder männlichen), die in gefährlichen Szenen schwierige Leistungen zu vollbringen vermochten.

Der russische Film mit seinen historischen Schaustücken hat sich immer weitgehend auf Reitereffekte gestützt. Was wäre »Panzerkreuzer Potemkin« ohne die Aufnahmen der Kosaken, die in der Szenenfolge auf der Treppe von Odessa brutal gegen die Volksmasse vorgehen? Oder Eisensteins *Dimitri Donskoj* ohne die massierten Schwadronen der teutonischen Ritter in ihrem unerbittlichen Vormarsch in der ersten Schlacht bei Tannenberg? Solche Episoden belasteten die historischen Ratgeber der Regisseure oft über ihre Kräfte. Von Eisenstein wurde erzählt, er wisse alles, sei ein solcher Universalgelehrter, daß er keine Spezialratgeber brauchte. Wenn das der Fall war, so war die Szenenfolge von Tannenberg sein Waterloo, da sie einen schreienden Anachronismus zeigt. Ein Teil der Wirkung wird durch das rhythmische Auf- und Niedergehen der gewappneten Kolosse erzielt, die auf die wartenden Russen lostraben. In Wirklichkeit erhob sich jedoch der mittelalterliche Ritter beim Traben nicht aus dem Sattel, er ritt nicht gehhoch-gehhoch-gehhoch, sondern zuckel-zuckel-zuckel, er »saß es aus«. Die Art, wie die Ritter zu Pferd saßen, sieht man heutzutage in ähnlichster Reitweise, wenn die *Household Cavalry,* die Gardereiter, bei zeremoniellen Anlässen die königliche Karosse begleiten. Der Gegensatz wird noch dadurch betont, daß die Postilione auf dem Kutschengespann sich tatsächlich beim Trab in den Steigbügeln hochheben. Daher stammt auch die Bezeichnung »Englischtraben«. Das sind eben Dinge, die im Film und Fernsehen in neunzig Prozent der Fälle falsch dargestellt werden.

Im letzten Vierteljahrhundert kam es zu dem inter-

231. »Transport von Baumstämmen« von Lucy Kemp Welch.

essantesten, unerwartetsten und vielversprechendsten neuen Start in der Reiterei, dem Reiten als Therapie. Im Gefolge der ausgedehnten Kinderlähmungsepidemie des Jahres 1947 hatten Hospitäler in England und Norwegen den Einfall, von Kindern, die rekonvaleszent, aber immer noch schwer geschädigt waren, die Heilgymnastik auf Pferderücken ausführen zu lassen. Die Ergebnisse waren so gut, daß die Methode auch für andere Patienten angewandt wurde, zum Beispiel für Kinder mit fehlenden Gliedmaßen, für Spastiker jeden Alters und schließlich für Menschen, die unter geistiger oder körperlicher Invalidität leiden. Sogar Fälle jener erschreckenden geistigen Schädigung, des Autismus, konnten durch Reittherapie gebessert werden. Die Auswahl der verwendbaren Pferde muß sehr sorgfältig vorgenommen werden, da »Verläßlichkeit« im höchsten Grade erforderlich ist. Bezeichnenderweise besteht die Mehrzahl der für diese neue Rolle verwendeten Tiere aus Ponys. Das ist aber nicht nur so, weil die meisten invaliden Reiter Kinder sind, sondern ist auch auf die Tatsache zurückzuführen, daß der schwierigste Teil der Übung, unabhängig vom Alter, im Auf- und Absitzen besteht. Übrigens wird nicht aus dem der meiste Nutzen gezogen. Wir sind eigentlich wieder bei dem Zelter aus Königin Annas Zeit und noch früher, der nie sehr groß war, teils, weil er für Betätigungen gebraucht wurde, bei denen oft auf- und abgesessen wurde, und teils, weil er überwiegend von dem Schlag war, den wir heute Ponyblut nennen, und von Rassen wie der Connemara, die früher im Paß- oder Zeltergang gingen. Sie liefern mit ihrer »flüssigen« Gangart den idealen therapeutischen Träger. Bemerkenswert ist, daß amerikanische Physiotherapeuten für diesen Zweck den *paso fino,* den lateinamerikanischen Abkömmling des ursprünglichen Paßgangs, verwenden. Auf dem Gebiet der Dressur ist es schwer geschädigten Personen möglich, an Konkurrenzen auf internationaler Ebene teilzunehmen, wie das Beispiel von Frau Lis Hartel zeigt. In England ziehen nicht nur die Patienten Nutzen aus dem »Reitverein für Invaliden«, der 150 Ortsgruppen besitzt, sondern auch die Mitglieder der Gruppe, die freiwillig mithelfen. Im Anfangsstadium sind drei Helfer erforderlich, um einem invaliden Reiter auf den Weg zur Wiederherstellung zu helfen, und die Mitglieder solcher Teams erleben die Genugtuung, daß sie durch Fähigkeiten, die sie in der Ausübung des von ihnen gewählten Sports gewonnen haben, imstande sind, zur Linderung menschlichen Leidens beizutragen.

Unter den anderen Leiden, zu deren Heilung das Pferd beitragen kann, befindet sich das Magengeschwür der Art, die durch das hektische Leben in den Städten verursacht wird. Es ist bezeichnend, daß das Wiederaufleben des Pferdesports in dem europäischen Land begann, wo zuerst die totale Mechanisierung erreicht wurde – in Großbritannien. Das heutige Interesse an Pferden und den damit zusammenhängenden Sportarten ist in einem gewissen Ausmaß eine Reaktion auf die Zivilisation, deren Mittelpunkt das Auto darstellt, und auf jene »schöne neue Welt«, deren Zeitrechnung, laut Aldous Huxleys Prophezeiung, in Jahren Unseres Ford gerechnet werden sollte. Bezeichnend ist, daß eine neue monatliche Illustrierte, *Riding,* bereits 1936 in London erschien, deren Name später zu *Riding and Driving* erweitert wurde. Heute ist sie eine von fünf solchen im Vereinigten Königreich erscheinenden monatlichen Zeitschriften, abgesehen von der Wochenzeitung *Horse and Hound* (Pferd und Jagdhund), einer ausschließlich britischen Erscheinung. Sie hat alle Erweiterungen und Einschränkungen der britischen Pferdewelt seit 1884 überlebt, und die Zahl ihrer Annoncen für Käufe und Verkäufe von Pferden zu jeder Zeit (unter Berücksichtigung der Jahreszeit) gibt eine recht gute Vorstellung des Umfangs des privaten Pferdebesitzes in England. Man braucht nur zu versuchen, irgendwo auf dem Kontinent ein Pferd zu kaufen oder zu verkaufen, um zu erkennen, daß es dort – und auch in Deutschland – nichts Gleichwertiges gibt, obwohl Deutschland wahrscheinlich das westeuropäische Land mit der in letzter Zeit größten Wachstumsrate beim Freizeitreiten ist. Dabei haben die speziellen Umstände, territoriale Zerstückelung, Bankrott des Landadels und schlechter Ruf der Militärkaste, gemeinsam ein Reiter-Image geschaffen, das etwa von dem des heutigen Frankreich sehr verschieden ist. Man bedenke nur, daß Ostpreußen, nicht nur die Heimat der Junker, sondern auch der berühmtesten deutschen Zucht und des berühmtesten Gestüts (Trakehnen), zu keiner der beiden deutschen Republiken mehr gehört und daß die Bundeswehr von allen westlichen Armeen dem Reiten als Sport für Offiziere oder Soldaten die geringste Förderung leistet. Ein hauptsächlich bürgerliches Land wie Holland, wo heute die vom Pferd in der Landwirtschaft gespielte Rolle minimal ist, hat dennoch eine im Vergleich zur Bevölkerungszahl erstaunlich große Zahl von Pferden aufzuweisen, wenn auch der Pferdebestand weitgehend wechselt. Holland ist eine Art Transitlager, und man findet den holländischen internationalen Pferdehändler in Frankreich und Italien an der Arbeit. Holländische Händler annoncieren in deutschen Zeitschriften Waliser Ponys »direkt aus England«

Die neue Pferdekultur der europäischen Freizeit stützt sich, wie schon eine frühere, auf das britische Vorbild. (Sie wird, im Gegensatz zur früheren, auch von den Japanern betrieben, die laufend die größten Käufer von Pferden des Hunterschlags aus Neuseeland sind.) Das Vokabular, das einst ein Symbol kontinentaler Anglomanie war, hat sich stark vergrößert. Wenn man nur den verderblichen Einfluß auf die französische Sprache betrachtet: Es gab da eine Grundlage von Fremdwörtern, zum Teil aus Wörtern bestehend, für die es keinen französischen Ausdruck gab, zum Beispiel *le (loose) box* (die Box, in der sich das Pferd frei bewegen kann) und *le dogcart* (leichter zweirädriger Einspänner), da ist es selbstverständlich. Aber die Grundlage enthält auch Elemente von unlogischem *franglais* wie *le groom, le foal* und *le yearling* (Stallknecht, Fohlen und Jährling), für die es natürlich einwandfreie echt französische Bezeichnungen gab und gibt. Solche Worte werden stets falsch ausgesprochen und, wann immer möglich, falsch geschrieben. In unserer Zeit wurde aber noch eine neue Reihe von Ausdrücken hinzugefügt, nicht ganz korrekte Nachbildungen und fürchterliche Ableitungen wie *ponette* (Ponystute), *double-poney* (mehr oder minder Cob), *le cross* (der Geländeritt bei Vielseitigkeitsprüfungen) und *le steeple* (der Hindernisgalopp der gleichen Konkurrenz). Das stellt nur die gallische Rache für das anglophone Massaker französischer Ausdrücke bei der Ballett- und der Dressurkunst dar. Ähnliche Juwelen zieren das

232. Drei Original-Glasplattenfotos von Frank Meadow Sutcliffe mit ländlichen Szenen aus dem 19. Jh., von denen das erste pflügende Pferde zeigt. Die Pferde sind Cleveland Bays, eine heute in den Vereinigten Staaten beliebte Rasse; es gibt dort Cleveland-Bay-Gesellschaften, deren Mitglieder diese Rasse züchten und zur Schau stellen, mit ihnen jedoch nicht pflügen.

233. Pferde und Karren. Der Unterschied zwischen einem Karren und einem Wagen liegt in der Räderzahl. Karren (zweirädrig) wurden gewöhnlich in hügeligerem Gelände verwendet, Wagen (vierrädrig) dagegen in flacherem Gebiet, obgleich es auch Ausnahmen von dieser Regel gab.

234. Pferde werden an der Yorkshire-Küste dazu verwendet, Fischerboote an einem flachen Strand an Land zu ziehen.

Vokabular anderer Sprachen: Wenn auch *steeple* im Deutschen Rennbahngalopp heißt, so bekommt das deutsche Pferd nach seinen Anstrengungen und in regelmäßigen Abständen während des *Trainings* immer noch ein *Mash.*

Während das Leben des europäischen Mittelstands ein immer einförmigeres Niveau erreicht, während die Unterschiede zwischen der Mittelmeerkultur und jener nördlich der Alpen ständig abnehmen, während sogar der Lebensstandard im kapitalistischen Westeuropa sich immer weniger von dem Niveau des marxistischen Europas jenseits der Elbe unterscheidet, wird wahrscheinlich der Lebensweise, jedenfalls der freiberuflichen Klassen, überall von Spanien bis Skandinavien, von Connemara bis Krakau eine Standarddosis von Interesse an der Reitkunst eingeflößt werden. Vielleicht wird kein Land je die Dichte der Ponyklubverbreitung (80000) erreichen, die im Ursprungsland vorhanden ist, oder die Zahl von Erwachsenen (eine Million), die in England zumindest einmal wöchentlich zum Vergnügen reiten. Wahrscheinlich gibt es in keinem Land einen solchen Druck von Mädchen auf ihre Eltern, sie reiten zu lassen, und zugleich so wenig entsprechende Erpressung von seiten der Knaben. Am Mittelmeer ist die Standardsituation hinsichtlich der Pferde die Señorita, die von ihrem Balkon aus dem Caballero im 20. Jahrhundert ebenso wie zur Zeit des Cid bewundernd bei der Vorführung der *gineta* zusieht. Nur in England kann man ein solches Phänomen sehen, wie einen unglaublich gut aussehenden jungen Mann, der auf einem Fahrrad den Hunden bei der Fuchsjagd folgt, bloß um in Sichtweite seiner Herzallerliebsten zu bleiben, die zu Fuß ziemlich unbedeutend wirkt, im Sattel eines gutgebauten Hunters jedoch sehr vorteilhaft aussieht.

Der zunehmende Werbewert des Pferdesports auf internationaler Ebene hatte einige merkwürdige Nebenwirkungen. Das Prestige verlangt, daß Angehörige eines Landes auf den Turnierplätzen von Aachen und Rom, Wembley und Tokio, unter den gleichen Bedingungen und gleichen Regeln ebenso glänzen wie die anderen, auch beim Dressurreiten, das im Prinzip ein Erbe der adeligen westeuropäischen Hofkultur des 17. und 18. Jahrhunderts ist. Wie muß den sowjetischen Meister dieses Sports sein Gewissen quälen, wenn er die für die Manege vorschriftsmäßige Kleidung anlegt, zu der ja tatsächlich Artikel aus der Garderobe des dekadenten Adels der Regencezeit gehören – sogar eine zurechtgeschnittene Version des unverkennbaren Symbols des Monopolkapitalisten, des seidenen Zylinders.

Östlich der Oder-Neiße-Linie und ihrer Verlängerung nach Süden scheint das Reiten von Frauen und Mädchen wenig Förderung zu genießen, was sich in der rein männlichen Zusammensetzung der russischen, polnischen und bulgarischen Mannschaften bei der 1973 in Pompadour abgehaltenen Junioren-Europameisterschaft *Concours Complet d'Equitation* ausdrückte. Ein Besuch im August 1972 auf einer ungarischen Kollektivfarm lieferte hierzu eine weitere Illustration: Er gipfelte in einer für ausländische Touristen bestimmten Reitvorführung durch Kinder der Arbeiter des Farmkollektivs. Während die Mehrzahl der bei einer solchen Vorführung in einem englischen Ponyklub teilnehmenden Mitglieder aus Mädchen bestünde, waren alle ungarischen Reiter Jungen. Das ist um so erstaunlicher, als in der marxistischen Hälfte Europas hinsichtlich des Berufs theoretisch und praktisch absolute Gleichheit der Geschlechter herrscht. Die Ursache muß also psychologischer Natur sein.

Eine wesentliche Grundlage für weit verbreitetes »Volksreiten« besteht immer noch in Ost- und im östlichen Mitteleuropa, nämlich das Vorhandensein eines beträchtlichen Bestands an leichten Pferden, sogar in den siebziger Jahren dieses Jahrhunderts. Das ist der traditionellen Natur der Landwirtschaft vor der Mechanisierung zu verdanken. Die Tatsache, daß der für die Britischen Inseln und viele Teile Westeuropas so typische schwere Lehmboden östlich von einer bestimmten Linie kaum vorkommt, bedeutet, daß für die pflügbare Landwirtschaft keine schweren Pferde vom Schlag des Boulonnais, des Shire oder des Jütländers gebraucht wurden, und sogar heute sieht man in Polen und Rumänien Pferde von ausgesprochen »orientalischem« Schlag vor dem Pflug. Infolge der unterschiedlichen Kollektivisierungs- und Mechanisierungspolitik treffen in Ungarn oder im östlichen, weniger industrialisierten Teil der Tschechoslowakei die gleichen Überlegungen nicht im selben Maß zu, aber auch diese Länder weisen eine gemeinsame Entwicklungsperiode in der Geschichte auf, wo die politische Szene jahrhundertelang durch den türkischen Druck gegen die Grenzen und oft sogar durch türkische Herrschaft gekennzeichnet war. Das bedeutete, daß der einheimische Pferdebestand mit orientalischem, türkischem, turkomanischem oder arabischem Blut saturiert wurde, so daß das gewöhnliche ländliche Pferd von »warmblütigem« Reitpferdschlag war; sonst war es ein Pony vom Schlag des polnischen *konik,* des ungarischen *goral* oder des rumänischen *hucul.*

So gibt es also eine Tradition von bäuerlichen Pferdebesitzern, bäuerlichen Züchtern und bäuerlichen Reitern,

235. Reinigen des Pfluges, Berkshire.

hauptsächlich bei der täglichen Arbeit als Viehzüchter, von Pferden eines Schlags, die in anderen Teilen Europas traditionsmäßig untrennbar mit dem Adel und seinen Gefolgsleuten verbunden war. Wenn kein ideologisches Tabu zur Geltung kommt und wenn der materielle Wohlstand in dem in letzter Zeit zum Beispiel in Ostdeutschland und Rumänien gezeigten Tempo zunimmt, ist es sehr wohl möglich, daß das Pferd als Freizeitbeschäftigung im Leben Osteuropas in den achtziger Jahren ebenso alltäglich wird wie etwa in Holland in den siebziger Jahren dieses Jahrhunderts. Es soll sich niemand dem täuschenden Gedanken hingeben, daß dieses gemeinsame Interesse einen einigenden Einfluß, daß es besseres Verständnis, Weltfrieden, Entspannung bringen wird – und ähnliche Standardphrasen. Man denke daran, daß vor weniger als hundert Jahren alle Gesellschaftsklassen in allen Ländern Europas täglich viel mehr mit Pferden zu tun hatten als jetzt, was aber doch keineswegs zu gegenseitigem Verständnis beitrug. Was den internationalen Sport anlangt, so hat er in den letzten Olympiaden mehr zur internationalen Feindseligkeit beigetragen, als die ersten Organisatoren der Spiele des Jahres 1894 sich jemals vorstellten.

Und so kommen wir zur letzten Flasche in unserem Regal. Sie enthält einen Wein, der kein Aushängeschild braucht, aber das Etikett muß ich Ihnen doch vorlesen. Edwin Muir (1887–1959) mag ein Mitglied der Reitervereinigung gewesen sein oder nicht, aber er besaß alle Qualifikationen dafür. Sein Arbeitsleben begann hinter dem Pflug auf der Insel Wyre in Orkney, wo sein Vater auf dem alten, in den Sagas erwähnten Pachtgut Bu Landwirt war. Orkney liegt am hinteren Ende der Länder des Großen Pferdes: dahinter liegen nur mehr Shetland, die Färöer, Island, wo nur Ponys leben und arbeiten. Als Wortmaler der Insellandschaft seiner Jugend verdient Muir Respekt, aber er ist nicht bloß ein »regionaler« Dichter, und sein Werk liegt zum Großteil auf weiteren Horizonten. Er wurde noch innerhalb des Pferdezeitalters geboren, überlebte es jedoch. Das Gedicht, das manche als das letzte und beste seiner bedeutenderen lyrischen Arbeiten betrachten, muß von der Erinnerung an jene Tage seiner Jugend in Bu auf Wyre inspiriert worden sein. Möglicherweise wird die von Menschen verursachte völlige Umwälzung seines prophetischen, aber nicht hoffnungslosen Alptraums nie eintreffen. Vielleicht kommt sie in solcher Form, daß keine Pferde mehr übrig sein werden, um uns aus der abfallneolithischen Subkultur zu retten, in der die Überlebenden der Nuklearkatastrophe leben werden. Vielleicht kommen wir dann zu einem neuen Anfang.

236. Zugpferde. Radierung von Anton Lock.

DIE PFERDE

Kaum eines Jahres Frist nach Ende
Des Siebentagekriegs, der eingeschläfert hat die ganze Welt,
Spätabends kamen sie, die fremden Rosse.
Mit Müdigkeit erfüllt uns jenes Schweigen,
Denn in den ersten Tagen war es still,
So daß, von Furcht erfüllt, der eignen Brust wir lauschten.
Am zweiten Tag
War's mit dem Sprechfunk aus; wir drehten an den Knöpfen; keine Silbe.
Am dritten Tag, mit Kurs gen Abend, kreuzt' ein Kriegsschiff auf
Mit Leichen über Leichen auf dem Deck.
Am sechsten Tag
Stürzt' über uns ein Flugzeug in die See. Darauf
Nichts mehr. Die Transistoren schwiegen;
Sie standen noch herum in allen Ecken,
wie in Millionen Räumen in der ganzen Welt,
Sie alle sprechbereit. Doch wenn sie sprächen,
Wenn plötzlich wieder Laut aus ihnen käme,
Am hohen Mittag eine Stimme uns ertönte:
Wir würden ihr nicht lauschen, nicht wiederkehren lassen
Die alte schlechte Welt, die ihre Kinder schnell
Mit einem Schluck verschlang. Wir wollen das nicht mehr.
Denn manches Mal entwurzelt uns Erinnern
Der undurchdringlich tiefen Trauer,
Die noch im Schoß der Völker schlafend liegt.

Die Landmaschinen liegen auf den Feldern; abends gleichen sie,
So kauernd und geduckt, den Ungeheuern der zerwühlten See.
Wir lassen sie sehr gerne, wo sie sind: sie sollen rosten!
»Vermodern sollen sie und gleich sein allem Staub.«
Wir lassen Ochsen wieder rostge Pflüge ziehen,
Die lang zur Seite lagen. Roden müssen wir erneut,
Das wir vergaßen, unsres Gottes Land.
An einem solchen Abend
Schon spät im Sommer kamen diese fremden Pferde.
Wir hörten schon ihr Trampeln auf der Straße;
Ein unterbrochnes dumpfes Trommeln wurde laut
Und wuchs zu hohlem Donner in der Näh'.
Die Köpfe sahen wir;
Wie eine wilde Woge kamen sie heran, und wir erschraken.
Wir hatten unsre Tiere schon verkauft zu Väters Zeiten
Und schafften uns Maschinen für das Geld. Nun waren die uns fremd
Wie Wappentiere, dräuend aufgemalt auf alte ehrne Schilde,
Fremd wie die Zeichen in dem Buch des Lords.
Wir wagten uns nicht vor. Sie aber standen,
Scheu und bereit, als wären sie gekommen
Auf alten Anruf, nur um uns zu finden,
Uns – und auch jene alte, lang verlorne Einheit.
Wer dachte auch im ersten Augenblick,
Daß dies Geschöpfe sind, zu Eigen und Gebrauch?
Es waren unter ihnen manche Hengste
Aus einer Wildnis der zerstörten Welt,
Und nun so frisch wie aus dem Paradies.
Seit jenem Tag nun ziehen sie den Pflug und bergen unsre Lasten,
Und dieser freie Dienst berührt uns tief.
Verändert ist die Welt: die Ankunft dieser Pferde ein Beginn.

Bildquellenverzeichnis

mit Angaben der Bildnummern

Alinari (Foto): 72, 74, 78, 113, 116
Archäologitscheski Musei, Sofia: 79
Art Institute of Chicago: 91
Ashmolean Museum, Oxford: 12, 76, 146

Barber Institute of Fine Arts, Birmingham: 220
Bayerische Staatsgemäldesammlung, München: 26
British Museum: 6, 7, 10, 18, 19-24, 43-47, 51, 55, 58, 61-64, 66-68, 73, 82, 84, 90, 94, 99, 103, 105, 107-111, 122-129, 136-138, 142, 150-152, 154, 159, 160, 170, 172, 178, 182-184, 189-193, 217, 236

Castle Museum, Taunton, Somerset: 75
City Art Gallery, Bristol: 231
City Museum and Art Gallery, Birmingham: 180
Clark Art Institute, Williamstown, Mass.: 42
Courtauld Institute, London: 181, 186-188, 199, 201, 202

Earl of Pembroke, Wilton House, Wilts.: 147
Eremitage, Leningrad: 158

Fitzwilliam Museum, Cambridge: 95

Goodwood House, Sussex: 161
Greek Archaeological Society, Athen: 88
Grosvenor Estate, Trustees: 28, 169

Harraps Ltd.: 2
Harvard University, Dumbarton Oaks: 80
Herbert Art Gallery, Coventry: 96

Illustrated London News: 60, 209
Imperial War Museum, London: 225-228

Kenwood House, London: 179
Kunsthalle, Hamburg: 131
Kunsthistorisches Museum, Wien: 101
Kodak Museum, London: 34-37, 194, 205, 223
Kupferstichkabinett, Berlin: 17

Leeds City Art Gallery: 167
Lhote, Henri: 4
London Museum: 173, 176, 204, 208, 214

Magyar Nemzeti Múzuem, Budapest: 29
Mellon, Paul: 132
Musée de Chatillon-sur-Seine: 54
Musée de l'Acropole, Athen: 50
Musée Historique des Tissus, Lyon: 77
Musée National du Louvre, Paris: 49, 165, 219
Museo de América, Madrid: 85
Museo Christiano, Brescia: 52
Museo Etrusco Gregoriano, Rom: 78
Museo Lapidario, Foligno: 53
Museo Nacional del Prado, Madrid: 106, 130, 135
Museo Nazionale, Neapel: 65
Museum of English Rural Life, Reading: 235
Museum of the American Indian, New York: 185
Museum of the City of New York: 166, 168, 203 (Harry T. Peters Coll.), 207, 210 (J. Clarence Davies Coll.), 212, 213 (Harry T. Peters Coll.), 222

National Archaeological Museum, Athen: 48
National Coal Board, London: 215
Nationalmuseet, Kopenhagen: 89
National Gallery, London: 31, 33, 117, 164, 171
New York Publik Library: 98

Parker Gallery, London: 30, 32, 174
Pictor Ltd., London: 133, 139, 200, 224

Rijksmuseum, Amsterdam: 11

S. Giorgio Maggiore, Venedig: 93
Scala (Foto): 71, 100, 134
Smithsonian Institution, Washington DC: 196, 197, 211
Staatsbibliothek, Berlin: 15
Sutcliffe Gallery, Withby, Yorks.: 38, 177, 232-234

Tate Gallery, London: 25, 40, 41, 157, 221, 229

Uffizien, Florenz: 27
Ulster Folk Museum: 5
Universitetets Oldsaksaming, Oslo: 16
University of Pensylvania: 81

Vertut, Jean (Foto): 1, 3
Victoria & Albert Museum: 9, 56, 83, 86, 97, 112, 120, 141, 153, 155, 156, 163, 175, 216, 230

Wallace Collection, London: 14, 104, 218
Watneys Ltd., London: 39, 59
Windsor Castle: 115

Yeats, Anne: 144, 145

Künstlerverzeichnis

mit Angaben der Bildnummern

Literatur

ALFRED d. Gr., *Gesamtwerk,* engl., Oxford & Cambridge 1852–3.

BLUNT, LADY ANNE: *Bedouin Tribes of the Euphrates,* London 1879.

BUTLER, JOHN: *The Horse and How to Ride Him,* London 1861.

CAPRILLI, FEDERICO: *The Caprilli Papers,* hrsg. v. P. Santini, J. A. Allen & Co. Ltd., London 1967.

CASSIODOR, FLAVIUS MAGNUS AURELIUS, *Briefe,* Engl. übers. v. Thomas Hodgkin, London 1886.

CATLIN, GEORGE: *Letters and Notes of the Manners, Customs and Condition of the North American Indians,* 1841, dt. übers. v. Berghaus: Die Indianer Nordamerikas. Brüssel o. J.

El cantar de mio Cid. Hrsg. Meuéndez Pidal 1954. Engl. übers. Mervin, London 1959; dt. v. J. Adam in *Roman. Forschungen* 32 (1912).

The Cronicle of Ely (Richard von Ely, 1130–1198).

CLEMENS, SAMUEL L. (MARK TWAIN): *Roughing It.* Hartford (Conn.) 1873.

DAWSON, C. H.: *The Mongol Mission,* Sheed & Ward, London & New York 1955.

DEMBSCHER: *Reitsport in England.* Wien 1881.

DE QUINCEY, THOMAS: *The English Mail Coach,* London 1854.

DE QUINCEY, THOMAS: *Bekenntnisse.* Neue Bibliothek der Weltliteratur. Frankfurt 1962.

EVANS, GEORGE EWART: *The Pattern Under the Plough,* Faber & Faber Ltd., London 1966.

FILLIS, JAMES: *Breaking and Riding,* übers. v. M. H. Hayes, London 1902.

GIRALDUS CAMBRENSIS (Gerald of Wales), *Historical Works,* Bohn Edition 1847.

GORDON, W. J.: *The Horse World of London,* 1893.

GORDON, W. J.: *Englische Pferdedressur.* Wien 1845.

GREENE, ROBERT: *A Notable Discovery of Coosnage* (1591), Bodley Head, London 1923.

GUERINIÈRE, FRANÇOIS ROBICHON DE LA: *École de Cvallerie,* Paris 1733.

GUISCHARDT, C. T.: *Mémoires Militaires sur les Grecs et les Romains ... et de la Tactique d'Arrien,* Den Haag 1758.

HAYES, ALICE: *The Horseman,* London 1893.

HERODOT, engl. Bohn Edition, London 1849, dt. übers. v. A. Horneffer 1955.

HIITI, P. K.: *An Arab-Syrian Gentleman and Warrior in the time of the Crusades* (Usamah ibn Munquidh), Cambridge 1924.

HOMER: *Ilias.* Engl. übers. v. E. V. Penguin, London 1950, dt. v. J. H. Voß 1781 u. a.

HROZNY, BEDRICH in: *Archiv Orientální,* Zeitschrift des tchechoslowakischen Orient-Instituts, Prag u. Paris 1929–31.

HULL, ELEANOR: *The Cuchillin Saga in Irish Literature,* London 1898.

JUSTINUS, M. Iunianus: *Epitoma Historiarum Philippicarum.* Engl. Bohn Edition, London 1853.

KAI-KAUS IBN ISKANDER: *Qabus Nama, A Mirror for Princes,* The Cresset Press, London 1951, dt. Diez: *Buch der Kabus* (o. J.).

LIVIUS: *Ab urbe condita.* Engl. Bohn Edition, London 1848, dt. v. Weißenborn/Müller/Rossbach, 1850.

MARKHAM, GERVASE: *Markham's Masterpiece,* London 1688.

MAYHEW, HENRY: *London Labour and the London Poor,* 1851.

MORGAN, NICHOLAS: *The Perfection of Horsemanship,* London 1609.

MUIR, EDWIN: *Collected Poems 1921–1958,* Faber & Faber, London, u. Oxford University Press Inc., New York 1960.

NEWCASTLE, WILLIAM CAVENDISH, DUKE OF: *A General System of Horsemanship in All its Branches,* London 1743, dt.: *Neueröffnete Reitbahn.* Nürnberg 1772.

PAUSANIAS, *Perihegese Griechenlands.* Engl. Bohn Edition, London 1886, dt. H. F. Hitzig u. H. Blümer, 1896–1910, Übers. v.: E. Meyer 1954.

PLINIUS d. Ä.: *Naturalis historia.* Engl. Bohn Edition, London 1848, dt. G. C. Wittstein, 1881–82.

PLUTARCH: *Vitae.* Engl.: *The Lives of the Noble Grecians and Romanes*... übers. v. T. North, London 1579; dt. C. Sintenis 1873, neu bearb. v. K. Ziegler 1964.

PODHAYSKY: *Klassische Reitkunst,* München 1968.

POLO, MARCO, *Voyages,* Paris 1824. Engl.: *The Most Famous and Noble Travels of Marco Polo*... übers. v. Marsden T. Wright, London 1904; dt.: *Die Reisen des Venezianers Marco Polo.* Hrsg. H. Lemke 1907 u. H. E. Rübesamen 1963.

PROKOPIOS von Caesarea: *De bello Gothico.* Engl. übers. v. H. B. Dewing, Loeb Edition, London 1914, dt. v. G. Wirth, 1962.

ROLLINS, P. A.: *The Cowboy,* Charles Scribner's Sons, New York 1922.

SEWELL, A.: *Schön Schwarz,* Freiburg 1921.

STOESSL: *Spanische Reitschule,* Wien 1928.

THOMPSON, CHARLES: *Rules for Bad Horsemen,* London 1762.

THURNEYSEN: *Die Irische Helden- und Königssage,* Halle 1921.

WEATHERBY, J.: *Introduction to a General Stud Book,* London 1791.

WHITE, J. C.: *History of the British Turf,* London 1840.

WIESNER, J.: *Reiten und Fahren,* Göttingen 1968.

XENOPHON: *De equitum magistro.* Engl. übers. v. M. H. Morgan, Boston 1893.

YOUATT, WILLIAM: *The Horse,* Philadelphia 1845, dt. *Das Pferd* (engl. Viehzucht, Bd. 1), Stuttgart 1850.

Den folgenden Verlagen wird für ihre Zustimmung zur auszugsweisen Wiedergabe von Textstellen gedankt:

Sheed & Ward, London & New York, für *The Mongol Mission* hrsg. von C. H. Dawson; Faber & Faber Ltd., London, für *The Pattern under the Plough* von Georg Ewart Evans; J. M. Dent & Sons Ltd., London, für *The Poem of the Cid* übers. von M. S. Mervin; Hutchinson Ltd., London, für *Breaking and Riding* von James Fillis, übers. von M. H. Hayes, erschienen bei Hurst & Blackett Ltd.; Barrie & Jenkins Ltd., London für *A Mirror for Princes* von Kai-Kaus Ibn Iskander, erschienen bei The Cresset Press; Faber & Faber Ltd., London, und Oxford University Press Inc., New York, für 'The Horses' aus *Collected Poems 1921–1958* von Edwin Muir, © 1960 by Willa Muir; Charles Scribner's Sons, New York, für *The Cowboy* von P. A. Rollins, © 1922 by Charles Scribner's Sons; J. A. Allen & Co. Ltd., London, für *The Caprilli Papers* erschienen bei P. Santini, © the Santini Estate; Columbia University Press, New York, für *An Arab-Syrian Gentleman and Warrior in the Time of the Crusades,* übers. von P. K. Hitti.

Register